AF814078

Leitfaden der Handelsgeographie

(Wirtschafts- und Verkehrsgeographie)

mit besonderer Berücksichtigung Deutschlands
und der deutschen Kolonien

Von

Prof. Dr. Max Eckert

Dritte, verbesserte und erweiterte Auflage
Mit 53 Karten und 211 Diagrammen

Leipzig
G. J. Göschen'sche Verlagshandlung
1911

Alle Rechte, insbesondere das Übersetzungsrecht
und die Nachbildung der Karten und Diagramme
von der Verlagshandlung vorbehalten.

Druck von Oscar Brandstetter in Leipzig.

Vorwort zur dritten Auflage.

Das Erscheinen der dritten Auflage des Leitfadens ist gewiß ein gutes Zeichen dafür, daß der Leitfaden einem Bedürfnis im geographischen Unterricht entgegenkam. Auch im Auslande, wie in England, Nordamerika, Frankreich, Spanien, Italien, Österreich-Ungarn, der Schweiz, Rußland, hat man dem Leitfaden erfreuliche Beachtung geschenkt; und Lehrer des Göteborger Handelsinstitutes haben für die schwedischen Handelsschulen eine Übersetzung „Lärobok i Handelsgeografi av Max Eckert" (Stockholm, P. A. Norstedt & Söners Förlag) herausgegeben. Das ist eine gewisse Genugtuung und ein Trost für inländische, oft die Grenzen des Anständigen überschreitende Ausnutzung meiner handelsgeographischen Werke.

Viel Sorgfalt und Mühe habe ich auf die Statistik verwendet. Fast alle Diagramme wurden neu berechnet und entworfen. In den Überschriften zu den Diagrammen habe ich Größe und Jahreszahl der Produktion angegeben. Diese Zahlen sollen weniger zum Merken als vielmehr zum Vergleichen dienen. Schon der Schüler muß in das Wesen der Statistik eingeführt werden und mit statistischen Zahlen umgehen lernen. Nicht bloß inländische, sondern auch ausländische Statistiken wurden durchgearbeitet, und ich kann wohl sagen, daß weder ein Schulbuch noch ein rein wissenschaftliches Werk von ähnlicher Richtung sich in bezug auf die Statistik und deren Verarbeitung dem vorliegenden Leitfaden gleichstellen kann.

Gemäß verschiedenen Wünschen habe ich die deutschen Kolonien wesentlich erweitert. Auch möchte ich noch einmal betonen, daß die rein geographische Grundlage des Kolonialbesitzes bei den betreffenden Kontinenten zu finden ist, der wirtschaftliche Wert in der Hauptsache beim Mutterland, und daß je nach Bedürfnis und Geschmack sich die entsprechenden Paragraphen zusammen oder getrennt, wie in dem Leitfaden, behandeln lassen. Die Begründung für eine ausführliche Behandlung der Kolonien darf ich mir wohl ersparen.

Die Wirtschafts- und Verkehrsgeographie muß sich hüten, sich mit der Wirtschaftskunde zu vereinen. Die Verquickung beider ist ebenso unglücklich, wie früher die von Geographie und Geschichte. Wirtschaftsgeographie und Wirtschaftskunde ergänzen wohl beide einander und arbeiten sich in die Hände, müssen aber durchaus selbständige Unterrichtsfächer sein. Durch die unterrichtliche Verquickung beider wird insbesondere das Ansehen der Geographie geschädigt. Ein tüchtiger Kenner der Wirtschaftskunde ist noch lange nicht ein tüchtiger Wirtschaftsgeograph!

Mag der Leitfaden auch in der neuen und erweiterten Auflage reiche Früchte bringen und sich weiterhin neue Freunde unter Lehrern und Schülern erwerben.

Außer statistischen Ämtern, Handelskammern, Gesellschaften schulde ich Dank Herrn Mittelschullehrer Willibald Jansen in Aachen, der mich bei der Korrektur unterstützte.

Aachen, im August 1910. **Max Eckert.**

Aus dem Vorwort zur ersten Auflage.

Der vorliegende Leitfaden der Handelsgeographie ist für die Hand des Schülers bestimmt. Er ist im allgemeinen ein Auszug aus meinem größern zweibändigen Werke „Grundriß der Handelsgeographie" im gleichen Verlage. Wenn ich „Auszug" schreibe, so soll damit nicht gesagt sein, daß es nur ein einfacher Auszug aus dem größern Werke sei. Jeder Kenner wird die Arbeit ermessen, die in einem solchen Schulbuche steckt. Vielerlei Dinge sind in einem Schulbuche schwieriger darzustellen als in einem wissenschaftlichen Werke. Mit den einfachsten und knappsten Worten soll immer das Richtige und das Wesentlichste deutlich gesagt werden. Zugleich ist der geistige Standpunkt des Schülers zu berücksichtigen. Mir kamen in dieser Beziehung die vieljährigen Erfahrungen zustatten, die ich als Lehrer der Geographie an der Kühnschen Handelsschule zu Leipzig, an der II. Realschule daselbst und insbesondere in allen Abteilungen der Öffentlichen Handelslehranstalt zu Leipzig gesammelt hatte.

Den nackten Tatsachen mehr Fleisch und Wärme zu geben, als es gewöhnlich in dem bekannten und langweiligen abgehackten Leitfadenstil geschieht, habe ich mich ernstlich bemüht. Der „Leitfaden" soll dem Schüler nicht zum „Leidfaden" werden. Freilich ist auch nicht zu verkennen, daß in der Auswahl und Behandlung des Stoffes vieles dem Geschick des Lehrers überlassen bleibt.

Mag das vorliegende Buch gute Früchte bringen und besonders auch eine gute Aufnahme in der Lehrerwelt finden, eine ähnlich gute Aufnahme, wie mein „Grundriß der Handelsgeographie" in der Gelehrtenwelt und bei den Praktikern. Für Vorschläge zu Verbesserungen und Veränderungen werde ich stets dankbar sein.

Kiel, im Oktober 1905. **Max Eckert.**

Aus dem Vorwort zur zweiten Auflage.

Eine wesentliche Bereicherung hat die vorliegende Auflage durch die zahlreichen Figuren erfahren. Gewiß dürfte diese Erweiterung allgemein Anklang finden und komme ich damit vielen bereits geäußerten Wünschen entgegen. Über den Wert der beigegebenen Karten und Diagramme, die einen Handels-, bez. Wirtschaftsatlas überflüssig erscheinen lassen, weitere Worte zu verlieren, ist unnötig. Man übersehe nicht den wiederholten Vergleich der Figuren mit dem Text, auch wenn nicht besonders innerhalb des Textes darauf hingewiesen wird. Karten und Diagramme wurden von mir eigenhändig entworfen, teils nach bestem Kartenmaterial, großenteils jedoch auf Grund eigener tieferer Studien. Die Pfeile bei verschiedenen Kärtchen deuten auf die Hauptrichtung der Ausfuhr. Die Weltkärtchen wurden in der von mir gefundenen flächentreuen Projektion entworfen, die sich außer durch die Flächentreue durch die parallelen Breitengrade auszeichnet. Die Projektion ist sowohl als Hand-, wie auch als Wandumrißkarte im Buchhandel (bei Wagner & Debes in Leipzig) erschienen. Diese Umrißkarten dürften vielen, die die in diesem Buche gegebenen Kärtchen für eigene Unterrichtszwecke vergrößern wollen, willkommen sein.

Aachen, im Juli 1908. **Max Eckert.**

Inhaltsübersicht.

A. Allgemeine Wirtschafts- und Verkehrsgeographie.

1. Physisch-geographische Grundbegriffe der Wirtschafts- und Verkehrsgeographie.

Seite

2. Wirtschaftsgeographie.

Seite

3. Verkehrsgeographie.

B. Wirtschafts- und Verkehrsgeographie der einzelnen Erdteile und Länder.

4. Europa.

5. Die mitteleuropäischen Wirtschaftsreiche.

a. Deutsches Reich.

Seite

b. Die Apenninenhalbinsel (Italien).

c. Die Balkanhalbinsel (die europäische Südosthalbinsel einschl. Rumäniens).

10. Asien.

Allgemeines über Asien.

1. Vorderasien.

a) Die türkischen Außenländer in Vorderasien.

b) Die selbständigen Staaten Arabiens.

c) Die iranischen Länder: Persien, Afghanistan und Belutschistan.

d) Das russische Kaukasien.

2. Zentralasien.

a) Russisch-Zentralasien.

b) Das hohe Zentralasien.

3. Nordasien.

Russisch-Nordasien oder Sibirien.

4. Ostasien.

a) China und die Mandschurei.

Seite

4. Das tropische Ostafrika.

a) Das kontinentale Ostafrika.

b) Das insulare Ostafrika.

5. Südafrika (das außertropische Afrika).

Größe und Urproduktion von Südafrika.

12. Australien und Ozeanien.

Allgemeines über Australien und Ozeanien.

1. Australien (der Australische Staatenbund).

2. Ozeanien.

13. Südamerika.

Allgemeines über Südamerika.

1. Die atlantischen Wirtschaftsreiche.

a) Die europäischen Kolonien.

b) Venezuela.

c) Brasilien.

d) Paraguay.

e) Uruguay.

f) Argentinien.

A. Allgemeine Wirtschafts- und Verkehrsgeographie.

1. Physisch-geographische Grundbegriffe der Wirtschafts- und Verkehrsgeographie.

§ 1. **Die Erdkugel und das Gradnetz der Erde; wichtige davon abhängige wirtschaftsgeographische Tatsachen.** a. Die Erde ist eine Kugel. Indessen ist sie keine vollkommene Kugel, sondern infolge der täglichen Erdumdrehung oder Rotation ein an den Polen abgeplatteter Körper (ein Rotationsellipsoid). Der Äquatordurchmesser ist um 43 km größer als die Länge der Erdachse, die 12712 km mißt. Den mittlern Radius der Erdkugel nimmt man zu 6370 km an. Die gesamte Erdoberfläche beträgt 510 Mill. qkm.

b. Um sich auf der Erde zurechtzufinden, zu orientieren, hat man dem Horizont vier wichtige Punkte, die Kardinalpunkte, gegeben. Die Sonne half diese Punkte (Himmelsgegenden) bestimmen. Wo sie aufgeht, ist Morgen (Orient) oder Osten, wo sie untergeht, Abend (Okzident) oder Westen. Gleichweit von Aufgang und Untergang sind die Gegenden des höchsten und niedrigsten Sonnenstandes, also Mittag oder Süden und Mitternacht oder Norden.

c. Zur weitern Orientierung auf der Erdoberfläche hat man sich dieselbe von einem Liniennetz oder Gradnetz umhüllt gedacht. Als wichtigste Linie ist der Äquator oder Gleicher anzusehen, der gleichweit vom Nord- und Südpol entfernt um die Erde herumläuft. Er wird wie jeder andere Kreis in 360 Teile oder Grade zerlegt (jeder Grad = 111 km = 15 geographische Meilen = 60 Seemeilen). In gleicher Entfernung zum Gleicher verlaufen auf jeder Halbkugel 90 Parallelkreise; der 90. fällt mit den Polen zusammen. Sie heißen auch Breitenparallele. Der zwischen ihnen liegende Grad heißt Breitengrad.

d. Um die Erde denkt man sich außer dem Gleicher noch 4 besonders ausgezeichnete Parallelkreise gezogen, den Wendekreis des Krebses und den nördlichen Polarkreis auf der nördlichen, den Wendekreis des Steinbocks und den südlichen Polarkreis auf der südlichen Halbkugel oder Hemisphäre. Die Wendekreise sind $23\frac{1}{2}°$ vom Äquator entfernt und die Polarkreise $23\frac{1}{2}°$ von den Polen. Die zwischen diesen Parallelkreisen befindlichen Gebiete werden Gürtel oder Zonen genannt.

e. Innerhalb der Wendekreise dehnt sich die heiße Zone aus. Zwischen Wendekreis und Polarkreis erstrecken sich die gemäßigten Zonen, und zwar eine südlich gemäßigte und eine nördlich gemäßigte Zone. Die Flächen zwischen Polarkreis und Pol füllen die beiden kalten Zonen aus.

f. Senkrecht zum Gleicher und die beiden Pole verbindend laufen um die Erde 180 Kreise, die Längenkreise, oder 360 Halbkreise, die auch Meridiane oder

Mittagkreise genannt werden, weil alle Orte auf ein und demselben Halbkreis zu gleicher Zeit Mittag haben. Jeder Längenkreis teilt die Erde in eine östliche und westliche Halbkugel. Ein mittlerer Meridiangrad mißt 111 km.

Die meisten Kulturländer rechnen nach dem Meridian von Greenwich als dem Nullmeridian, also nach dem Mittagkreis, den das größte und bedeutendste seefahrende und handeltreibende Volk der Gegenwart schon seit langer Zeit für seine für Handel und Verkehr so außerordentlich wichtigen Seekarten angenommen hat.

g. Das zwischen zwei Meridianen liegende Flächenstück (ein sphärisches Zweieck) heißt Längengrad. Zur Durchschreitung eines Flächenstückes, das 15° breit ist, gebraucht die Sonne eine Stunde. Man nennt solche Flächenstücke Zeitzonen und hat sie bei der Einführung der Normal- oder Einheitszeit zugrunde gelegt.

Die Zone der mitteleuropäischen Normalzeit reicht von 7½° östl. v. Gr. bis 22½°. Sie ist die Ortszeit des 15. Grades östl. v. Gr., des Meridians von Görlitz (oder von Stargard).

Im praktischen Leben richtet man sich mit nach den Landesgrenzen. So beträgt der Zeitunterschied der Ost- und Westgrenze innerhalb Deutschlands 66 Minuten. Die Aufhebung dieses Zeitunterschiedes (am 1. April 1893) ist für die Entwicklung des deutschen Verkehrs von großer Bedeutung gewesen, auch für die landwirtschaftliche Produktion.

h. Bei jeder Westfahrt um die Erde verzögert ein Schiff bei der Durchquerung eines Meridians den Sonnenaufgang um 4 Minuten, verlängert also den Tag um 4 Minuten. Die Verlängerung beträgt insgesamt bei 360° gerade 24 Stunden. Auf der Ostfahrt ist es umgekehrt; der Seefahrer ist nach Beendigung derselben der allgemeinen Zeitrechnung einen Tag voraus. Dieser Zeitunterschied bei der Ost- und Westfahrt wurde auch wieder störend für den Handel und Verkehr empfunden. Um ihn aufzuheben, ist auf dem 180. Grad von Greenwich entfernt eine Datumgrenze festgelegt worden. Sie besagt: alle westwärts fahrenden Schiffe zählen, sobald sie den 180. Grad überschritten haben, einen Tag nicht, überspringen also einen Tag, die ostwärts fahrenden Schiffe rechnen dagegen einen Tag doppelt. Auf diese Weise bringen die Schiffe ihre Zeitrechnung mit der der Heimat wieder in Einklang.

§ 2. Verteilung von Wasser und Land. a. Schauen wir uns eine Weltkarte oder den Globus an, der besser als jene das Erdbild wiedergibt, so sehen wir die ungleichmäßige Verteilung von Wasser und Land auf der Erdkugel. Das Wasser bildet eine zusammenhängende Fläche, in der die viel kleinern Kontinente oder Erdteile als Inseln erscheinen.

Das Land umfaßt 144 Mill. qkm oder 28% der gesamten Erdoberfläche und das Wasser 366 Mill. qkm oder 72% der gesamten Erdoberfläche. Land und Wasser stehen zueinander im Verhältnis 1 : 2½.

b. Wir zählen jetzt sieben Erdteile: Asien (44 Mill. qkm), Afrika (30 Mill. qkm), Nordamerika (24 Mill. qkm), Südamerika (18 Mill. qkm) Europa (10 Mill. qkm), Australien (9 Mill. qkm) und Antarktien (etwa 10 Mill. qkm). Der letztere Erdteil ist wirtschaftlich ganz unwichtig, so daß er nicht weiter zu betrachten ist. Die andern sechs Erdteile verteilen sich im allgemeinen so, daß drei Norderdteilen drei Süderdteile entsprechen.

c. Von den Weltmeeren haben nur die drei Ozeane, der Atlantische, der Indische und der Große Ozean, wirtschaftliche Bedeutung. Das Nördliche

Eismeer (13 Mill. qkm) ist nur ein Mittelmeer, das seine tierischen Erzeugnisse nach dem Atlantischen und Großen Ozean sendet. Unter Südlichem Eismeer hat man nur die antarktischen Ausläufer der Ozeane zu verstehen.

Zwischen der Alten und Neuen Welt schiebt sich der S-förmig gekrümmte Atlantische Ozean ein (90 Mill. qkm). Er reicht von den arktischen bis zu den antarktischen Gebieten, ebenso der Große Ozean oder der Stille oder Pazifische Ozean, auch Südsee genannt. Er umfaßt 175 Mill. qkm, also ein Drittel der gesamten Erdoberfläche. Von den drei großen Weltmeeren reicht nur der Indische Ozean nicht in nördliche Gebiete (72 Mill. qkm).

§ 3. **Die wirtschaftliche Bedeutung der Verteilung von Wasser und Land.** **a.** In der Verteilung von Wasser und Land liegen die Wurzeln und Triebfedern jeglichen wirtschaftlichen Lebens auf Erden. Das Antlitz der Erde ist vorwiegend ozeanisch. Die Kontinente sind nur große Inseln in dem allumfassenden Weltmeer. Daß die Festländer von der weit größern Wassermasse beeinflußt werden, ist darum erklärlich. Der Einfluß zeigt sich sowohl im Klima wie im Pflanzen-, Tier- und Menschenleben.

b. Das Land ist der Schauplatz der ursprünglichen und auch heute noch wichtigsten wirtschaftlichen Betätigungen des Menschen; ist dieser doch ein Landlebewesen. Von der Ökumene, d. h. dem Gebiete, das der Mensch bewohnt und bewirtschaftet, sind nur die nördlichsten, südlichsten und höchstgelegenen Erdgebiete ausgeschlossen. Das sind die Länder, die das ganze Jahr hindurch von einer undurchdringlichen Eiskruste eingehüllt sind. Die wirtschaftlich tätigsten Gebiete sind die der gemäßigten Zone (warum?). Wo sich Europa, Asien und Afrika fast zu einem Erdteile, der „Alten Welt" zu verbinden suchen, da hat die heutige Wirtschaft und Kultur ihren Anfang genommen. Insbesondere verstand Europa durch die geistige und wirtschaftliche Tüchtigkeit seiner Bewohner sich wirtschaftlich über die andern Kontinente zu erheben und sie mehr oder minder von sich abhängig zu machen.

c. Die größten und belebtesten Verkehrsstraßen haben seit dem grauen Altertum in der Hauptsache eine ostwestliche Richtung und umgekehrt verfolgt. Als der menschliche Unternehmungsgeist durch die Schiffahrt das Weltmeer auch zu einer ihm dienenden Wirtschaftsfläche umwandelte, da mußte sich die nordsüdliche Anordnung der Kontinente als ein großes Verkehrshindernis erweisen. Die Mittelmeere konnten dieses Hemmnis wohl etwas abschwächen, aber nicht beseitigen. Was die Natur den Mittelmeeren versagte, hat der Mensch durch seine Tatkraft und Kunst nachgeholfen. So hat er das Mittelländische Meer bereits zu einem Durchgangsmeer gemacht. Dasselbe wird mit dem amerikanischen Mittelmeer geschehen, und ein ununterbrochener Verkehrsstrom wird zwischen den Nord- und Südkontinenten rings um die Erde hin- und herfluten.

§ 4. **Temperatur und Luftdruck.** **a.** Die Sonne ist der große und unerschöpfliche Licht- und Wärmespender für die Erde. Die Sonnenstrahlen gehen durch die Luft hindurch. Dabei geben sie einen geringen Teil ihrer Wärme an jene ab. Die eigentliche Erwärmung der Luftschicht geschieht vom Boden aus, der die von der Sonne empfangene Wärme zurückstrahlt.

b. Die Erwärmung der Luft müßte den Zonen der Erde entsprechen. Indessen finden sich beträchtliche Unterschiede, die in der Verteilung der Land- und Wassermassen wie in den verschiedenen Erhebungen der Landflächen über dem Meeresspiegel ihre Ursache haben. Bei der gleichen Sonnenbestrahlung wird das Land schneller als das Wasser erwärmt, kühlt sich jedoch auch schneller wieder ab als das Wasser. Infolgedessen werden die auf den Land- und Wassermassen ruhenden Luftschichten verschieden schnell erwärmt. Über dem Wasser ist die Luft am Tage verhältnismäßig kühl, in der Nacht warm, weil das Wasser die aufgenommene Wärme nur langsam wieder abgibt. Darum ist der Unterschied von Tag- und Nachttemperatur auf dem Wasser nicht so groß wie auf dem Lande. Ebenso gleichen sich auf dem Meere auch die mittlern Temperaturen des Sommers und Winters aus. Auf dem Lande machen sich nicht bloß große Gegensätze zwischen Tag- und Nachttemperatur, sondern vor allem zwischen Sommer und Winter bemerkbar. Durch die geringen Temperaturunterschiede auf dem Meere und an Meeresstaden zeichnet sich das Seeklima aus, durch die großen Unterschiede innerhalb der Kontinente das Landklima.

c. Die Luft hat als Naturkörper ihre Schwere, die sich in dem größern oder geringern Druck auf ihre Unterlage kundgibt. Der auf der Erde lastende Luftdruck muß allgemeinhin am Meeresgestade am größten sein. Je höher wir im Lande steigen, desto geringer wird der Luftdruck, weil die auf der Erdoberfläche ruhende Luftschicht nicht mehr so hoch ist und dünner wird.

d. Das Gleichgewicht der Luft wird leicht gestört, und die Luft erfährt Veränderungen nach Dichte und Schwere. Der Urheber all dieser Störungen ist vor allem die Wärme. Überall auf der Erde finden sich schwerere Luftschichten neben leichtern; zugleich streben sie überall danach, das verloren gegangene atmosphärische Gleichgewicht wiederherzustellen. Dieses Bestreben macht sich uns in mehr oder weniger starken Winden bemerkbar.

e. Am Äquator wird die Luft am meisten erwärmt; darum steigt sie auch hier am höchsten und fließt polwärts ab. An der Erdoberfläche fließt zur Ausgleichung des atmosphärischen Gleichgewichts ein schwerer Luftstrom dem Äquator zu. Die äquatorwärts fließenden Luftmassen werden infolge der Erdumdrehung nach W abgelenkt und erscheinen dann auf der Nordhalbkugel als Nordostwinde und auf der Südhalbkugel als Südostwinde. Man nennt diese Winde Passate. In der Gegend des Äquators, wo die Luft sich erwärmt, scheint Ruhe in der Luft zu herrschen. Dies Gebiet heißt Kalmen- oder Windstillengürtel. Das Gebiet der Passate reicht ungefähr bis zum 30. Grad n. und s. Br. Darüber hinaus gelangen wir in Gebiete, wo die Winde unregelmäßig wechseln, in der Hauptsache doch als Westwinde wehen.

f. Regelmäßig sich abwechselnde Passate sind die Monsune im Indischen Ozean und Australasiatischen Mittelmeer. Im Gebiet des nördlichen Indischen Ozeans weht von Oktober bis April der Monsun aus NO, und von April bis Oktober aus SW.

Die Monsune, wie überhaupt die Passatwinde sind für Handel und Verkehr von ungemein hoher Bedeutung. Für die Segelschiffahrt der Tropengebiete sind sie unentbehrlich; sie führen bei den Seefahrern auch den englischen Namen „Tradewinds", d. h. Winde, die ihre Richtung einhalten. (Vgl. Fig. 1.)

§ 5. Die Niederschläge. a. Die Wassermengen, die an der Oberfläche der Meere, Seen und Flüsse verdunsten, mischen sich als Wasserdampfteilchen der Luft bei. Diese werden bei der Abkühlung der Luft zu Wassertröpfchen verdichtet. Je nachdem der Feuchtigkeitsgehalt der Luft verschiedene Temperaturen und Bewegungen der Lufthülle passiert, fällt er als Regen, Schnee, Graupeln, Schloßen

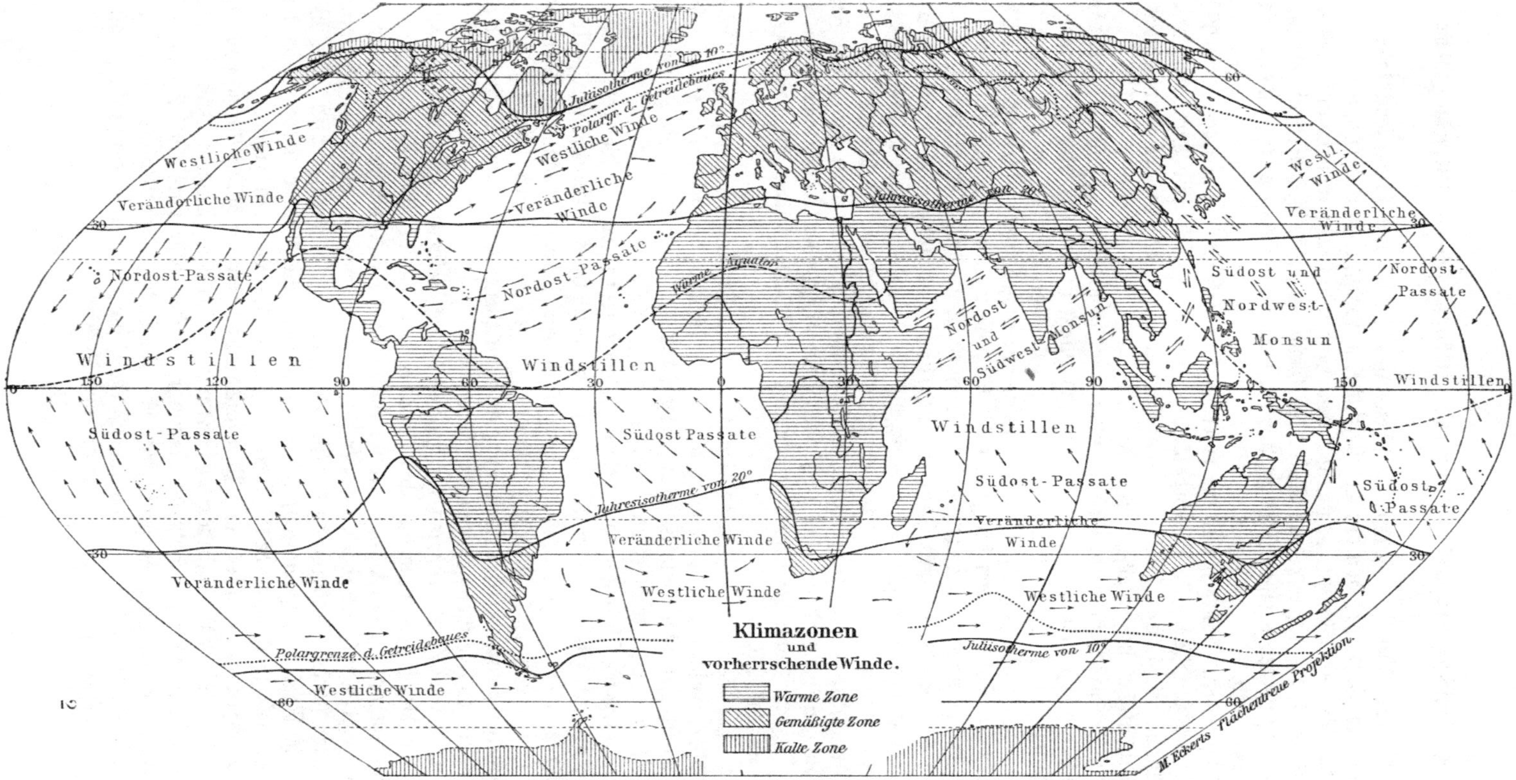

Fig. 1. Klimazonen.

oder Hagel. Der Tau ist eine Ausscheidung der Luft- und Bodenfeuchtigkeit. Entfernen sich die Nebel von der Erdoberfläche, so spricht man von Wolken.

b. Die den Winden, namentlich den Seewinden, am meisten ausgesetzte Gebirgsseite ist die regenreiche Seite des Gebirges. Der Regenfall nimmt im Gebirge bis zu einer gewissen Höhe zu, von der weiter aufwärts die Regenmenge wieder geringer wird.

In unsern Gebirgen sind die regenreichsten Gebiete in den Höhen von 600 bis 1300 m anzutreffen. Die regenreichsten Gebiete der Erde sind Tscherrapundschi in Assam mit 12 m jährlicher Regenhöhe und Bibundi im Kamerungebirge mit 10 m jährlicher Regenhöhe. (Vgl. Fig. 2.)

c. Wo der Schnee im Gebirge nicht mehr zum Schmelzen kommt, verwandelt er sich zunächst in den körnigen Firn und zuletzt in das Eis der Gletscher. Die Gletscher sind für gewerbliche und industrielle Betriebe, die an den Alpenflüssen liegen, von großer Bedeutung. Sie sorgen zur heißen, oft trocknen Jahreszeit durch ihr Schmelzwasser immer für genügende Wassermengen in den Flüssen. Norwegens Gletscher versorgen schon vielfach den Eismarkt West- und Mitteleuropas.

§ 6. **Das Klima und seine wirtschaftliche Bedeutung.** a. Unter Klima verstehen wir das Durchschnittswetter irgend eines Ortes. Das Durchschnittswetter gewinnt man aus dem mittlern Wert aller Beobachtungen, die über Temperatur, Niederschlag und Wind längere Zeit hindurch angestellt worden sind. Die Bodenerhebungen spielen dabei eine große Rolle, vor allem aber die Verteilung von Land und Wasser. Auch die Meeresströmungen und Wälder haben nachweisbaren Einfluß auf das Klima.

b. Die Gebirge wirken als Klimascheiden. Die Europa von W nach O durchziehenden Gebirgszüge, besonders die Alpen, schützen die im S gelegenen Länder vor den rauhen Nordwinden. Der Gebirgswall des Himalaja ist der sicherste Schutz für die warmen Fruchtgebiete Indiens.

Wo sich die Ebenen an die Gebirge ansetzen, sehen wir, daß die Gebirgstäler sich durch größern Waldreichtum als die Ebenen auszeichnen. Die Gründe hierfür sind in der erhöhten Temperatur auf dem Talboden, in dem reichlichern Niederschlag und in der größern Windruhe zu suchen. Wegen der heftigen Winde gelingt auch die Wiederbewaldung oder Aufforstung größerer ebener Landstriche, wie der Steppen, der deutschen Geestlandschaften, so schwer.

c. Die Wälder hemmen die Luftbewegung, beschatten den Boden und vermindern die Verdunstung aus ihm. Zur heißen Zeit bewirken sie eine Milderung der Temperatur. Der Wassergehalt des Bodens wird im allgemeinen erhöht; eine Ausnahme bilden nur die Wälder in der Ebene, wo infolge der durch den Baumwuchs bewirkten starken Verdunstung der Grundwasserspiegel erniedrigt wird. Die Wälder sind die Regler (Regulatoren) der Wasserverhältnisse ihrer Gebiete. Sie sorgen für eine fast gleichbleibende Wasserzufuhr für die Quellen und Flüsse.

d. Pflanzen-, Tier- und Menschenleben sind im hohen Grade vom Klima abhängig. Die Pflanze bedarf vor allem der Wärme. Dadurch, daß die Wärme polwärts wie nach der Höhe zu abnimmt, werden bestimmte Ausbreitungsgebiete für die einzelnen Pflanzen geschaffen. Auf der Südseite der Gebirge steigen die Kulturen höher als auf der Nordseite; also auch die Getreidegrenze steigt an südlichen Gehängen weiter empor als an nördlichen.

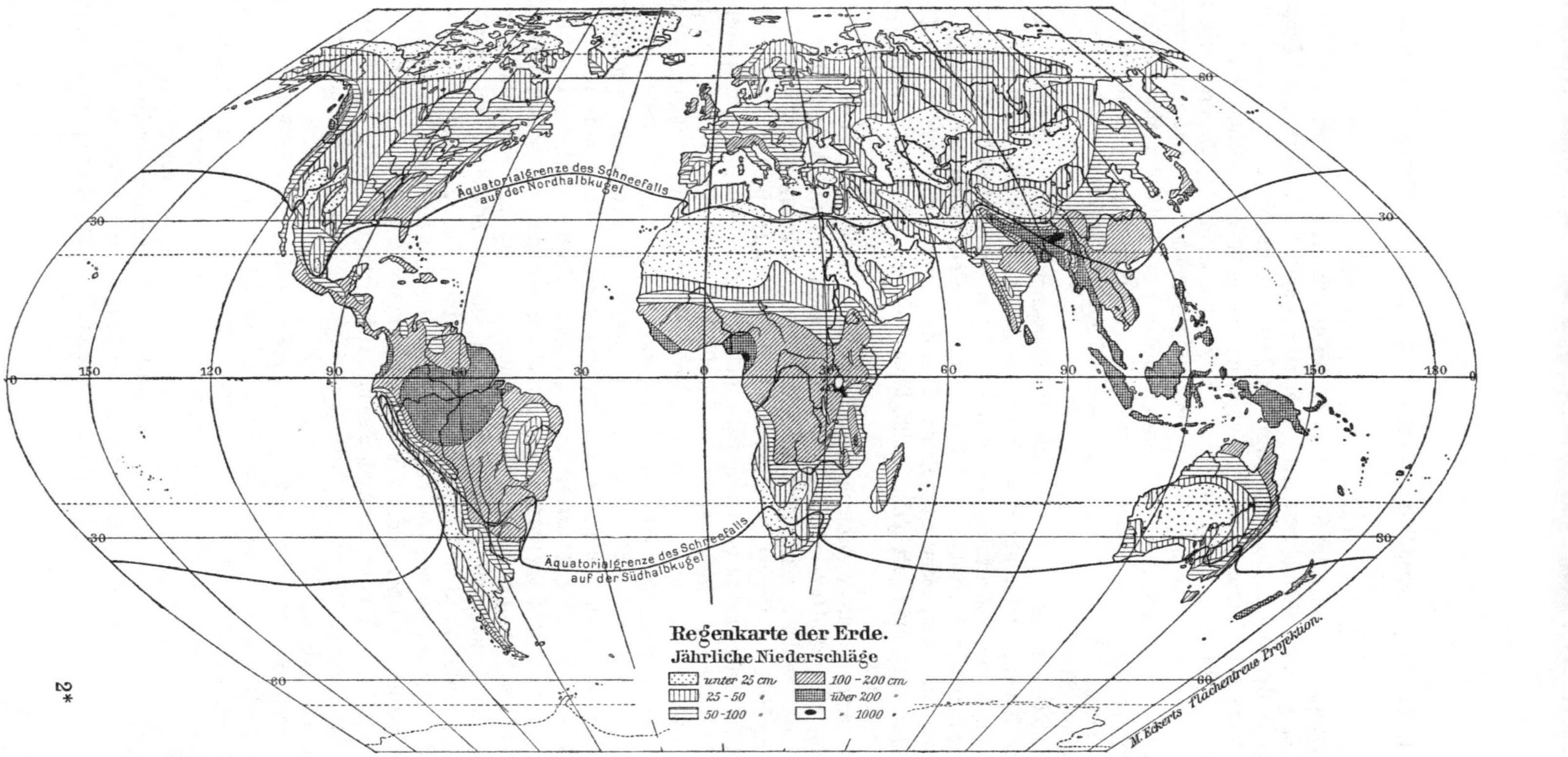

Fig. 2. Regenkarte der Erde.

Land- und Seeklima sind für einige Pflanzenkulturen sehr wichtig. Trotzdem in England der Winter um 3° wärmer als bei uns ist, reifen daselbst keine Trauben, weil die glühende Augustsonne fehlt, in deren Strahlen die Traube reift. Hingegen können in England Lorbeer und Myrte im Freien überwintern.

Neben der Wärme ist der Niederschlag von größter Bedeutung für das Gedeihen der Pflanze. Das Ausmaß des Regenfalles entscheidet vielfach allein über den größern oder geringern Ertrag eines Kulturgebietes. Ferner sind dabei die Jahreszeit, in der der Regen fällt, sowie die Dauer des Fallens wichtig. Es kommt bei der wirtschaftlichen Bedeutung nicht immer darauf an, daß tagtäglich Regen fallen muß, sondern darauf, daß zu einer bestimmten Jahreszeit auch immer eine genügende Menge Regen fällt.

e. Die Tierwelt richtet sich wie die Pflanzenwelt nach der Wärme. So sind infolge klimatischer Gründe nicht einmal die Haustiere gleichweit verbreitet. Auf das arktische bzw. subarktische Gebiet sind die Renntiere beschränkt, auf subtropische und zentralasiatische Gebiete das Kamel und die Seidenraupe, auf Hochasien der Yak, auf hochandine Gebiete das Lama. Das heißfeuchte Tropenklima ist dem Pferde im allgemeinen nicht zuträglich. Hund, Rind, Schwein und Schaf können alle Klimate vertragen.

f. Ganz bedeutend ist die Wirkung des Klimas auf den einzelnen Menschen, wie auf ganze Völker. Diese Wirkung kann zunächst unmittelbar geschehen. Das körperliche Befinden, Stimmung und Geist werden beeinflußt. Der Einfluß ist in den verschiedenen Klimazonen verschieden. Am günstigsten ist er in den gemäßigten Klimaten. Hier werden die tatkräftigsten und hochgebildetsten Menschen erzogen.

Von allen Lebewesen besitzt der Mensch die größte Anpassungsfähigkeit an das Klima. Darum spricht man auch von Akklimatisation. Nicht alle Völker besitzen einen gleichhohen Grad von Anpassungsfähigkeit. Die Chinesen und Juden gehören zu den anpassungsfähigsten. Das Tropenklima können Portugiesen, Spanier, Italiener, Franzosen, also die Romanen besser vertragen als die Germanen.

§ 7. Klimatische Krankheiten. a. Zu hoch gelegene Gegenden rufen infolge ihrer dünnen Luft die Bergkrankheit hervor. Das feuchte, insbesondere das feuchtwarme Klima sumpfiger Gebiete begünstigt die Verbreitung gewisser Krankheitserreger.

b. Die klimatischen Krankheiten nehmen ihre gefährlichste Form gewöhnlich in den Tropen an; so die Malaria, gegen die Chinin das wirksamste Heilmittel ist. Die Eingebornen werden von der Malaria weniger als die Europäer heimgesucht. Die schwerste Form der Malaria ist das Schwarzwasserfieber. Außerdem ist der Europäer in den Tropen allerhand Darmkrankheiten ausgesetzt. Der Beriberi, eine Art schwerer Wassersucht, herrscht vorzugsweise unter den Eingebornen Ostasiens und Indonesiens.

Andere Klimakrankheiten sind das Gelbe Fieber, das in Westafrika, auch in Südwesteuropa, namentlich stark im tropischen Amerika auftritt (die Insel Kuba ist deswegen geradezu berüchtigt), und die Pest, die ihre Herde in Südtibet, Südchina, Vorderindien, Mesopotamien, Uganda hat. In Amerika tritt sie weniger auf.

§ 8. Das Meer und seine Bewegungen. a. Das Meer gleicht keiner regungslosen Wasserwüste. Der Wind, die verschiedene Erwärmung, die Umdrehung der Erde und die Anziehungskraft der Himmelskörper beeinflussen die Meeresoberfläche und die ihr zunächst liegenden Wasserschichten. Die Bewegungen, die durch diese verschiedenen Einflüsse entstehen, sind dreierlei Art: Wellen, Gezeiten und Meeresströmungen.

b. Die Wellen verdanken ihre Entstehung dem Winde. Sie bestehen aus Wellenberg und Wellental. Die Höhe der Wellen ist verschieden, doch geht sie nicht über 10 m hinaus. Die Wellenlänge kann das 5- bis 20-fache der Wellenhöhe betragen. Nach der Küste zu stoßen Wind und Wellengang auf Widerstand, die Wellen bäumen sich, sie branden.

c. Die Gezeiten oder Tiden setzen sich aus Flut (Flutstrom) und Ebbe (Ebbestrom) zusammen. Unter Flut versteht man an der deutschen Nordseeküste die Zeit, die das gegen die Küste vordringende Wasser gebraucht, um seinen höchsten Stand zu erreichen. Sie dauert 6 Stunden; ebensolange hält die Ebbe an, die die Zeit für das Zurückweichen des Wassers bis zu seinem tiefsten Stande ist.

Die Ursache der Gezeiten erkennt man in der Anziehungskraft der Sonne und des Mondes. Die Wassererhebungen, die der Mond bewirkt, sind die höhern. Am höchsten sind sie, wenn Sonne und Mond in gleicher oder direkt entgegengesetzter Richtung die Wassermassen anziehen. Das geschieht zur Zeit des Voll- und Neumondes; es entstehen die Springfluten, die zu den gefährlichen Sturmfluten anwachsen, wenn sie vom Meere her durch starke Winde unterstützt werden. Stehen aber Sonne, Erde und Mond in einem rechten Winkel zueinander, so heben Sonne und Mond ihre Wirkungen auf, und es entstehen niedrige oder taube Fluten. Sie treten wie die Springfluten zweimal im Monat auf.

Ohne die Gezeitenströmungen Flut und Ebbe wären viele Häfen für die Seeschiffe gar nicht benutzbar, so London, Hamburg, Bordeaux u. a. Die Gezeitenströmungen dringen in den Strömen und Flüssen oft sehr weit aufwärts, z. B. in der Elbe 148 km; im Amazonenstrom geht die Niveaustauung bei Flut bis 980 km.

d. Die Meeresströmungen entstehen durch anhaltend wehende Winde. Auch die Erdrotation mag von Einfluß auf die Meeresströmungen sein. Ihre Schnelligkeit ist gering; 2½ Seemeilen in der Stunde bedeuten schon eine starke Strömung. Man darf sich die Meeresströmungen nicht als scharf abgegrenzte Ströme innerhalb des Meeres vorstellen. Die warmen Strömungen haben ihre Heimat in der Äquatorgegend, wie Golfstrom, Brasilstrom, Guineastrom, Kuroschiwo, die kalten Strömungen in den Polargegenden, wie Labradorstrom, Ostgrönlandstrom, Perustrom, Benguelastrom. In der Nähe des Äquators bemerkt man, besonders im Großen und Atlantischen Ozean, Gegenströmungen.

e. Die Meeresströmungen haben große Bedeutung im Haushalte der Natur. Zunächst sind sie für die Schiffahrt von großem Nutzen. Die Segelschiffahrt wird durch sie wesentlich unterstützt, aber auch die Dampfschiffahrt.

Die Meeresströmungen tauschen die Erzeugnisse verschiedener Gegenden aus. Die reichsten Fischereigründe finden sich da, wo kalte Strömungen auf warme stoßen, wie bei der Neufundlandbank, bei der Agulhasbank. An die vegetationslosen Küsten nordischer Gebiete bringen die Ausläufer des Golfstroms Treibhölzer. Durch Samentransport haben die Strömungen die Bepflanzung vieler entlegener Inseln, besonders in den tropischen Meeren, herbeigeführt.

Ein großer Nutzen der Meeresströmungen besteht auch in der Milderung des Klimas nördlicher Breiten. Man denke an den gemeinsamen Einfluß des Golfstroms und der Westwinde auf das Klima der west- und nordwesteuropäischen Küstengestade.

§ 9. Der wirtschaftliche Wert des Meeres. **a.** Das Meer ist die hauptsächlichste Quelle der Niederschläge. Das Meer ist durch den neuzeitlichen Seeverkehr länder- und völkerverbindend. Der Ozean ist so recht der Tummelplatz des Warenverkehrs.

Für den Verkehr sind die Ozeane am günstigsten, deren Gegenküsten nicht allzuweit voneinander entfernt sind. Der Atlantische Ozean hat die günstigste Gestalt, da er sich wie ein Tal zwischen Alter und Neuer Welt lagert. Er ist zum handelsgeographischen Mittelmeer geworden. Die Küsten des Großen Ozeans sind da am weitesten voneinander entfernt, wo ihre Annäherung gerade dem Verkehr am meisten zustatten käme, denn die Entfernung zwischen Panama und der hinterindischen Küste beträgt gegen 10 700 Seemeilen oder nahezu 20 000 km. Die Ost- und Westküsten des Atlantischen Ozeans sind durchschnittlich nur 2860 Seemeilen oder 5500 km voneinander entfernt. (Vgl. Fig. 89.)

Die Ozeane aber selbst sind produktiv. Sie liefern tierische, pflanzliche und mineralische Erzeugnisse; am wichtigsten sind die tierischen, besonders die Fische (s. Fig. 3).

b. Der **Atlantische Ozean** steht unter allen Ozeanen in wirtschaftlicher Bedeutung obenan. Das spricht sich zunächst in seinen tierischen Produkten aus. Der wichtigste Fisch, der im nordatlantischen Ozean an den Küsten Irlands, Schottlands, Norwegens, Islands, Neufundlands, auch an schwedischen, dänischen und deutschen Küsten gefangen wird, ist der Hering. Als beste Heringe gelten die isländischen und holländischen, die in der Nähe der Shetland- und Orkney-Inseln gefangen werden. Großbritannien, Holland, Norwegen und andere Länder bringen jährlich über $1\frac{1}{2}$ Mill. Faß (1 Faß zu 125 kg gerechnet) Heringe im Werte bis zu 50 Mill. M. nach Deutschland. Deutschland selber fängt jetzt jährlich für über 5 Mill. M. Heringe.

Von fast ebenso großer Bedeutung wie der Heringsfang ist der Kabeljau- oder Stockfisch- oder Dorschfang auf den großen Meeresbänken, so bei Neufundland und bei den Lofoten. Der getrocknete Kabeljau bildet als „Stockfisch" einen wichtigen Handelsartikel nach den katholischen Ländern Südeuropas und Südamerikas. Die Nordsee und ihre Nachbargebiete bergen noch erhebliche Mengen von Schellfisch, Steinbutt, Schollen, Seezungen. Im Mittelmeer ist der Thunfisch sehr geschätzt.

Andere wichtige Fische sind Lachs, Makrelen, Sprotten (Kieler Sprotte!), Anschovis, Sardinen (Nantes!), Stör (Kaviar!) und Hausen (Hausenblase). Die Küsten des nordatlantischen Ozeans sind reich an Austern (künstlich gezogen in Austernparks), Miesmuscheln, Hummern, Garnelen und Krabben.

c. Die Meeresgebiete der Tropen liefern viele Schildkröten, deren Fleisch teilweise gegessen wird, und deren Eier zur Brennölgewinnung dienen. Die Schildkröten liefern ferner das Schildpatt.

Im Meere sind Felle, Häute, Fischbein und Tran spendende Tiere zu Hause. Tran liefernde Tiere sind Seehunde, überhaupt die meisten Robben, und die Wale.

Der Grönlandwal ist im Atlantischen Ozean sehr zurückgegangen. Häufiger kommt er noch im nordpazifischen Ozean vor. In tropischen Gebieten wird der Pottwal gefangen. In den nördlichen Eismeergebieten wird dem Walroß und den Robben (Seehunden) sehr nachgestellt.

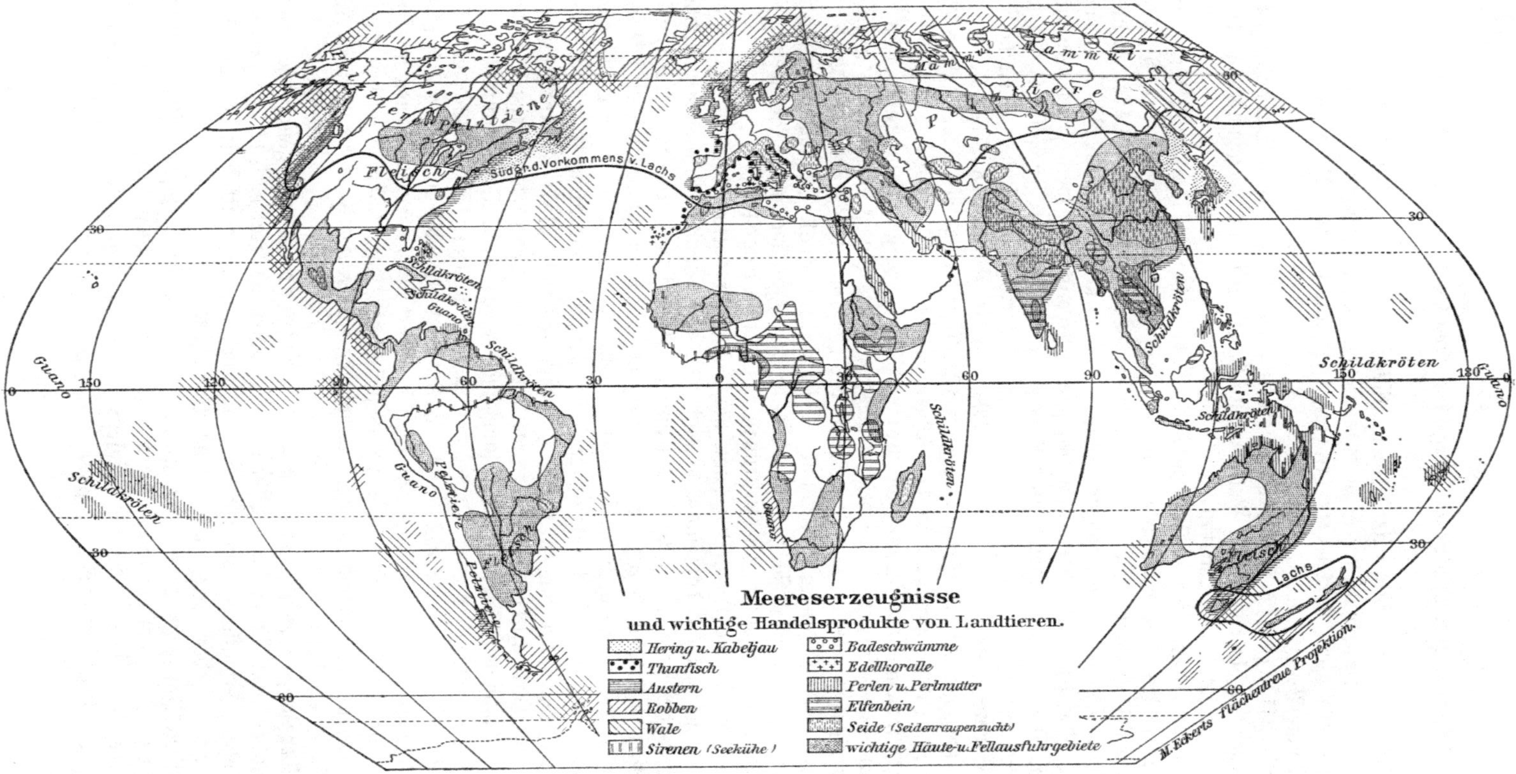

Fig. 3. Meeres- und wichtige Landtiererzeugnisse.

Andere Fischereiprodukte des Atlantischen Ozeans sind die Edelkorallen im Mittelmeer, die Schwämme im europäischen und amerikanischen Mittelmeer und die Perlen bzw. Perlmutterschalen, diese nur bei den Bahamas und an der Küste von Venezuela.

An pflanzlichen Produkten liefert der Atlantische Ozean Seegras als Ersatzmittel der Roßhaare zum Polstern und Seetange zur Jodgewinnung oder als Viehfutter und Streumaterial.

Von mineralischen Erzeugnissen sei das Seesalz hervorgehoben, das in flachen Becken, sog. Salzgärten, an den Küsten Italiens, Spaniens, Portugals, Frankreichs, Hollands usw. gewonnen wird. Die Bernsteinfischerei ist an der deutschen Ostseeküste ein lohnendes Gewerbe (jährlich für 4 Mill. M. Bernstein).

d. Der **Indische Ozean** steht mit seiner Produktivität weit hinter dem Atlantischen Ozean zurück. Hering und Kabeljau kennt man im Indischen Ozean nicht. Nennenswert ist der Fang von Haifischen, da die Haifischflossen einen wichtigen Exportartikel nach China bilden. Das Meer an den Küsten von Oman ist sehr fischreich, vorzugsweise an Sardinen, Thunfisch und einer Art Seebarsch. Ähnliche Fische fängt man auch an den Küsten Siams.

In keinem Ozean ist aber die Perlenfischerei so gewinnbringend als im Indischen Ozean, besonders auf den Meeresbänken des Roten Meeres, des Persischen Meerbusens (Bahrein-Inseln!) und an der Westküste von Ceylon. Die Kaurimuschel, die im Innern Afrikas und in Melanesien noch als Scheidemünze gilt, wird an der afrikanischen Küste, zumeist jedoch bei den Lakkadiven und Malediven gefischt. Seesalz wird besonders an den Küsten von Indien gewonnen.

e. Der **Große Ozean** hat hinsichtlich seiner Produktionskraft in seinem nördlichen Teile viel mit dem nordatlandischen Ozean gemeinsam; in seinem südlichen Teil ähnelt er mehr dem Indischen Ozean. Im Norden werden Heringe, Kabeljau, Heilbutt gefangen, ferner Lachs, dieser sowohl an den amerikanischen wie asiatischen Küsten, zuletzt auch bei Neuseeland und Tasmanien. Bei Sachalin gibt es Fanggründe, deren Fischreichtum dem der Neufundlandbank nichts nachgeben soll. Die Ostasiaten fangen für Nahrungszwecke auch Wal, Tintenfisch, Haifisch und Holothurien. Letztere werden auch Trepang oder Seegurke genannt. In den tropischen Meeresgebieten fängt man zudem viele Riesenschildkröten.

Im nördlichen Großen Ozean werden jährlich gegen 50, 60 und mehr Stück der riesigen Grönlandwals erlegt. Dieser Wal wird bis 20 m lang und erreicht ein Gewicht von 100 000 kg. Ein Walfisch liefert an Tran und Barten im Durchschnitt für 20 000 M. Zur bessern Ausnutzung der Tiere hat man an den amerikanischen, russischen, koreanischen und japanischen Küsten mit Dampf betriebene „Walstationen" errichtet.

Der Große Ozean besitzt in seinem Pelzrobbenreichtum einen großen Vorzug gegenüber dem Atlantischen Ozean. Die besten Pelzrobbenfelle, die Seebärenfelle oder „Sealskins", kommen von den unter der Oberherrschaft der Vereinigten Staaten stehenden Pribylowinseln im Beringmeer.

Viele Inselgruppen und die Küsten Australiens im tropischen Gebiete bringen Perlen und Perlmutter. An den japanischen Küsten wird auch Korallenfischerei betrieben. Die Guanoinseln und -klippen sind fast ganz ausgebeutet, wie z. B. die Chinchainseln bei Peru.

Längs der ostasiatischen Küste (so in Kiautschou) begegnet man der Seesalzgewinnung.

f. Die Erzeugnisse des Meeres geben die Grundlagen zu großen Industrien. Man denke an die Lebertranfabriken in Norwegen, Deutschland und Japan, an die Fischkonservierungs-, Fischverpackungsanstalten und Fischguanofabriken. Über 20 Mill. M. beträgt der Wert der jährlich in Deutschland zu Räucherwaren und Marinaden verarbeiteten Fische.

g. Der jährliche Weltbetrag an Fischprodukten hat eine Höhe von rund 1 Milliarde M. Den größten Anteil daran haben die Vereinigten Staaten von Amerika mit reichlich 200 Mill. M. und Großbritannien mit ungefähr 200 Mill. M. Die nächstwichtigen Fischereiländer sind Kanada, Norwegen, Rußland, Frankreich, Holland, Deutschland (etwa für 50 Mill. M.), Spanien und Portugal, Italien und Japan (dieses Land für reichlich 120 Mill. M.).

Die Fischmenge des gesamten Fischfanges der Erde beträgt rund 4 Mill. Tonnen, wovon die Vereinigten Staaten 23%, Großbritannien 22% liefern, Deutschland dagegen nur $2\frac{1}{2}$ bis 3%. (Vgl. Fig. 54.)

§ 10. Küsten und Seehäfen. a. Die Küste ist ein teils breiterer, teils schmälerer Saum zwischen Land und Meer. Zu den Steilküsten gehören z. B. die Fjorde Norwegens, die Schären Schwedens, die Felsküsten in der Bretagne, von Nordwestspanien, Dalmatien, Algerien. Die Flachküsten sind fast durchgehends durch Schwemmland gebildet. Man denke an die deutschen Flachküsten.

Eine für die Schiffahrt besonders günstige Küste, zu der sich noch ein werktätiges und fruchtbares Hinterland gesellt, nennt man Schiffahrtküste.

b. Die günstigsten Küstenpunkte werden zumeist zu Hafenplätzen ausgebaut. Ein Hafenplatz entspricht nur dann allen Anforderungen des Verkehrs, wenn er vor den großen Meereswellen, der Meeresdünung und den Seewinden schützt und einen geeigneten Ankergrund besitzt. Zugleich muß er Raum zur Ansiedlung gewähren und für ein gewinnbringendes Hinterland gut erreichbar sein. Wo die Natur keine guten Bedingungen zu Hafenanlagen gegeben hat, da hilft der Mensch nach, wenn es die wirtschaftliche Erschließung des an das Meer grenzenden Landes erheischt. Hafendämme oder Wellenbrecher (Molen) werden weit ins Meer hinausgebaut.

Künstliche Häfen sind Ostende, Dover, Colombo, Madras, Batavia. Offene Reeden sind Ankerplätze an Flachküsten; sie liegen vom Strande weit weg im Meere, und der Verkehr wird nur durch Boote vermittelt, wie zumeist an den Küsten von West- und Ostafrika.

§ 11. Flüsse und Seen in ihrer wirtschaftlichen Bedeutung. a. Flüsse und Seen sind Lebensspender. Wo sie fehlen, wird das Land zum Ödland, zur Wüste. Wie die Blüte eines Landes selbst von einem einzigen Flusse abhängen kann, beweist Ägypten mit dem Nil.

Flüsse und Seen sind Kraftspender. Die natürliche Fallkraft des Wassers wird zum Antrieb von Mühlen und andern Wasserwerken benutzt. Fabriken und andere industrielle Unternehmungen ziehen sich gern ins Gebirge hinein, wo die Flüsse am besten ausgenutzt werden können.

Flüsse und Seen sind Ansammler der Bevölkerung. Wo sich die Wasserstraße mit Landstraßen und Eisenbahnen kreuzt, blühen die Ansiedlungen zu großen Flußhäfen empor, wie z. B. Berlin, Ruhrort, Mainz, Mannheim, Riesa.

b. Die Flüsse haben eine völkerzusammenführende und völkerverbindende Kraft. Sie erhöhen somit den Warenaustausch und Güterverbrauch. Die größte Bedeutung haben die Flüsse als Verkehrsadern und Wegweiser. Die Flüsse sind die von der Natur gegebenen und darum billigsten Verkehrswege. Für ausgedehnte Länder sind sie eine ernste Lebensfrage, wie für Rußland, die Vereinigten Staaten, Amazonien und China.

Für den Flußverkehr ist es fernerhin wichtig, ob die Flüsse in Gebieten des Land- oder des Seeklimas fallen; denn damit hängt ihre Schiffahrts- oder Navigationsdauer zusammen. In Frankreich sind die Flüsse das ganze Jahr hindurch eisfrei. Die Elbe ist bei Hamburg etwa 1 Monat mit Eis bedeckt, dagegen die russischen und sibirischen Flüsse 5 bis 8 Monate.

§ 12. **Ebene und Gebirge in der Wirtschaft der Völker.** a. Die Ebene begünstigt eine dichtere Ansiedelung; sie erhöht die Produktionsfähigkeit des Landes und setzt der Entwicklung des Verkehrsnetzes keine Schwierigkeiten entgegen.

b. Die Gebirge widerstehen der Verbreitung des Menschen und seiner Handels- und Verkehrstätigkeit.

Für Handel und Verkehr spielen die Pässe eine große Rolle. Ist ein Gebirge an Pässen arm, so kann ein einziger guter Paß von größter historischer und handelspolitischer Bedeutung sein, wie viele Alpenpässe oder der Khaiberpaß in Asien oder der Uspallatapaß in Südamerika. Wichtig ist ferner, ob der Paß nur Saumverkehr oder auch Wagenverkehr gestattet.

Täler, deren Böden mit Schwemmland ausgefüllt sind, werden gern besiedelt; sie erleichtern auch die Anlage von Verkehrsstraßen.

§ 13. **Veränderungen der Erdoberfläche und ihr Einfluß auf die Wirtschaft.** a. Vulkanausbrüche und Erdbeben verändern von innen aus das Gesicht der Erde, von außen her die mannigfaltigsten Verwitterungsmächte, wie Regen, Schnee, Eis, Frost, Wind, und zuletzt auch der Mensch. Die Verwitterungsmächte lassen die Verwitterungsprodukte nicht an Ort und Stelle ihrer Verwitterung liegen, sondern sie führen sie von den Höhen hinab in die Niederung und füllen die tiefern Stellen der Erdoberfläche aus.

b. Die **Verwitterungsprodukte** haben für die Bewirtschaftung des Bodens eine große Bedeutung. Die Art der Zusammensetzung, die Absonderung und Verwitterung der Gesteine sind von großem Einfluß auf die Vegetationsdecke. Je mannigfaltiger die Zusammensetzung der Steine ist, um so mannigfaltiger und üppiger ist die Pflanzendecke. Glimmerschiefer, Granit, Gneis, Basalt geben im allgemeinen einen guten Boden, keinen besonders guten hingegen Serpentin, Quarzfels, Kalkstein, Sandstein. Sind die Verwitterungsprodukte von Kalkstein und Sandstein mit Tonen und verschiedenen Sanden vermischt, so ergibt dies eine fruchtbare Verwitterungserde.

c. Als besonders fruchtbare Sandböden gelten Löß, Schwarzerde und Regur. Letzterer tritt in Ostindien auf, Schwarzerde in Mittel- und Südrußland, auch in dem großen Mississippibecken. Am weitesten ist der Löß verbreitet, der in Mitteldeutschland, in Ungarn, in Rumänien, in Argentinien, hauptsächlich aber in China zu finden ist. Der Löß wird aus feinen Quarz- und Kalkkörnchen, die mit Ton gemengt sind, gebildet und ist sehr locker. Die besten Weizenfelder der Alten und Neuen Welt sind an die Verbreitung des Lösses gebunden.

d. Die Deltas gehören zu den Neulandbildungen unserer Erde, die auf dem Absatz von Verwitterungs- und Schwemmlandgebilden beruhen. Die Arme des Deltas versanden leicht. Die Schiffbarkeit vieler Flüsse wird darum an der Mündung sehr beeinträchtigt; vielfach können nur Kunstbauten Abhilfe schaffen, wie sie z. B. die neue Sulinamündung beim Donaudelta, das Mississippidelta u. a. zeigen. Schwemmlandmassen im Verein mit der Pflanzenwelt führen zur Bildung von Sümpfen und Mooren, sowohl an den Meeresküsten (Mangroveküsten!), wie bei Binnenseen und am Ufer träg hinfließender Flüsse.

e. Neben den Verwitterungsmächten ist es namentlich der Mensch, der die Erdoberfläche verändert. Wie die Flüsse ihre Rinnen und Schluchten in das Antlitz der Erde eingefurcht haben, so hat in ähnlicher Weise der Mensch seine Straßen, Kanäle und Eisenbahnen in das feste Land eingegraben und über das feste Land dahingezogen. Das Aussehen großer Gebiete kann sich dadurch völlig ändern, wie z. B. das der Pußten.

Die Hindernisse, die Fluß und Gebirge dem Verkehr entgegensetzen, weiß der Mensch zu beseitigen. Brücken bis 4 km Länge (Donaubrücke bei Czernovoda) hat er bereits erbaut, und Tunnels bis 20 km Länge (Simplontunnel 19,7 km lang). Nicht bloß Gebirgszüge werden durchtunnelt, sondern auch große Flüsse untertunnelt, wie die Themse bei London, der Hudson bei Neuyork und die Elbe bei Hamburg. Die Schiffbarkeit der Flüsse weiß der Mensch zu verbessern, Kanäle gräbt er in das Land und verbindet so Flußsystem mit Flußsystem, ja Meer mit Meer, wie der Nordostseekanal, der Kanal von Korinth, der Suezkanal (und der Panamakanal) zeigen.

2. Wirtschaftsgeographie.

§ 14. Wirtschaftsformen und Wirtschaftsstufen. a. Unter Wirtschaft verstehen wir alle die Handlungen, die auf die Befriedigung unserer Bedürfnisse gerichtet sind. Eine Volkswirtschaft besitzen nur die höher entwickelten Völker, besonders die der europäischen Kultur. Je nachdem der Natur die verschiedenen Gaben abgerungen werden, unterscheidet man verschiedene Wirtschaftsformen.

b. Die hauptsächlichsten Wirtschaftsformen sind Sammeln, Jagen, Fischen, Viehzüchten, Ackerbauen und Handeltreiben. Die Wirtschaftsformen sind bei den einzelnen Völkern verschieden, auch zeitlich verschieden ausgeprägt. Je nachdem eine Wirtschaftsform besonders ausgebildet ist, spricht man von Sammlern, Jägern, Fischern, Hirten (Viehzüchtern), Ackerbauern und Handelsvölkern. Irrtümlich ist es aber, anzunehmen, daß die ursprünglichste Wirtschaftsform die Jagd gewesen sei, zu der sich als höhere Stufe der kulturellen Entwicklung die Viehzucht und zuletzt der Ackerbau der seßhaft gewordenen Völker gesellt hätte. Alle diese Wirtschaftsformen kommen gleichzeitig nebeneinander vor, im Altertum sowohl wie in der Gegenwart. Nur der Grad der Betätigung ist ein verschiedener, und so unterscheiden wir eine ursprüngliche, eine gehobenere und eine ordnungsmäßige (rationelle oder wissenschaftliche) Wirtschaftsstufe innerhalb der einzelnen Wirtschaftsformen. Die ursprüngliche Stufe zeigt sich allgemein bei den

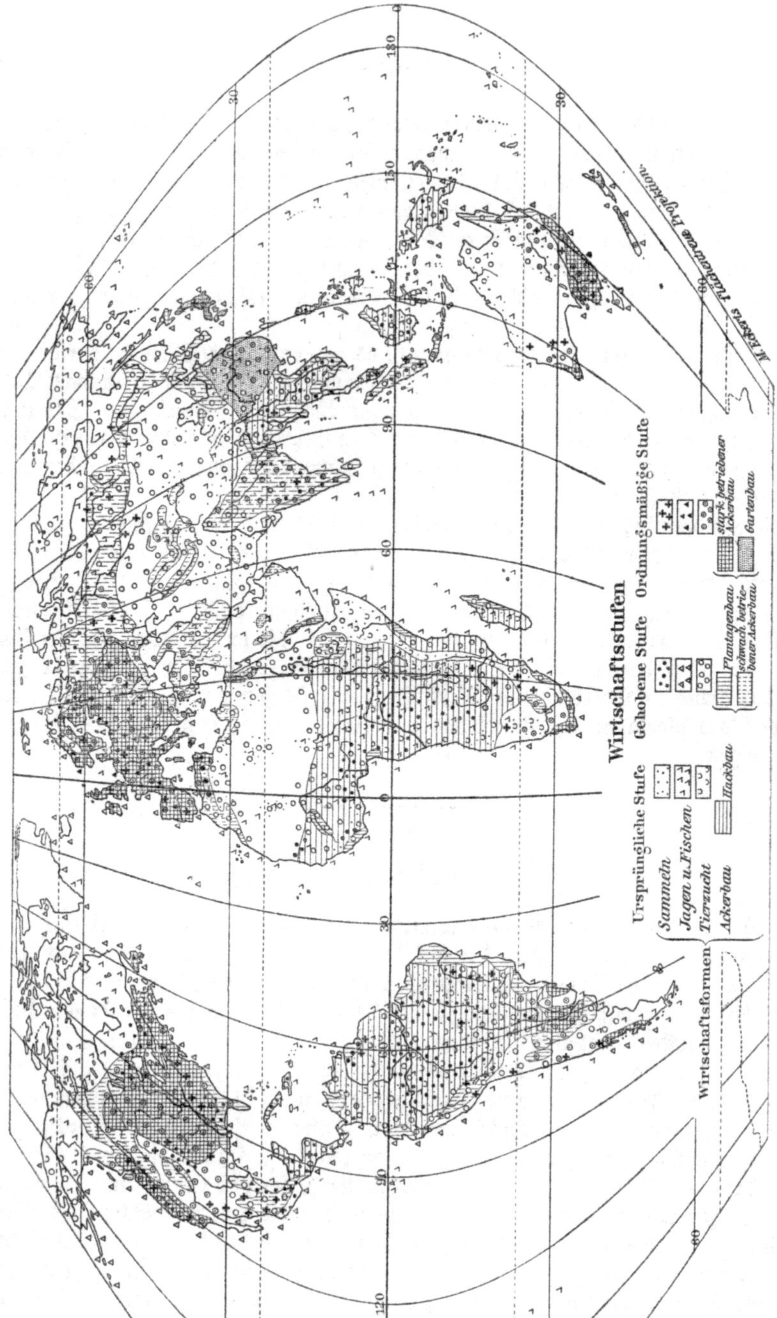

Fig. 4. Wirtschaftsstufen.

tiefer stehenden und wenig entwickelten Völkern und Volksklassen. (Vgl. Fig. 4.) Auf höhere und höchste Stufen weisen auch Bergbau und Industrie hin.

c. Die ursprüngliche Stufe des Sammelns besteht in dem mehr oder minder planlosen Auflesen von pflanzlichen und tierischen Nahrungsstoffen (Wurzeln, Muscheln, Schnecken, Würmern). Die entwickeltere Form finden wir in dem Sammeln von Naturprodukten, die industriell weiter verarbeitet werden, so von Kautschuk, Gummi, Kopal. Das Sammeln wird nicht mehr instinktiv zur Befriedigung des Hungers getrieben, sondern bewußt zur Erlangung verschiedener materieller Güter. Der Raubbau der Tropen ist eine Ausartung dieser Wirtschaftsstufe. Die Lumpen- und Brockensammler unserer Großstädte gehören auch zu der gehobenern Stufe. Eine ordnungsmäßige oder wissenschaftlich betriebene Sammelwirtschaft ist der Bergbau. Ihm dient in neuerer Zeit vor allem mit der Maschinenbetrieb, der ja immer die hohe Stufe einer Wirtschaftsform auszeichnet.

d. Die ursprüngliche Stufe des Jagens und Fischens befaßt sich wiederum nur mit der notdürftigen Erlangung von Nahrungsmitteln für den eignen Jäger und Fischer. Die gehobenere Stufe finden wir da, wo Tiere erjagt, bzw. gefischt werden, die einmal als Nahrungsmittel für weitere Kreise und sodann als industriell verwertbare Stoffe dienen. Auch auf dieser Wirtschaftsstufe haben sich Ausartungen gezeigt (Raubwirtschaft). Man denke nur an den Rückgang des Bisons in Nordamerika, der großen Dickhäuter in Afrika, der Pelzrobben in verschiedenen Ozeangebieten. Neuere Jagdverbote bringen etwas Besserung. Der Hochseefischfang führt schon zu einer höhern Stufe hinüber. Die ordnungsmäßige Stufe finden wir in der Jagd der europäischen West- und Mittelstaaten sowie in der Fischzucht dieser und anderer Staaten.

Die Viehzucht, selbst bei den nomadisierenden Völkern, ist bereits eine entwickeltere Wirtschaftsstufe. Die ursprüngliche Stufe finden wir nur in der Haltung von Tieren, an deren Besitz man sich erfreute, ohne für Fortpflanzung besondere Sorge und Verständnis zu zeigen. Die ordnungsmäßige Stufe ist die hochentwickelte Viehzucht der europäischen Länder und der von Europäern bewirtschafteten Erdgebiete. Sie zeichnet sich durch die Züchtung besserer Haustierrassen, durch die Milch- und Meiereiwirtschaft aus.

e. Der Hackbau ist die ursprüngliche Form des Ackerbaues. Ihm dienten früher nur menschliche Kraft und einfache Werkzeuge aus Holz, Horn und Stein. In dem Gartenbau, wie er in China, Japan, hauptsächlich in der Nähe unserer Großstädte gepflegt wird, sehen wir die höchste Form des Hackbaus. Der Plantagenbau ist eine besonders ausgebildete Form des Hackbaus; er ist vorzugsweise den tropischen Kulturgebieten eigen. Der Hackbau entwickelte sich in der gemäßigten Zone allmählich zum Ackerbau, dem nun auf seiner höchsten Stufe die moderne Düngung und der Maschinenbetrieb dienen.

f. Der Handel ist auf seiner ursprünglichen Stufe nur Tauschhandel, also der Handel, wie er auch heute noch zwischen und mit niedrig stehenden Völkern gepflegt wird. Eine gehobenere Stufe nimmt er da ein, wo bereits Geld und Geldersatzmittel dem Handelsverkehr dienen. Die höchste Stufe hat er in dem neuzeitlichen Betrieb gefunden, der darauf gerichtet ist, die Nahrungsmittel und Industrieartikel von großen Produktionsgebieten großen Konsumtionsgebieten zuzuführen. Wirtschaft und Verkehr gehen sodann Hand in Hand.

§ 15. Wirtschaft und Volksdichte. a. Die Volksdichte oder relative Bevölkerung wird durch eine mittlere Zahl von Menschen, die für eine bestimmte Flächeneinheit, jetzt zumeist für 1 qkm, rechnerisch ermittelt ist, angegeben. Volksdichte und Wirtschaft eines Gebietes sind unmittelbar voneinander abhängig. Im allgemeinen kann man schließen: Je dichter ein Land besiedelt ist, um so höhere Wirtschaftsstufen hat es erreicht; je dünner besiedelt, um so niedriger steht die Wirtschaft. Im besondern finden wir Unterschiede; denn wenn die Vereinigten Staaten von Amerika kaum 10 Bewohner und das europäische Rußland 24 auf 1 qkm zählen, so ist letzteres Land wirtschaftlich durchaus nicht höher entwickelt (warum? Geschichte der Besiedelung von Nordamerika!).

Die dichtbevölkerten Gegenden nehmen nur wenig Raum der gesamten Landfläche ein; weit ausgedehnte Gebiete sind immer mäßig oder schwach bevölkert. Große Ackerbaustaaten dürfen nie zu dicht bevölkert sein, da sie sonst keinen Überschuß an Brotfrucht den Industriestaaten liefern könnten. (Vgl. Fig. 5.)

b. Die Erdteile, die noch von vielen Naturvölkern bewohnt werden und darum von vornherein viele niedrige Wirtschaftsstufen aufweisen, sind die dünnstbevölkerten. Es sind dies die Erdteile, die ihre größten Gebietsteile in den Tropen besitzen, und die darum viel Sammel-, Jagd- und Hackbauerzeugnisse liefern. Neben Südamerika und Afrika kann man auch Australien hinzurechnen. In Afrika entfallen etwa 6 Bewohner auf 1 qkm, in Südamerika kaum 3 und auf Australien gar nur 0,6. Die Kontinente mit ihren Hauptgebieten in der gemäßigten Zone sind die wirtschaftlich bedeutendsten und auch die dichtesten. Nordamerika hat allerdings nur reichlich 4 Bewohner auf 1 qkm, rechnen wir aber allein die Vereinigten Staaten, so haben wir rund 10 Bewohner auf 1 qkm; Asien hat 20 und Europa 43.

In der hohen Volksdichte bekundet sich auch das wirtschaftliche Übergewicht Europas.

c. Innerhalb Europas stehen die Industrie- und Handelsstaaten in der Volksdichte obenan, so Belgien mit rund 251 Bew. auf 1 qkm; über 100 Bew. auf 1 qkm haben ferner England, die Niederlande, Deutschland und Italien. In Amerika haben nur die Inseln Portoriko, Guadeloupe und Martinique über 100 Bew. auf 1 qkm, in Afrika nur die Insel Mauritius, in Asien Java, die Pescadoresinseln, Formosa und Japan. Auch die dicht bewohnten Tropeninseln sind ein Hinweis auf die wirtschaftliche Tüchtikeit der Bevölkerung, der hierselbst ein dichtes Zusammenleben infolge des Seeklimas ermöglicht ist. Die genannten Inseln liefern in ganz hervorragender Weise tropische Erzeugnisse.

d. Ein genaueres Bild von der Beziehung zwischen Volksdichte und Wirtschaft erhält man, wenn man die eigentlichen Wirtschaftsgebiete aus den großen Reichen ausscheidet. Da finden wir das Königreich Sachsen mit 301 Bew. auf 1 qkm, das Rheinland mit 238, England und Wales mit 215. Derartig dichtbevölkerte Gegenden sind auch in Vorderindien nichts Seltenes. Am bevölkertsten auf Erden sind die ackerbau- und industriereichen Provinzen am Jantsekiang, besonders die Provinz Szetschwan, wo in der Ebene von Tschengtu auf 6200 qkm gegen 4 Mill. Menschen wohnen, d. h. rund 600 Menschen auf 1 qkm.

§ 16. Die Kulturfläche der Erde und die Kulturpflanzen. a. Die Kulturfläche ist der Teil der Kontinente, der uns nutzbare Pflanzen, vorzüglich zur Nah-

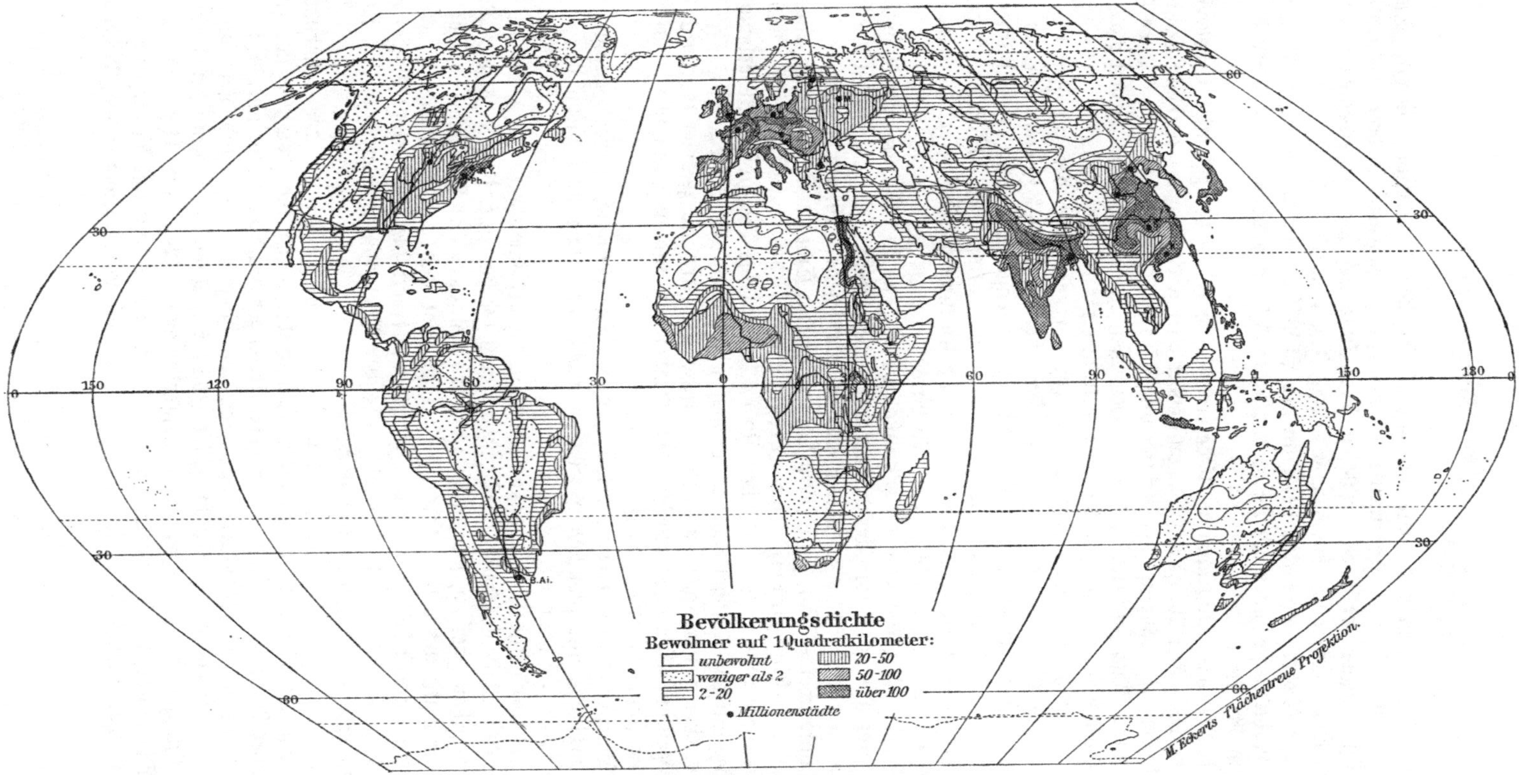

Fig. 5. Bevölkerungsdichte.

rung für Menschen und Tiere und zur industriellen Bearbeitung, liefert. Sie umfaßt die drei südlichen Kontinente fast vollständig, dagegen die drei Nordkontinente bei ihrer weiter polwärts erfolgten Erstreckung bis zur Getreidegrenze; einzelne Waldgebiete gehen darüber hinaus. (Vgl. Fig. 1 u. 6.)

Die Getreidegrenze steigt an der Westküste Europas bis zum 70. Grad n. Br., während sie innerhalb Asiens und Amerikas im allgemeinen zwischen 50° und 60° n. Br. liegt.

b. Auf das Kulturland der Erde entfällt die Hälfte der gesamten Erdoberfläche, also reichlich 70 Mill. qkm. Davon gehört aber wiederum die reichliche Hälfte den Wäldern an, während den Äckern und Wiesen (Weiden) nur die knappe Hälfte zukommt. Das Kulturland, das von den Menschen zur Erzeugung von Nahrungs- und Nutzpflanzen bewirtschaftet wird, beträgt etwa 20 Mill. qkm.

c. Die gegenwärtige Kulturfläche hat sich gegenüber der zur Zeit der alten Römer und Griechen sehr vergrößert. Sie gibt ein beredtes Zeugnis von der außerordentlich entwickelten Wirtschaftstätigkeit des Menschen. Gegen 60 Kulturgewächse haben uns die Alten überliefert; heute zählt man deren etwa 400 Arten, Nahrungspflanzen im ganzen gegen 1000. Von den Kulturgewächsen liefert die Alte Welt über 300, die Neue Welt gegen 70 Arten.

§ 17. **Die Kulturzonen (Landbauzonen).** **a.** Die Kulturgewächse sind nicht gleichmäßig über die wirtschaftlich bebaute Erde verteilt. Einige gedeihen nur in den Tropenländern, andere wiederum nur in nördlichern Gebieten. Nach der Klimalage unterscheidet man fünf Hauptkulturzonen der Erde: eine nördliche und südliche gemäßigt warme, eine nördliche und südliche subtropische und eine tropische Zone. Die nördlichen Zonen sind infolge der großen Ausdehnung des Landes auf der Nordhalbkugel besser als die südlichen ausgebildet. (Vgl. Fig. 6.)

b. Die gemäßigte und subtropische Kulturzone zeichnet sich durch einen jahreszeitlich bestimmten Wechsel der Temperatur und unregelmäßige, verschieden auf das Jahr verteilte Niederschläge aus.

Die gemäßigt warme Kulturzone. Sie deckt sich in der Hauptsache mit der nördlichen und südlichen Getreidezone oder den Landbauzonen der außertropischen Länder.

Die nördliche Getreidezone umfaßt die arktische Gerstenzone, wo bei überwiegender Waldwirtschaft und Viehzucht auch Gerste, Kartoffel, Kohl und Wasserrübe angebaut werden, sodann die Zone des überwiegenden Haferbaus und der Feldgraswirtschaft, wo die Rinderzucht stark gepflegt und eine großartige Milch- und Meiereiwirtschaft betrieben wird. Zuletzt gehört noch die Roggenzone hierher. Der Flachsbau ist in dieser Zone wichtig. In den Übergangsgebieten nach den nächsten Zonen tritt die Zuckerrübenkultur hervor.

Die südliche Getreidezone umfaßt die Weizenzone mit dem ansehnlichsten Weizenanbau und der bedeutendsten Schafzucht, ferner die Maiszone mit zurücktretender Milchwirtschaft, dagegen hervortretender Schweinezucht, und drittens das südosteuropäisch-asiatische Steppengebiet, wo Roggen, Hirse und Lein angebaut werden. Neben der Schafzucht ist die Zucht von Kamelen und auf den hochasiatischen Steppen die Zucht von Yaks bemerkenswert. (Vgl. Fig. 41.)

Die subtropische Kulturzone. Zu ihr gehört zunächst die Agrumen- oder Olivenzone. Sie ist besonders am Mittelmeer und in der Levante ausgebildet. Der

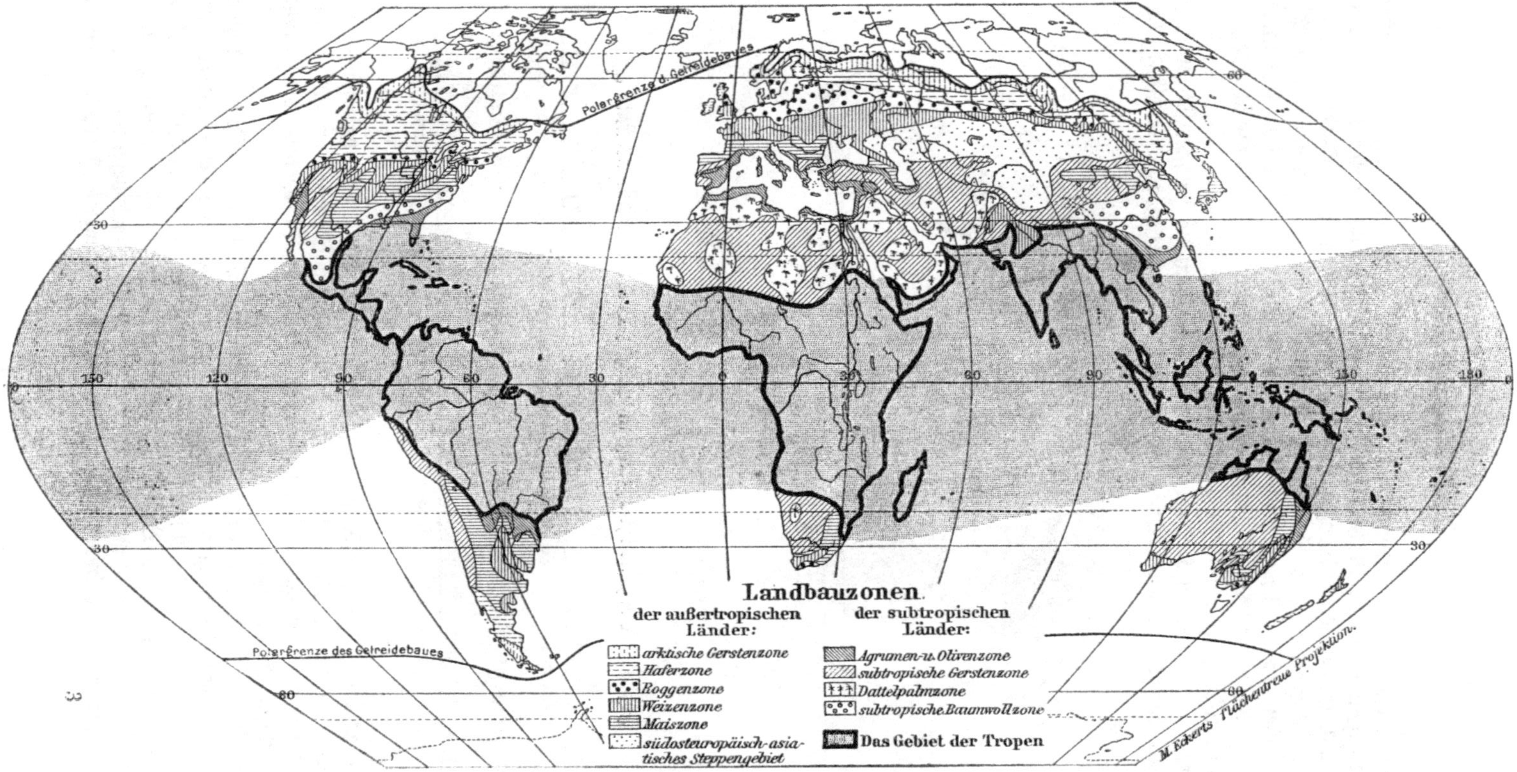

Fig. 6. Landbauzonen.

Getreideanbau erfolgt vielfach mit Hilfe künstlicher Bewässerung. Hülsenfrüchte werden gern angebaut. Neben der Schaf- und Ziegenhaltung findet sich Maultier-, Esel- und Kamelzucht. Hierher gehört auch die subtropische Gerstenzone, besonders in Nordafrika, und die Dattelpalmzone, die sich durch das nördliche Afrika, Vorderasien, Iran bis nach Vorderindien hineinzieht. Die eigentliche Baumwollenzone ist, obwohl die Baumwolle von Haus aus eine tropische Pflanze ist, auch in den Subtropen zu finden, besonders in Nordamerika und Asien.

c. Die tropischen Kulturzonen. Die Tropenzone zeichnet sich durch keine größere Steigerung der Wärme, wohl aber durch regelmäßige reichliche Nieder-

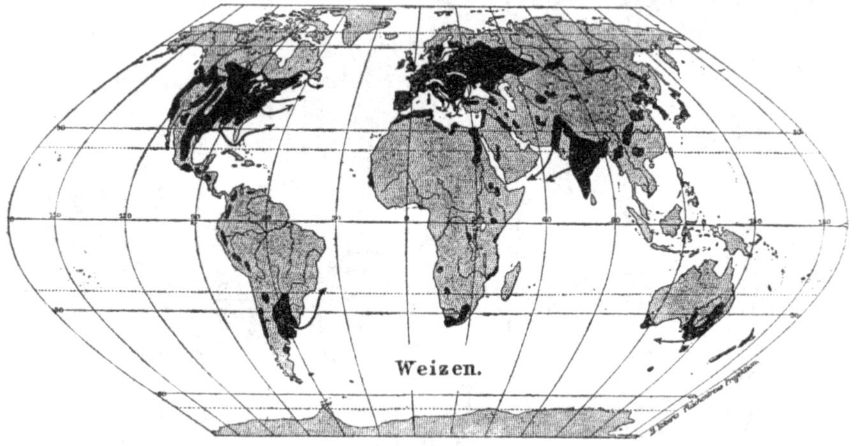

Fig. 7. Weizen.

Fig. 8. Weizenerzeugung in Proz. [Welternte 1909: 99 Mill. t].

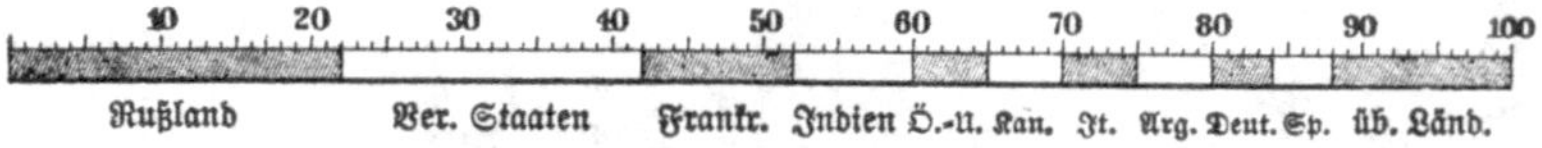

Fig. 9. Weizeneinfuhr in sechs wichtige europäische Länder in Proz. [1908 für 1876 Mill. M.].

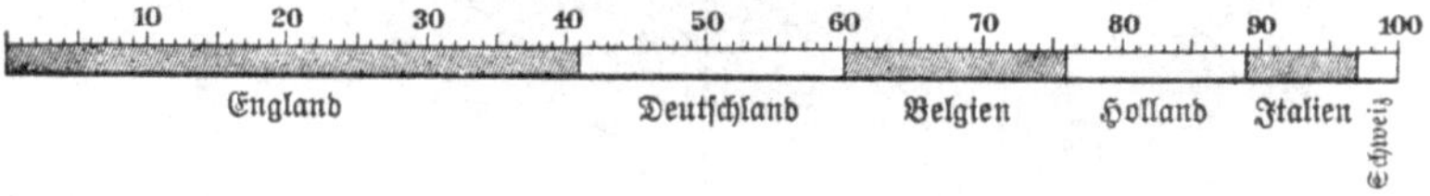

schläge und eine gleichbleibende hohe Temperatur aus. Wir unterscheiden eine weitere und engere Tropenkulturzone; dort wachsen Pflanzen in höhern Lagen sowohl wie in weit ausgedehnten Gebieten, hier nur Pflanzen in den tropischen heißfeuchten Niederungen.

In der weitern Kulturzone nehmen die erste Stellung als Nahrungspflanzen die Durra oder das Sorghum (eine Hirsenart) und der Reis ein. Andere wichtige Nahrungsmittel liefernde Pflanzen sind Batate oder süße Kartoffel, die Knollen von Yams und Taro, die Wurzeln von Maniok, die Erdnüsse, Zuckerrohr und Banane. Weizen und Mais gedeihen gleichfalls in dieser Zone, besonders auch Kaffee, Tabak, Pfeffer und Chinchonarinde. Die weitere Tropenzone ist das Verbreitungsgebiet verschiedener Kautschuk liefernder Bäume, sodann von verschiedenen Baumwollarten, von Jute (Vorderindien!) und von allerhand tropischen Nutzhölzern.

In der engen tropischen Kulturzone ist zunächst die Kokospalme bemerkenswert, sodann die Ölpalme. Andere wichtigere Kulturpflanzen und pflanzliche Produkte dieser Zone sind Kakao, Pará- und Kolanuß, Mate, Zimmet, Brotfruchtbaum, Gewürznelken, Piment (Nelkenpfeffer), Vanille, Muskat, Kardamom, Perlsago und verschiedene Faserpflanzen, wie der Manilahanf und Sisalhanf; letzterer wandert jetzt infolge der menschlichen Kultivationseinflüsse in die weitere tropische Zone, so nach Deutsch-Ostafrika.

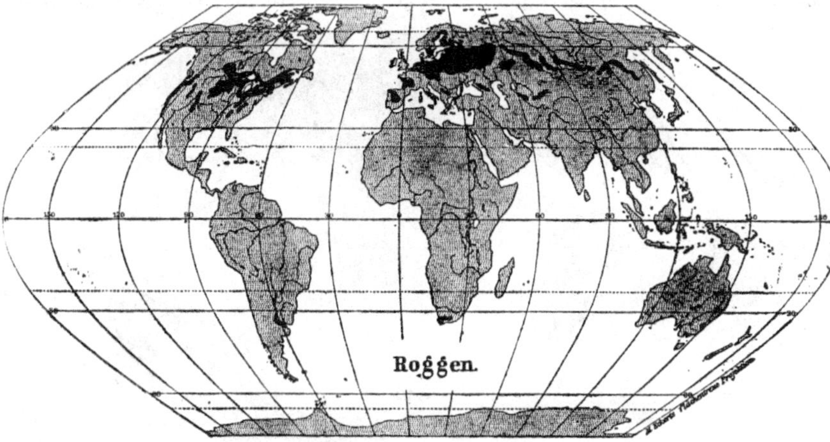

Fig. 10. Roggen.

Fig. 11. Roggenerzeugung in Proz. [Welternte 1909: 48 Mill. t].

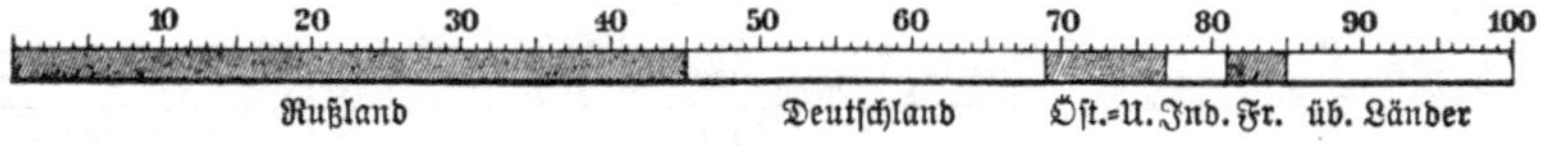

§ 18. **Nahrungspflanzen, insbesondere die Körnerfrüchte.** a. Der Anbau der Körnerfrüchte der gemäßigten Zone, der Zerealien, ist die wichtigste der Kulturen auf unserer Erde. In die dichtbevölkerten Industriestaaten der Erde erfolgt eine bedeutende Getreideeinfuhr aus den Gebieten, die Getreide in Überfluß erzeugen, also aus den Kornkammern der Erde.

Für Europa insbesondere sind drei Kornkammern wichtig: die pontische, am nördlichen und westlichen Schwarzen Meere bis hinein nach Ungarn, die nordamerikanische, am Mississippi, Missouri und Ohio, und die argentinische Kornkammer. (Vgl. Fig. 113, 153, 240 u. 257.) Die Völker, die sich vorwiegend von Reis ernähren, haben ihre bedeutendste Kornkammer in Vorder- und Hinterindien und in Indonesien.

b. An Zerealien erbaut die Erde jährlich gegen 350 Mill. t, wovon die Hälfte allein auf Europa entfällt.

Am meisten wird Weizen erzeugt, sodann Mais. Die größten Weizenproduzenten sind die Vereinigten Staaten von Amerika und Rußland; es folgen Frankreich, Britisch-Indien, Argentinien, Kanada und Ungarn. Als Weizenausfuhrland steht jetzt Argentinien mit reichlich 500 Mill. M. über den Vereinigten Staaten mit reichlich 400 Mill. M. Bei den Weizeneinfuhrländern ist zu bemerken, daß Belgien ⅓ seines eingeführten Weizens wieder ausführt und Holland sogar ¾. Der meiste Roggen wird in Rußland erbaut, sodann in Deutschland. Die wichtigsten Gerstenländer sind Rußland, die Vereinigten Staaten, Indien und Deutschland. Unter den Haferländern stehen die Vereinigten Staaten und Rußland obenan; ihnen gesellt sich erst in größerm Abstande Deutschland bei. Die größte Menge

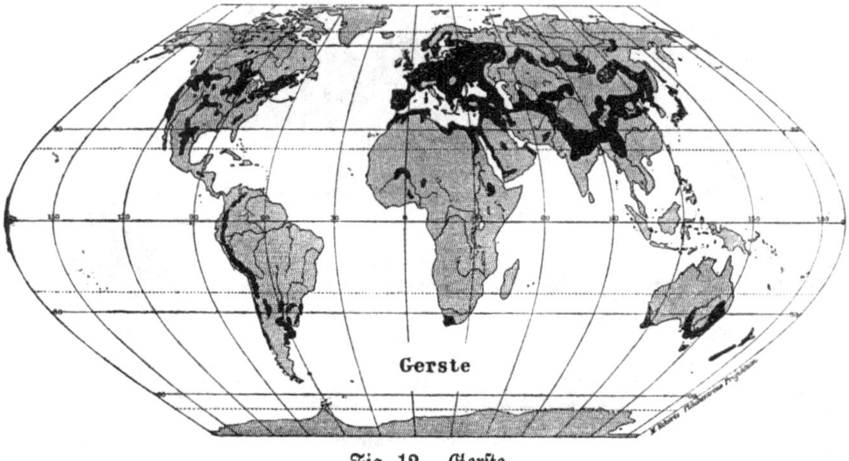

Fig. 12. Gerste.

Fig. 13. Gersteerzeugung in Proz. [Welternte 1909: 38 Mill. t].

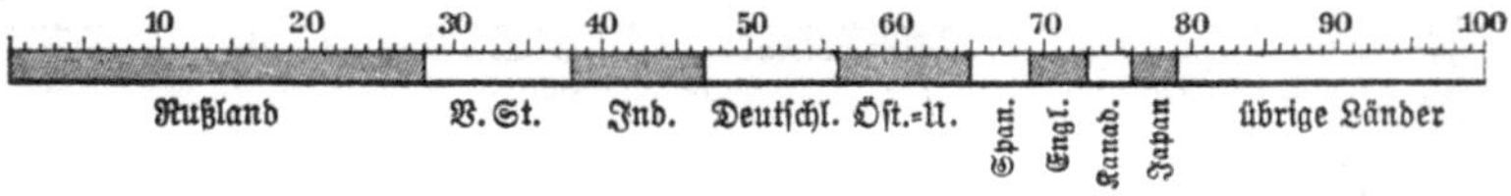

an Mais erzeugen die Vereinigten Staaten, und zwar ¾ der Welternte. Maisländer sind außerdem Argentinien und Ungarn (Vgl. die Fig. 7 bis 19.)

a. Der neuzeitliche Weltgetreidehandel ist nur durch die modernen Verkehrsmittel möglich geworden. Mit Hilfe von Dampfwagen, Schiff und Telegraph werden die überschüssigen Getreidemengen der Kornkammern dahin transportiert, wo Mangel an Getreide ist, oder wo Mißernten Hungersnot und andere Gefahren im Gefolge haben würden. London hat sich zu einem der größten Getreidemärkte der Erde entwickelt. Die getreidebauenden Länder der verschiedenen Zonen können sich jetzt mit ihren Getreidemengen ergänzen. Die Erntezeit des Getreides in den verschiedenen Ländern kommt diesem Ausgleich entgegen. Das mag die Ernte-Monatstafel des Weizens zeigen:

Januar: Australien, Neuseeland, Chile, Argentinien.
Februar: Britisch-Indien, Oberägypten.

März: Britisch-Indien, Oberägypten.
April: Persien, Syrien, Mittel- und Unterägypten, Mexiko, Kuba.
Mai: Algier, überhaupt Nordafrika, Kleinasien, China, Japan, Texas.
Juni: Pyrenäenhalbinsel, Italien, Griechenland, Oregon, Kalifornien, Louisiana, Mississippi, Alabama, Georgia, Arkansas, Missouri, Kansas, Colorado.
Juli: Bulgarien, Rumänien, Ungarn, Österreich, Frankreich, Südrußland, Nebraska, Minnesota, Neuenglandstaaten, Oberkanada.
August: England, Belgien, Holland, Deutschland, Dänemark, Polen, mittleres Rußland, Unterkanada, Manitoba, Britisch-Kolumbien.
September: Schottland, Schweden, Norwegen, Nordkanada.

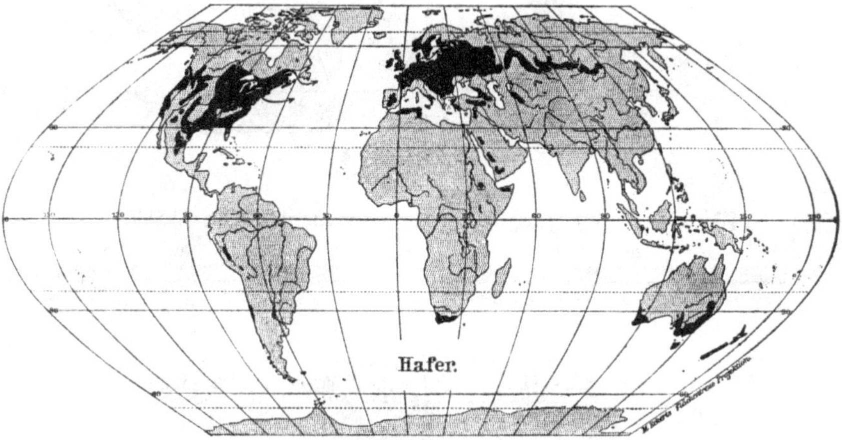

Fig. 14. Hafer.

Fig. 15. Hafererzeugung in Proz. [Welternte 1909: 68 Mill. t].

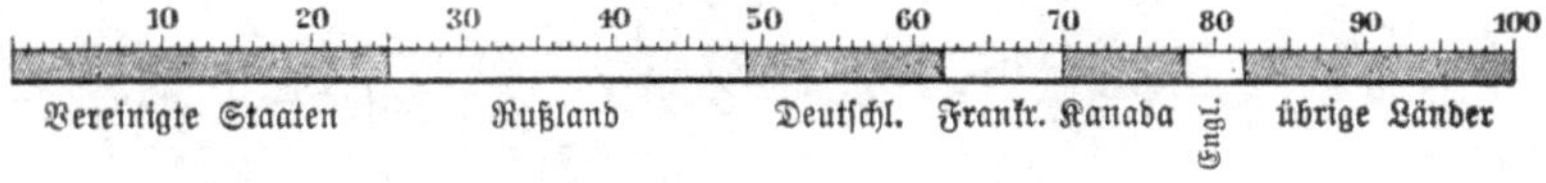

Oktober: Nordrußland.
November: Südafrika, Peru.
Dezember: Birma, Siam und Nachbargebiete.

d. Der **Reis** hat seine Hauptanbaugebiete im südlichen und südöstlichen Asien, sodann in der Fortsetzung dieser Gebiete, auf den Sundainseln. Der meiste Reis wird in China gebaut. Trotzdem muß es jährlich noch Reis einführen. Ebenso ist für Japan die Reiskultur außerordentlich wichtig. Die obengenannten Gebiete führen auch Reis nach andern Ländern der Erde aus. (Vgl. Fig. 18 u. 19.)

Die wichtigsten asiatischen Reishäfen, bzw. Reisländer sind Kalkutta, die vier niederbirmanischen Häfen: Akyab, Bassein, Rangun, Moulmein, sodann Bangkok, Saigon, Java (mit Reis erster Güte) und Japan.

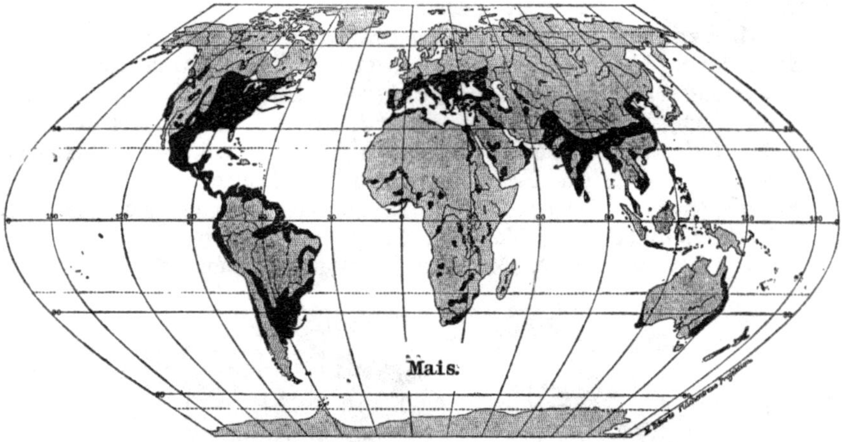

Fig. 16. Mais.

Fig. 17. Maiserzeugung in Proz. [Welternte 1909: 99 Mill. t].

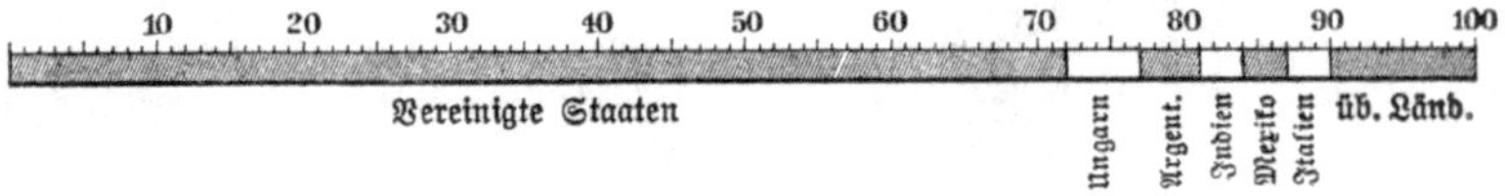

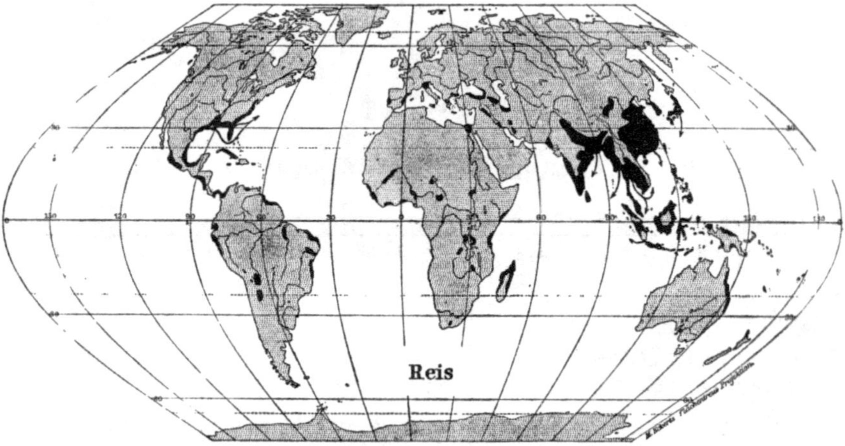

Fig. 18. Reis.

Fig. 19. Reiserzeugung in Proz. [Welternte 1909: 88 Mill. t].

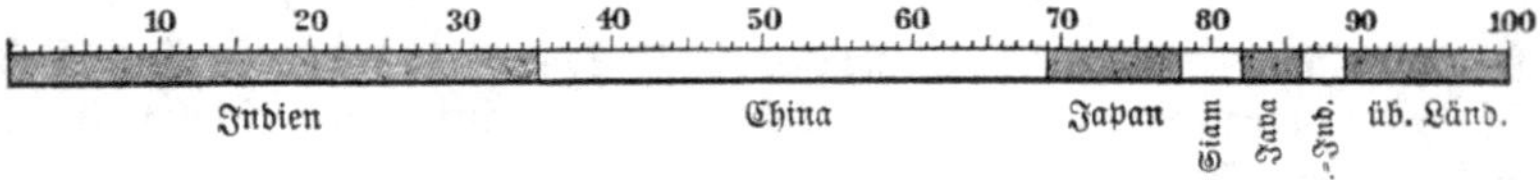

Die Südstaaten der Vereinigten Staaten von Amerika gewinnen als Reisländer immer mehr an Bedeutung, ihr Reis steht hoch im Preise. In Europa ist Italien als reisbauendes Land bemerkenswert.

e. Sorghum oder Durra ist eine Hirsenart, die ebenso große Bedeutung wie der Reis hat; ja, es nähren sich jedenfalls noch mehr Menschen von Durra als von Reis. Außer in den erwähnten asiatischen Reisgebieten wird Durra besonders in Afrika gebaut, auch in Nordamerika.

Andere Hirsearten sind weit in die gemäßigte Zone vorgedrungen. Doch ist ihr Anbau nicht so groß wie der der andern Getreidearten.

In West- und Nordeuropa, in Mittelasien und Nordamerika wird auch Buchweizen oder Heidekorn gebaut, ein Getreidekraut, das mit dem geringsten Fruchtboden fürlieb nimmt.

§ 19. Durch Knollen und Wurzeln nährende Pflanzen. **a.** Die Kartoffel, „das Brot der Armen", gilt uns als ein Nahrungsmittel, zum mindesten als ein Ersatznahrungsmittel. Deutschland erzeugt die meisten Kartoffeln, jährlich bis ½ Millarde dz, d. i. ⅓ der Welternte. Namhafte Kartoffelproduzenten sind noch Rußland, Frankreich und Österreich. Die Frühkartoffeln kommen aus Malta, Italien, Algier, Tripolis, Teneriffa und Lissabon.

Fig. 20. Kartoffelerzeugung in Proz. [Kartoffelernte 1909: 141 Mill. t].

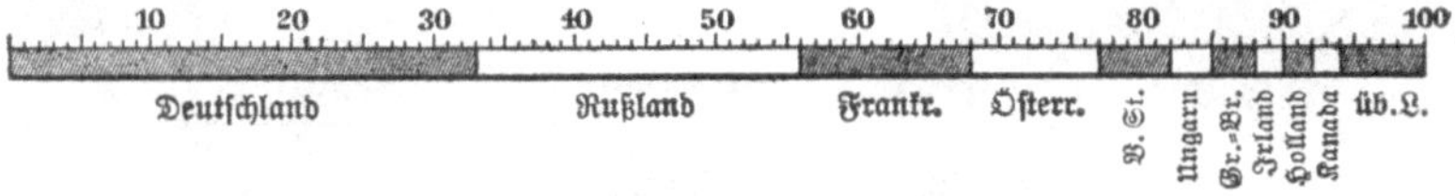

b. Andere nahrhafte Wurzeln und Knollen sind die Tobinamburknollen in Nordamerika, die Knollen der Batate oder süßen Kartoffel, der Kassave oder des Maniok, des Yams, des Taro und der Arrowroot liefernden Pfeilwurzarten.

§ 20. Durch Früchte, Mark und Blätter nährende Pflanzen. **a.** Für uns sind am wichtigsten die verschiedenen Obstbäume. Südeuropa liefert in der Hauptsache die Agrumen, d. s. einmal die Limonen oder Zitronen, auch bittre Orangen oder Pomeranzen genannt, und sodann die Apfelsinen oder süßen Orangen. Italien ist der größte Agrumenproduzent. Außerdem bringt Spanien viele Agrumen in den Handel. Andere Anbaugebiete gibt es in Florida, Kalifornien, Australien, Japan, Paraguay.

Die Mittelmeerländer liefern fernerhin die eßbaren Kastanien oder Maronen, Feigen (die besten aus Smyrna), Rosinen, Korinthen und Mandeln. Mehr zu den Tropenpflanzen gehören bereits die Dattelpalmen, deren beste Früchte von Afrika in den Handel kommen.

b. Die Tropen bringen uns Ananas, die besten von den Bahamainseln, und die Bananen oder Pisangs. Die Bananen sind außerordentlich ertragreich; ihr Ertrag verhält sich zu dem des Weizens wie 12 : 1, zu dem der Kartoffel wie 2½ : 1.

Die Kokospalme spielt in vielseitiger Beziehung eine große Rolle. Abgesehen davon, daß sie den Eingeborenen Nahrung, Kleidung, Hausgeräte u. a. m. gibt, liefert sie lohnende Ausfuhrartikel, und zwar „Kopra", das sind die zerschnittenen und getrockneten Kokosnußkerne, die zur Ölbereitung dienen, sodann „Kokosnußkuchen" zu Kraftfutter, und „Koir"; das sind die Fasern der Fruchthülle zu Flechtarbeiten. Wichtige Exportländer für Kokosnuß sind Ceylon, Brasilien, Trinidad, überhaupt die Küstengebiete und die Inseln der Tropen, insbes. der Südsee.

Sago entstammt verschiedenen Palmen, besonders in Indonesien. Der Brotfruchtbaum ist für viele Südseebewohner eine unentbehrliche Nahrungspflanze.

§ 21. Nahrungs- und Genußpflanzen. a. Zuckerrübe und Zuckerrohr sind die wichtigsten Vertreter dieser Gruppe. An Rübenzucker werden jährlich über 6 Mill. t hergestellt, an Rohrzucker über 7½ Mill. t. Deutschland ist der erste Zuckerproduzent der Erde, es stellt ein Drittel des Rübenzuckers her.

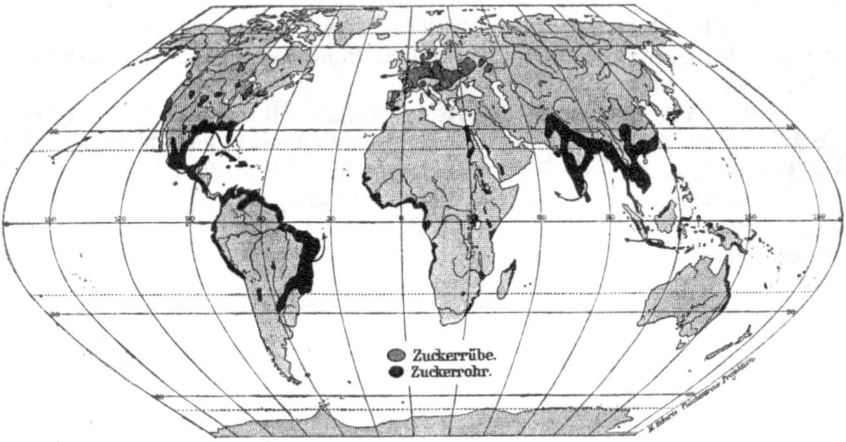

Fig. 21. Zuckerrübe. Zuckerrohr.

Fig. 22. Rübenzuckererzeugung in Proz. [1909: 6370000 t].

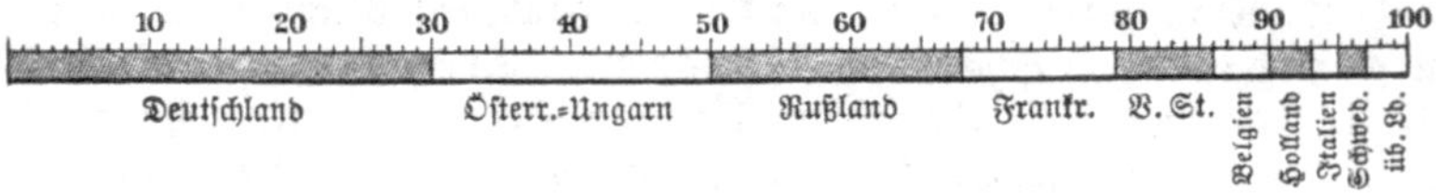

Fig. 23. Rohrzuckererzeugung in Proz. [1909: 7595000 t].

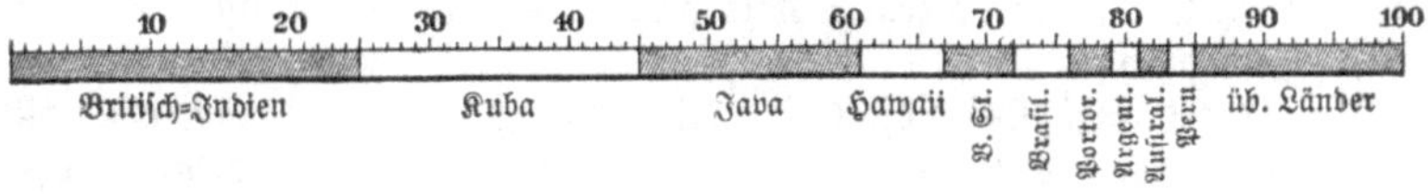

b. Als Nahrungs- und Genußmittel gewinnt in neuerer Zeit der Kakao immer mehr an Bedeutung. Die Kakaoernten sind sehr schwankend. Der feinste Kakao kommt aus Venezuela und Trinidad, der meiste aus Brasilien und sodann aus Ecuador, wo im Hafen von Guayaquil jährlich 100 000 bis 200 000 dz Kakao verschifft werden. Dem Kakao der deutschen Besitzungen Kamerun, Togo und Samoa (1½ bis 2% der

Fig. 24. Kakaoerzeugung in Proz. [Welternte 1908: 193500 t].

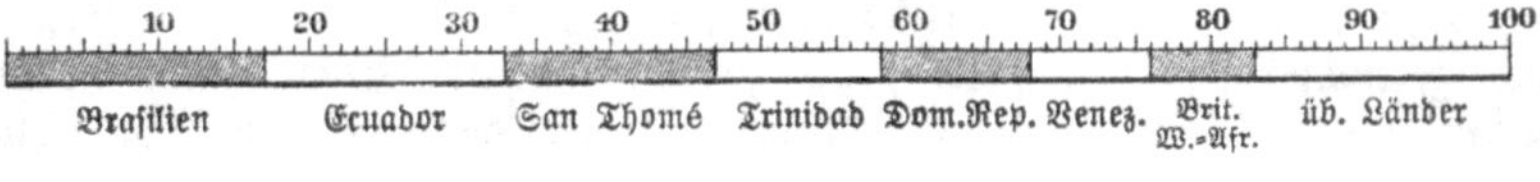

Welternte) wird besondere Güte nachgerühmt; indessen muß Deutschland seinen Kakaobedarf in der Hauptsache noch aus Ecuador und Brasilien decken.

In diese Gruppe von Pflanzen gehören auch Kolanüsse, Guaranafrüchte und Mate. Sie sind allerdings schon mehr Reiz- als Genußmittel.

§ 22. Genuß- oder Reizmittel liefernde Pflanzen. **a.** Die Weinrebe gibt je nach dem Wetter und der Klimalage verschiedene jährliche Ernten. Das größte Weinland der Erde ist Frankreich, das jährlich etwa 50 bis 60 Mill. hl Wein erzeugt (dagegen Deutschland jährlich $1\frac{1}{2}$ Mill. bis über 5 Mill. hl). Weinländer sind außer

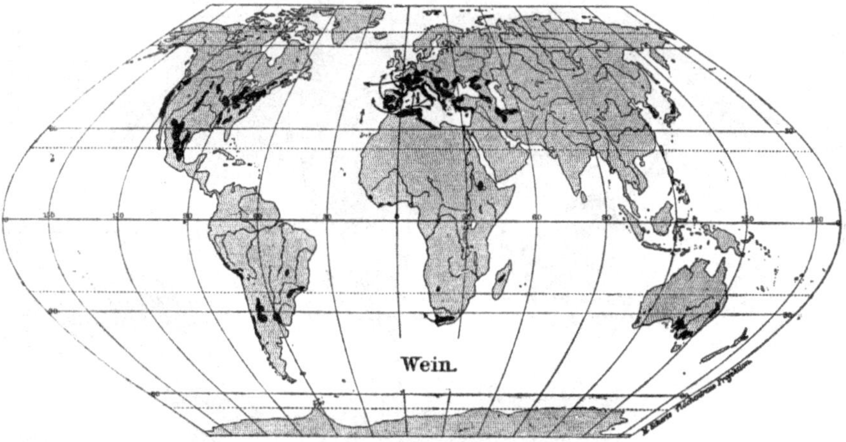

Fig. 25 Wein.

Fig. 26. Weinerzeugung in Proz. [1908: 178 Mill. hl].

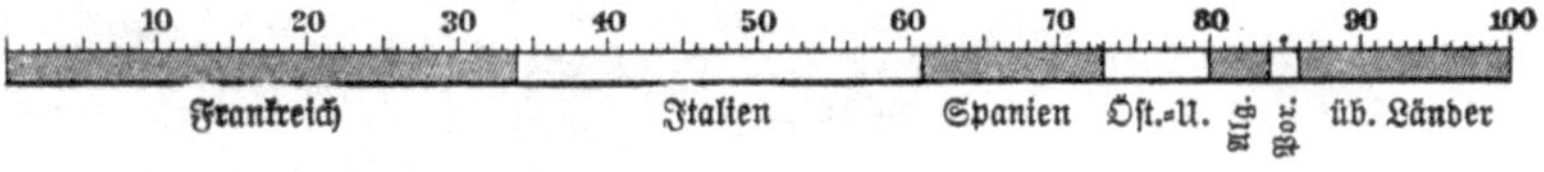

Frankreich besonders Italien, Spanien, Griechenland und die Länder der Levante, fernerhin Österreich-Ungarn, Deutschland, die Schweiz, Algier, Tunis, die Vereinigten Staaten, Argentinien, Peru, Uruguay, das Kapland und Australien.

Der Hopfen, der der Bierbereitung dient, wird hauptsächlich in Deutschland, Großbritannien, Österreich-Ungarn und in den Vereinigten Staaten gebaut.

b. Für den Weltverkehr und den Welthandel sind Kaffee und Tee gesuchte Waren, da sie sich in den Kulturländern der gemäßigten Zone immer größerer Beliebtheit erfreuen. Von Kaffee kommen gegen 10 Mill. dz jährlich in den Welthandel. Der Weltmarkt wird vom brasilianischen Erzeugnis beherrscht. Santos und Rio de Janeiro sind die bedeutendsten Kaffeeexporthäfen Brasiliens. Sie senden insbesondere große Mengen nach Deutschland.

Der Tee des Weltmarktes wird vorzüglich von China, Britisch-Indien, Ceylon, Japan, Java und Formosa gedeckt. Diese Länder erzeugen jährlich über 6 Mill. dz Tee. Nach Großbritannien wird der meiste Tee gebracht; hier wird auch mit Ausnahme von China der meiste Tee getrunken.

c. Die besten Tabake liefern tropische und subtropische Gebiete, so Kuba (Havannatabake), Mexiko, Brasilien (St. Felixtabake), Venezuela (Varinaskanaster), Britisch- und Niederländisch-Indien, die asiatische Türkei. In Europa bauen Österreich-Ungarn, Rußland, Deutschland und Frankreich in erheblichen Mengen Tabak. Deutschland gewinnt aus seinen Kolonien Kamerun, Deutsch-Ostafrika und Neuguinea etwas Tabak.

Reiz- und Betäubungsmittel sind im Orient, in Süd- und Ostasien das Opium, im Orient auch das Haschisch, für die Bewohner der Tropen die Arekanüsse und die

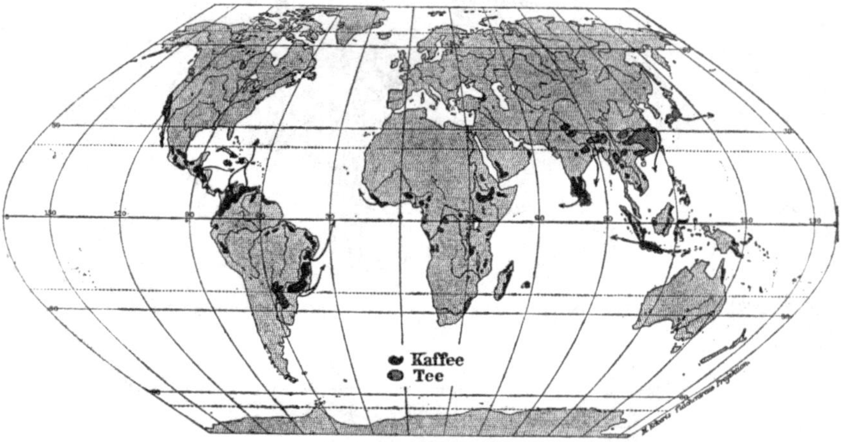

Fig. 27. Kaffee. Tee.

Fig. 28. Kaffeeerzeugung in Proz. [1908/09: 1055 Mill. kg].

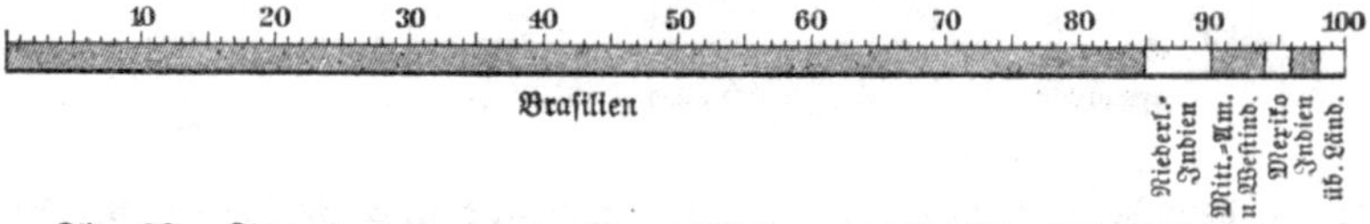

Fig. 29. Teeerzeugung in Proz. [Welternte 1908/09: 628 Mill. kg].

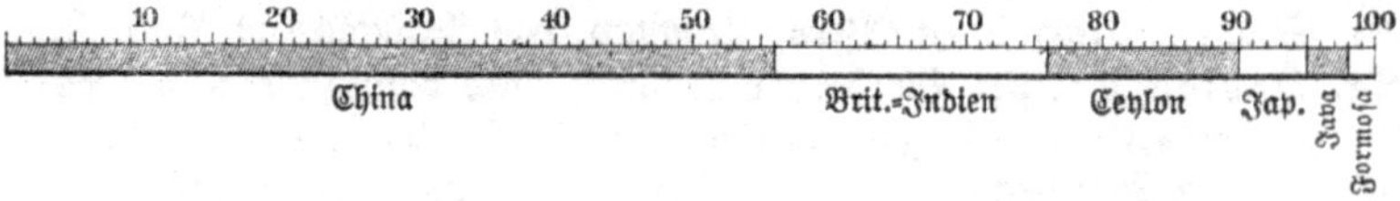

Blätter des Betelpfefferstrauches. Für Koka sind die Haupterzeugungsgebiete Bolivien und Peru.

§ 23. **Gewürze und Arzneimittel liefernde Pflanzen.** a. Der Pfeffer kommt von Sumatra aus in den Handel, sodann von andern indonesischen Gebieten und von Siam. Der schwarze Pfeffer ist die unreif getrocknete, der weiße Pfeffer die reif geschälte und getrocknete Beere eines und desselben Strauches.

Der altbekannte Zimt (Zimmet) oder Kaneel wird in der Hauptsache von Ceylon, Kotschinchina und Niederländisch-Indien geliefert. Die Kassiarinde der südchinesischen Provinzen geht auch als Zimt in den Handel.

Muskatnuß und Muskatblüte oder Macis, d. i. der Fruchtmantel der Muskatnuß, werden vorzugsweise in Niederländisch-Indien erzeugt.

Die Gewürznelken des Welthandels kommen in größern Mengen von Sansibar und der Nachbarinsel Pemba.

Britisch-Indien führt Kardamom aus; auch ist es der Hauptlieferant von Ingwer.

Die Neue Welt hat uns nur zwei Gewürze geliefert, das gegenwärtig teuerste Gewürz, die Vanille, und den Piment oder die Neue Würze, auch Nelkenpfeffer oder Jamaikapfeffer genannt.

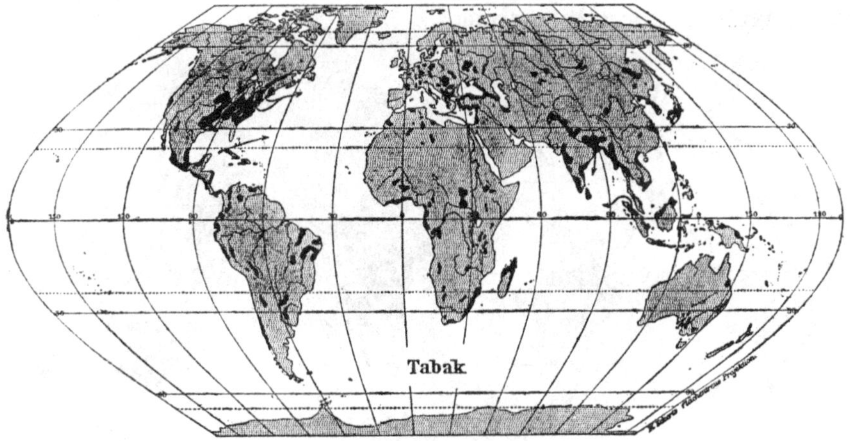

Fig. 30. Tabak.

Fig. 31. Tabakerzeugung in Proz. [1909: 8 Mill. dz].

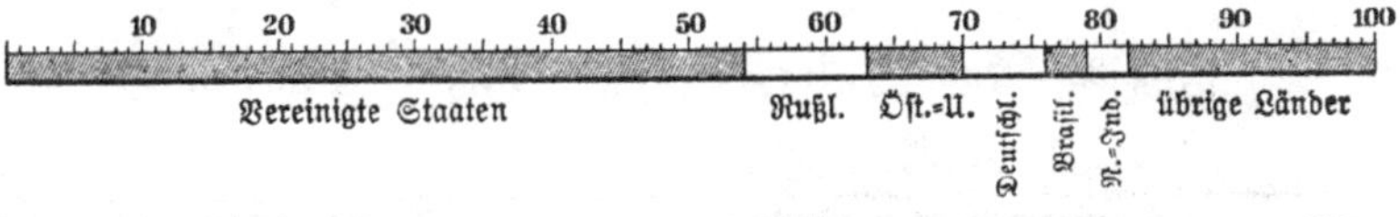

Jamaika ist der einzige Lieferant von Piment, während Vanille außer von Mexiko von verschiedenen westindischen und südamerikanischen Gebieten, besonders jedoch von Réunion kommt, in kleinern Mengen auch von andern afrikanischen und von asiatischen Gebieten.

b. Die Anzahl der Arzneimittel liefernden Pflanzen ist sehr groß. Das Opium der Mohnpflanze und das Kokain der Kokapflanze sind schon erwähnt worden.

Von hervorragender Bedeutung ist die Chinchonarinde des Chinchonarindenbaumes, fälschlich „Chinarinde" genannt. Die Rinde kam lange Zeit nur aus dem Ursprungsland des Chinchonarindenbaumes in den Handel, von den Abhängen der Anden in Peru und Ecuador, wo sie von Indianern, den „Cascadores", eingeheimst wurde. Die Engländer haben mit großem Glück den Chinchonarindenbaum nach Indien verpflanzt. Die Hauptlieferanten sind gegenwärtig Java, Ceylon und Darjiling im Himalaja. Deutschland verbraucht sehr viel dieser Rinden zur Herstellung der „Chininsalze".

§ 24. Fett, Öl und Harz liefernde Pflanzen. **a.** Der *Ölbaum* hat in den Mittelmeerländern sein Verbreitungsgebiet. Italien, Frankreich, Spanien und Tunis liefern das beste *Olivenöl*.

Unter den tropischen Ölpflanzen ragt die *Ölpalme* hervor, die überhaupt eine der dankbarsten Pflanzen für tropische Kultur ist. Der Welthandel setzt jährlich 1 Mill. dz Palmenöl und gegen 14 Mill. dz Palmenkerne um. Das bedeutendste Ausfuhrgebiet ist das Nigermündungsgebiet mit Kamerun (das „Ölflußgebiet").

Auch die bereits betrachtete *Kokospalme* liefert Öl und Fett, ebenso die *Sesampflanze* und die Erdnußöl gebende *Arachis*. Die europäischen Hauptölhäfen sind Marseille, London und Hamburg.

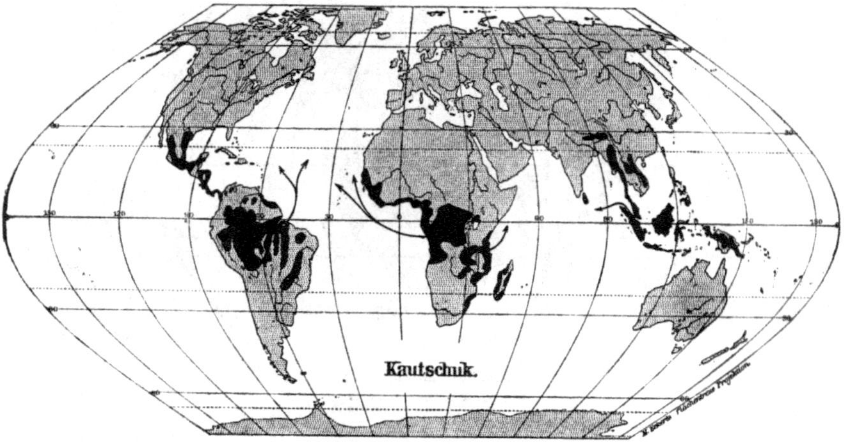

Fig. 32. Kautschuk.

Fig. 33. *Kautschukerzeugung* in Proz. [1909: 69372 t].

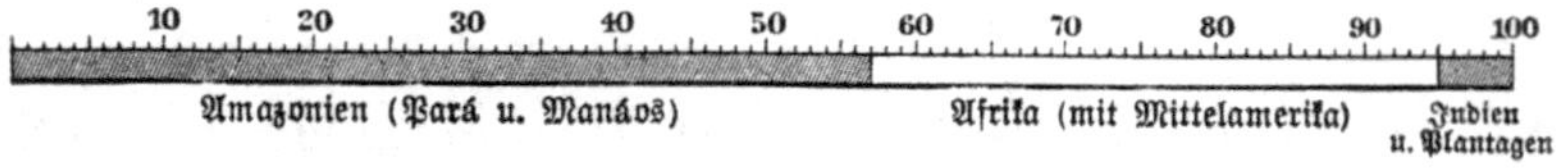

b. Wohlriechende Harze sind *Benzoe* (Niederländisch-Indien), *Mastix* (Chios). Fichtenharze liefern Terpentinöl, das in großen Mengen aus dem Südosten der Vereinigten Staaten kommt.

Nubien liefert zumeist *Gummiarabikum*. Als wichtigste Gummiprodukte kennen wir den (oder das) *Kautschuk* oder das *Gummielastikum* und die *Guttapercha*. Der Kautschuk ist ein *elastischer Körper* und geht mit Schwefel unter dem Einfluß der sogenannten „Vulkanisation" eine chemische Verbindung ein, die Guttapercha dagegen ist ein *plastischer Körper*, der keine Verbindung mit dem Schwefel eingeht. Beide werden aus dem Milchsaft verschiedener Tropenbäume gewonnen. Das Verbreitungsgebiet der Guttapercha ist wesentlich beschränkter als das des Kautschuks. Echte Guttapercha kommt fast ausschließlich von Singapore aus in den Handel, Kautschuk aus Brasilien (Pará, Manáos), Afrika (Kongostaat, Kamerun,

Deutsch-Ostafrika), Asien und Australien. Der Guttapercha sehr ähnlich ist die Balata (aus Guayana).

Hauptgummimärkte sind Liverpool, Hamburg, Antwerpen, Havre und Neuyork.

§ 25. Pflanzen der Technologie und der chemischen Industrie (Faser-, Gespinst-, Farbe- und Gerberpflanzen). a. Unter den Faser- und Gespinstpflanzen nimmt die Baumwolle die führende Stellung ein. Die jährliche Welterzeugung der Baumwolle beträgt 5—6 Milliarden kg. Von dieser Menge liefern die Vereinigten Staaten $^2/_3$, während das übrige Drittel auf Ostindien, China, Ägypten, Asiatisch-Rußland, Mexiko, Brasilien u. a. Länder entfällt. Italien baut auch etwas Baumwolle. West- und Ostafrika werden künftig noch eine große Rolle als Baumwollproduzenten spielen.

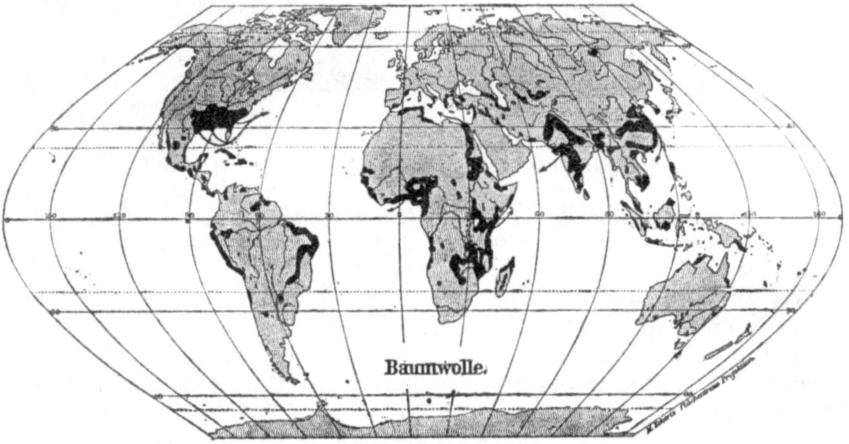

Fig. 34. Baumwolle.

Fig. 35. Baumwollerzeugung in Proz. [1909: 22,5 Mill. Ballen = 56 Mill. t, wenn 1 Ballen netto = 500 ℔].

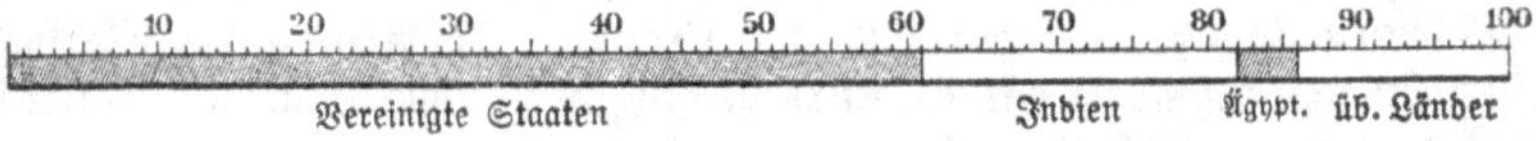

Fig. 36. Baumwollverbrauch in Proz. [1909: 16,7 Mill. Ballen = 37 Mill. t].

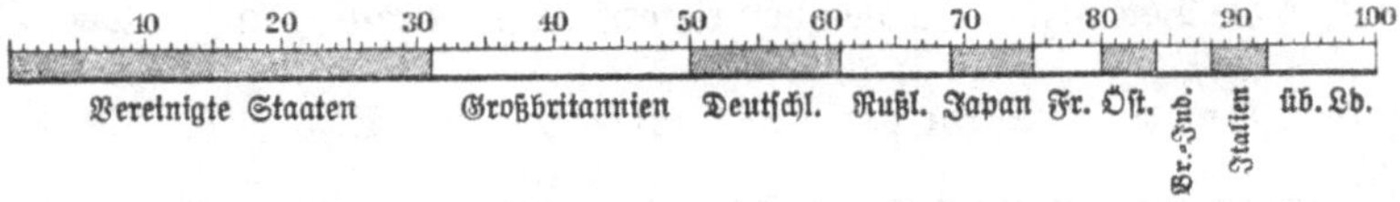

Die Baumwollindustrie hat die Gewerke in Flachs und Hanf innerhalb Europas zurückgedrängt und mithin auch die Erzeugung. Die größten Flachsländer sind die Vereinigten Staaten (1908: 646 000 t, besonders zur Ölgewinnung angebaut), Rußland und Österreich-Ungarn. Auch Frankreich, Deutschland, Belgien, Irland, Italien, Holland, Rumänien, Serbien, Bulgarien, Ostindien und Argentinien bringen Flachs auf den Weltmarkt.

In der Hanferzeugung steht Rußland obenan. Es folgen Italien, Österreich-Ungarn, Frankreich, Serbien und Rumänien, China und Japan.

b. Von außereuropäischen Faserstoffen seien namhaft gemacht Jute in Bengalen, Ramie in Südchina, Sunn oder ostindischer Hanf, der unserer Hanffaser sehr ähnlich ist. Mit unserer Hanfpflanze haben nichts zu tun die sogenannten „tropischen Hanfarten", wie Manilahanf auf den Philippinen (1908: 131 000 t), Neuseeländischer Flachs auf Neuseeland und Sisalhanf oder Henequen auf der Yukatan-Halbinsel, letzterer neuerdings mit großem Erfolge in Deutsch-Ostafrika angepflanzt.

Auf den kalkhaltigen Höhen und Plateaus der westlichen Mittelmeerländer

Fig. 37. Flachsfasererzeugung in Proz. [1907/08: 714000 t, ohne die Ernte in den Ver. Staat.].

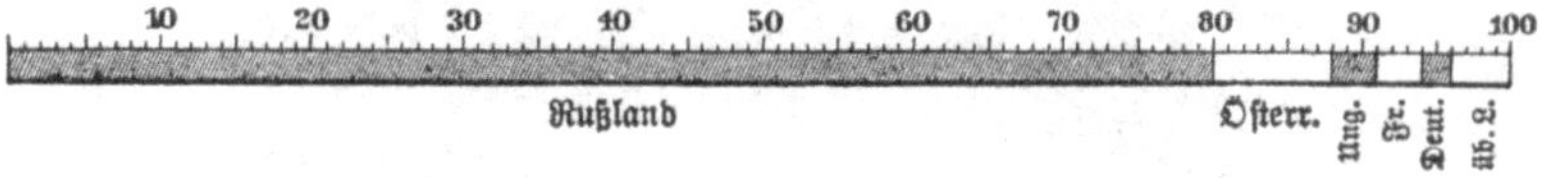

Fig. 38. Hanffasererzeugung in Proz. [1907/08: 688000 t].

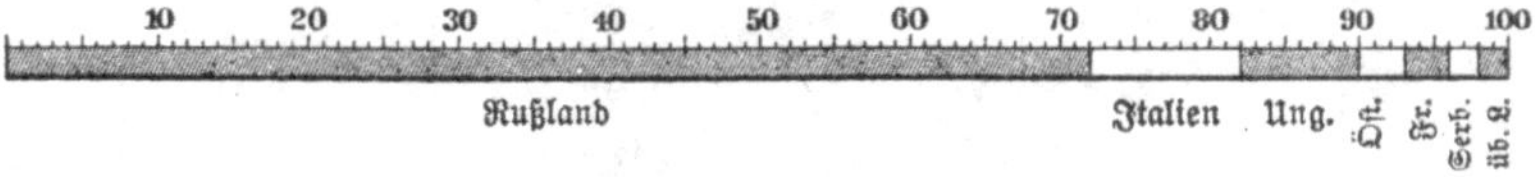

(Algier, Spanien) wächst das Halfagras, das einen schon von den alten Römern geschätzten Faserstoff Spartgras oder Esparto liefert.

Für Korbwarenindustrie ist Rotan (Rotang) oder Spanisches Rohr wichtig (Singapore!), für die Korkindustrie die Rinden der Korkeiche (Algier, Spanien und Portugal).

c. Unter den Farbepflanzen sei der Indigo von Britisch-Ostindien zuerst genannt. Wichtige Farbhölzer sind das Blau- oder Kampescheholz in Mittelamerika und Westindien und das Rot-, Fernambuk- oder Brasilholz.

Andere Farbepflanzen sind Safran (Spanien), Orseille (Kanarische Inseln, Sardinien, Pyrenäen), Saflor oder Färberdistel (Persien, Ostindien).

Bekannte Gerberpflanzen sind der Gambir (Singapore), die Gerberakazie (Australien) und besonders das Quebrachoholz der Laplatastaaten. Letzteres wird in großen Mengen nach Deutschland eingeführt.

§ 26. Nutz- und Bauhölzer. a. Die sieben großen Holzlieferanten der Erde sind die Vereinigten Staaten von Amerika, Österreich-Ungarn, Kanada, Schwe-

Fig. 39. Wert der Ausfuhr von Bau- und Nutzholz in Proz. [1908: 974 Mill. M.].

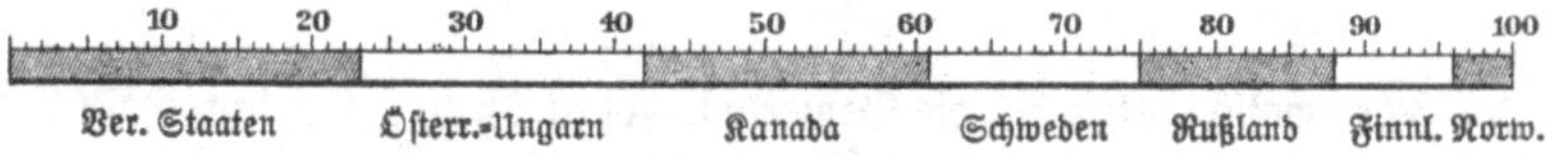

Fig. 40. Wert der Einfuhr von Bau- und Nutzholz in Proz. [1908: 1370 Mill. M.].

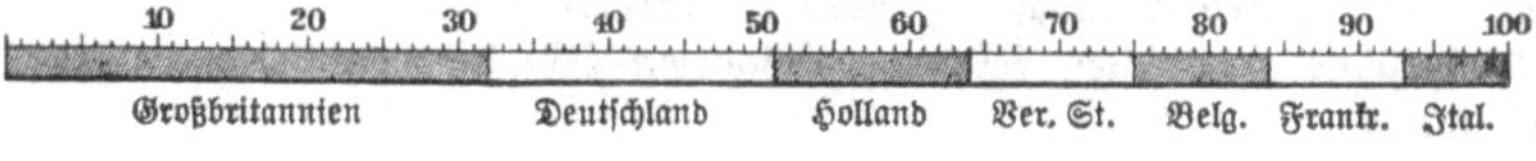

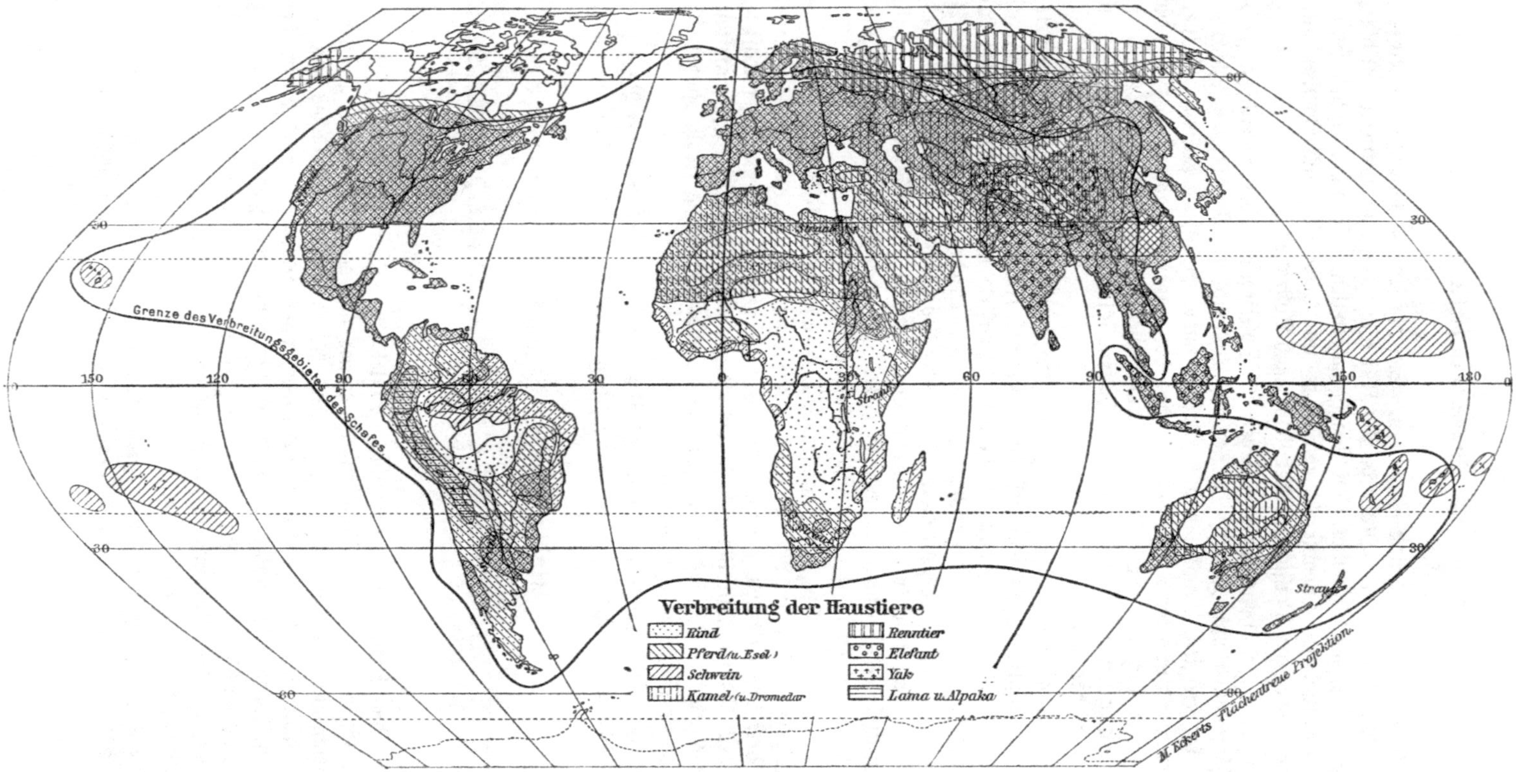

Fig. 41. Verbreitung der Haustiere.

den, Rußland, Finland und Norwegen. Sie erzielen im Außenverkehr einen Umsatz im Werte von rund 1 Milliarde M. Für Schweden und Norwegen ist die Holzausfuhr eine der allerwichtigsten Wohlstandsquellen. Skandinavisches Holz geht nach dem südlichen Südamerika, nach Nord- und Südafrika, nach Bombay und den Küstenländern am Persischen Meer, selbst nach Australien.

b. Den Holzausfuhrländern stehen die Holzeinfuhrländer gegenüber, zu denen Großbritannien und Irland, Deutschland, Holland, die Vereinigten Staaten von Amerika, Belgien, Frankreich und Italien, sowie Spanien, Portugal, Dänemark, Griechenland und die Türkei gehören, und von außereuropäischen Gebieten die bereits unter **a.** genannten. Sowohl Ausfuhr- wie Einfuhrländer für Holz sind Rumänien, Bulgarien und die Schweiz. Auch Holland führt zwei Drittel seines eingeführten Holzes wieder aus.

c. Die wichtigsten Nutzhölzer der tropischen und benachbarten Gebiete sind das als Schiffsbauholz sehr geschätzte Tiekholz (Teakholz) von Ostindien, Siam und Java, das echte Zedernholz von Nordafrika und dem Orient, das falsche Zedernholz oder Zigarrenkistenholz, das Jakaranda- und Mahagoniholz des tropischen Amerika. Westindien liefert auch das Pock- oder Guajakholz zu Drechslerzwecken. Das Buchsbaumholz entstammt dem südlichen Europa, kleinasiatischen und mittel- und südamerikanischen Gebieten. Asien und Afrika liefern verschiedene Ebenhölzer, Asien dazu die meisten Bambusrohre.

§ 27. Die wichtigsten Haustiere. a. Haustiere sind solche Tiere, die in der fortgesetzten Zucht des Menschen sich fortpflanzen. Durch diese Zucht erhalten sie besondere Eigenschaften, die sie auch forterben; so z. B. geistige Eigenschaften, wie Klugheit, Wachsamkeit für Schutz- und Jagdzwecke, körperliche Eigenschaften und Fähigkeiten, wie die fast ununterbrochene Milchabsonderung (Kuh, Ziege) und das fortgesetzte Eierlegen (Haushuhn).

Als Haustiere sind zunächst die Wiederkäuer mit weltweiter Verbreitung von Bedeutung. Dazu gehören Rind, Ziege und Schaf. Das Rind ist nächst dem

Fig. 42. Rinderbestand in Proz. [1908/09: 375 Mill. Rinder].

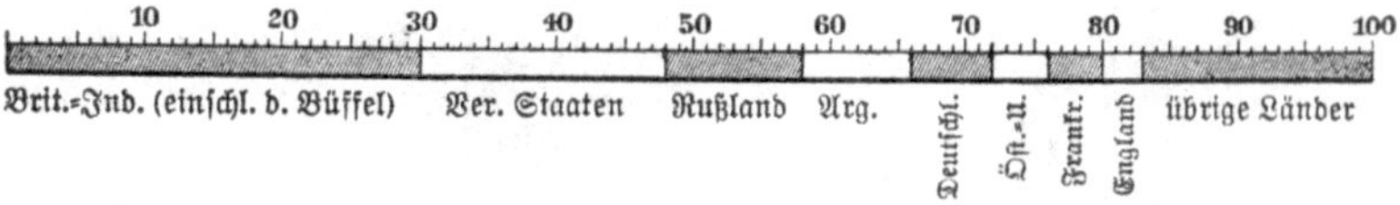

Hunde das älteste, in wirtschaftlicher Beziehung unstreitig das wichtigste Haustier. Es dient mehr als Milch- und Fleischtier, weniger als Reit- und Lasttier. Den Chinesen und Japanern ist es nur Zugtier. Von dem Rinde wird alles benutzt; selbst der getrocknete Mist wird in holz- und kohlenarmen Gegenden (Vorderasien, Mesopotamien, Persien, Zentralasien, China) als Brennmaterial gebraucht. (Vgl. Fig. 41.)

Das nächstwichtige Milchtier ist die Ziege, die mit dürftigem Boden zufrieden ist. Wegen ihres Seidenhaares wird besonders in Vorderasien, sodann in Spanien, Deutschland, Südwestafrika und im Kapland die Angoraziege gehalten.

Das Schaf hat eine ähnlich große Ausnutzbarkeit wie das Rind. Es ist ursprünglich Woll- und Milchtier, erst späterhin ist es zum Fleischtier mit geworden.

b. **Wiederkäuer mit beschränkter Verbreitung** sind Kamel, Lama, Yak und Renntier. Ihre Verbreitung ist klimatisch bedingt. Das **Kamel** ist als zweihöckeriges Kamel oder Trampeltier durch das zentrale Asien bis nach dem Südosten

Fig. 43. Ziegenbestand in Proz. [1908/09: 77 Mill. Ziegen].

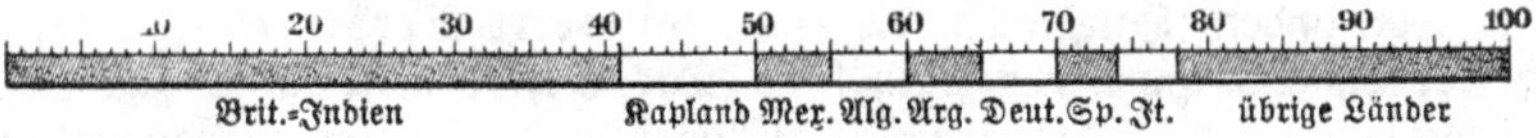

Europas verbreitet, während das einhöckerige Kamel oder Dromedar das beste Transporttier im Hochland von Iran, in Arabien und ganz Nordafrika, in Ostafrika bis nach Daressalam ist, neuerdings auch in Südamerika, West- und Südwestaustralien und Deutsch-Südwestafrika.

Fig. 44. Schafebestand in Proz. [1908/09: 470 Mill. Schafe].

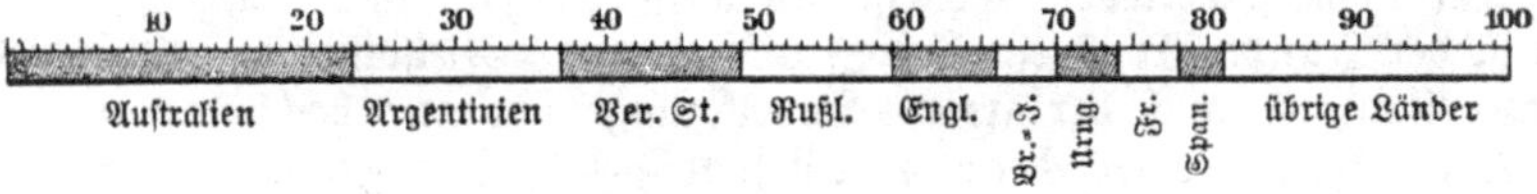

Das **Lama** oder Schafkamel und seine kleine Abart, das **Alpako** oder **Pako**, sind Haustiere in den Hochregionen der Anden. Eine wilde Abart ist das wegen seiner feinen rötlichbraunen Wolle geschätzte **Vicuña**.

Der **Yak** oder der Grunzochse gehört den tibetanischen Hochländern an und kommt selten in Gebieten, die unter 2000 m Höhe liegen, vor.

Im Norden der Alten Welt ist das **Renntier** (Ren) einheimisch, das eine gleiche allseitige Benutzung wie das Rind erlaubt. Im Norden der Neuen Welt ist das Renntier nicht zum Haustier geworden.

c. Von den **Einhufern mit weltweiter Verbreitung** gehören den Haustieren Pferd und Esel und ihre Bastarde an. Das **Pferd** ist eines der edelsten und

Fig. 45. Pferdebestand in Proz. [1908/09: 80 Mill. Pferde].

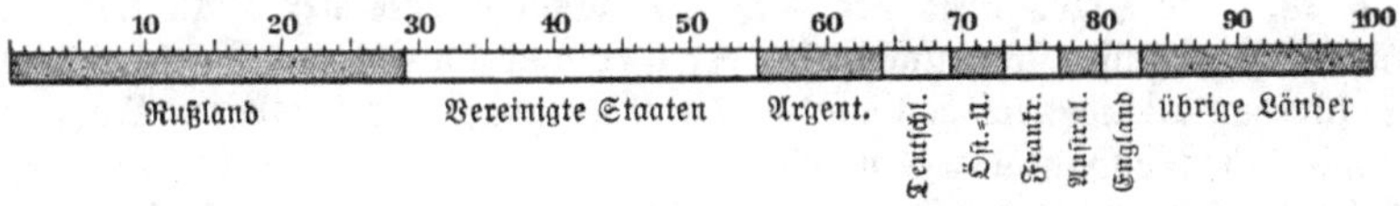

uns teuersten Haustiere. Seine weltweite Verbreitung hat es durch die Europäer erhalten. Das Pferd ist Zug- und Reittier, weniger Fleischtier. Aus der Stutenmilch bereiten Kirgisen und Kalmücken ein alkoholhaltiges Getränk, den Kumys.

Als Transporttier ist der **Esel** älter als das Pferd. Er ist besonders in den Mittelmeerländern verbreitet, ebenso auch der **Maulesel** (Bastard zwischen Pferdehengst und Eselstute) und das häufiger vorkommende **Maultier** (Bastard zwischen Eselhengst und Pferdestute).

Fig. 46. Maultier-, Maulesel- und Eselbestand in Proz. [1908/09: 12 Mill.].

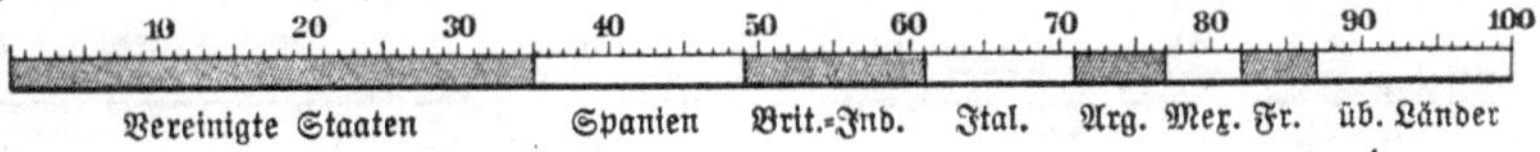

d. Unter den Einhufern mit beschränkter Verbreitung ist als Haustier in neuester Zeit noch das Zebra oder Tigerpferd erwähnenswert. Es fängt an, als Zug- und Reittier in den süd- und zentralafrikanischen Gebieten, wo eingeführte Pferde nur zu leicht der Tsetsefliege und andern schädlichen Einflüssen erliegen, eine große Bedeutung zu gewinnen.

e. Von andern Haustieren, die eine weltweite Verbreitung haben, seien noch Schwein und Hund hervorgehoben. Das Schwein ist das einzige Haustier, das überall nur wegen des Fleisches gezüchtet wird. In den mohammedanischen Ländern fehlt die Schweinezucht.

Fig. 47. Schweinebestand in Proz. [1908/09: 122 Mill. Schweine].

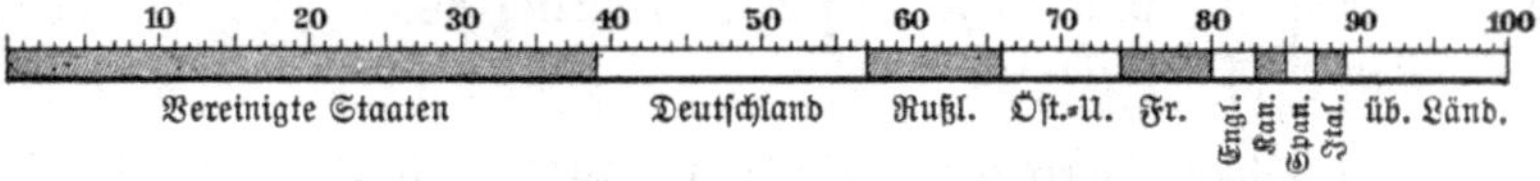

Der älteste und treueste Genosse des Menschen, zugleich das verbreitetste Haustier ist der Hund. Er ist ein Schutz- und Zugtier. Fleischtier ist er verschiedenen Naturvölkern, wie auch der ärmern Bevölkerung in kulturell hochstehenden Staaten.

f. Die Haustiere der Vogelwelt liefern Fleisch, Eier, Federn und Bälge. Am verbreitetsten sind das Haushuhn und die Haustaube. Ente, Gans, Truthahn, Schwan und Pfauhahn sind zu Haustieren geworden, letztere beiden nur als Schmucktiere, ebenso als Singvogel der Kanarienvogel.

Neuerdings wird auch der Strauß in Südafrika, in Deutsch-Ost- und Deutsch-Südwestafrika gezüchtet. Zu Jagdzwecken (Fischerei) wird in Ostasien der Kormoran gezüchtet. (Vgl. Fig. 3.)

g. Die Haustiere der Insektenwelt werden durch Seidenraupe und Biene vertreten. Von China ist die Seidenraupenzucht nach andern asiatischen Ländern (Syrien!) vorgedrungen, sowie im 6. Jahrhundert weiterhin nach Konstantinopel und dem südlichen Europa, wo Italien und Frankreich gegenwärtig die größten Seidenproduzenten sind. Die Verbreitung der Seidenraupe ist beschränkt, hingegen die der Biene nicht.

§ 28. **Die Erzeugnisse der Nutztiere, insbesondere der Haustiere.** **a.** Die tierischen Erzeugnisse sind zumeist für den Gebrauch an Ort und Stelle, des weitern auch für den Welthandel bestimmt. Die Erzeugnisse der jagdbaren Nutztiere sind ausschließlich Welthandelsgegenstände, die der Haustiere nur teilweise. Während aber letztere sich infolge der Fürsorge des Menschen von Jahr zu Jahr steigern, gehen die Erzeugnisse der jagdbaren Tierwelt mehr und mehr zurück.

Manches Jagdtier ist beinahe ausgestorben, manches geht dem Aussterben entgegen; nur internationale Vereinbarungen können vor einem völligen Untergang

Fig. 48. Butter- und Käseerzeugung in Proz. [1906/07].

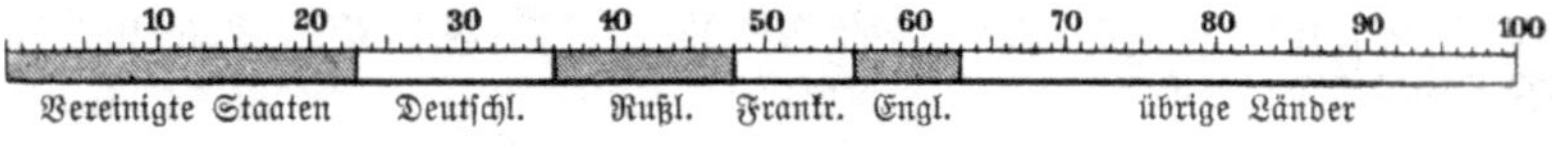

Fig. 49. Butter- und Käseverbrauch in Proz. [1906/07].

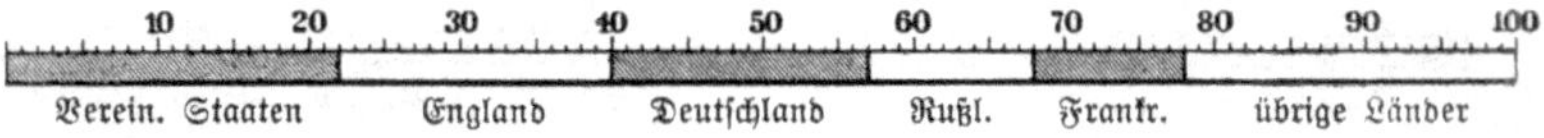

schützen; man denke an den nordamerikanischen Büffel, den afrikanischen Elefanten, an den Grönlandwal, den Seebären und die Seeotter.

b. Die Haustiere sind vor allem unsere Fleischlieferanten. Das Lebendgewicht der verschiedenen Hausrinder schwankt zwischen 150 und 1500 kg. Die Erzeugung an Milch schwankt je nach den Rassen und der Lebensweise des Rindes von 800 bis 4000 l im Jahresdurchschnitt.

Weit in die Milliarden Stück geht auch die Erzeugung von Eiern.

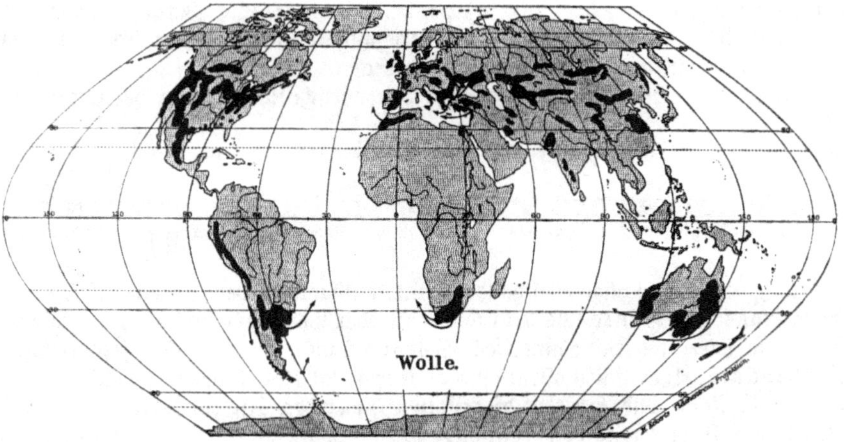

Fig. 50. Wolle.

Fig. 51. Wollerzeugung in Proz. [1908/09: 1100 Mill. kg].

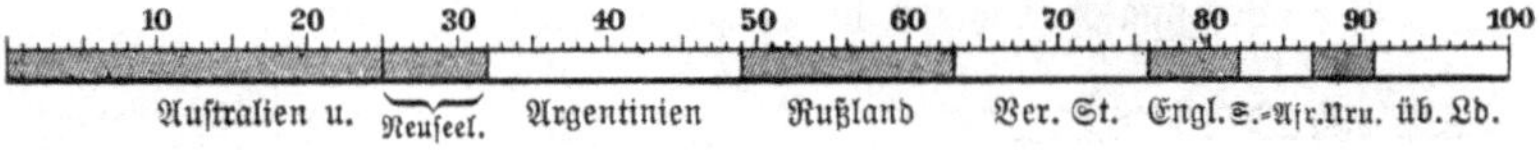

Fig. 52. Wollverbrauch der vier wichtigsten Wollverarbeitungsländer in Proz. [1908: 862 Mill. kg].

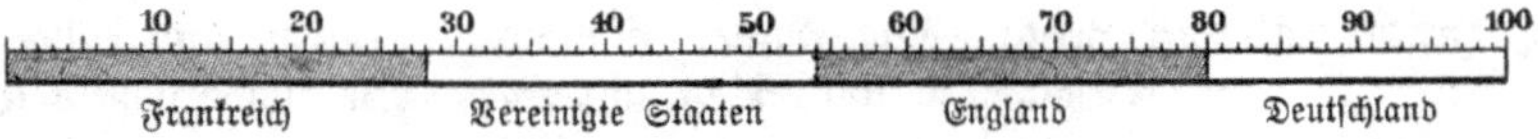

An Schafwolle erzeugen die europäischen Länder jährlich ein reichliches Viertel (rund 300 Mill. kg) der Weltproduktion.

Bienen der verschiedenen Länder liefern Honig und Wachs.

Über die Seidenländer siehe § 27g und Fig. 3.

Fig. 53. Rohseideerzeugung in Proz. [Welternte 1909: 24200000 kg].

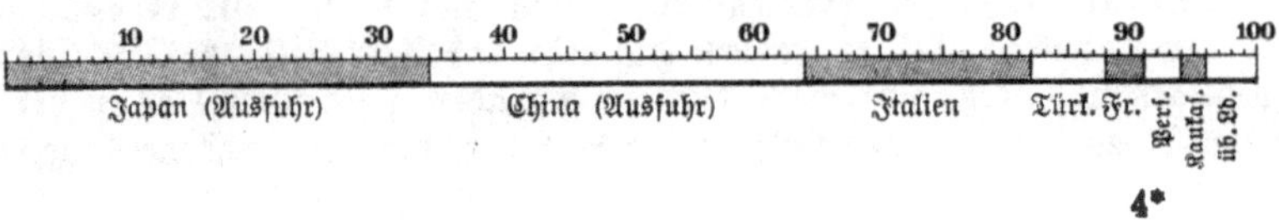

Haushuhn, Taube, Pfau, Truthahn, Reiher, Marabu, besonders der Strauß liefern Schmuck- oder Putzfedern, die feinsten Bettfedern oder die Eiderdunen die Eiderenten an den Küstengestaden Norwegens und Islands.

c. Die Tierwelt liefert fernerhin Horn zu Schmuckgegenständen, Därme zu Saiten, Knochen zur Gewinnung von Knochenmehl, Knochenleim und Phosphor, Zähne zu allerhand Drechsler- und Kunstarbeiten.

Als echtes Elfenbein bezeichnet man die 2 bis 2½ m langen und 30 bis 50 kg schweren Stoßzähne der Elefanten. Im Handel werden auch die Zähne des Pottwals, die sog. Cachelotzähne, die Eckzähne des Nilpferdes und Walrosses „Elfenbein" genannt. Jährlich müssen etwa 70 000 Elefanten, zumeist afrikanische, ihr Leben lassen, um den Weltbedarf an Elfenbein zu decken. (Vgl. Fig. 3.)

Über die Fischereiprodukte vergleiche den wirtschaftlichen Wert der Meere, § 9.

Fig. 54. Fischmenge des gesamt. Fischfanges der Erde in Proz. [1907/08: 4 Mill. t].

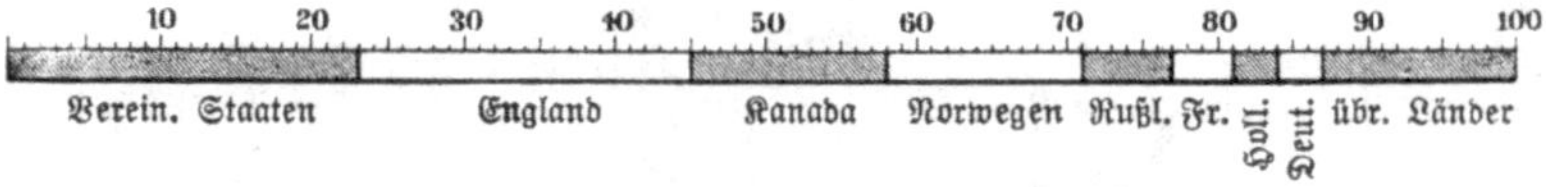

d. Zwei sehr wichtige Welthandelsartikel entstammen den Haustieren und jagdbaren Nutztieren: Häute und Rauchwaren oder Pelzwerk (Fig. 3). Die wichtigern Hafenorte Süd- und Mittelamerikas, Südafrikas und Australiens liefern besonders Rindshäute, Argentinien allein jährlich über 4 Mill. Stück, die europäischen Länder die zur Saffian- und Handschuhfabrikation dienenden Ziegenfelle. Die größte Anzahl Schaffelle wird von Australien, sodann vom Kapland, von Argentinien und der europäischen Südosthalbinsel ausgeführt.

Fig. 55. Häute- und Felleeinfuhr in die wichtigsten europäischen Länder und die Vereinigten Staaten in Proz. [1908 für 1030 Mill. M.].

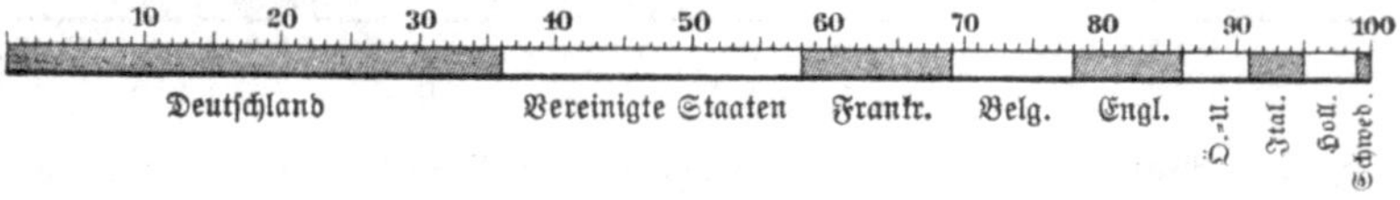

Häute und Felle für den Weltmarkt liefern ferner noch Ren (Renntier), Elen, Reh, Hirsch, Antilope, Zebra, Gnu, Kamel, Känguruh, Krokodil und Alligator.

Pelzwerk liefernde Haustiere sind Schaf und Katze. Die kostbarsten Pelze sind die der Seeotter (bis 1300 M. für ein Fell), des Schwarzfuchses und des Zobels. Andere Pelzwerklieferanten sind Silberfuchs, Polarfuchs, Nerz, Chinchilla (die chilenische Wollmaus), graues Eichhörnchen (Feh), Edelmarder, Hermelin, Luchs, Iltis, Fischotter, Stinktier (Skunks), Biber, Bisamratte, Kaninchen, Pelzrobbe (Sealskin).

Die bedeutendsten Rauchwarenmärkte sind Nischnij Nowgorod, London und vor allem Leipzig. Hier allein wird jährlich für reichlich 70 Mill. M. Pelzwerk umgesetzt.

§ 29. Die nutzbaren Mineralien. Eisen und Kohle, die Grundlagen der modernen Industrie, des modernen Handels und Verkehrs. a. Das Eisen wird im gediegenen Zustand nur in Meteoriten gefunden, sonst kommt es in der Natur nur als Eisenerz (mit Sauerstoff verbunden) vor, dem verschiedene Erze, Steine und Erden beigemengt sind. Der Gebrauch des Eisens ist uralt. Doch hat es seinen Siegeszug über die gesamte Erde erst mit dem Europäer angetreten.

Im 17. Jahrhundert begann man zuerst in Großbritannien das Eisen mit Hilfe von Steinkohlen auszuschmelzen. In der Mitte des vergangenen Jahrhunderts beginnen die Hochöfen sich allgemeinhin zu verbreiten. Ein ungeheurer Aufschwung der Eisenindustrie beginnt mit dem Bau von Eisenbahnen, Dampfschiffen, Kriegswerkzeugen, Maschinen und allerhand Wirtschaftsgeräten. Dieser Aufschwung knüpft

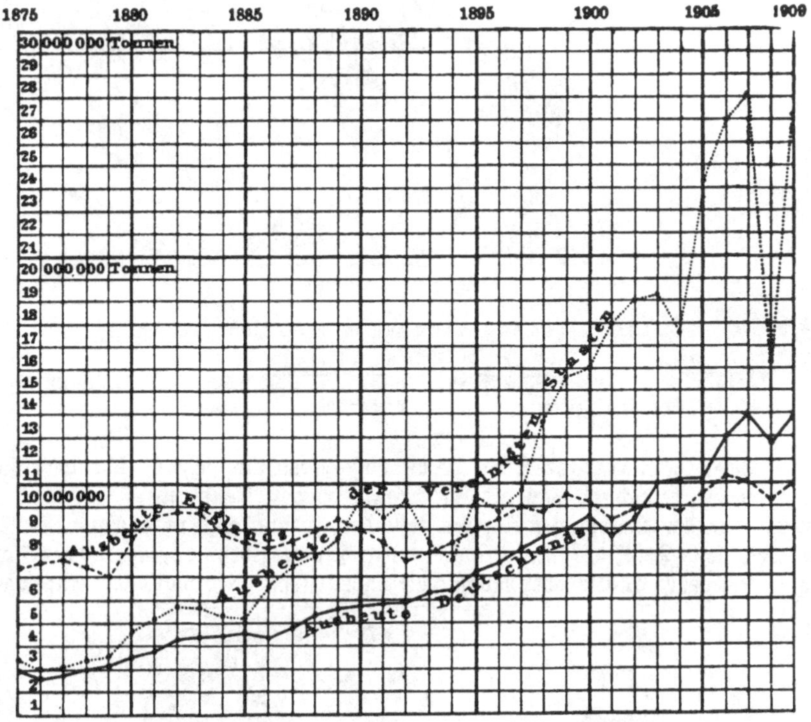

Fig. 56. Roheisengewinnung der drei wichtigsten Eisenländer der Erde.

sich auch an die Namen bedeutender Männer, so an Bessemer, Thomas, Siemens, Armstrong und Krupp.

b. Die Länder sind heute am günstigsten gestellt, wo sich das Eisen neben der Kohle befindet. Das ist der Fall in dem rheinisch-westfälischen und dem oberschlesischen Industriebecken, in England und in den Vereinigten Staaten von Amerika. Die Vereinigten Staaten von Amerika erzeugen gegenwärtig mehr Roheisen als Deutschland und Großbritannien zusammen (1907: 27, 1908: 16 Mill. t); seit einigen Jahren hat Deutschland (12 bis 13 Mill. t) Großbritannien (10 Mill. t) überflügelt. Den genannten Ländern reihen sich Rußland, Frankreich, Österreich-Ungarn und Schweden an.

c. Die Kohle ist das Produkt einer in teils vorgeschichtlicher, teils geschichtlicher Zeit untergegangenen Pflanzenwelt. Die Kohlen der vorgeschichtlichen Zeit sind die

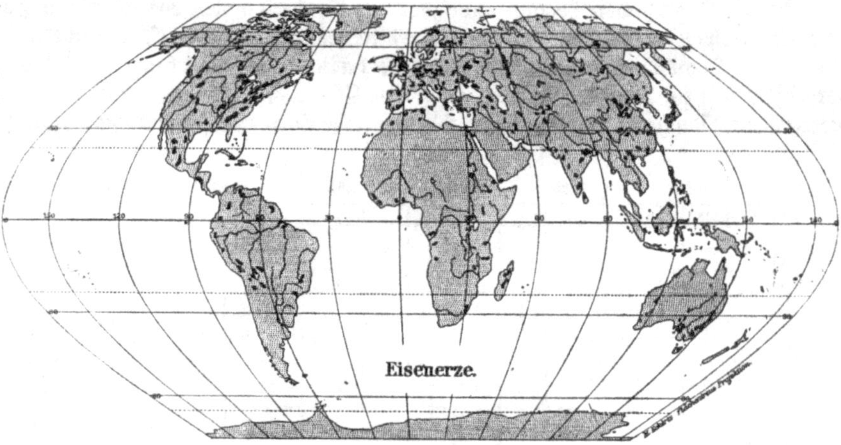

Fig. 57. Eisenerze.

Fig. 58. Roheisengewinnung in Proz. [1909: 60 Mill. t].

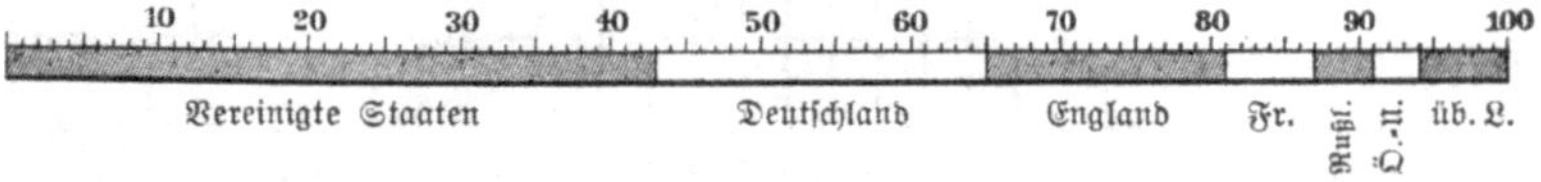

Stein- oder Schwarzkohlen mit 70 bis 95% Kohlenstoffgehalt. Die kohlenstoffreichste Kohle bezeichnet man als Anthrazit oder Kohlenblende. Sie wird am häufigsten in den Vereinigten Staaten gefunden, sodann auch in England, Belgien, und Westfalen. Die Kohle ist in kleinern und größer ausgedehnten Lagern oder Flözen von verschiedener Stärke oder Mächtigkeit andern Gesteinsformationen eingelagert.

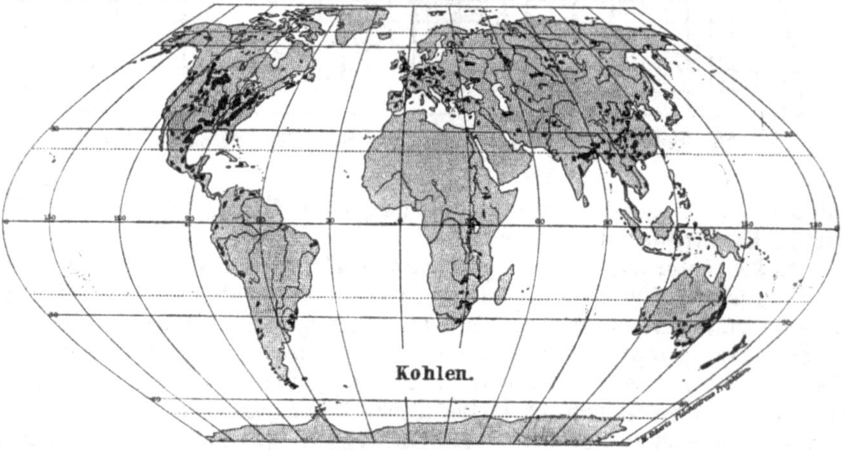

Fig. 59. Kohlen.

Fig. 60. Gesamte Kohlengewinnung der Erde in Proz. [1909: 1100 Mill. t].

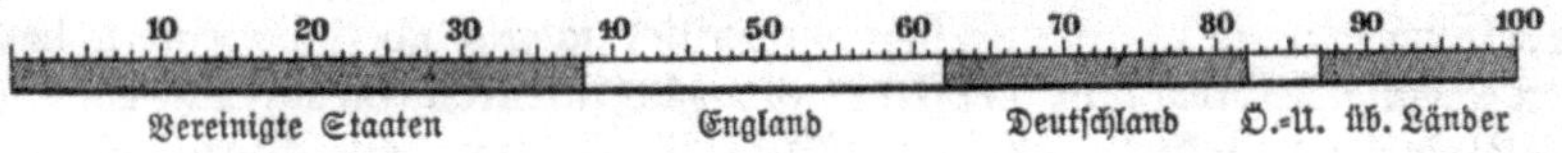

Fig. 61. Steinkohleneinfuhr in Länder mit keiner oder nicht genügender Eigenproduktion an Steinkohlen in Proz. [1908: 1093 Mill. M.].

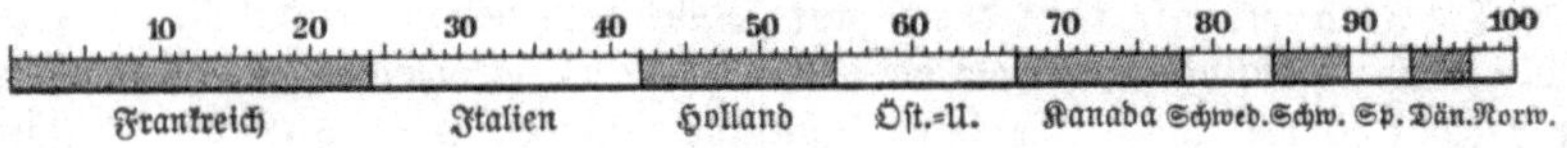

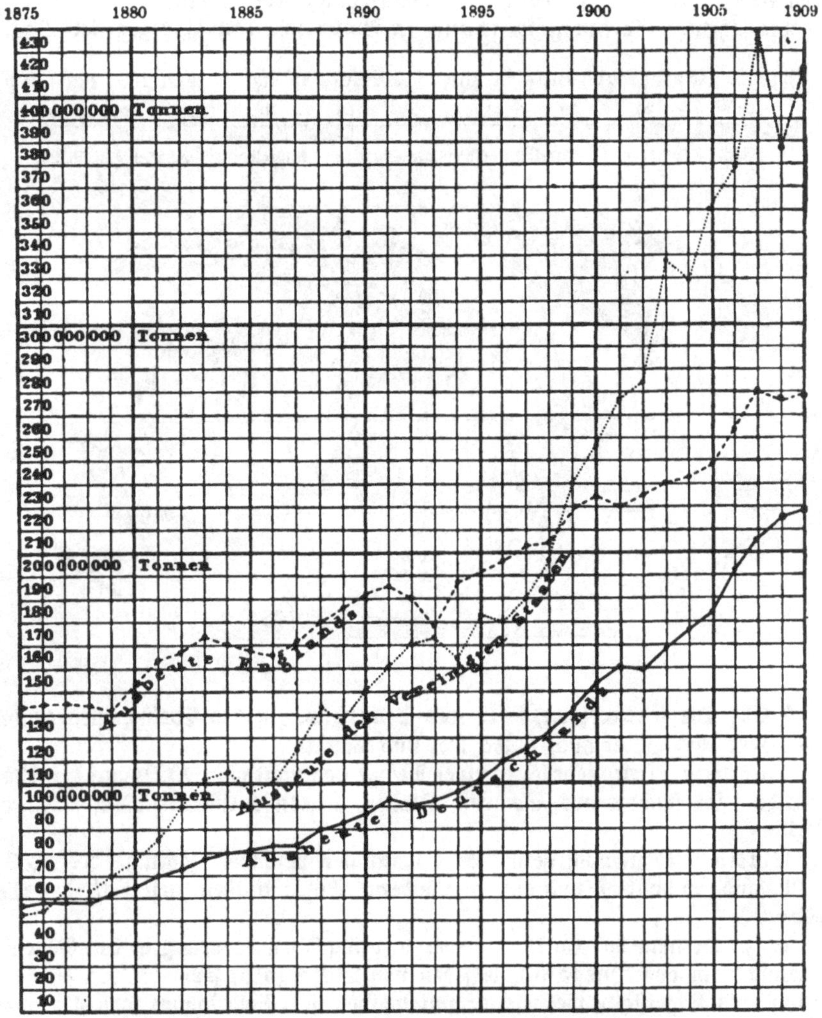

Fig. 62. Kohlengewinnung der drei wichtigsten Kohlenländer der Erde.

d. In der **Steinkohlengewinnung** stehen die **Vereinigten Staaten von Amerika** obenan, sie liefern ungefähr ein Drittel (jährlich über 400 Mill. t) der gesamten Steinkohlenproduktion der Erde. **Großbritannien** erzeugt etwa ein Viertel der Steinkohlenproduktion der Erde (270 Mill. t) und **Deutschland** ein Achtel (150 Mill. t).

Die jährliche **Gesamtgewinnung** an Steinkohlen beträgt rund 800 Mill. t.

e. Die **Braunkohle** oder der Lignit gehört auch der vorgeschichtlichen Zeit an. Sie ist jedoch wesentlich jünger als die Steinkohle. Der Kohlenstoffgehalt der Braunkohle beträgt 50 bis 75%. Die Hauptbraunkohlenländer sind **Deutschland** (jährlich gegen 70 Mill. t) und **Österreich-Ungarn** (jährlich über 30 Mill. t).

Die jährliche **Gesamtgewinnung** an Braunkohle beträgt gegen 350 Mill. t.

Fig. 63. Goldgewinnung in Proz. [1909: 674000 kg. = Wert 1881 Mill. M.]

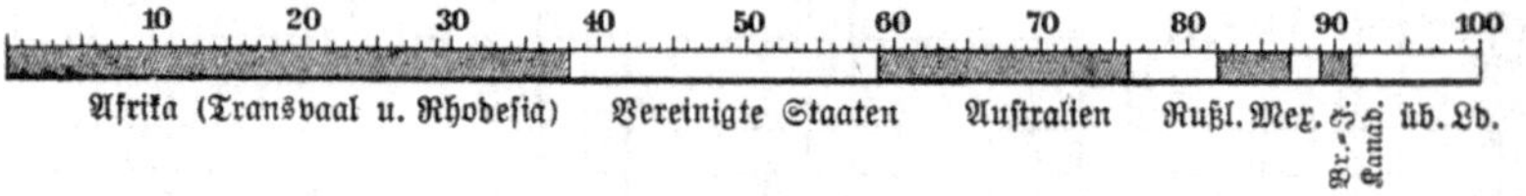

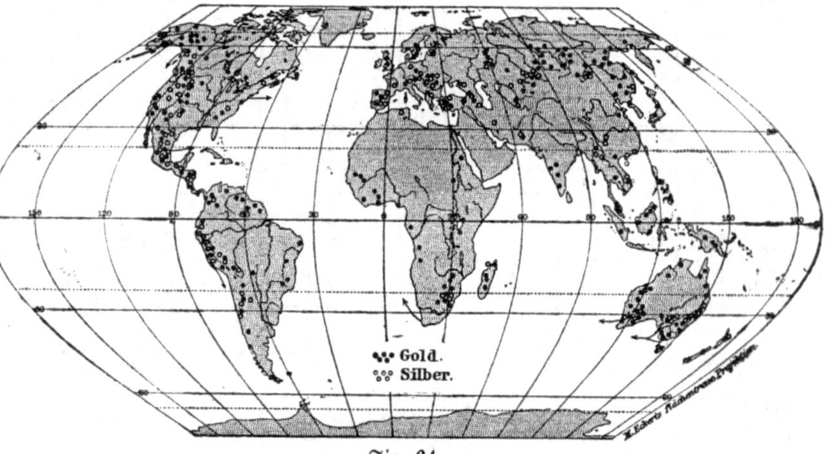

Fig. 64.

§ 30. Die Edelmetalle, Gold und Silber. **a.** Zu den Edelmetallen gehören außer Gold und Silber auch Quecksilber und Platin.

Quecksilber wird jährlich in einer Menge von nicht ganz 4000 t auf den Markt gebracht. Es stammt aus Spanien, Italien, Österreich-Ungarn, Kalifornien und Mexiko.

Platin wird in noch geringern Quantitäten gefunden, jährlich etwa 7000 kg in Rußland, Kolumbien und andern Ländern. Rußland allein liefert ⁵/₆ der Weltausbeute.

b. Findet man das **Gold** in seiner ursprünglichen Lagerung in den Gesteinen, so spricht man von **Berggold**, dagegen von **Waschgold**, wenn es von seiner ursprünglichen Lagerstätte weggeschwemmt worden ist. Gold kommt sowohl in ältern wie in jüngern Gesteinen vor.

Die ältern europäischen Goldgebiete liegen in Böhmen, Mähren und Ungarn mit Siebenbürgen. Im Zeitalter der Entdeckungen lernte man Südamerika als Goldland kennen, späterhin den Ural. Indessen setzt erst mit der Mitte des vergangenen Jahrhunderts eine umfangreichere Golderzeugung ein, seitdem der Altai, Kalifornien, Australien, Südafrika und die Vereinigten Staaten von Amerika der Golderzeugung erschlossen wurden.

In der Goldgewinnung marschieren gegenwärtig Transvaal und Rhodesia an der Spitze; es folgen sodann die Vereinigten Staaten von Amerika und Australien. Gold liefern ferner Rußland, Mexiko, Britisch-Indien, Kanada, fast alle südamerikanischen Staaten, Mittelamerika, China, Korea, Japan, Niederländisch-Ostindien und Österreich-Ungarn.

c. Altberühmte Silberfundstätten liegen im Harz, im Erzgebirge und in Böhmen. Doch können sie nicht mehr mit den Produktionsgebieten der Neuen Welt konkurrieren. Hier ist seit Jahren schon Mexiko die Hauptproduktionsquelle, die jährlich ein Drittel der gesamten Weltausbeute liefert. Sehr wichtige Silberländer sind aber auch die Vereinigten Staaten, Kanada und die Länder der südamerikanischen Anden. Unter den europäischen Ländern erzeugt Deutschland das meiste Silber.

Fig. 65. Silbergewinnung in Proz. [1908: 6336700 kg. — Wert 460 Mill. M.].

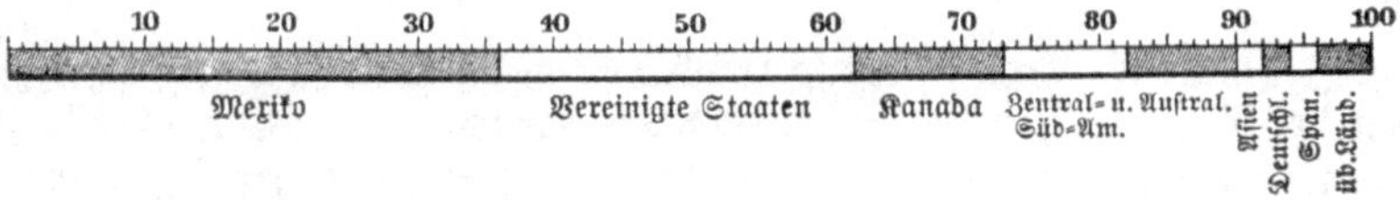

Die sich gewaltig steigernde Silbergewinnung setzt in der Mitte der letzten Hälfte des vergangenen Jahrhunderts ein. Das Angebot der Neuen Welt war so stark, daß das alte Wertverhältnis vom Silber zum Gold (1: 16) erschüttert wurde und auf 1: 35 bis 1: 39 herabgedrückt worden ist.

d. Das Kunstgewerbe und die Industrie verbrauchen jährlich an Gold reichlich ein Viertel, an Silber ebenfalls ein Viertel der Gesamterzeugung. Das übrige Gold und Silber wird großenteils zu Geld gemünzt.

§ 31. Die unedlen Metalle. a. In der Gewinnung der hauptsächlichsten unedlen Metalle stehen auch die Vereinigten Staaten von Amerika obenan. So beanspruchen sie von der Kupfergewinnung (Bergwerksgewinnung) der Erde

Fig. 66. Kupfergewinnung in Proz. [1909: 853200 t].

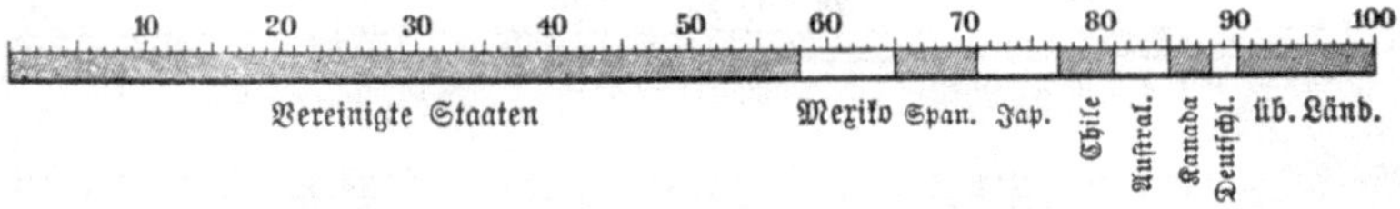

über die Hälfte. Andere Kupfergebiete finden sich in Südamerika, Asien, Australien und Europa, hier besonders in Spanien (Rio Tinto!).

In der Bleigewinnung bringen die Vereinigten Staaten von Amerika ⅓ der Gesamtmenge auf den Markt. Den Vereinigten Staaten folgen Spanien und Deutschland. Hierselbst ragen die oberschlesischen und westfälischen Bleiwerke hervor.

b. In der Rohzinkgewinnung besitzen die Vereinigten Staaten und Deutschland die führende Stellung. In Deutschland sind Schlesien und Rheinland-Westfalen sehr zinkreich.

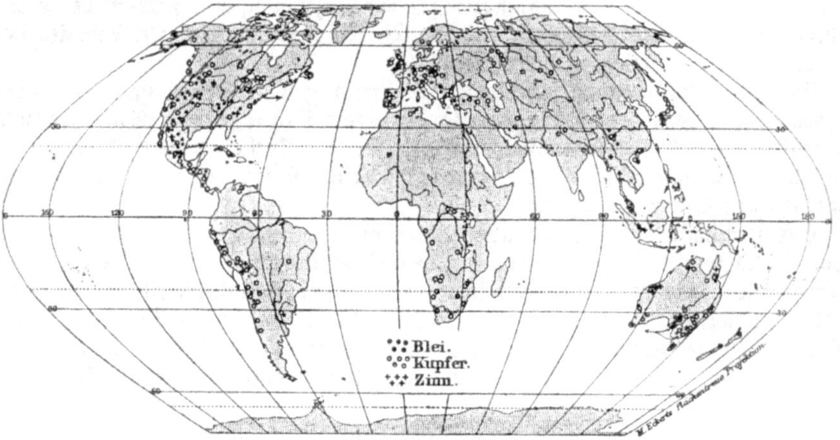

Fig. 67.

Das Zinn des Weltbedarfs, das früher Europa in der Hauptsache lieferte, kommt jetzt von der Malaiischen Halbinsel und den benachbarten Inseln Banka und Billiton, sowie aus Bolivien. Auch China ist reich an Zinnerzen, die aber nicht zur Ausfuhr gelangen. England und Deutschland verhütten größtenteils bolivianische Zinnerze.

Fig. 68. Bleigewinnung in Proz. [1909: 1081900 t].

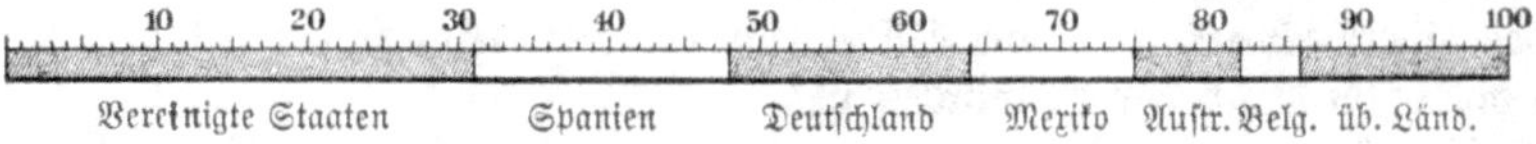

Nickel wird von den Vereinigten Staaten und Kanada in größter Menge auf den Markt gebracht, sodann von Deutschland, England und Frankreich. Die Welterzeugung beträgt rund 16000 t.

Fig. 69. Zinkgewinnung in Proz. [1909: 783200 t].

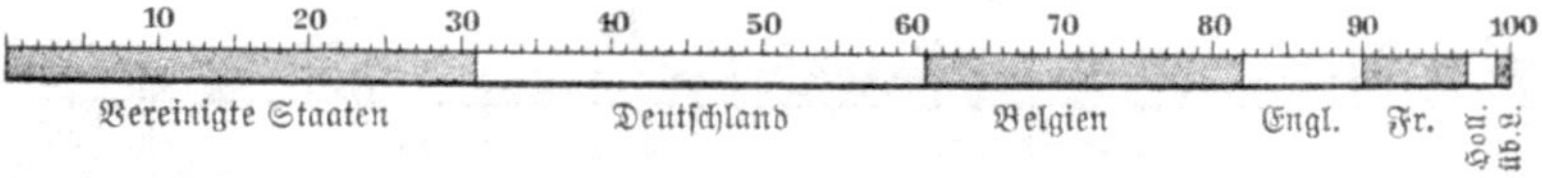

An Aluminium erzeugt man gegenwärtig rund 24000 t. Die Vereinigten Staaten von Amerika liefern davon ein reichliches Drittel. In Europa steht Frank-

Fig. 70. Zinngewinnung in Proz. [1909: 108300 t].

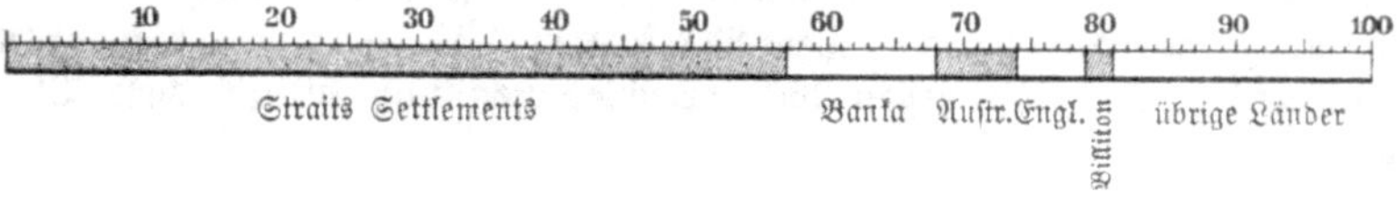

reich obenan. Berühmt sind die Aluminiumwerke, die die Wasserkraft des Niagara und des Rheinfalls ausnützen.

§ 32. **Andere wichtige Erzeugnisse der Mineralwelt.** a. Das Erdöl (Petroleum oder Naphtha) wird in vielen Gebieten der Erde gefunden, jedoch in überaus reichen Mengen in den Vereinigten Staaten von Amerika und in Rußland. Die Vereinigten Staaten liefern allein gegen 24 Mill. t und Rußland über 8 Mill. t. Auch Galizien, Rumänien und Niederländisch-Indien sind wichtige Petroleumländer. Petroleum liefern außerdem Britisch-Indien, Mexiko, Japan, Deutschland, Peru und Kanada.

Fig. 71. Petroleumgewinnung in Proz. [1908: 38 Mill. t].

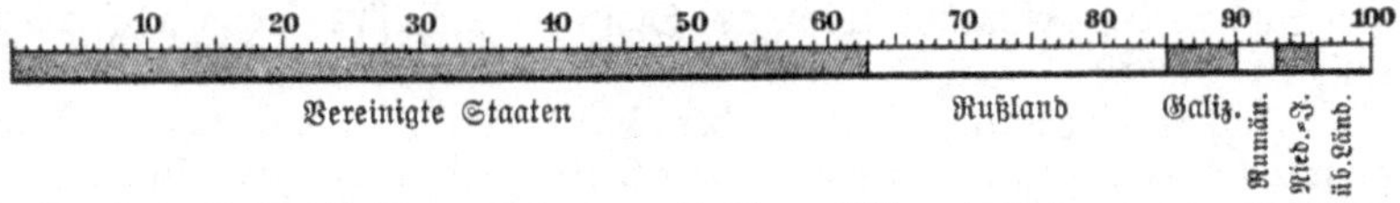

b. Zu den Kohlenstoffen gehören noch Graphit und Diamant. Letzterer ist der kostbarste der Edelsteine. Die weißen indischen Diamanten erzielen heute noch ansehnliche Preise auf dem Weltmarkt, der indessen ganz und gar von den Kapdiamanten beherrscht wird; fernerhin liefern noch Ural und Brasilien Waren für den Weltmarkt, in neuerer Zeit besonders auch Deutsch-Südwestafrika.

Der Graphit wird gegenwärtig in Bayern, Böhmen, in den Alpenländern, in Norwegen und Spanien gewonnen, besonders aber in Grönland, Kalifornien, Sibirien und Ceylon.

c. Das Salz wird bergmännisch als Steinsalz gewonnen in Deutschland, Tirol, Salzkammergut, Galizien, Siebenbürgen und England, als Steppensalz in Südrußland, im Staate Utah der Vereinigten Staaten, als Seesalz an Gestaden salzarmer Länder, als Quellsalz (Sud- oder Solsalz) aus den Salinen oder Solquellen, wie in Reichenhall, Lüneburg, Halle, Schönebeck usw. Die Weltproduktion belief sich 1908 auf 15 Mill. t, wovon die Vereinigten Staaten ein Viertel und England und Deutschland je ein Achtel aufbrachten.

d. Der Schwefel kommt vorzugsweise in vulkanischen Gebieten vor. Er ist da zumeist rein, wie beim Vesuv, Ätna, Popokatepetl, bei den Vulkanen Javas und Japans. Vielfach ist der Schwefel auch mit Tonen verunreinigt, wie in der Schweiz, in Böhmen, Deutschland, Spanien, Kroatien. Für die Ausfuhr Italiens ist der Schwefel geradezu ausschlaggebend. Die Weltproduktion an Schwefelkies und Schwefelerzen beträgt rund 5 Mill. t (1908), wovon Italien allein nahezu zwei Drittel und zwar nur Schwefelerze liefert.

§ 33. **Die wichtigsten Erzeugnisse der Industrie.** a. Zu den wichtigsten Erzeugnissen der Industrie gehören zunächst die Maschinen und Eisenwaren. In der Maschinen- und Eisenwarenproduktion nimmt Großbritannien immer noch die führende Stellung ein. Ihm reihen sich Deutschland und die Vereinigten Staaten von Amerika an. Nennenswert sind noch Belgien, Frankreich und die Schweiz. Frankreich und Österreich-Ungarn haben eine bedeutende Metallwarenindustrie.

b. In der Erzeugung von Wollen- und Baumwollenwaren steht Großbritannien weit obenan; es erzeugt mehr als alle andern Länder zusammen. In seiner Ausfuhr hebt es sich aber nur langsam, während die Ausfuhrziffern von Deutschland und den Vereinigten Staaten ganz erheblich steigen.

In der Leinenindustrie reiht sich an Großbritannien zunächst Frankreich an, sodann Deutschland und Österreich-Ungarn.

In der Seidenindustrie behauptet schon seit Jahren Frankreich das Übergewicht. Seidenindustrieländer sind auch Deutschland, die Schweiz, Japan und China.

c. Das Deutsche Reich ist in der Erzeugung von Chemikalien und verwandter Stoffe als erstes Land der Erde berühmt. Die deutsche Ausfuhr von chemischen Erzeugnissen ist fast so groß wie die aller übrigen Länder zusammen. Neben Deutschland kommt vornehmlich Großbritannien in der chemischen Industrie in Betracht. Andere Länder, die bestimmte chemische Stoffe liefern, sind Belgien, Italien, die Vereinigten Staaten.

Deutschland beherrscht auch in der Ton- und Glaswarenindustrie den Weltmarkt. Ihm folgen in der Reihe ihrer Ausfuhrwerte Belgien, Großbritannien, Frankreich und Österreich-Ungarn.

§ 34. Geistige Erzeugnisse. a. Die Büchererzeugung und das Zeitschriftenwesen geben uns insonderheit einen Einblick in die geistige Produktion eines Landes. Unter den großen bucherzeugenden Ländern steht Deutschland weit über allen andern Ländern; hier werden des Jahres über 30000 neue Werke herausgegeben. Kein Land versendet so viel Bücher, Karten, Musikalien, Zeitschriften und Buchdruckschriften wie Deutschland. Das meiste dieser Ausfuhr geht nach Österreich-Ungarn, der Schweiz, den Vereinigten Staaten und Rußland. Zu diesem Bücherversand gesellen sich noch die Farbendruckbilder, Kupferstiche und Photographien.

Fig. 72. Neue literarische Werke in Proz. [1908: 145000 Stück].

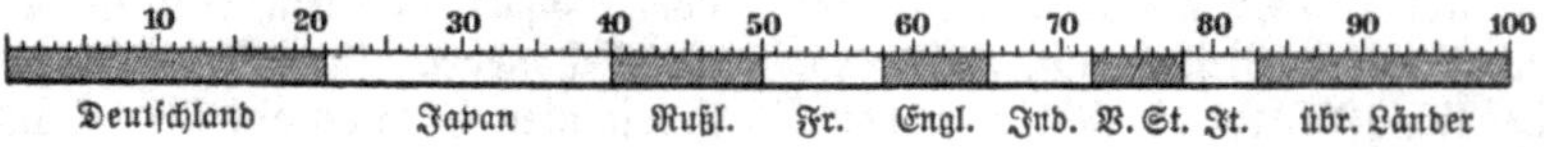

Leipzig, Berlin und Stuttgart sind die hauptsächlichsten Buchverlagsstädte. Leipzig ist die erste Buchhändlerstadt nicht bloß Deutschlands, sondern der ganzen Welt.

Japan steht in der Anzahl der jährlich erzeugten Bücher dem Deutschen Reiche nahe; doch gehören die japanischen neuen Werke in der Hauptsache der niedern Unterhaltungsliteratur an.

Holland, Belgien, die Schweiz, Dänemark, Österreich-Ungarn, Italien, Rumänien, Schweden und Norwegen sind auch in der Bücherproduktion nicht unbedeutend.

Deutschland behauptet fernerhin als Musikalienland seine führende Stellung; denn es erzeugt jährlich über 13000 musikalische Werke.

b. Die ebengenannten Länder leisten ferner in der Erzeugung von Zeitungen und Zeitschriften ganz Bedeutendes. Die Vereinigten Staaten von Amerika stehen als Zeitungsland weit obenan. Hierselbst gibt es neben vielen andern über 2000 täglich erscheinende Zeitungen, die durchschnittlich 12 engbedruckte Folioseiten besitzen.

Deutschland geht wiederum mit seinen reichlich 6000 illustrierten und nichtillustrierten Zeitschriften allen Kulturländern voran.

Zeitungsarme Länder sind Rußland, Japan, auch Rumänien, Österreich-Ungarn und Spanien.

Die jährliche Weltproduktion an geistigen Erzeugnissen beläuft sich auf rund 150 000 neue Werke und 75 000 Zeitungen und Zeitschriften.

§ 35. Kolonialwirtschaft und Weltwirtschaft. a. Die Gründung der Kolonien geht ins 15. und 16. Jahrhundert zurück. Doch die Aufteilung der Erde unter die europäischen Kulturvölker hat erst im 19. Jahrhundert begonnen und ist auch in diesem Jahrhundert zu einem gewissen Abschluß gekommen.

Wir unterscheiden Siedelungs- und Betriebskolonien. Siedelungskolonien nennen wir die, die hauptsächlich zur Unterbringung des Überschusses der einheimischen Bevölkerung geeignet sind. Der Ansiedler beschäftigt sich je nach dem geeigneten Boden mit Viehzucht oder Ackerbau (Kanada, Deutsch-Südwestafrika). Man spricht darum auch von Ackerbau- und Viehzuchtkolonien. Der Handel ist mehr die Hauptsache bei den Betriebskolonien, die man wiederum in Handels-, Plantagen- und Bergbaukolonien teilen kann.

b. Die Entwicklung der modernen Verkehrsmittel hat die mit verschiedenen Naturgaben ausgestatteten Erdteile und Zonen einander näher gebracht. Der welterobernde Siegeszug des Eisenbahn-, Telegraphen-, des Land- und Seestraßennetzes hat die Weltwirtschaft angebahnt. Die Weltwirtschaft steht erst im Anfange ihrer Entwicklung. Anzeichen der Weltwirtschaft liegen auch in den Staatsverträgen vor, die Staatsgruppen miteinander abschließen. Hierher gehören der Weltpostverein, die Europäische Telegraphenkonferenz u. a. m.

Dasjenige Volk nur kann den Gang der Weltwirtschaft beeinflussen, das sich infolge seiner geistigen Vorzüge und seiner Erzeugnisse des Bodens und der Industrie im Wettstreit auf dem Weltmarkt behaupten kann.

§ 36. Die wirtschaftlichen Hauptgebiete der Erde. a. Das westeuropäische Wirtschaftsgebiet umfaßt das Deutsche Reich mit Luxemburg, Österreich-Ungarn, die Schweiz, Frankreich, Belgien, die Niederlande, Dänemark, Schweden, Norwegen, Portugal, Spanien, Italien, Griechenland, Serbien, Rumänien, Bulgarien und die Türkei. Unter diesen Staaten sind sieben wirkliche Kolonialmächte, wenn Belgien mit als Kolonialmacht gezählt wird. Die führende Stellung hat Deutschland inne. Die Stärke des westeuropäischen Wirtschaftsgebietes besteht in seiner dichten Bevölkerung und in der Erzeugung von industriellen Gegenständen. Da sich die Produktion in Mitteleuropa konzentriert, so kann man das ganze Gebiet auch das mitteleuropäische Wirtschaftsgebiet bezeichnen.

b. Das britische Wirtschaftsgebiet hat einen Vorteil in der politischen Einheitlichkeit. Doch in dem Mißverhältnis der Kolonialländer zum Mutterlande (100: 1) liegt ein entschiedener Nachteil. Das Ziel, ein sich selbst befriedigendes Wirtschaftsreich zu sein, kann das Britische Reich wegen der großen Zersplitterung seiner einzelnen Teile nie erreichen. Sein Schwerpunkt liegt in der industriellen Massenproduktion.

c. Das russische Wirtschaftsgebiet erscheint mit seinem asiatischen Besitz als ein politisches und geographisches einheitliches Gebiet. Es ist verhältnismäßig dünn bevölkert. Darin, daß es trotz seiner Größe von den verkehrsreichen Meeren abgedrängt ist, und seine Größe zu ausgedehnt und ungegliedert ist, bestehen seine natürlichen Mängel. In der Weltwirtschaft hat dieses Riesenreich nur als Produzent von Rohprodukten Bedeutung.

Fig. 73—81. Die europäischen Kolonialmächte.

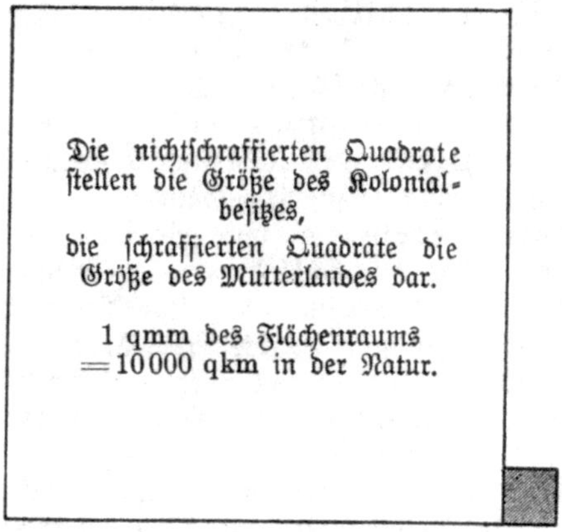

Fig. 73. England.

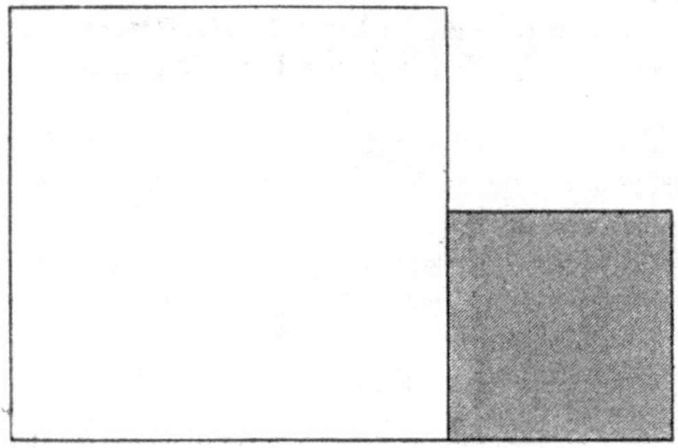

Fig. 74. Rußland.

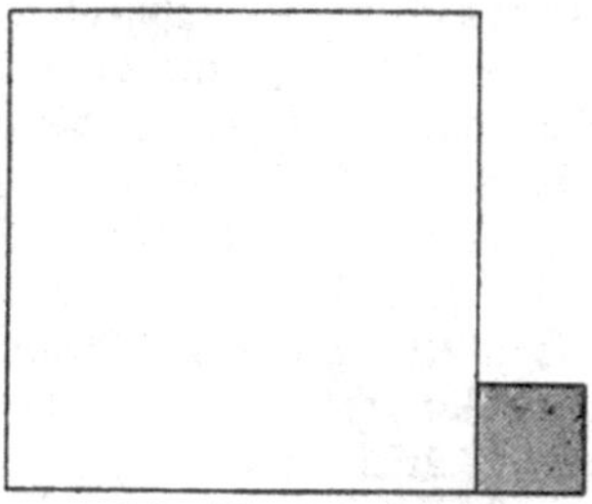

Fig. 75. Frankreich.

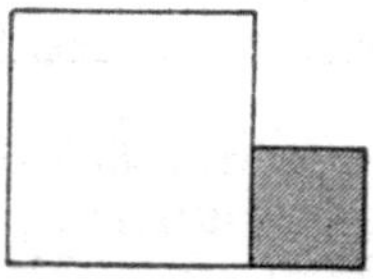

Fig. 76. Deutschland.

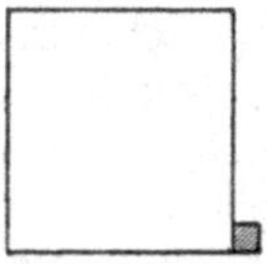

Fig. 77. Belgien.

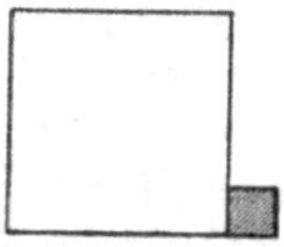

Fig. 78. Portugal.

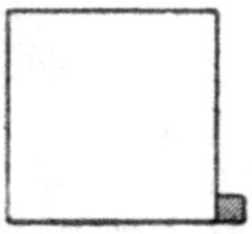

Fig. 79. Holland.

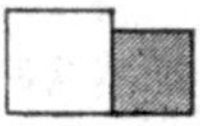

Fig. 80. Italien.

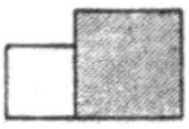

Fig. 81. Spanien.

d. Das nordamerikanische Wirtschaftsgebiet umfaßt außer den Vereinigten Staaten noch Mexiko, die zentralamerikanischen Staaten mit Panama und Westindien. Es ist das von der Natur am besten ausgestattete und abgerundete Wirtschaftsgebiet der Erde. Das ganze Gebiet wirft bei einer nicht allzu dichten Bevölkerung ungeheure Mengen von Rohstoffen (Getreide, Baumwolle, Eier, Petroleum) auf den Weltmarkt; und schon liefert die amerikanische Bevölkerung, deren Grundstock den tatkräftigen germanischen Völkern Europas entstammt, industrielle Welterzeugnisse.

e. Das südamerikanische Wirtschaftsgebiet ist das am wenigsten dicht bevölkerte Wirtschaftsgebiet der Erde. Es steht erst im Anfang seiner wirtschaftlichen Entwicklung; doch wird es sich noch zum größten pflanzlichen Roherzeugungsgebiet der Zukunft entwickeln. Schon heute sind große Mengen tropischer und subtropischer Nutzpflanzen südamerikanischen Ursprungs.

f. Das ostasiatische Wirtschaftsgebiet ist das dritte der Hauptwirtschaftsgebiete der nächsten Zukunft. Zu ihm gehören China, Japan und Korea. Es ist ähnlich groß und geschlossen wie das nordamerikanische Wirtschaftgebiet, hat jedoch eine fast fünfmal stärkere Bevölkerung. Das Gebiet liefert einige Industriewaren, in der Hauptsache aber Rohmaterialien. Die riesigen Kohlen- und Erzschätze dieses Gebietes liegen noch fast unangetastet da.

§ 37. Die wichtigsten Wirtschaftsstaaten nach ihrer erwerbstätigen Bevölkerung. **a.** Landwirtschaftsstaaten nennt man im allgemeinen solche Länder, in denen die land- und forstwirtschaftlichen Berufe das entschiedene Übergewicht haben. Dazu gehören die Vereinigten Staaten von Amerika, Österreich-Ungarn, Schweden, Rußland, Italien und die andern südeuropäischen Staaten. Auch Frankreich kann hier mit eingerechnet werden. In Norwegen hat die Fischerei das Übergewicht. Landwirtschaftsstaaten sowohl wie Industriestaaten sind Deutschland und Dänemark. Zu den Industriestaaten neigen bereits die Schweiz und die Niederlande hinüber. Reine Industriestaaten sind Belgien und Großbritannien.

Das Handels- und Verkehrsgewerbe ist hauptsächlich in den Niederlanden, Deutschland, der Schweiz, Belgien, Großbritannien, Norwegen und in den Vereinigten Staaten ausgebildet, sodann in China und Japan und in den mohammedanischen Ländern.

b. Land- und Forstwirtschaft, Fischerei und Jagd sind bodenständige Berufsarten, wie auch Bergbau und die Industrien, die die von den bodenständigen Berufsarten geförderten Erzeugnisse an Ort und Stelle verarbeiten, sei es durch Handwerk- oder Fabrikbetrieb. Man denke an die einzelnen Industriezweige der großen Kohlenbecken. Ortsständige Berufe sind mehr die des Handels und Verkehrs. Sie sind von der Lage abhängig, wie Schiffsbau, Speditionsgeschäft, Bankgewerbe u. a. zeigen. Die allgemeinverbreiteten Berufsarten gehören mehr dem Lehr- und Wehrstand an. Jedoch gehören auch einzelne Gewerbe hierher, die die Bedürfnisse des täglichen Lebens befriedigen, wie Fleischer, Bäcker, Schneider, Schuhmacher u. a. m.

3. Verkehrsgeographie.

§ 38. Die geschichtliche Entwicklung des Verkehrs. a. In der geschichtlichen Entwicklung des Weltverkehrs unterscheidet man drei Perioden: erstens die Periode des Landverkehrs und der Küstenschiffahrt, zweitens die Periode des Seeverkehrs und drittens die des See- und Landverkehrs. Die erste Periode des Weltverkehrs ist also die, die durch den Landverkehr und die Küstenschiffahrt charakterisiert wird. Sie umfaßt das Altertum und das Mittelalter. Auf verhältnismäßig kleinem Raum fand der Weltverkehr statt, auf dem Mittelmeer und einem Zonenstück zwischen 30° und 40°, das von Kleinasien bis in die Seidengebiete des asiatischen Ostens reichte.

Die Welthandelsstraße war nichts anderes als ein Saumweg, der dem Flußlauf, dem Tale folgte, der den Paß aufsuchte. Die heutigen Karawanenwege sind ihre getreuen Abbilder. Infolge der Beschaffenheit jener Wege und der unvollkommenen Transportmittel und der davon abhängigen langen Reisedauer mußten die Handelswaren einmal sehr leicht und andermal sehr wertvoll sein. Die Massenartikel waren demnach ausgeschlossen.

Die Welthandelsgüter jener Zeiten waren Gold, Edelsteine, Bronze, Zinn, Bernstein, Gewürze, Weihrauch, Purpur und die chinesischen Seidenstoffe. Die Waren gingen durch verschiedene Hände, bevor sie an ihren Bestimmungsplatz gelangten.

Im spätern Mittelalter haben sich Venedig und Genua an die Spitze der städtischen italienischen Kaufmannsrepubliken geschwungen. Ein Gegenbild fanden sie im Norden Europas in der Hansa. Die flandrischen Tuche und die gesalzenen Heringe fingen im Norden an, Massenartikel zu werden.

b. Die Periode des Seeverkehrs beginnt mit der Entdeckung Amerikas und der Auffindung des Seeweges nach Ostindien und dauert bis in die zweite Hälfte des 19. Jahrhunderts. Die Welthandelswege sind jetzt rein ozeanisch, da man gelernt hatte, mit dem Segelschiff das Weltmeer zu befahren. Jetzt erst konnten die europäischen Kaufleute mit den Urproduzenten der kostbaren Welthandelsgüter direkt in Verbindung treten.

Die Bewältigung von Massenartikeln nimmt ihren Anfang, zunächst bezüglich von Rohmaterialien, insbesondere von Baumwolle. Die Baumwollkleidung verdrängt die alten Linnen- und Wollkleidung. Die tropischen Gewürze bilden eine sehr gewinnbringende Handelsware. Dieser Handel wird von den neuen Kolonialstaaten, Holland und Großbritannien, monopolisiert.

Die einzelnen Staaten genügen sich aber noch selber und bauen selber das Getreide, das sie brauchen. Der Plantagenbau entwickelt sich mit Hilfe der Neger, die man zu Tausenden als Sklaven aus Afrika nach Amerika einführt.

Der Welthandel, den zunächst Spanien und Portugal besaßen, geht über auf die Holländer und Franzosen und nach heißem Ringen zuletzt auf die Engländer.

c. Die Periode des See- und Landverkehrs ist die jüngste Entwicklung des Weltverkehrs. Neben den ozeanischen Straßen fangen wieder die Straßen zu Lande an, größere Bedeutung für den Verkehr, besonders für den Personen- und Warenschnellverkehr, zu gewinnen. Erst jetzt kann man von einem eigentlichen

Weltverkehr sprechen, da der Große Ozean mit in das regelmäßige Verkehrsnetz eingeflochten ist und das Dampfroß die Erdteile von einer Seite zur andern durcheilt.

Die Welthandelsstraße hat ihr Gepräge geändert. Auf ihr fluten vor allem die Massengegenstände dahin, also die Rohmaterialien für die großen Industriegebiete und die Nahrungsmittel für die Länder, die sich durch ihren eigenen Getreidebau nicht mehr selber ernähren können, wie Deutschland, die Schweiz, Großbritannien und Belgien.

Großbritannien vermag bei der heutigen Lage des Verkehrs und der Anteilnahme der verschiedenen Mächte am Seeverkehr nicht mehr die Vorherrschaft zur See zu behaupten. Seine gefürchteten Konkurrenten sind Deutschland und die Vereinigten Staaten von Nordamerika. Im fernen Osten beginnt Japan sich als tüchtiger Handelsstaat zu regen.

§ 39. Die Handelsvölker. **a.** Unter den Natur- und Kulturvölkern zeichnen sich einige aus, die einen besondern Sinn und ein besonderes Geschick für den Handel haben. Im Altertum waren die Phönizier das größte Welthandelsvolk. Die Juden sind erst nach Christi Zeiten zu einem Handelsvolke geworden. Die Armenier stehen als Handelsvolk noch über den Juden. Die Banianen (Hindus aus Vorderindien) beherrschen den Zwischenhandel in Ostafrika. Die Araber sind seit Jahrtausenden das größte Handelsvolk im Innern Afrikas.

Der ferne Osten besitzt in den Japanern ein gewandtes Handelsvolk, besonders aber in den Chinesen, die zum Handeln geboren sind. Der kleine Chinese lernt mit dem Sprechen das Rechnen und das Handeln. Die Chinesen werden auch vielfach von den europäischen Kaufleuten als Zwischenagenten, „Compradores", gebraucht, so hauptsächlich auf den Südseeinseln.

b. Die bedeutendsten Handelsvölker weist indessen der europäische Westen auf. Zunächst waren es hier die romanischen Völker, die den Welthandel beim Beginn der ozeanischen Periode in Besitz hatten. Gegenwärtig beherrschen die germanischen Völker den Welthandel und den Weltverkehr. Unter diesen Völkern stehen die Engländer, Deutschen, Angloamerikaner und die Holländer obenan.

§ 40. Die Welthandelssprachen. **a.** Die Welthandelssprachen sind das Englische, Deutsche und Französische. In den Kolonialstaaten sind die Mutterländer bestrebt, ihre Sprache so viel wie möglich zur Geltung zu bringen.

Das Englische ist die verbreitetste Handelssprache. Im 16. Jahrhundert sprachen 3 Millionen Menschen Englisch, 15 Millionen Deutsch, im 18. Jahrhundert 9 Millionen Englisch, 20 Millionen Deutsch, im Anfang des 20. Jahrhunderts 125 Millionen Englisch und 90 Millionen Deutsch. Das Englische ist in Europa auf Großbritannien beschränkt. Teilweise wird es auch in Norwegen und Schweden gebraucht, außerhalb Europas in allen britischen Kolonien, in den Vereinigten Staaten von Amerika, zum Teil in Nordafrika, in Persien, auf den Philippinen und in Japan, China und Siam.

Das Deutsche herrscht als einzige Handelssprache im deutschen Zollgebiet und in Österreich-Ungarn; es kann ferner als Handelssprache gebraucht werden in der Schweiz, in Serbien, Bulgarien und Ostrumelien, Rumänien, in der europäischen Türkei, in den skandinavischen und russischen Ländern, in den Niederlanden, ferner in Niederländisch-Indien, Siam, Japan und China.

Das Französische wird als Handelssprache außer in Frankreich und Belgien in Südosteuropa und in den Ländern der Levante gebraucht, hier als „lingua franca". Zum Teil kann man mit dem Französischen auch in Italien, Spanien, der Schweiz, Portugal und Rußland auskommen.

b. Als Welthandelssprache hat das Spanische große Verbreitung gefunden. Man spricht es außer auf der Pyrenäenhalbinsel auch auf den Philippinen und Karolinen, in ganz Zentralamerika und Mexiko, auf den großen westindischen Inseln und in Südamerika. In Brasilien ist das Portugiesische die amtliche Handelssprache. Das Holländische ist in den niederländischen Kolonien Handelssprache.

Die „lingua franca" für Ostafrika ist das Ki-Suaheli. In Nord- und Mittelafrika herrscht das Arabische als Handelssprache. Die Kenntnis des Chinesisch-Malaiischen ist im Handelsverkehr mit Ostasien und den malaischen Inseln sehr notwendig. In jedem Kulturstaate ist die Landessprache zugleich auch Handelssprache.

§ 41. Die Bedeutung des Verkehrs. a. Der Verkehr ist die Ortsbewegung von Personen und Gegenständen nach bestimmten Zielen. Der Verkehr will ganz besonders die Erzeugnisse der Erdräume und Menschen austauschen und somit die Bedürfnisse der wirtschaftenden Menschheit befriedigen. Der Verkehr erleichtert die Bewegungen der Völker und beschleunigt somit den Gang der Geschichte.

Je entwickelter der Verkehr ist, desto entwickelter ist das Volk. Der Verkehr ist geradezu die Vorbedingung für das Wachstum der Staaten. Der Verkehr ist ein echter Kulturmaßstab für ein Land.

b. In dem Lande, in dem sich der Verkehr verdichtet, verdichtet sich auch die Bevölkerung. Der Verkehr wirkt städtebildend. So ist z. B. die Stadt Oberhausen, von der vor hundert Jahren noch keine Spur war, an einem wichtigen Eisenbahnknotenpunkt des rheinisch-westfälischen Verkehrsgebietes entstanden. Wo Fluß-, Land- und Seeverkehr zusammenstoßen, entwickeln sich besonders leicht neue Orte. Das zeigen uns die Binnen- und Seehäfen.

Hört der Verkehr auf, oder rückt der Verkehr von einer Stelle nach einer andern Gegend, so hört die Entwicklung der Städte auf. So sind z. B. die alten Handelsstädte an der Nordwestküste Kleinasiens ganz zu Ruinen geworden.

c. Der Verkehr bringt nicht bloß die Glieder eines Volkes in innige Berührung, er greift auch über die politische Grenze hinaus und begünstigt den wachsenden Zusammenhang der einzelnen Staaten, Völker und Rassen. Früher wohnten die Völker, wie heute noch viele Stämme Afrikas, inselartig nebeneinander. Die Lücken, die sich zwischen den einzelnen Völkern noch zeigen, werden durch den Verkehr überbrückt, vielfach auch ganz ausgefüllt.

§ 42. Die Verkehrsgattungen. a. Land-, Wasser- und Luftverkehr sind die drei großen Verkehrsgattungen. Die beiden ersten sind die ältesten Verkehrsgattungen. Der Luftverkehr ist erst im Entstehen begriffen; ihm dienen Brieftaube, Luftschiff und Flugmaschine. Letztere beide weiß man jetzt zu lenken; sie wirtschaftlich noch brauchbar zu machen, gehört zu den größten Verkehrsaufgaben der Zukunft. Zu dem Luftverkehr könnte man auch die Funkentelegraphie rechnen.

b. Der Landverkehr ist von der Bodengestalt, der Bodenzusammensetzung, der Bewässerung, dem Klima und der Pflanzenwelt abhängig. Er verbreitet sich über die ganze festländische Erde. Nur kleine Inseln und Küstengebiete, die ein vereistes Hinterland besitzen, sind von dem Landverkehr ausgeschlossen.

Der Seeverkehr ist bedingt durch die Verteilung von Wasser und Land, durch das Klima und die physikalische Beschaffenheit des Meerwassers (Eismeer!). Der Seeverkehr umfaßt naturgemäß ein viel größeres Gebiet als der Landverkehr. Er hat den Verkehr erst zu einem Weltverkehr gemacht. Die großen Weltinseln können nur zur See miteinander verkehren.

§ 43. **Die Verkehrsmittel.** **a.** Je nach den verschiedenen Werkzeugen der Ortsbewegung unterscheidet man schreitende, gleitende, rollende, fliegende und elektrische Verkehrsmittel. Die Verkehrsmittel sind auch verschieden, je nachdem sie Personen, Waren oder Nachrichten zu befördern haben.

Zu den schreitenden Verkehrsmitteln gehören Fußgänger, Träger und Läufer (Stafettenverkehr). Fernerhin sind schreitende Verkehrsmittel die Lasttiere, wie Pferd, Kamel, Maultier, Maulesel und Esel, Rind, Büffel, Yak, Lama, Schaf, Ziege, Elefant, Renntier und Hund. Die Lasttiere, die auf schmalen Wegen der Gebirge den Verkehr vermitteln, nennt man auch Saumtiere und den mit ihnen gepflegten Verkehr Saumverkehr. Dazu werden vorzugsweise Maultier, Pferd, Yak und Lama benutzt.

b. Zu den gleitenden Verkehrsmitteln gehören Schlitten und Schiff.

Die rollenden Verkehrsmittel vertritt der Wagen in seiner verschiedenen Gestalt, von der Karre bis zum Eisenbahnwagen. Der Wagen kann einrädrig und mehrrädrig sein; die vierrädrige Form ist die zumeist benutzte. Die fliegenden Verkehrsmittel sind Brieftaube, Luftschiff und Flugmaschine.

Die elektrischen Verkehrsmittel sind die Einrichtungen, die zu Erzeugung und Leitung der elektrischen Kraft dienen (Telegraph, Telephon, Funkensprechapparate).

§ 44. **Die geographische Verbreitung der Verkehrsarten.** **a.** Der Wasserverkehr wird mit Floß, Kahn, Segel- und Dampfschiff unterhalten. Über den Verkehr mit Segel- und Dampfschiff siehe § 52 und 53. Der Kahn charakterisiert den Flußverkehr. Dieser ist vorherrschend im ganzen Amazonasgebiet, in Südostchina, im nördlichen Nordamerika. Vgl. auch die Binnenschiffahrt § 50 und Fig. 82.

b. Der Trägerverkehr umfaßt ganz Zentralafrika und den Sudan, Madagaskar, die himalajischen Länder, Hinterindien, Ceylon, Inselindien, Neuguinea und die größern Inseln des Stillen Ozeans mit Ausnahme von Neuseeland. Auch im Westen und Norden Australiens findet sich noch Trägerverkehr, ebenso noch in Japan, Korea und im südlichen China.

c. Der Lasttierverkehr ist zum größten Teile Saumverkehr. Der Verkehr durch Pferd, Maultier und Esel herrscht in Südamerika mit Ausnahme der Gebiete der großen Ströme, ferner in Zentralamerika, Mexiko, Kalifornien und teilweise noch in den westlichen Unionstaaten. In Afrika gehören die Atlasländer hierher, ferner Abessinien, der französische Sudan bis zur Nigermündung und nach Senegambien. In Europa findet sich der Lasttierverkehr noch in den höhern Gebirgen und in der Südosthalbinsel. In Asien greift dieser Verkehr von den Gebirgsregionen aus bis nach Mesopotamien, Sibirien, der Mandschurei und dem mittlern China vor.

Der Lasttierverkehr findet mit Hilfe des Rindes (Rind, Büffel und Yak) in Tibet, in Westchina, Birma und auf den Philippinen statt, mit Schaf und Ziege

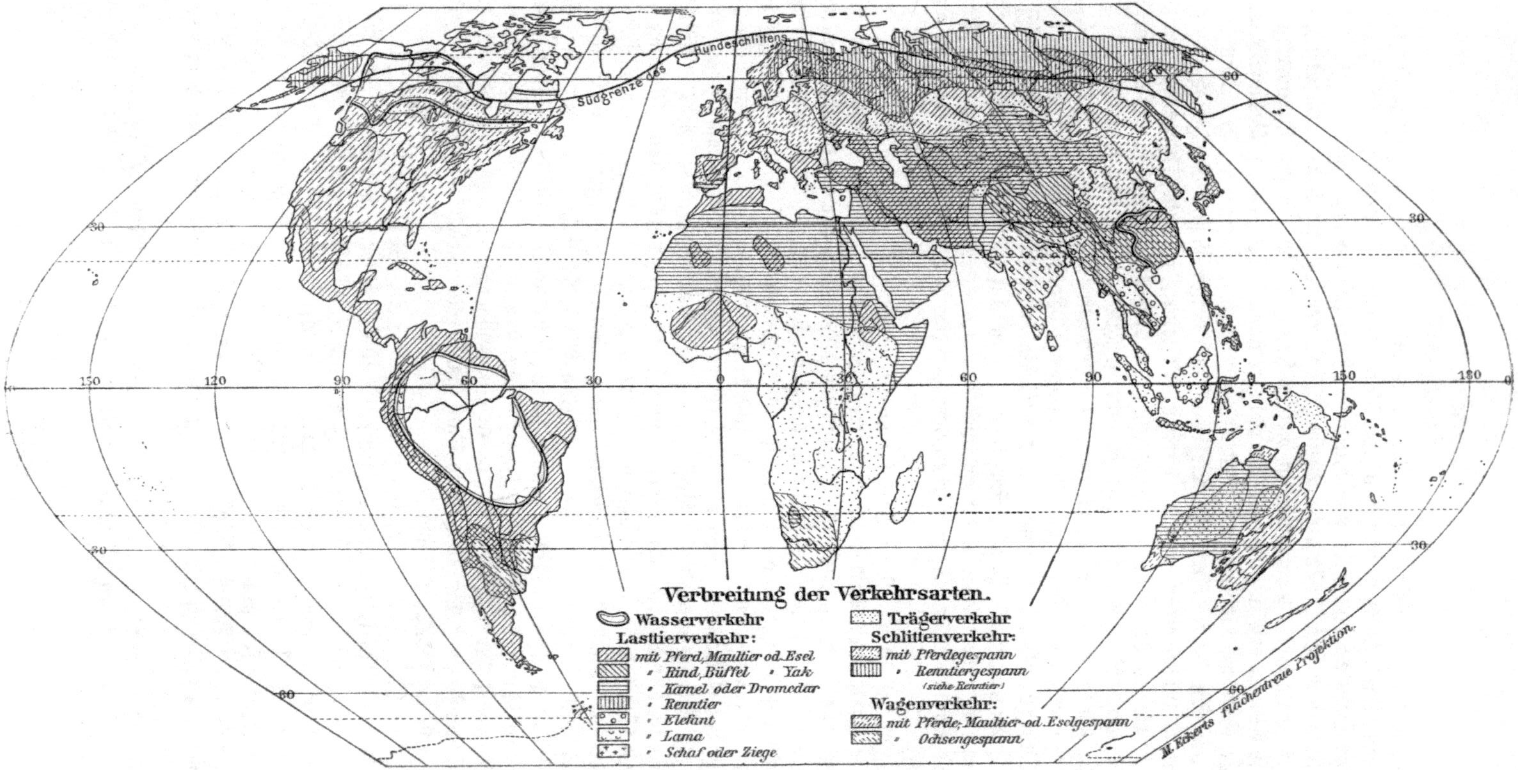

Fig. 82. Verbreitung der Verkehrsarten.

in den Gebirgsländern des Himalaja, mit Elefanten in Vorder- und Hinterindien und auf Sumatra, Borneo und Celebes.

Das Kamel dient dem Lastenverkehr in Nordafrika, in Arabien, Vorder- und Zentralasien, auch in Westaustralien und Deutsch-Südwestafrika. In den Andenländern von Ecuador bis Nordchile wird der Lastverkehr mit Hilfe des Lamas und im Norden von Europa und Asien mit Hilfe des Renntieres betrieben.

d. Der Schlittenverkehr ist den nördlichsten Gebieten der Nordkontinente eigen. Der Schlitten mit Pferdegespann ist in jenen Gebieten vorherrschend. Nur an den Nordrändern der Nordkontinente wird das Pferd durch Renntier und Hund ersetzt, die beide geeignet sind, den Schlitten zu ziehen.

e. Der Wagenverkehr bevorzugt ebeneres Land. Mit Pferde- und Maultiergespann findet er sich in ganz Europa, in Nordamerika, Nordchina, Australien und Neuseeland, mit Ochsengespann im westlichen und mittlern Südafrika, in Argentinien und Uruguay, auch in Indien und auf Java.

f. Der Eisenbahnverkehr ist die vornehmste Landverkehrsform der europäischen Völker innerhalb und außerhalb Europas. Von nichteuropäischen Völkern haben die Japaner nach europäischem Muster den Eisenbahnbetrieb übernommen.

Größere eisenbahnleere Gebiete gibt es in Europa nicht mehr, wohl aber noch in Asien und in den Südkontinenten. Am eisenbahnreichsten sind die europäischen Weststaaten und die Vereinigten Staaten von Nordamerika. (Vergleiche auch § 47 u. Fig. 84.)

d. Der Drahtverkehr umfaßt den Telegraphen-, Telephon- und Kabelverkehr. Der Telegraphenverkehr folgt in seiner Ausbreitung im wesentlichen dem Eisenbahnverkehr. Wegen seiner leichtern Einrichtung geht aber sein Ausbreitungsgebiet vielfach über das der Eisenbahn hinaus. Man denke nur an die Überlandtelegraphen und an die Telegraphen, die selbst die kleinsten Orte verknüpfen, weit ins Gebirge hineinlaufen und über das Gebirge gehen.

§ 45. Der Land- und Wasserlastverkehr. **a.** In unserm heutigen Wirtschaftsleben spielt die Bewältigung von Massengütern eine große Rolle.

Ein Ozeanfrachtdampfer von 2000 Registertonnen netto befördert 5,5 Mill. kg oder 550 Güterwagenladungen, ein Segelschiff von 1000 Registertonnen netto befördert 2,8 Mill. kg oder 280 Güterwagenladungen.

Die Flußschiffe können wegen ihrer Größe, die von der Wassermenge und Wassertiefe des Flusses abhängt, nicht so viel wie ein Seeschiff befördern. Die größten Lastschiffe (Lastkähne) finden sich bei uns auf dem Rhein und der Elbe. Ein Lastschiff auf dem Rhein von 1500 t befördert 1,5 Mill. kg oder 150 Güterwagenladungen und ein Lastschiff auf der Elbe von 1000 t befördert 1 Mill. kg oder 100 Güterwagenladungen.

b. Ein Güterwagen befördert im Durchschnitt 10 000 kg (10 t = 100 dz = 200 Zentner).

Ein Arbeitspferd zieht auf ebenem Wege 1000 kg, ein Elefant trägt 400 kg, ein Kamel 200 kg, ein Pferd oder ein Maultier 150 kg, ein Esel 75 kg, ein Lama 25 kg, eine Ziege oder ein Schaf 15 kg und ein Träger in Ostafrika oder im Himalajagebiet 30 kg.

Die Verkehrsmittel zu Wasser stehen in ihrer Tragfähigkeit weit über den Landverkehrsmitteln. Ihre Vorzüge bestehen einmal in der Beförderung größerer Warenmengen, sodann in der Billigkeit der Beförderung. Nur der Eisenbahnverkehr hat dem Wasserverkehr gegenüber den Vorzug der schnellern Beförderung.

§ 46. Der Schnellverkehr. a. In unserer rastlosen Zeit entwickelt sich der Schnellverkehr immer mehr. Tagtäglich werden Versuche gemacht, die Schnelligkeit der Eisenbahnen, der Dampfschiffe, des Automobils zu erhöhen.

Der Schnellverkehr zu Lande hat sich bis jetzt am großartigsten entwickelt. Freilich kann der schnellste und kürzeste Weg nicht immer der billigste sein; denn gewöhnlich sind größere Verkehrshindernisse zu überwinden gewesen, bevor der Schnellverkehr sich einstellen konnte. Nicht bloß für die Personen kommt er in Betracht, sondern auch für die Naturerzeugnisse, die keinen langen Transport vertragen können, so für die Südfrüchte, für gewisse Fleischwaren usw.

b. Die Verkehrsgeschwindigkeit ist neben der zu transportierenden Last von den Verkehrsmitteln abhängig.

In einer Sekunde legt zurück:

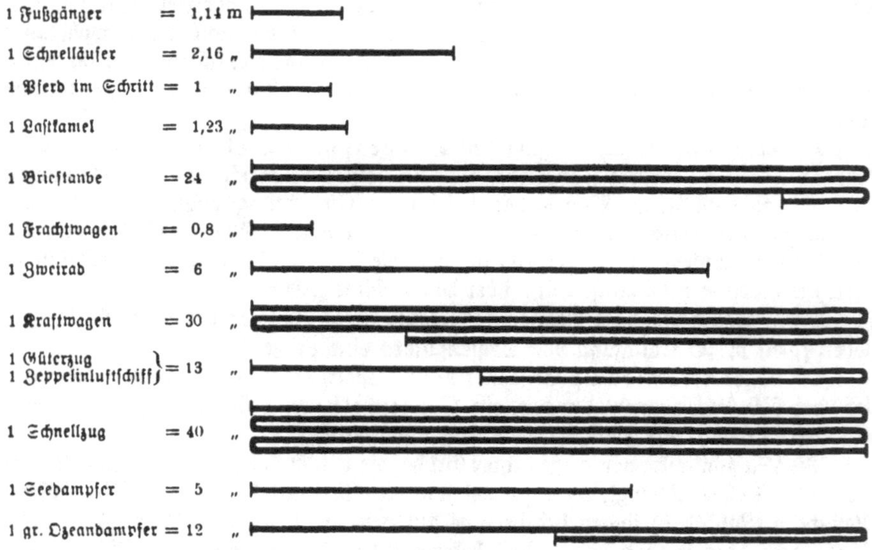

Fig. 83.

c. Der Nachrichtenverkehr ist der Verkehr, der am frühesten schnell organisiert wurde (der staatliche Stafettenverkehr im Altertum !). Auch heute ist er wiederum mit Hilfe der elektrischen Kraft bei weitem der schnellste.

Der zweitschnellste Verkehr erfolgt durch die Schnellzüge (und Automobile). Er umfaßt Personen-, Waren- und Nachrichtenverkehr. An dritter Stelle kommt der Verkehr durch Tiere und an vierter der durch Menschen.

d. Die Schnelligkeit der Eisenbahnzüge bildet, wie schon hervorgehoben wurde, eine wichtige Angelegenheit in den verkehrsreichen Staaten.

Die durchschnittliche Stundengeschwindigkeit beträgt bei den Schnellzügen Deutschlands und Großbritanniens 64 km. Auf der Strecke Berlin-Hamburg erreicht die Fahrgeschwindigkeit 84 km in der Stunde. Die schnellsten Eisenbahnzüge weisen in Europa Großbritannien und Frankreich auf, mit 90—100 km Fahrgeschwindigkeit in der Stunde. In Spanien sind Schnellzüge schon solche Züge, die 40 km in der Stunde fahren, in Rußland solche, die 35—37 km in der Stunde fahren. Letztere Geschwindigkeit ist die der sibirischen Eisenbahn. Die Schnelligkeit der pazifischen Bahnen Nordamerikas geht nicht über die der deutschen Schnellzüge hinaus.

e. Die Verkehrsmittel zu Wasser streben danach, in der Entwicklung des Schnellverkehrs hinter den Eisenbahnen nicht zurückzubleiben. Es ist der Ruhm der deutschen Handelsmarine, seit vielen Jahren die schnellsten und vollkommensten Dampfer inmitten der gesamten Handelsflotte der Welt ihr eigen zu nennen. Der „Kronprinz Wilhelm“, der „Kaiser Wilhelm II.“ des Norddeutschen Lloyd und die „Deutschland“ der Hamburg-Amerika-Linie erzielen auf ihrer atlantischen Fahrt eine Schnelligkeit von 23,5 Seemeilen in der Stunde. Die neuen großen Turbinendampfer Englands haben allerdings 24,5 Seemeilen erzielt, sie sind aber bezüglich Ausstattung und Unterhaltung nicht so vollkommen und rentabel als die großen deutschen Dampfer.

§ 47. **Das Eisenbahnnetz der Erde.** a. Nicht allein die Länge, sondern vor allem die Dichte des Eisenbahnnetzes gibt ein sicheres Zeugnis von der wirtschaftlichen Leistung und Höhe eines Volkes. Die Dichte findet man, wenn man die Eisenbahnlänge zu irgend einer Flächeneinheit, z. B. zu 100 qkm, in Beziehung setzt.

Europa steht mit einer Dichte von 3 km auf 100 qkm über den andern Kontinenten. Halb so dicht ist das Netz Nordamerikas, viel weniger dicht das Australiens, Südamerikas und Afrikas. Unter den einzelnen Ländern weist Belgien mit seinen 28 km auf 100 qkm das dichteste Eisenbahnnetz auf der Erde auf. Ihm nahe steht das Königreich Sachsen mit 21 km. Großbritannien steht mit seiner Dichte, 12 km auf 100 qkm, noch über der des Deutschen Reiches, 11 km auf 100 qkm. Bei den Vereinigten Staaten von Amerika entfallen 4 km auf 100 qkm. (Vgl. Fig. 84.)

b. Setzt man die Eisenbahnlänge in Beziehung zur Volksdichte, so laufen Australien und Amerika bei ihrer verhältnismäßig schwachen Bevölkerung dem europäischen Kontinent den Rang ab. Auf 10 000 Bewohner kommen in Europa 8¼, in Asien 1, in Afrika 2, in Australien 59, in Nordamerika 43, in Südamerika 13 km. Nach den Küstengebieten der verkehrsreichsten Meeresbecken verdichtet sich regelmäßig das Eisenbahnnetz.

c. Die längste zusammenhängende Eisenbahnlinie auf Erden ist die eurasische Pazifikbahn Lissabon-Dalni. Die Strecke beträgt 13 528 km und wird in 453 Stunden oder 19 Tagen überwunden. Sie setzt sich aus den Hauptstrecken Lissabon—Paris, Paris—Berlin, Berlin—Moskau, Moskau—Irkutsk, Irkutsk—Mandschuria und Mandschuria—Dalni zusammen. Die größte Geschwindigkeit wird auf der Strecke Paris—Berlin erzielt, die geringste auf dem letzten Abschnitt der Bahn.

d. Die eurasische Pazifikbahn ist eine Interkontinentalbahn, da sie die Randgebiete verschiedener Erdteile miteinander verknüpft. Die Eisenbahnlinien, die die Randgebiete ein und desselben Kontinentes verbinden, bezeichnet man als Transkontinentalbahnen. Sie sind so recht die Überlandstraßenzüge des

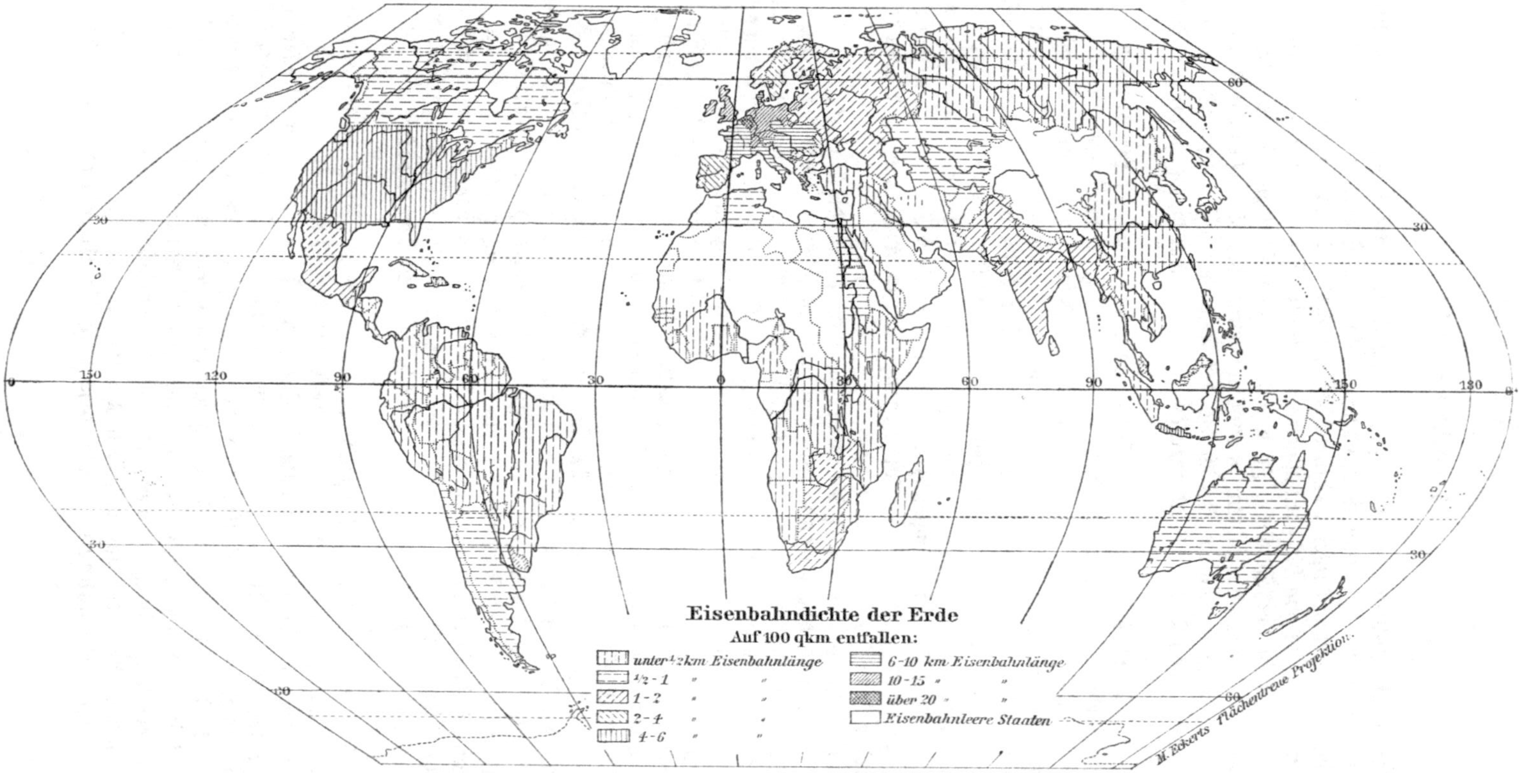

Fig. 84. Eisenbahndichte der Erde.

Weltverkehrs. Mit Transkontinentalbahnen ist kein Land so vielstrahlig wie Europa durchzogen. (Vgl. § 64 und 84.) Amerika ist mit wirklichen Überlandwegen, die Ozeanküsten verschiedener Meeresangehörigkeit verbinden, bedacht (siehe die Pazifikbahnen § 259 u. Fig. 89).

e. Künftige Weltbahnen sind die interkontinentale Bahn Amerikas, die Südamerika mit den Vereinigten Staaten verknüpfen soll, ferner die transkontinentale Bahn Afrikas, die Kairo mit Kapstadt verbinden soll. Letztere würde 7500 km lang sein, wovon der südlichste Teil von Kapstadt bis ins nördliche Rhodesia und der nördlichste von Kairo bis Khartum bereits fertiggestellt sind. Die Sahara mit einer Bahn zu durchqueren, ist ein französisches Projekt.

Vorderhand kann eine von den großen Zukunftsbahnen auf eine absehbare Vollendung rechnen; es ist die Bagdadbahn, die als interkontinentale Bahn Konstantinopel mit Kuweit verbindet. Sie hat eine große wirtschaftliche Bedeutung, da ie die seit Jahrhunderten vernachlässigten Fruchtgefilde Mesopotamiens wieder er-

Fig. 85. Länge der Eisenbahnen in Proz. [1909: 984000 km].

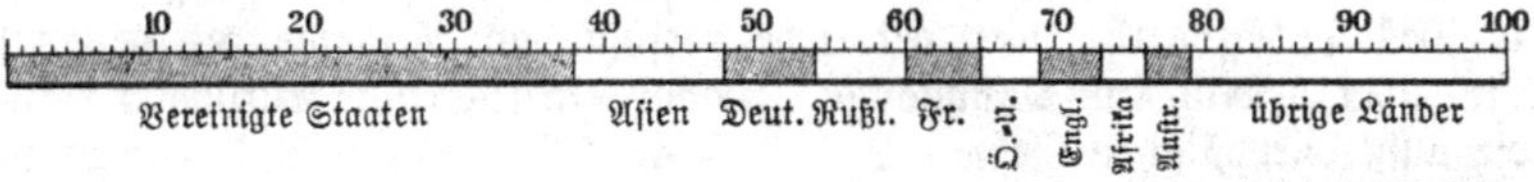

schließen und für den Welthandel zugänglich machen wird. Durch diese Bahn wird Bombay von London aus in 9 Tagen anstatt in 15 Tagen (durch den Suezkanal) zu erreichen sein. Deutsches Geld und deutsche Ingenieure sind an dem Bau dieser Bahn beteiligt.

§ 48. Der Postverkehr. a. Die postalischen Einrichtungen der Neuzeit dienen dem Alltagsverkehre zum Unterschied von den postartigen Einrichtungen des Altertums, die nur Staatszwecken dienten.

In Deutschland richtete Franz von Taxis 1505 die erste größere Postverkehrslinie zwischen Brüssel und Wien über Speier und Augsburg ein. An diese Hauptlinien schlossen sich bald mehrere Zweiglinien an. Der einheitlichen Ausgestaltung einer „Deutschen Reichspost" standen die vielen deutschen Kleinstaaten entgegen. Erst mit der Neuaufrichtung des Deutschen Reiches 1871 wurde das deutsche Postwesen einheitlicher.

Das Deutsche Reich ist bezüglich seines Postwesens eine einheitliche Staatverkehrsanstalt mit Ausnahme von Bayern und Württemberg. Beide süddeutschen Staaten haben noch eigne Postverwaltung, während aber Bayern noch eigene Marken besitzt, benutzt Württemberg die deutschen Reichspostmarken.

b. Der gewaltige Aufschwung des deutschen Postwesens, wie das der Welt, knüpfte sich besonders an die Durchführung der britischen Postreform Rowland Hills, die ein einheitliches billiges Porto für die Briefbeförderung vorschrieb, und an den im Jahre 1874 in Bern auf Betreiben des deutschen Generalpostmeisters Stephan gegründeten Weltpostverein. Der Weltpostverein umfaßt jetzt ein Gebiet von 111 Mill. qkm mit 1100 Mill. Bewohnern. Zu ihm gehören noch nicht China, die Mongolei, Ostturkestan, Tibet, Nepal, Bhutan, Afghanistan, Abessinien und die Gebiete der innern Sahara. Die Postpaketübereinkunft zu Washington hat das Gewicht und die Größe der Pakete geregelt, die innerhalb des Weltpostvereins versandt werden können.

c. Jetzt gibt es gegen 260 000 Postanstalten im Gebiete des Weltpostvereins. Davon entfallen $^1/_8$ auf Deutschland, $^1/_4$ auf die Vereinigten Staaten von Amerika. Man zählt jährlich gegen 40 Mill. Briefsendungen, wovon 22 Mill. auf Europa, auf Deutschland allein über 6 Mill. und 13 Mill. auf die Vereinigten Staaten entfallen.

Innerhalb von 10 Jahren (1897 bis 1907) hat sich der Briefpostverkehr in den meisten Ländern verdoppelt. Von den Großstaaten hat Deutschland den

Fig. 86. Briefpostsendungen in Proz. [1907: 39 Mill. Stück].

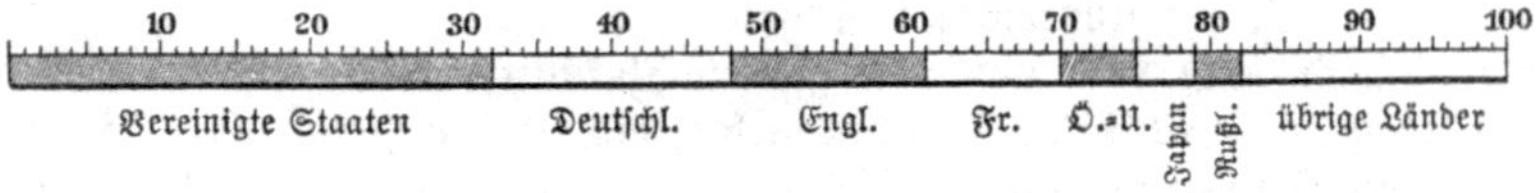

größten Fortschritt zu verzeichnen. Während eines Jahres entfallen auf einen Kopf der Bevölkerung in Deutschland, den Vereinigten Staaten und der Schweiz mehr als 100 und in den andern Ländern weniger als 100 Briefpostsendungen.

d. Das Telegraphennetz der Erde verfügte am Anfange des neuen Jahrhunderts über 5 Mill. km Drahtlänge. Davon entfielen auf Europa 3 Mill. und auf die außereuropäischen Gebiete 2 Mill. km. Die Länge des Telegraphennetzes in Deutschland, Rußland, Frankreich und Großbritannien ist sich annähernd gleich, rund $^1/_2$ Mill. km Drahtlänge auf je ein Land. $1^1/_2$ Mill. km lang ist das der Vereinigten Staaten von Amerika.

Neben dem Telegraphen hat das Telephon großen Einfluß erlangt. Gegenwärtig steht mit $3^1/_4$ Mill. km Drahtlänge das Deutsche Reich in der Ausbildung und im Gebrauch des Telephons an der Spitze aller Länder Europas und wird in der Gesamtleistung nur von den Vereinigten Staaten von Amerika übertroffen.

An Funkentelegraphenstationen für den öffentlichen Verkehr gibt es 300 Stationen, wovon 170 allein auf Nord- und Südamerika entfallen und gegen 80 auf Europa.

§ 49. Das Weltkabelnetz (Unterseekabel). a. Der Kabelverkehr hat den Weltnachrichtenverkehr außerordentlich beschleunigt. Auf dem Boden der Ozeane ziehen die Kabelstränge von einem Erdteil zum andern. Das Weltkabelnetz hatte 1910 eine Gesamtlänge von 470 000 km, also = $10^3/_4$ Äquatorlängen. Den Löwenanteil daran besitzt Großbritannien mit rund 255 000 km. Die wichtigsten britischen Kabellinien sind die fünf nordatlantischen und das große pazifische Kabel, das Vancouver über die Fidschi- und Norfolkinseln mit Queensland und Neuseeland verbindet.

Frankreich verfügt über 72 000 km Kabellinien, deren wichtigste die beiden atlantischen Kabel sind, die Brest mit Nordamerika verbinden.

Die Vereinigten Staaten von Amerika verfügen über 58 300 km Kabel, deren größtes als ein zweites pazifisches Kabel von San Franzisko ausgeht und über Honolulu und Guam die Philippinen erreicht. Zudem verfügen die Vereinigten Staaten über sechs transatlantische Kabel und über die wichtigsten Küstenkabel an der südamerikanischen Westküste.

b. Weniger Kabel als die vorgenannten Länder besitzen Deutschland, Dänemark und Japan.

Deutschland besitzt 37 200 km Kabellinien. Das längste Kabel geht von Greetsiel bei Emden über Borkum, die Azoreninsel Fayal nach Neuyork. Seine Bedeutung besteht insonderheit darin, daß es die einzige Kabellinie ist, die Europa direkt mit Neuyork verbindet. Wichtig ist auch das neue Kabel (über 6300 km) der Deutsch-niederländischen Telegraphengesellschaft, das von Menado auf Celebes nach der Karolineninsel Jap geht und von da aus nach der Insel Guam, wo es an das amerikanische Pazifikkabel angeschlossen ist.

Das dänische Kabelnetz verfügt über 18 000 km. Zu ihm gehören die Linien, die Wladiwostok mit Nagasaki, Schanghai und Hongkong verbinden.

Japan besitzt über 8000 km Kabellänge.

§ 50. **Die Binnenschiffahrt.** **a.** Die Binnenschiffahrt steht in Europa auf hoher Stufe. Die verkehrsreichsten Flüsse sind die Wolga und der Rhein. Asien besitzt die meisten der Dampfschiffahrt zugänglichen Ströme; doch sind viele von ihnen bis jetzt mit Dampfschiffen noch gar nicht in Berührung gekommen. Nur Südchina hat einen ausgeprägten Binnenschiffahrtverkehr.

Andere große Gebiete der Binnenschiffahrt sind das Kongobecken (oberhalb der Hauptfälle), das Ohiogebiet, besonders aber das Amazonasbecken, das Paraguay-Laplatabecken und das Mississippi-Missouribecken.

b. Von den europäischen Staaten verfügt Rußland über das größte Netz von Binnenschiffahrtstraßen; das Netz hat eine Länge von 42 000 km. Deutschland hat über 28 000 km Wasserstraßen, Frankreich über 13 000 km, Österreich-Ungarn 12 000 km und Großbritannien 10 000 km. Diese Längen umfassen die schiffbaren Flußläufe und die Kanäle. Großbritannien hat verhältnismäßig die meisten Kanäle; $^2/_3$ des gesamten Wasserstraßennetzes sind Kanäle. Ähnlich ist es mit dem holländischen Wasserstraßennetz bestellt. In Holland haben die Wasserstraßen für das Land weit größere Bedeutung als die englischen Wasserstraßen für Großbritannien. Deutschland besitzt über 4000 km Kanäle, die Vereinigten Staaten von Amerika über 5000 km.

c. Von der Binnenschiffahrt muß man die zwischenseeischen und zwischenozeanischen Kanäle ausscheiden, wie den Nordostsee- und den Suezkanal, ebenso den Unterlauf von Strömen, soweit er von Seeschiffen befahren wird, z. B. den Unterlauf der Elbe von Hamburg an. Auch die Stichkanäle sind auszuscheiden. Das sind solche Kanäle, die Binnenorte zu Seeplätzen erheben, indem sie bei 7—9 m Tiefe den größten Seedampfern Einfahrt und Bewegungsfreiheit gestatten. Hierzu gehören der niederländische Nordseekanal und der Manchester-Schiffahrtkanal.

d. Der Eisenbahnbau ließ längere Zeit den Bau von Kanälen vernachlässigen. Indessen wendet man in neuerer Zeit dem Binnenschiffahrtverkehr wieder mehr Aufmerksamkeit zu, da er den durch die modernen Verkehrsanforderungen immer mehr gefährdeten Eisenbahnbetrieb zu entlasten sehr geeignet ist.

An transportierten Gütermengen wird das deutsche Wassernetz innerhalb Europas von keinem Lande übertroffen und außerhalb Europas von dem der Vereinigten Staaten von Amerika und vielleicht dem des südlichen China. In der Güterverkehrsleistung steht der deutsche Binnenwasserverkehr $3^1/_2$ mal höher als der Frankreichs.

§ 51. **Die Welthandelsflotte.** **a.** Die Welthandelsflotte verfügt gegenwärtig über rund 40 000 Schiffe mit 28 Mill. Registertonnen netto. Unter diesen

Schiffen sind über 15000 Dampfer mit 21 Mill. Registertonnen netto und nicht ganz 25000 Segler mit 7 Mill. Registertonnen netto.

Die Registertonne ist ein englisches Schiffsmaß, das internationale Anerkennung gefunden hat. Das innere Volumen der Schiffe mit Einschluß der Aufbauten auf dem Oberdeck, in Kubikmetern ausgedrückt und durch 2,83 geteilt, ergibt den Bruttotonnengehalt (Bruttoraumgehalt) der Schiffe, das Volumen des Laderaumes den Nettotonnengehalt.

Da die Dampfer wegen ihrer Schnelligkeit und sonstigen Vorteile eine mindest dreimal so große Transportkraft als die Segler gleichen Tonnengehalts aufweisen, so rechnet man den Tonnengehalt der Dampfer dreifach, wenn man ein wirkliches Bild von der Gesamtleistung einer Handelsmarine gewinnen will. Man spricht dann von der Leistungsfähigkeit, Gesamttragfähigkeit oder der effektiven Tonnentragfähigkeit einer Handelsflotte.

b. Die fünf größten Handelsflotten der Welt sind die von Großbritannien, Deutschland, den Vereinigten Staaten von Amerika, Norwegen und Frankreich. Der Schiffsbestand dieser Länder war im Jahre 1909 folgender:

Länder	Dampfer von 100 Registertonnen netto und darüber		Segler von 50 Registertonnen netto und darüber		Zusammen		Leistungsfähigkeit oder effektiver Tonnengehalt (Dampfer mal 3 plus Segler)
	Anzahl	Reg.-T. n. in 1000	Anzahl	Reg.-T. n. in 100000	Anzahl	Reg.-T. n. in 1000	
1. England	6411	10616	5692	1474	12103	12090	33322000
2. Deutschland	1356	2314	1036	448	2392	2762	7389000
3. Vereinigte Staaten von Amerika (einschließl. der auf den Großen Seen verwendeten Fahrzeuge)	906	1232	3496	1396	4402	2628	5091000
4. Norwegen	1093	844	1197	623	2290	1467	3154000
5. Frankreich	602	787	1217	495	1819	1282	2856000
Gesamte Handelsfl. der Welt	15380	21008	24801	6752	40181	27760	69777000

Fig. 87. Anteil am Raumgehalt der Welthandelsflotte in Proz. [1909: 28 Mill. Reg.-T. n.].

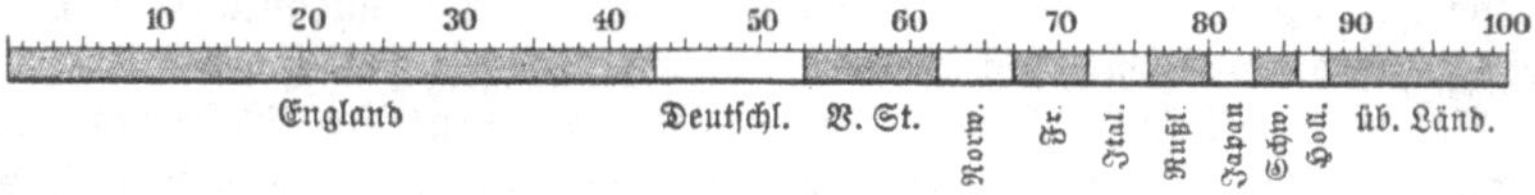

Fig. 88. Anteil an der Leistungsfähigkeit der Welthandelsflotte in Proz. [1909: 70 Mill. Reg.-T.].

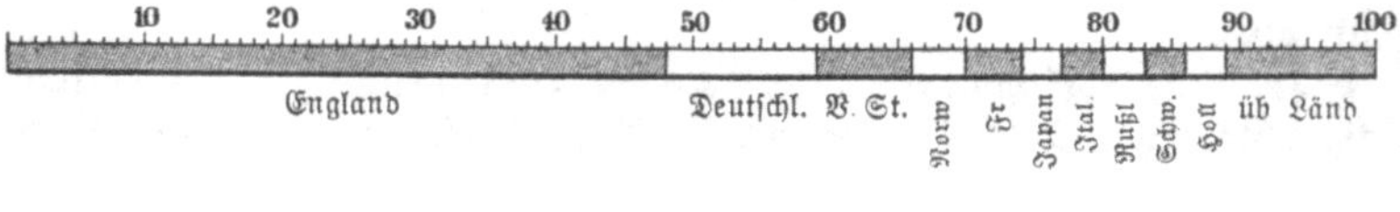

Die englische Handelsflotte ist den andern Handelsflotten weit überlegen. Der Registertonnengehalt derselben beträgt rund 43%, der effektive Tonnengehalt 48% von den Flotten der ganzen Erde, vor reichlich 10 Jahren aber noch über 70%. Die britische Handelsflotte besitzt gegenwärtig die vier- bis fünffache Stärke der deutschen, 1875 dagegen die zehnfache Stärke.

In der amerikanischen Flotte zählen die vielen Schiffe der großen Binnenseen und der großen Küstenfahrt (um Südamerika) mit. Die Schiffszahl für den Verkehr mit dem Auslande steht beträchtlich hinter der des Deutschen Reiches zurück (1909 über 1600 Schiffe mit 884 000 Registertonnen).

Norwegens Verkehr ist in der Hauptsache Seeverkehr. Im Verhältnis zur Einwohnerzahl ist Norwegen der erste Schiffahrtstaat der Erde.

§ 52. **Die Segelschiffahrt und ihre Wege.** **a.** Gegen die frühern Zeiten, da die Dampfschiffahrt noch nicht herrschte, ist die Segelschiffahrt zurückgegangen. Indessen hat sie sich in den letzten Jahren wieder etwas gehoben, weniger auf dem Gebiete der Küstenschiffahrt als auf dem der Hochseeschiffahrt. Sie übernimmt ein gut Teil des überseeischen Frachtverkehrs. Wenn es sich nicht um schnelle, sondern um billige Fracht handelt, hat die Segelschiffahrt ihren entschiedenen Vorzug.

b. Die Segelschiffahrt muß mehr wie die Dampfschiffahrt mit den Winden, auch mit den Meeresströmungen und den physikalischen Verhältnissen des Meeres rechnen. Sie benutzt vorzugsweise auf den Weltreisen die Passatwinde, die „Tradewinds", die Monsune, auf der südlichen Halbkugel zwischen dem 39. und 45. Grad s. Br. die Zone der regelmäßigen Westwinde, die die Fahrt nach Australien außerordentlich begünstigen. (Vgl. Fig. 1.)

c. Von den großen Segelfahrten, die nicht dem Atlantischen Ozean gelten, werden jährlich von Deutschland aus etwa 120 Fahrten um das Kap der Guten Hoffnung und ebenso viele um das Kap Hoorn unternommen. Fast alle diese Fahrten gelten einmal der „Westküste" Südamerikas (Chile und Peru), sodann den hinterindischen Küsten und denen von Bengalen.

Von der „Westküste" holt der deutsche Segler Salpeter (darum „Salpeterfahrer" genannt). Salpeter ist die wichtigste Segelschiffahrtware, die zumeist in Hamburg gelöscht wird. Die wichtigsten Verschiffungsplätze für Salpeter sind Iquique, Antofagasta und Arica. Die Fahrt von Hamburg nach Iquique hatte der große Fünfmaster „Preußen" einmal (1903) in 57 Tagen zurückgelegt. Gewöhnlich dauert die Ausreise 100 Tage und die Heimreise über 100 Tage.

Von den hinterindischen Küsten holt der deutsche Segler Reis (darum „Reisfahrer" genannt). Reis ist die zweitwichtigste Segelschiffahrtware. Die bedeutendsten Reishäfen sind Rangun im Irawadidelta, der erste Reisexportplatz, Saigon im Mekongdelta, Bangkok, Bassei am Irawadi, Akyab im nördlichsten Zipfel der Bengalischen Bucht und Moulmein im Golf von Martaban. (Vgl. § 18d.)

Andere Segelschiffahrtwaren sind Kohlen, Petroleum, Getreide, Hanf, Kopra, Holz, Zucker, Kaffee, Kakao, Rohbaumwolle, auch Erzeugnisse der Schweinezucht.

§ 53. **Die Dampfschiffahrt und ihre Wege.** **a.** Die Dampfer beherrschen den gesamten Personenverkehr und zum größten Teil den Frachtverkehr zur See. Für ihre Bevorzugung im Weltverkehr spricht die außerordentliche jährliche Steigerung der Dampfertonnenräume. Da die Dampfer weniger von Wind und Wetter abhängig sind als die Segelschiffe, so befahren sie auf Aus- und Heimreise die gleichen

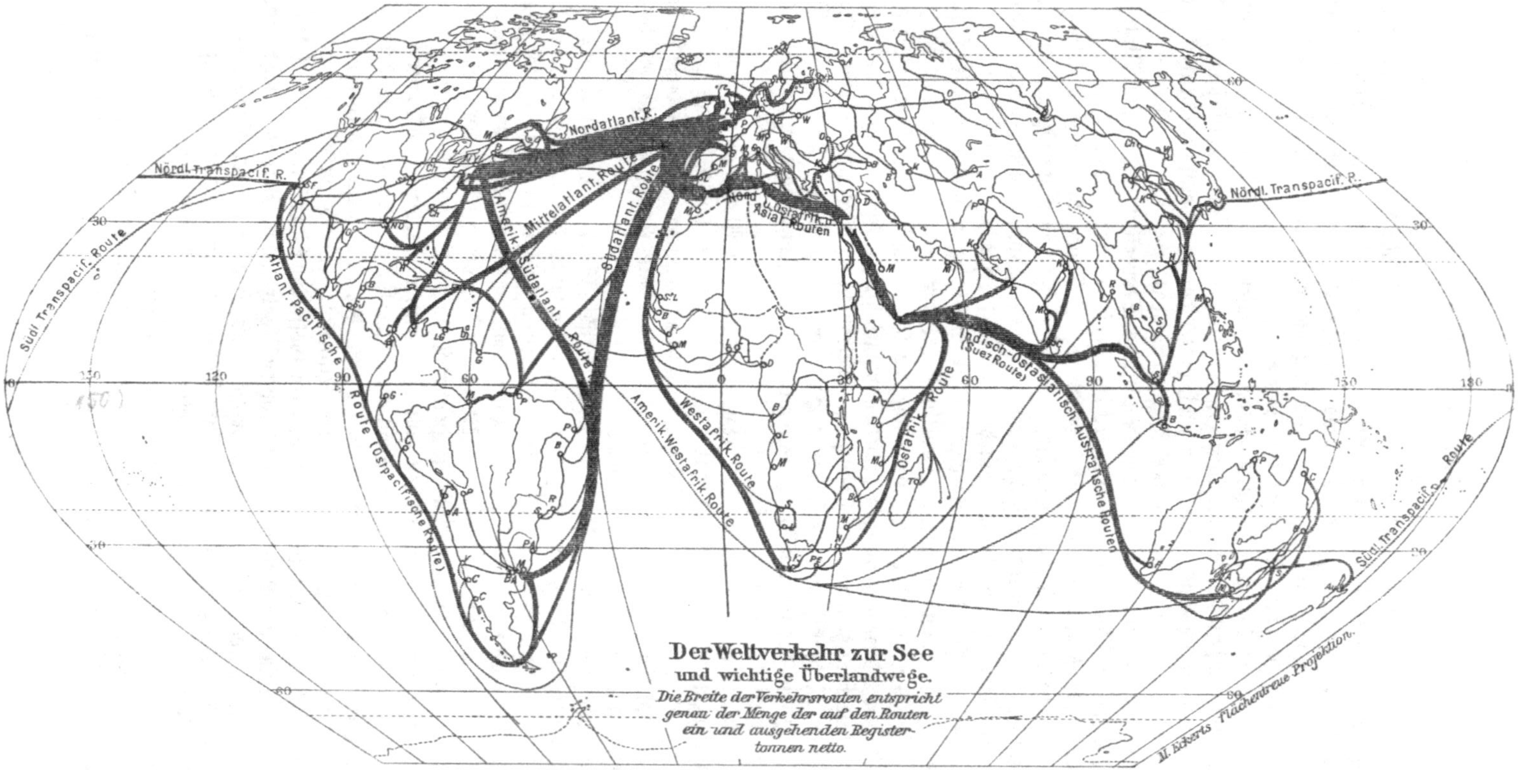

Fig. 89. Der Weltverkehr zur See.

Routen. Die natürlichen Vorteile, die sich in Meeresströmungen und Winden darbieten, werden so viel als möglich mit benutzt. Der Vorteil der Dampfer gegenüber den Seglern besteht nicht bloß in der Bewältigung größerer Transportmengen, sondern auch in dem schnellern und pünktlichern Verkehr. Zeitersparnis ist zuletzt auch das Ziel aller Schiffs- und Seewirtschaft. Die eigentlichen Frachtdampfer, die sog. 10-Knotendampfer, laufen bei widrigen Winden nur 7 bis 8 Knoten; diese Schnelligkeit haben indessen auch die modernen großen Schnellsegler im Durchschnitt.

b. Von dem europäischen Westen gehen die *meisten Dampferrouten* aus.

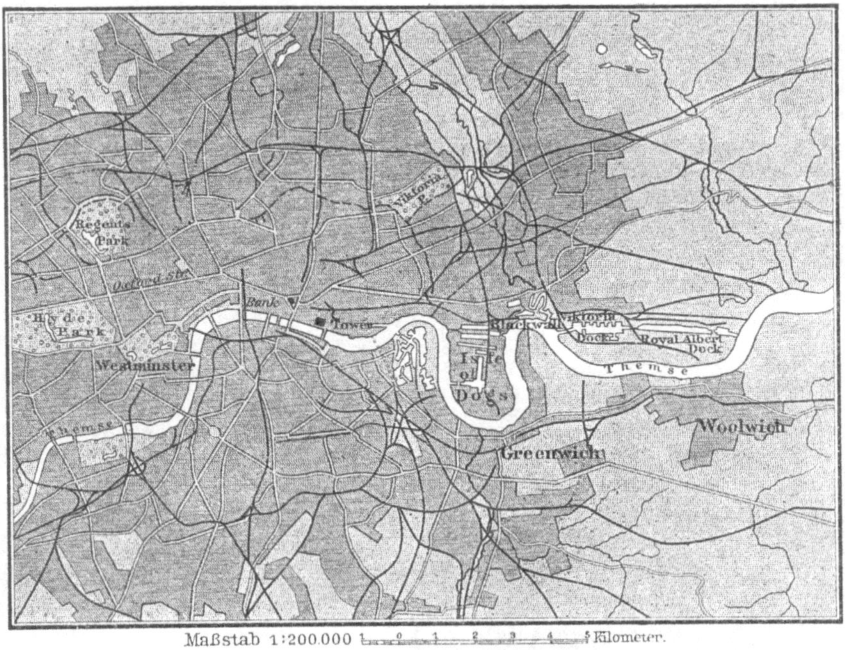

Fig. 90. Hafen von London.

In der Hauptsache verdichten sie sich zu einer *nordatlantischen, mittelatlantischen, südatlantischen* und *indisch-ostasiatisch-australischen Route.* Letztere nimmt ihren Weg in der Hauptsache durch den Suezkanal (Suezroute!). (Vgl. Fig. 89.)

Die südatlantische Route wendet sich der südamerikanischen Ostküste zu. Sie setzt sich in die ostpazifische Route fort, die Kap Hoorn umfährt und bis nach San Franzisko und Vancouver reicht. Der südatlantischen Route entspricht auf der andern Seite des Ozeans die westafrikanische Route. Sie läuft um das Kap der Guten Hoffnung herum und erreicht so den Indischen Ozean, Ostasien und Australien. Die Bedeutung dieser alten „Kaproute" ist jedoch verblaßt, nachdem sie von der Suezroute größtenteils abgelöst wurde.

Teile der Suezroute sind die nordafrikanische und ostafrikanische Route.

Von den Westhäfen der Vereinigten Staaten wird eine nördliche transpazifische Route mit Ostasien und eine südliche transpazifische Route mit Australien unterhalten. Auf diese Weise ist der Erdball von einem regelmäßigen Dampferverkehrsnetz umgürtet.

Der gesamte Seeverkehr umfaßt auf den bezeichneten Routen über 70 Mill. eingehende und 80 Mill. ausgehende Registertonnen netto; hierbei sind nur wirklich beladene Registertonnen in Anrechnung gebracht. Die nordatlantische Route bewältigt allein über die Hälfte des ein- und ausgehenden Verkehrs sämtlicher Weltrouten.

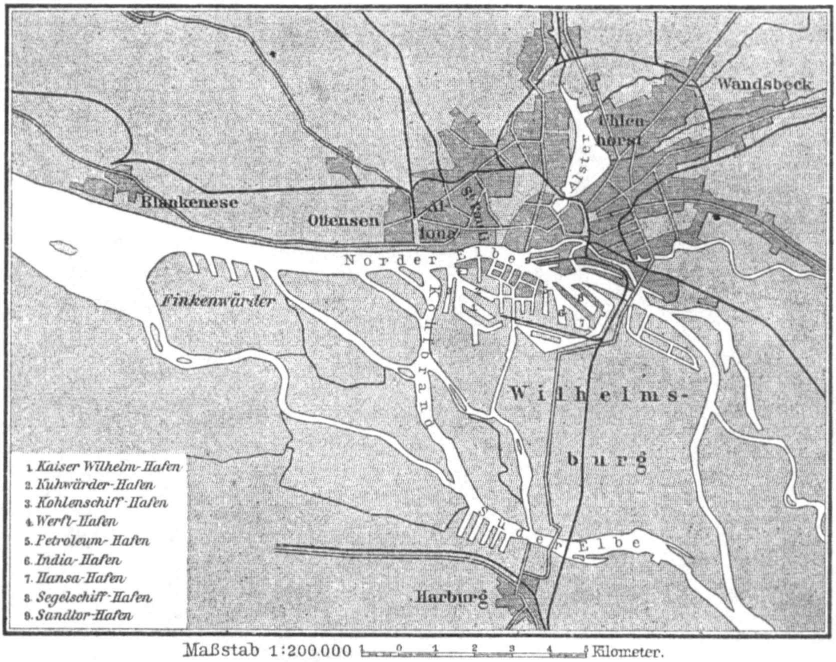

Fig. 91. Hafen von Hamburg.

§ 54. Die Seehäfen des Weltverkehrs. **a.** Die Seehäfen des Weltverkehrs teilen wir in Riesenverkehrs-, Großverkehrs-, Mittelverkehrs- und Kleinverkehrshäfen. Riesenverkehrshäfen sind die Häfen, die eine Schiffsbewegung der ein- und auslaufenden Dampfer und Segler von über 10 Mill. Reg.-T. n. aufweisen; Großverkehrshäfen sind Häfen mit 3 bis 10 Mill. Reg.-T. n.; Mittelverkehrshäfen mit 1 bis 3 Mill. Reg.-T. n. und Kleinverkehrshäfen mit unter 1 Mill. Reg.-T. n. Schiffsbewegung.

b. Die Weltverkehrshäfen gruppieren sich zumeist um den Atlantischen Ozean, weniger um den Indischen und Großen Ozean. Der Atlantische Ozean ist das erste Verkehrsgebiet der Erde. Indischer und Großer Ozean sind das zweite Verkehrsgebiet.

c. Auf der Erde gab es 1908/09 26 Riesenverkehrshäfen. Von diesen 26 Häfen entfallen auf die atlantischen Küsten 20 (vor zehn Jahren dagegen

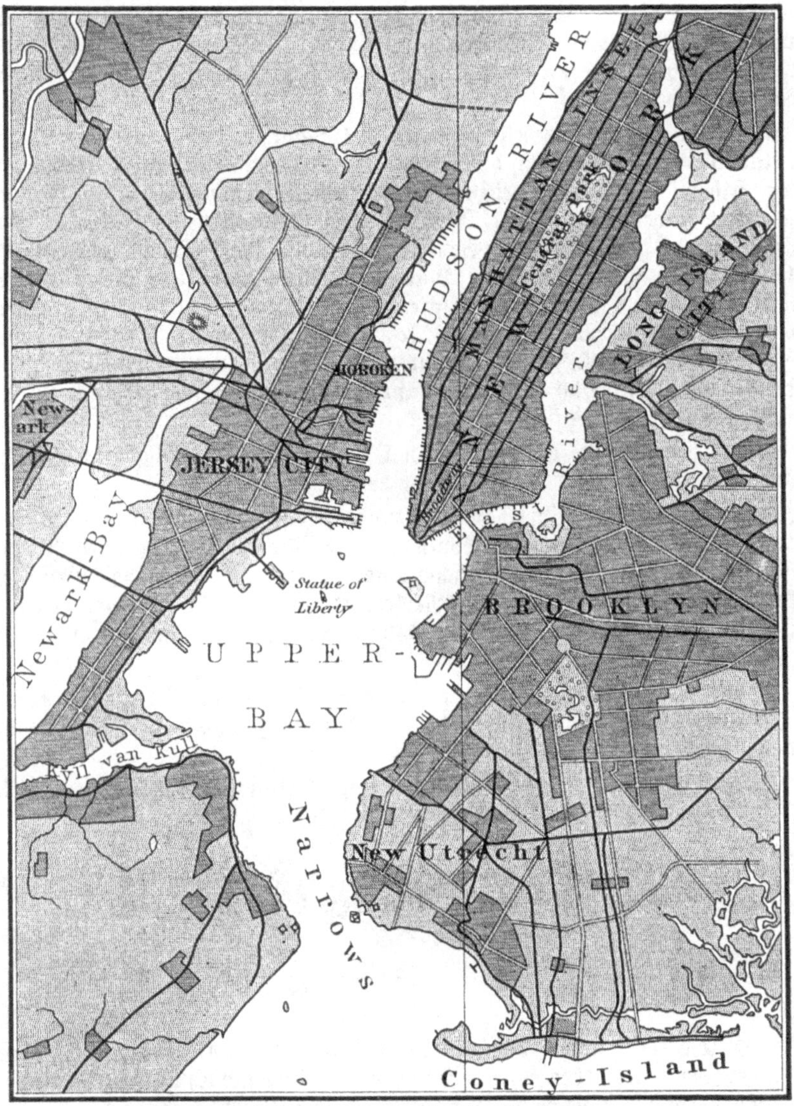

Maßstab 1:200.000 0 1 2 3 4 5 Kilometer.

Fig. 92. Hafen von Neuyork.

erst 9), auf die pazifischen 5 und auf die indischen 1 (Colombo mit 12 Mill. Reg.-T. n.). Zu den 20 atlantischen Riesenverkehrshäfen gehören London

(34 Mill. Reg.-T. n.), Hamburg (23), Liverpool (22), Antwerpen (22), Cardiff (21), Newcastle und Shields (20), Southampton, Kopenhagen, Rotterdam, Marseille, Lissabon, Funchal und Las Palmas (beide Durchgangsverkehr!), Genua, Neapel, Konstantinopel, Port Said (Durchgangsverkehr!), und auf amerikanischer Seite Neuyork (24 Mill., ohne Küstenverkehr), Buenos Aires und Montevideo. Die fünf pazifischen Riesenverkehrshäfen sind Singapore, Sydney, Hongkong, Schanghai und Kobe.

d. Großverkehrshäfen zählt man jetzt 106 auf der Erde; davon entfallen auf den Atlantischen Ozean 74, auf den Großen Ozean 24 und auf den Indischen 8. Von diesen Häfen seien nur die größten hervorgehoben, nämlich diejenigen, die einen Gesamtverkehr von über 5 Mill. Registertonnen netto aufweisen. Zu der atlantischen Gruppe gehören sodann Stockholm, Newport, Hull, Sunderland, Glasgow, Belfast, Dublin, Havre, Cherburg, Bordeaux, Bilbao, Barcelona, Triest, Palermo, Piräus, Odessa, und auf amerikanischer Seite Montreal, Boston mit Charlestown, Havanna, Santos und Rio de Janeiro. Dazu gesellen sich Häfen, die mehr als Anlege-, Kohlen- und Durchgangsstation Bedeutung haben und darum eine so hohe Verkehrsziffer von über 5 Mill. Reg.-T. n. aufweisen; es sind dies vorzugsweise Gibraltar und Malta.

e. Aus dem Gebiete des Indischen Ozeans sind als wichtigste Großverkehrshäfen Aden, Penang und Melbourne zu nennen.

Unter den 24 pazifischen Großverkehrshäfen sind rund die Hälfte Häfen mit je über 5 Mill. Registertonnen Schiffsverkehr. An der chinesischen Küste liegen Tschinkiang, Nanking, Wuhu, Kiukiang und Hankau, auf den japanischen Inseln Yokohama, Nagasaki und Moji. Auf Neuseeland hat sich Wellington zum bedeutendsten Hafen entwickelt. Auf amerikanisch-pazifischer Seite ist Vancouver besonders hervorzuheben.

In die Großverkehrshäfen reihen sich auch Stettin und Bremerhaven ein. Indessen haben sie noch nicht eine Höhe von 5 Mill. Registertonnen im Gesamtschiffsverkehr erreicht.

Zahlreicher noch als die Mittelverkehrshäfen sind die Kleinverkehrshäfen. Letztere spielen im Weltverkehr keine Rolle.

Fig. 93. Anteil der Häfen am Weltverkehr in Proz. [1908 über $1^1/_2$ Mill. Ein- und Ausfahrten mit 1054 Mill. Reg.-T. Schiffsbewegung].

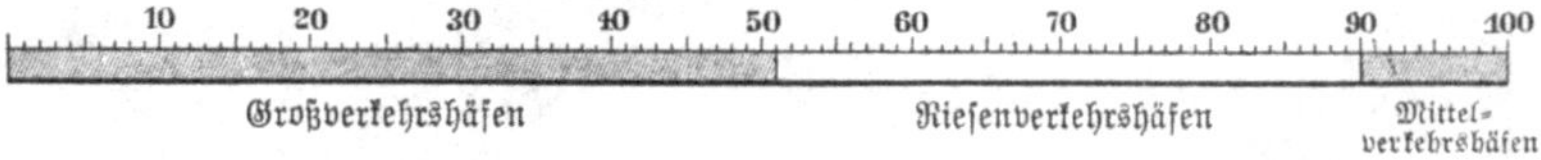

§ 55. **Die Großmächte und der Seeverkehr.** **a.** Eine Großmacht ist heute ein solcher Staat, der neben einer bedeutenden Landmacht auch über eine bedeutende Seemacht verfügt und so in den Weltverkehr und Welthandel mit bestimmend eingreifen kann. Zu den sechs Großmächten der Gegenwart gehören Großbritannien, Deutschland, Frankreich, Rußland, die Vereinigten Staaten und in jüngster Zeit erst Japan. Am wenigsten hat Rußland zur See Einfluß. Dafür gebietet es über gewaltige zusammenhängende Landmassen, die an verschiedenen Seiten mit Gebieten der andern Großmächte in Berührung stehen. Würde man die Reihe der Großmächte vergrößern, so schlössen sich sodann noch Österreich-Ungarn und Italien an.

b. Das Wirtschaftsleben der Großmächte wird von Jahr zu Jahr abhängiger vom Seeverkehr, besonders bei den Großmächten, die in frühern Zeiten durchaus Landmacht waren. In Großbritannien und in Japan, den beiden Inselreichen, ist der gesamte Weltverkehr ein Seeverkehr. Auch der Weltverkehr der Vereinigten Staaten von Amerika bewegt sich zum größten Teil auf den Wasserwegen, zu 93%. Von dem Gesamthandel des Deutschen Reiches sind 70% seewärts gerichtet, von dem französischen 67%; hier beansprucht der Verkehr mit Algerien einen großen Teil des Seeverkehrs. Der russische Außenhandel ist zu 65% auf den Seeweg angewiesen.

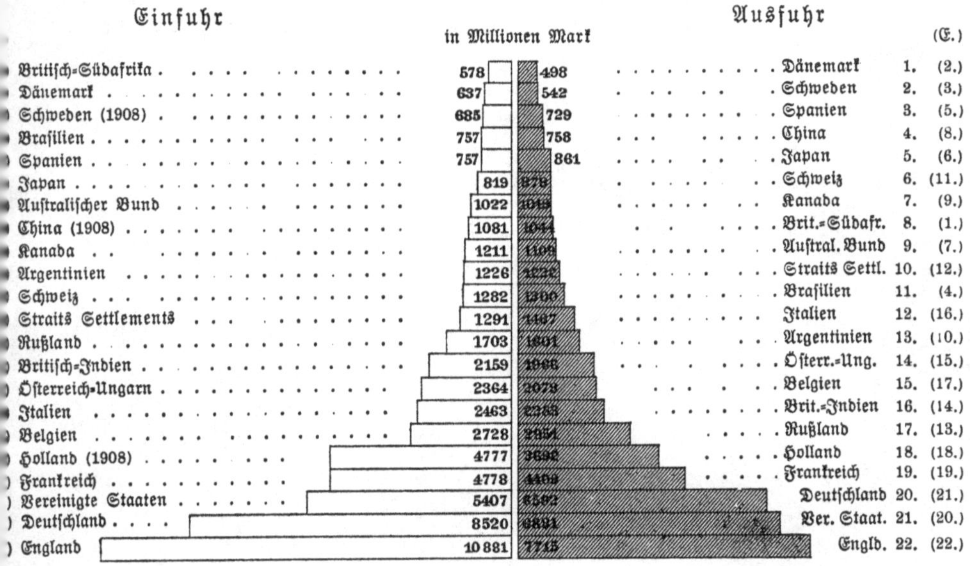

Fig. 94. Ein- und Ausfuhr der Wirtschaftsreiche mit mehr als 1000 Mill. M. Gesamtumsatz [1909].

§ 56. **Die wichtigsten Handelsstaaten und der Außenhandel.** **a.** Der Gesamthandel eines Landes umfaßt außer der Einfuhr und Ausfuhr auch die Durchfuhr (Transithandel). Läßt man letztern unberücksichtigt, so spricht man von Spezialhandel. Für die Einteilung der Staaten nach ihrer Handelsbedeutung setzen wir folgende Grenzen fest: Staaten mit einem Gesamthandelsumsatz von über 10 Milliarden M. sind Riesenhandelsstaaten, solche mit 1 bis 10 Milliarden M. Umsatz Großhandelsstaaten, mit 300 Mill. M. bis 1 Milliarde M. Umsatz Mittelhandelsstaaten und mit unter 300 Mill. M. Umsatz Kleinhandelsstaaten.

b. Zu den Riesenhandelsstaaten gehören nur drei: England, das deutsche Wirtschaftsgebiet und seit dem Jahre 1903 die Vereinigten Staaten von Amerika.

Diese drei Länder beherrschen zusammen fast die Hälfte des gesamten Weltumsatzes (1909 rund 130 Milliarden M.).

Die Reihe der Großhandelsstaaten besteht aus folgenden Staaten: Frankreich, Holland, Belgien, Österreich-Ungarn, Rußland, der Schweiz, Italien, Spanien, Schweden, Dänemark, Brasilien, Argentinien, Ägypten, Britisch-Indien, Niederländisch-Indien, Britisch-Südafrika, Straits Settlements, Australien, Kanada, China und Japan.

Mittelhandelsstaaten sind Norwegen, Finnland, Rumänien, Portugal, die Türkei, Neuseeland, Mexiko, Kuba, Chile, Algerien, Französisch-Indochina, Ceylon und Britisch-Westindien.

Zu den Kleinhandelsstaaten zählen gegenwärtig Griechenland, Bulgarien, Serbien, Persien, Korea, Britisch-Westafrika, Tunis, die deutschen Kolonien, Uruguay, Paraguay, Venezuela, Kostarika und die übrigen kleinen Handelsgebiete der Erde.

B. Wirtschafts- und Verkehrsgeographie der einzelnen Erdteile und Länder.

4. Europa.

§ 57. **Lage und Größe Europas.** **a.** Europa liegt zwischen dem 36. Grad n. Br. und 71. Grad n. Br.; das Nordkap auf der Insel Magerö reicht etwas über den 71. Grad n. Br. hinaus. Somit erstreckt sich Europa über 35 Breitengrade oder 3890 km. In westöstlicher Erstreckung zieht sich Europa durch 70 Längengrade hindurch, vom 10. Grad w. v. Gr. bis zum 60. Grad ö. v. Gr. Die westliche Erstreckung beträgt auf dem mittlern Breitenparallel von 50° n. Br. reichlich 5000 km. Der größte Teil des Kontinents liegt nördlich von der mittlern Scheidelinie (45°) der nördlichen Halbkugel.

b. Europa liegt inmitten der Landhalbkugel. Es ist der mittlere der drei Nordkontinente. Weil es als Halbinsel von Asien erscheint, nennt man beide Erdteile auch gemeinsam „Eurasien". Doch infolge der reichen Gliederung, der selbständigen kulturhistorischen Entwicklung und des Einflusses auf andere Kontinente hat man Europa mit Recht als selbständigen Erdteil betrachtet.

Europa hat trotz seiner breiten Landbrücke nach Asien eine vorzügliche ozeanische Lage, denn sein Antlitz wendet sich dem verkehrsreichsten Ozean zu. Zudem ragt seine Basis in das nicht minder verkehrsreiche Mittelmeer hinein, das mit dem Suezkanal in den Indischen Ozean hinübergreift.

c. Mit der zentralen Erdlage Europas verbindet sich zugleich die zentrale Wirtschaftslage. In den Nordwestgebieten Mitteleuropas und dem südöstlichen Großbritannien liegt der Pol, das Zentrum der Weltwirtschaft. Hier ist auch der größte Handelsmarkt der Weltwirtschaft.

Europa ist ferner die größte Werkstätte der Erde. Das ist es durch seine Bewohner geworden, die die zentrale Lage und die Bodenschätze des Erdteils auszunutzen verstanden.

d. Europa gehört zu den kleinen Erdteilen; denn es hat nur 10 Mill. qkm Oberfläche. Kleiner ist nur noch Australien mit Ozeanien. Die europäische Fläche beträgt 7% der gesamten bekannten Landoberfläche, nicht ganz ein Viertel von Asien, ein volles Viertel der Neuen Welt und ein Drittel von Afrika. Aber mit seinen 430 Mill. Bewohnern umfaßt es 25% der gesamten Erdbevölkerung. In seiner Dichte, 43 Bewohner auf 1 qkm, steht es weit über den andern Erdteilen.

Das handels- und gewerbstätige Europa umfaßt von dem Brennpunkt Berlin aus eine Fläche mit einem Durchmesser von 4500 km. In diese Fläche fällt ganz Europa mit Ausnahme des äußersten O und SO. Letztere Gebiete sind wirtschaftsarm.

§ 58. **Horizontale und vertikale Gliederung.** **a.** Europa ist der am reichsten gegliederte Erdteil. Die Glieder (Halbinseln und Inseln) verhalten sich zum Rumpfe wie 1: 2. Infolgedessen ist der mittlere Küstenabstand sehr gering, 340 km. Der küstenfernste Punkt, der in das mittlere Gebiet an der sibirischen Grenze fällt, liegt 1500 km von der nächsten Meeresküste entfernt.

Die reiche Küstengliederung spricht sich in der Küstenlänge (80 000 km) aus. Die Karte zeigt uns die vielen Halbinseln, deren größte die Skandinavische Halbinsel ist. Die größten Inseln liegen im Atlantischen Ozean. Die Insel Großbritannien (England und Schottland) umfaßt 218 000 qkm = $^2/_5$ des Deutschen Reiches; Irland ist halb so groß wie Großbritannien. Island ist 105 000 qkm groß, Sizilien 25 500 qkm.

b. Die Verteilung von Gebirgsland und Niedrigland ist zugunsten des letztern ausgefallen, denn $^2/_3$ der Gesamtoberfläche Europas nimmt das Niedrigland ein. Das Hochland ist nach S gedrängt. Die Ebenen breiten sich vorzugsweise im im N und O aus. Die mittlere Höhe des Kontinents beträgt 375 m. Das ist für den Verkehr sehr günstig. Nur ein geringer Teil (1%) der Landfläche liegt über 1000 m.

Die Gebirge Südeuropas und des südlichen Zentraleuropas, wie die Pyrenäen, Apenninen, Alpen, Karpathen und Balkan, sind Kettengebirge und zugleich Hochgebirge. Dagegen herrschen im mittlern und nördlichen Europa flachgewölbte, tafelförmige Gebirgsmassen, „Schollen", vor. Die letztern sind teilweise älter als die Kettengebirge.

Die Gebirge bilden mit Ausnahme weniger Gebirge, wie z. B. der Pyrenäen, keine allzu großen Verkehrshindernisse. Die Hauptrichtungen der europäischen Gebirge verlaufen von SW nach NO und von NW nach SO. Damit werden dem Verkehre die Richtungslinien ins Innere des Kontinentes gezeigt.

§ 59. **Bodenbeschaffenheit.** **a.** Der geologische Aufbau des europäischen Kontinentes zeigt, daß bei ihm alle Hauptformationen der Erdrinde beteiligt sind. Vorzüglich sind es die alten Gesteine Gneis, Granit, Schiefer, die die Gebirge zusammensetzen. Aber auch Kalksteine sind wesentlich an dem Aufbau beteiligt, wie z. B. bei den Nord- und Südalpen. Vulkanische Gesteine durchsetzen die ältern und jüngern Gesteine. Das Diluvium und die alluvialen Anschwemmungen machen sich besonders in den nördlichen und östlichen Ebenen breit.

b. Die Ablagerungen der Eiszeit, Sand, Gerölle und Lehm, sind für das nördliche Europa charakteristisch. Die Eiszeit fällt in die Diluvialzeit, also in jene Zeit, wo der Mensch bereits Europa bewohnte. Die Eismassen jener Zeit gingen von Skandinavien und Finnland aus. Die Südgrenze der Eisbedeckung ging bis zum 50. Grade n. Br.

c. In Europa ist stellenweise eine alte Fruchterde entwickelt, der Löß oder die Gelb- oder Steppenerde. Ein mit Humus gemischter Löß ist die Schwarzerde von Mittel- und Südrußland.

Der niederschlagsreiche W Europas begünstigt eine starke Verwitterung. Dadurch ist eine fruchtbare Bodenkrume geschaffen worden, die wiederum die Grundlage ausgedehnter Waldregionen und ergiebigen Ackerbaues wurde.

§ 60. **Bewässerung und Klima.** **a.** Die kontinentale Hauptwasserscheide läuft von den Gebirgen des nördlichen Spaniens nordöstlich bis zum nördlichen

Uralgebirge. Die Bildung von Riesenströmen ist nur in Osteuropa möglich. Alle europäischen Ströme, mit Ausnahme derjenigen, die ins Nördliche Eismeer und in das Kaspische Meer münden, ergießen sich in die vom Schiffsverkehr bevorzugtesten Meeresgebiete der Erde.

Alle größern Flüsse Europas sind schiffbar, oft bis zum Oberlauf. Während die Schiffahrtsdauer im W fast das ganze Jahr hindurch währt, wird sie nach O zu immer kürzer, um bei den russischen Strömen des Nordens mehr als ein halbes Jahr zu umfassen.

Viele europäischen Ströme werden von Gletscherwässern der Hochgebirge genährt. Sie zeichnen sich darum durch einen gewissen gleichmäßigen jährlichen Wasserstand aus. Große trockene Flußläufe kommen in Europa nicht vor, ebenso nicht größere abflußlose Gebiete, die dem Verkehr so außerordentlich hinderlich wären, wie die ähnlichen Gebiete in Asien, Afrika und Australien.

b. Europa ist unter allen Erdteilen der klimatisch gemäßigste und darum am meisten begünstigte. Er hat weder an zu übergroßer Kälte noch Hitze wie andre Erdteile zu leiden. Die Jahrestemperaturen schwanken im Durchschnitt zwischen $-9°$ und $+18°$ (also nur 27° Unterschied, in Asien 46°, in Nordamerika 44° Unterschied).

Die Wärmezufuhr aus dem Westen ist bei den vorherrschenden Westwinden und den in westöstlicher Richtung verlaufenden Gebirgen weit ins Land zu spüren. Der klimatische Einfluß der asiatischen Kontinentalmasse wird weit nach Osten zurückgedrängt. Die Triftströmungen des Golfstroms und die Westwinde bedingen das milde und ausgeglichene westeuropäische Klima. Die über den Ozean streichenden Winde bringen des weitern viele Niederschläge nach Westeuropa.

Die Alpen machen sich als wichtigste Klimascheide zwischen Nord- und Südeuropa bemerkbar. Im S der Alpen hört der Einfluß des Atlantischen Ozeans auf. Das ganze Mittelmeerbecken bildet ein vollständig warmes Klimabecken mit trockenheißem Sommer und Niederschlägen im Winter. Wir begegnen hier bereits auf europäischer Seite dem subtropischen Klima.

§ 61. Bevölkerung und Staaten. a. Die Dichte der Bevölkerung Europas haben wir bereits in § 57d kennen gelernt. Drei große Völkergruppen sind in Europa vertreten: Indogermanen, uralaltaische Völker der mongolischen Rasse und Semiten; dazu gesellen sich als vierte, aber kleine Gruppe die Basken.

Die Indogermanen (Indoeuropäer, Arier) sind am zahlreichsten in Europa vertreten (96%). Zu ihnen gehören die Germanen, Romanen, Slawen, Griechen, Kelten, Bretonen und Zigeuner. Die Basken, die nur noch eine reichliche halbe Million Köpfe zählen, wohnen in den Grenzgebieten zwischen Frankreich und Spanien. Die uralaltaischen Völker scheiden sich in Finnen, zu denen auch die Magyaren gehören, und in Samojeden und Tataren. Die Semiten wohnen über ganz Europa zerstreut, am dichtesten in Westrußland, Polen, Österreich und Spanien.

b. Die einzelnen Volksstämme werden nicht von bestimmten politischen Grenzen umschlossen. Das bunteste Völkergemisch zeigen Österreich-Ungarn, die Balkanhalbinsel und Rußland.

Je nach der Lage in Europa unterscheidet man Staaten von Mittel-, West-, Nord-, Ost- und Südeuropa.

Die Staaten Europas.

Staaten (in Klammer das Zählungs- bz. Schätzungsjahr)	Flächeninhalt in qkm	Einwohner in Mill.	Einwohner auf 1 qkm
Mitteleuropa.			
D. Deutsche Reich (10)	541 000	65	120
Luxemburg (05) . .	2 600	¼	95
Österreich-Ungarn (07)	625 000	48	77
„ mit Bosnien und Herzegowina .	677 000	50	74
Die Schweiz (07) .	41 000	3⅓	85
Belgien (09) . . .	29 500	7½	251
Die Niederlande (09)	33 000	6	176
Westeuropa.			
Frankreich (06) . .	536 000	39¼	73
Großbritannien und Irland (09) . . .	314 000	45½	145
Nordeuropa.			
Dänemark (06) . .	40 000	2½	66
„ m. Island u. Färöer	145 000	3¼	—
Nordeuropa.			
Schweden (09) . .	448 000	5½	12
Norwegen (09) . .	321 000	2½	7
Osteuropa.			
Rußland und Finnland (08)	5⅓ Mill.	128	24
Südeuropa.			
Spanien (07) . . .	505 000	20	39
Portugal (05) . . .	92 000	6	60
Italien (09)	287 000	34⅓	120
Rumänien (08) . .	131 000	7	53
Türkei (00)	170 000	6	36
Bulgarien (05) . .	96 000	4	42
Serbien (08) . . .	48 300	3	60
Montenegro (05) . .	9 100	¼	25
Griechenland (07) .	65 000	2⅔	41

§ 62. Tier-, Pflanzen- und Mineralwelt Europas. a. Die Haustiere haben in Europa ihre beste Pflege und hauptsächlichste Heimstätte gefunden. Die Pferdezucht wird vorzüglich im nördlichen und mittlern Europa betrieben, im südlichen Europa mehr die Esel- und Maultierzucht, in ganz Europa die Schafzucht, mit Ausnahme des Nordens, wo die Renntierzucht blüht. Die Ziegenzucht findet man vorwiegend in Deutschland und Südeuropa, die Schweinezucht im mittlern Europa und im südöstlichen die Kamelzucht.

Die Europa umspülenden Meere sind reich an Fischen (s. § 9 b. c. u. Fig. 3).

An Jagdwild gibt es im Osten und Norden noch das Elen, in Mitteleuropa Edelhirsch und Reh, im südwestlichen Europa Damwild. Wolf, Bär und Luchs kommen noch häufig in Ost- und Nordeuropa vor.

b. Die Pflanzenwelt Europas wird in vier große Hauptgebiete geschieden: die Tundren oder arktischen Steppen, das Wald- und Getreidegebiet der gemäßigten Zone, das Mittelmeerflorengebiet und die südostrussische Sand- und Salzsteppenflora. Für die europäische Wirtschaft sind das zweite und dritte Gebiet am wichtigsten.

Die Mittelmeerzone wird so recht durch die Oliven und Agrumen charakterisiert. Reis- und Baumwollkultur findet man ebenfalls im Mittelmeergebiet. (Vgl. Fig. 6.)

c. Europa ist das Mutterland des gesamten Bergbaues auf Erden. Von Europa zogen die geschulten Bergleute aus, um in andern Festländern die Schätze unter dem Boden aufzusuchen und fördern zu helfen.

In der Kohlen- und Eisenerzeugung steht Europa über den andern Erdteilen. Die reichliche Hälfte der Roheisengewinnung der Erde entfällt auf Europa, ebenso von der Kohlengewinnung.

Alle möglichen andern Schätze der Mineralwelt werden in Europa gewonnen. In der Edelmetallerzeugung jedoch ist Europa von den andern Kontinenten überflügelt worden.

§ 63. Europäische Industrien und Gewerbe. **a.** Kohle und Eisen, sowie die andern Bodenschätze haben in Europa eine Rieseninduſtrie erzeugt, wie sie in ihrer Mannigfaltigkeit in keinem andern Kontinent wieder angetroffen wird. Fast alle Industrien und Gewerbe, die man sich nur denken kann, werden in Europa gepflegt. Der europäische Kontinent ist für die andern Erdteile der große Lehrmeister aller modernen Industriezweige geworden.

b. Innerhalb Europas zeichnen sich bestimmte Gebiete durch die Größe und Anzahl ihrer Industrien aus. Man kann gegenwärtig 15 Rieseninduſtriegebiete in Europa unterscheiden:

In England heben sich zwei Gebiete besonders hervor, das Gebiet zwischen Birmingham, Liverpool, Manchester, Lancaster, Leeds, York, Sheffield und Nottingham, und das Gebiet zwischen Glasgow und Edinburgh, Dundee.

Belgiens Industrie konzentriert sich in der Gegend zwischen Antwerpen, Brüssel, Lüttich, Mons, Lille (französisch), Kortryk und Gent.

In Frankreich finden wir ein zentrales Industriegebiet in Paris und Umgegend und ein südlicheres zwischen Lyon, St-Etienne, Roanne und Villefranche; das an der Nordgrenze ist eigentlich nur ein Ausläufer des belgischen.

Die italienische Industrie hat sich vorzugsweise in der Potiefebene niedergelassen.

Das Gebiet zwischen Kostroma, Twer, Moskau, Tula und Orel ist gegenwärtig das industriereichste Rußlands.

In Österreich-Ungarn ist Österreich der Industriestaat, wo sich Handel und Gewerbe besonders im Wiener Becken und im böhmischen Becken konzentriert haben.

Infolge der mannigfaltigen Gestaltung des deutschen Bodens, der vielen verschieden verstreuten Bodenschätze und einer tüchtigen und dichten Bevölkerung ist es erklärlich, daß sich in Deutschland verschiedene Hauptindustriegebiete gebildet haben. Im Westen des Reiches liegen das rheinisch-westfälische, das lothringische und das elsässische Gebiet, im Osten das oberschlesische Gebiet und in der Mitte des Reiches das sächsische Industriegebiet sowie Berlin und Umgebung.

§ 64. Handel und Verkehr Europas. **a.** Der europäische Kontinent ist nicht bloß der größte Produzent, sondern auch der größte Konsument der Erde. Er beherrscht $^{2}/_{3}$ der gesamten Einfuhr der Welt, seine Ausfuhr über $^{1}/_{2}$ der gesamten Weltausfuhr. Europas Handelsflotte ist die größte Flotte der Erde. Über $^{4}/_{5}$ der Weltflotte sind in Europa beheimatet, und zwar reichlich $^{4}/_{5}$ nicht bloß bezüglich der Anzahl, sondern auch bezüglich der Schiffsräume (Tonnenzahl). Von den 26 Riesenverkehrshäfen der Erde liegen auf europäischem Boden 14: London, Hamburg, Liverpool, Antwerpen, Cardiff, Newcastle und Shields, Southampton, Kopenhagen, Rotterdam, Marseille, Lissabon, Genua, Neapel und Konstantinopel (s. § 54 c.).

Von den drei Riesenhandelsstaaten liegen zwei in Europa: Großbritannien und das Deutsche Reich. Von den zwanzig Großhandelsstaaten sind zehn in Europa zu finden: Frankreich, Holland, Belgien, Österreich-Ungarn, die Schweiz, Rußland, Italien, Spanien und neuerdings Schweden und Dänemark (s. § 56 b.).

b. Die meisten, regelmäßigsten und größten Weltseeverkehrswege gehen von Europa aus. Von diesem Erdteil aus ist der gesamte Erdball mit Weltverkehrslinien übersponnen worden.

In den verschiedensten Verkehrseinrichtungen ist Europa den andern Erdteilen vorbildlich geworden, so besonders im Postwesen. Das europäische Eisenbahnwesen ist außerordentlich entwickelt. Das Eisenbahnnetz wird in seiner Gesamtlänge nur von dem nordamerikanischen übertroffen, nicht aber in der Dichte des Netzes, denn in Europa entfallen auf 100 qkm 3,3 km Eisenbahnlänge, in Nordamerika die Hälfte. Transkontinentale Überlandwege verbinden die entferntesten Orte des Erdteils. Die Überlandwege sind vielfach die Wege der Schnellzüge. Bei den zusammenhängenden Überlandwegen kann man eine nordsüdliche und westöstliche Gruppe unterscheiden.

1. Die nordsüdliche Gruppe der Überlandwege umfaßt die Hauptlinien Calais—Paris—Madrid—Gibraltar (2514 km); Calais—Bologna—Brindisi (2351 km); Saßnitz—Berlin—Verona—Rom—Neapel (2241 km); Saßnitz—Berlin—Verona—Brindisi (2303 km); Petersburg—Moskau—Sewastopol (2187 km); Petersburg—Moskau—Baku (3213 km); Archangelsk—Moskau—Baku (3680 km).

2. Die westöstliche Gruppe der Überlandwege umfaßt folgende Hauptlinien: Ostende—Berlin—Petersburg (2575 km); Ostende—Berlin—Warschau—Moskau—Tscheljabinsk im Uralgebirge (5065 km); Cherbourg—Paris—Wien—Budapest—Konstanza (3160 km); Lissabon—Paris—Berlin—Petersburg (4612 km); Lissabon—Paris—Berlin—Moskau—Tscheljabinsk (7102 km). Letztere Linie ist die längste zusammenhängende Eisenbahnlinie Europas, zugleich ein Teilstück (die größere Hälfte) der eurasischen Pazifikbahn (s. § 47 c.).

---

5. Die mitteleuropäischen Wirtschaftsreiche.

a. Deutsches Reich.

§ 65. **Lage und Größe des Deutschen Reiches.** **a.** Das Deutsche Reich liegt im Herzen Europas. Es ist der Kern Mitteleuropas. Wie kein anderes europäisches Land hat es eine vermittelnde und ausgleichende Stellung.

Der südlichste Punkt Deutschlands liegt bei Einödsbach im Allgäu ($47\frac{1}{4}$° n. Br.), der nördlichste bei Nimmersatt in Ostpreußen ($55\frac{1}{2}$° n. Br.). Es breitet sich gleichweit zu beiden Seiten des mitteleuropäischen Zeitmeridians aus und reicht vom 6. bis 23. Grad ö. L. v. Gr. Der Zeitunterschied zwischen Ost- und Westgrenze beträgt rund 1 Stunde.

Das Deutsche Reich grenzt nicht direkt an die großen Weltmeerbecken; denn die Ost- und Nordsee sind nur Nebenmeere. Aber infolge seiner Lage und Bodengestalt vermittelt es zwischen dem ozeanischen Westen und dem kontinentalen

Osten des Erdteils. Darum ist das Deutsche Reich in stetig wachsendem Maße ein Durchgangsland für Rohstoffe und Nahrungsmittel.

b. Das Deutsche Reich ist 541 000 qkm groß. 1871 zählte man 41 Mill. Einwohner, 1905: 61 Mill. und jetzt sind 65 Mill. erreicht worden. Der Arealgröße nach ist das Deutsche Reich der drittgrößte Staat in der Reihe der europäischen Staaten. Größer sind nur Rußland und Österreich-Ungarn. Frankreich ist fast gleichgroß mit dem Deutschen Reiche. Die andern Staaten stehen im Flächenraum bedeutend hinter Deutschland zurück (s. § 61 b.).

Die deutschen Schutzgebiete umfassen ein fünfmal größeres Gebiet als das Mutterland, 2,7 Mill. qkm mit 12 bis 13 Mill. Einwohnern.

c. Das Deutsche Reich bildet ein Zoll- und Handelsgebiet, das seit 1. März 1906 die Bezeichnung „Deutsches Wirtschaftsgebiet" führt. Die Zollgrenze fällt im allgemeinen mit der Reichsgrenze zusammen; doch zeigt sie einige Ausnahmen.

Ausgeschlossen von der Zollgrenze sind 68 qkm mit über 1500 Einwohnern, nämlich die Freihafengebiete von Hamburg, Bremerhaven und Geestemünde, ein Teil der Gemeinde Cuxhaven, die Insel Helgoland und ein sehr kleines Gebiet im südlichen Baden an der Grenze des Kantons Schaffhausen.

Eingeschlossen wird von der Zollgrenze außer dem Reichsgebiet das Großherzogtum Luxemburg (2600 qkm mit 250 000 Einw.) und die kleinen österreichischen Gemeinden Jungholz (im Süden von Kempten) und Mittelberg (im Vorarlberg, südlich des Allgäus, gelegen).

Das deutsche Zollgebiet hat eine Fläche von reichlich 543 000 qkm.

d. Die Länge der deutschen Reichsgrenze beträgt 7700 km; davon beanspruchen die Nord- und Ostsee 2200 km.

Die Nord- und Ostsee bilden natürliche Grenzen. Zu den natürlichen Grenzen gehören auch die Flüsse und Gebirge. Darüber vergleiche die Wand- oder Atlaskarte! Wo keine Naturgrenzen vorhanden sind, wird die Grenze durch Marken künstlich festgelegt. Die künstlichen Grenzen sind zumeist offene Grenzen; dem Verkehre bringen sie die geringsten Hindernisse entgegen.

Das Deutsche Reich wird von den verschiedenartigsten staatlichen Gebilden begrenzt: von zwei Kaiserreichen, drei Königreichen, zwei Republiken und einem Großherzogtum.

§ 66. Die Bodenverhältnisse des Deutschen Reiches. a. Der Bodengestalt nach zerfällt Deutschland in vier Gebiete: in die südliche, alpine Zone, in die Oberdeutsche oder Schwäbisch-bayerische Hochebene, in die Zone der deutschen Mittelgebirge und in das Norddeutsche Tiefland.

Die Deutschen Alpen haben nur an den nördlichen Vor- und Kalkalpen der großen Alpenzone Anteil. Sie gliedern sich in die Algäuer, Bayerischen und Berchtesgadener Alpen. In den Bayerischen Alpen erreicht die Zugspitze als höchster deutscher Berg 3000 m. Die Kalk- und Flyschberge sind vielfach verwittert und geben gute Weiden für eine ausgedehnte Viehwirtschaft (Allgäuer Vieh und Käse!).

b. Die Oberdeutsche oder die Schwäbisch-bayerische Hochebene ist ein Tafelland, das vom Alpenfuß allmählich nach Norden zur Donau abfällt. Sie besitzt eine mittlere Erhebung von 500 m. Im Norden ist sie mehrfach versumpft und bildet die großen Möser an der Isar, Amper und dem Lech. Der Schwabe sagt für Moos Ried. Im Nordosten, zwischen Regensburg, Straubing und Landshut, ist die Hochebene am fruchtbarsten; hier gedeiht auf dem „Dunkelboden" vorzüglicher Weizen.

c. Die Mittelgebirgslandschaften Süddeutschlands sind die Oberpfälzische Hochebene, der Böhmer- und Bayerische Wald, der Deutsche Jura, das Schwäbisch-fränkische Stufenland, der Schwarzwald, sodann Odenwald und Spessart einerseits und der Wasgenwald und die Hart andererseits der Oberrheinischen Tiefebene.

Die Oberpfälzische Hochebene birgt keine wesentlichen wirtschaftlichen Reichtümer. Zwischen Böhmer- und Bayerischem Wald ist der quarzhaltige Pfahl emporgestiegen, dessen Material von mehr als 30 Glashütten verarbeitet wird. Im Böhmerwald finden sich große, zusammenhängende, uralte Wälder.

Der Deutsche Jura scheidet sich nach seiner Lage in den Schwäbischen und Fränkischen Jura. Da sie aus Kalkstein bestehen, so sind ihre Höhen trocken. Bei Solnhofen werden vorzügliche Lithographiesteine gebrochen.

d. Das Schwäbisch-fränkische Stufenland lehnt sich an den Deutschen Jura nach NW zu an. Es besteht aus leicht verwitterbaren Kalken und Sandsteinen. Bei genügender Bewässerung ist die Zersetzungserde sehr fruchtbar. Wir finden hier die Neckar- und Mainhügellandschaften mit ihrem Obst- und Weinbau.

Der Schwarzwald fällt nach W steil zum Rheine ab, nach O ganz allmählich zur Getreidehochebene „die Baar". Der Schwarzwald ist ein alter berühmter Holzlieferant, der auch verschiedene bodenständige Industrien erzeugt hat, wie die Fabrikation von Schwarzwälder Uhren und Musikwerken.

Der Odenwald, auch ein Holzlieferant, ist ein verkleinertes Abbild des Schwarzwaldes. Im O setzt sich ein vorzügliches Getreideland, das „Bauland", an.

Der Spessart ist von prächtigen Waldungen geschmückt, in denen Eichen und Buchen häufig vertreten sind.

Die Oberrheinische Tiefebene begleitet den Rhein auf beiden Ufern von Basel bis Mainz in einer Breite von 30—40 km. Der vulkanische Kaiserstuhl steigt in ihr empor. Die Ebenen am Rhein, an der Neckar- und Mainmündung sind bei dem günstigsten, wärmsten Klima innerhalb Deutschlands zugleich die fruchtbarsten Gegenden des Deutschen Reiches. Weizen und Mais werden hauptsächlich angepflanzt. Außerdem gedeihen Hopfen, Wein, Pfirsiche, Tabak, Mandeln und eßbare Kastanien.

Der Wasgenwald (Wasgau, Vogesen) wird im S durch die Burgundische Pforte begrenzt, durch die der Rhein-Rhonekanal hindurchgeht. Im N setzt sich der Wasgenwald in die Lothringische Hügellandschaft fort. Sie ist sehr fruchtbar, besonders in der Moselgegend. Die Hart bringt auf ihren Osthängen die herrlichsten Pfälzer Weine hervor.

e. Die Mittelgebirgslandschaften des zentralen Deutschland sind das Niederrheinische Schiefergebirge, das Hessische Bergland, das Weserbergland, der Harz, der Thüringer und Frankenwald, das Fichtelgebirge, das Erzgebirge, das Riesengebirge und das Glatzer Bergland.

Rhein, Mosel und Lahn zerlegen das Niederrheinische Schiefergebirge in 4 Teile, in 2 linksrheinische: Eifel und Hunsrück, und in 2 rechtsrheinische: Taunus und Westerwald. Die Höhen dieser Gebirgszüge sind bewaldet, zuweilen auch rauh und unwirtlich, wie die der Schneifel und des Westerwaldes. Der Taunus ist ein liebliches Waldgebirge, das im S zum fruchtbaren „Rheingau" abfällt. Hier sind neben berühmten Weinorten (Hochheim, Rauenthal, Eltville, Johannisberg, Rüdesheim, Aßmannshausen) weltberühmte Bäder (Wiesbaden, Soden, Homburg v. d. Höhe).

Jenseit der Sieg reiht sich an den Westerwald das Sauerländische Gebirgsland, das durch seinen Kohlen- und Eisenerzreichtum nicht bloß das wichtigste Industriegebiet Deutschlands, sondern des ganzen europäischen Festlandes geworden ist.

f. Die größern Erhebungen im Hessischen Bergland sind der Vogelsberg, die Rhön, das Knüllgebirge und der Meißner. Nach N zu geht das Hessische Bergland in ein waldiges Hügelland, das „Hessische Waldland", über, das neben großen Eichen- und Buchenwäldern von fruchtbaren Talsenken durchsetzt ist.

Das Weserbergland setzt sich aus dem Eggegebirge, Teutoburger Wald oder Osning, Wiehen- und Wesergebirge zusammen. Das Bergland ist im großen ganzen fruchtbar. Im Innern birgt es auch Kohle; man spricht darum auch von dem „Hannöverschen Kohlengebirge". Die Weserscharte, Porta Westphalica, trennt das Wesergebirge von dem Wiehengebirge. Im N des Haarstrangs breitet sich die fruchtbare Soester Börde aus.

Der Thüringer Wald und Frankenwald sind mit großen zusammenhängenden Wäldern bedeckt. Wo die Schiefergesteine zutage treten, besonders an der Grenze zwischen Franken- und Thüringer Wald, da werden sie gebrochen und zu Dachschiefern, Schiefertafeln, Wetzsteinen und Griffeln verarbeitet (Sonneberg!). Ferner werden Holz und Eisenerze ausgenutzt. Im Thüringer Vorland breitet sich fruchtbares Acker- und Gemüseland aus (Erfurt, Goldene Aue!).

Der Harz (Brocken 1140 m) ist reich an Silber-, Blei-, Kupfer- und Eisenerzen. Der Bergbau begann hier schon im 10. Jahrhundert. Nach O setzt sich an den Harz ein Hügelland an, das sich nach der Elbe zu verflacht. Hier finden sich viele Steinsalzlager und Solquellen. Die Orte Staßfurt, Schönebeck, Halle und ihre Umgebung bilden das „Salzkammergut des Preußischen Staates".

g. Das Fichtelgebirge ist der Knotenpunkt des mitteleuropäischen Gebirgsbaues; denn hier durchdringen sich die Richtungen des Erzgebirges (von SW nach NO) und die der Sudeten (von SO nach NW). Die Brücke nach dem Erzgebirge bildet das Elstergebirge.

Das Erzgebirge birgt, wie sein Name schon sagt, Erze, so Silber-, Blei-, Kupfer-, Zink- und Zinnerze. Im N treten Steinkohlenlager auf, bei Zwickau, Ölsnitz und Dresden (Plauenscher Grund). Bei Meißen wird eine ausgezeichnete Porzellanerde gegraben. Das Erzgebirge erreicht seine höchsten Erhebungen im Keilberg (1244 m, böhmisch) und Fichtelberg (1215 m). Die höchsten Erhebungen sind von dichten Fichtenwäldern überdeckt. In den Industriebezirken am Nordfuße des Erzgebirges ist der Wald lichter geworden. An den Nordfuß lehnen sich die Fruchtebenen von Leipzig-Borna und Dresden—Meißen—Lommatzsch an.

Im O findet das Erzgebirge seinen Abschluß im Elbsandsteingebirge (in der Sächsischen Schweiz), das beide Seiten der Elbe begleitet. Gute Sandsteine werden in großen Brüchen südlich von Pirna abgebaut.

An das Elbsandsteingebirge reiht sich im O weiterhin das kuppenreiche Lausitzer Gebirge an, das nach den Sudeten hinüberleitet. Ein Hauptgebirgszug der Sudeten ist das Riesengebirge, das in der Schneekoppe oder Riesenkoppe (1605 m) die höchste Erhebung erreicht. Der Baumwuchs steigt im Riesengebirge bis 1300 m empor. Nur Krumm- oder Knieholz bedeckt in kleinen, inselartigen Flecken den Gebirgskamm. Eisenerze werden gefunden. Die Glasindustrie ist bedeutend, vor allem auch die Holzindustrie, die sich auf den Holzreichtum des Gebirges stützt. Der ganze Nordfuß der Sudeten wird von fruchtbaren Lößschichten umsäumt.

Jenseit der Oder erhebt sich die Tarnowitzer Platte, die, wie ihre Umgebung, mächtige Kohlenlager birgt. Es hat sich hier innerhalb des Preußischen Staates ein zweites mächtiges Gruben- und Hüttenrevier entwickelt.

h. Das Norddeutsche Tiefland füllt fast die Hälfte des gesamten Deutschen Reiches aus und ist mit den Glazialschuttmassen der Eiszeit bedeckt, die oft zu breiten Landrücken und Hügeln emporgewellt sind. Sande, Gerölle, Kies, Ton und Lehm bilden die hauptsächlichsten Bodenbestandteile. Breite, weniger fruchtbare Sandböden wechseln mit Ackerböden, ausgedehnte Moore und Sümpfe mit Wäldern ab.

Anstehendes Gestein tritt verhältnismäßig selten auf (die Rüdersdorfer Kalkberge bei Berlin, Stubbenkammer auf Rügen). Im Norddeutschen Tiefland wird hin und wieder Bernstein gefunden, am häufigsten an der Nordwestküste des Samlandes, wo Palmnicken der Hauptort der Bernsteingewinnung ist.

In verschiedenen großen Buchten greift das Norddeutsche Tiefland ins Deutsche Mittelgebirge ein. Die wichtigsten Buchten sind die Niederrheinische oder Cölnische, die Westfälische, die Sächsisch-thüringische und die Schlesische Bucht.

Die größern Erhebungen finden sich im N, wo sich der mit Seen besäte Baltische Höhenrücken um die Ostsee herumschlingt. Im Turmberg (330 m) bei Danzig erreicht er seine höchste Erhebung.

Südlich vom Baltischen Höhenrücken laufen breite Talungen, alte Urstromtäler, die die Gewässer der Weichsel, Warthe und Oder in frühern Zeiten westwärts zur Nordsee führten.

Charakteristische Gebiete innerhalb des Norddeutschen Tieflandes sind noch die Lüneburger Heide, die Göhrde, der Fläming, die Landhöhen bei Guben, bei Grünberg (Weinbau!) und das Trebnitzer Katzengebirge.

Wo das Tiefland zum Mittelgebirge allmählich übergeht, ist es besondes fruchtbar. Hervorragende Fruchtlandschaften sind die Börden (Magdeburger Börde!). Auf den Alluvionen an der Nordsee sind die fruchtbaren Marschen erstanden. Hinter dem Marschland steigt die weniger fruchtbare Geest empor. Marschengebiete weist auch die Ostsee auf (Danziger Werder!).

i. Die deutschen Küsten sind fast durchgängig Flachküsten. Auf Helgoland und Rügen lassen sich Steilküsten wahrnehmen, die durch anstehendes Gestein gebildet werden. Auch das Samland zeigt Steilküstenformen. Wellen und Wind haben Sanddünen am Meeressaum aufgehäuft, die an der Ostsee zusammenhängender als an der Nordsee sind. Hier hat sie das brandende Meer vielfach in Inseln zerrissen (West- und Nordfriesische Inseln, Halligen!). In neuerer Zeit werden Schutzdämme errichtet, die einzelne Inseln miteinander verbinden. Auf diese Weise werden die Inseln vor der beständigen Abnagung durch die Meereswellen geschützt, und durch das Anschwemmen von Land an dem künstlichen Damm wird sogar Neuland gewonnen. Zur Flutzeit werden die flachen Inseln überschwemmt. Die so beeinflußte und geartete Küste nennt man Wattenküste.

An der Ostseeküste machen sich Ebbe und Flut nicht mehr bemerkbar. Hierselbst haben wir die eigentümlichen Küstenformen der Förden-, Bodden- und Haffküste.

Wohl ist die Gliederung der Ostsee günstiger als die der Nordsee, aber trotzdem entfällt von dem gesamten deutschen Seehandel auf die Ostseeküste nur 30% und auf die Nordseeküste 70%, wovon 40% allein das Elbküstengebiet beansprucht. Der Grund hierfür ist in der Lage zum Weltmeer zu suchen.

§ 67. **Das Klima des Deutschen Reiches.** a. Die nordwestlichen, dem Meere nahegelegenen Gegenden haben ozeanisches Klima. Nach SO und O wird das Klima immer kontinentaler, d. h. der Unterschied von Sommer und Winter wird größer. In Nordwestdeutschland beträgt dieser Unterschied 15—17°, in Ostdeutschland 19—22°.

Weil der deutsche Boden von N nach S ansteigt, so werden auch nach S zu die klimatischen Gegensätze größer. Die Oberrheinische Tiefebene und die Nachbargebiete am Main, Neckar und Mosel und kleinere Gebiete Mitteldeutschlands (Dresden!) sind besonders warme Gebiete.

Cöln hat eine mittlere Jahrestemperatur von 10°, fast so viel hat auch Frankfurt a. M.; Dresden nicht ganz 9°. Kiel und Nürnberg haben eine mittlere Jahrestemperatur von 8,4°; während aber Kiel ein Januarmittel von 0,8° und ein Julimittel von 17° hat, weist Nürnberg als entsprechende Grade —1,3° und 18,4° auf. Die kälteste Gegend Deutschlands ist das Seenplateau in Ostpreußen, wo am Spirdingsee eine mittlere Jahrestemperatur von 6° beobachtet worden ist.

b. Für das gesamte Deutsche Reich hat man eine durchschnittliche Regenmenge von 70 cm festgestellt. Norddeutschland ist niederschlagsärmer (60 cm) als Süddeutschland (82 cm). Die größten Niederschlagsmengen weisen die Vogesen (bis 154 cm), Schwarzwald, Harz (Brockengipfel: 170 cm), Böhmer- und Bayrischer Wald, Riesengebirge und die Alpengebiete auf. Die genannten Gebirge stellen sich den Regenwolken als Hemmnisse entgegen; die Folge ist der Niederschlag an ihren Gehängen. (Vgl. Fig. 95.)

Die tägliche Sonnenscheindauer beträgt für Deutschland 4½ bis 5 Stunden. Sie nimmt von N nach S zu; während sie an der Nordseeküste bloß 4 Stunden beträgt, währt sie an der deutsch-österreichischen Grenze gegen 5 Stunden.

§ 68. **Die deutschen Wirtschaftslandschaften.** Bodengestalt, Bodenbeschaffenheit und Klima haben auf die Pflanzenwelt und somit auch auf die Landwirtschaft den größten Einfluß. Mit dem Wechsel dieser Grundbedingungen wird sich auch das Aussehen der Pflanzenwelt, beziehentlich der Landwirtschaft ändern. In Deutschland lassen sich nun nach dieser Richtung sieben größere Wirtschaftslandschaften unterscheiden:

1. Die Landschaft des Nordseeklimas, mit warmer Herbstwitterung, mildem Winter und langer Vegetationsperiode. Die Feldarbeit dauert bis in den Winter hinein. Fruchtbare Felder und üppige Wiesen treten auf. Futterpflanzen gedeihen sehr gut, darum eine große Viehzucht. Auch in Schleswig-Holstein ist die Viehzucht dankbarer als der ausgedehnte Getreidebau.

2. Die Landschaften des Baltischen Höhenrückens und der Ostseeküste (Mecklenburg, Pommern, West- und Ostpreußen). Die westlich der Oder gelegenen Gebiete sind wärmer als die östlich gelegenen. Der Winter ist schon länger und kälter

und darum die Vegetationsperiode kürzer. Guter Boden begünstigt Hackfrüchte, gute Weide Viehzucht (Mecklenburg).

3. Die Zentrallandschaften oder die Landschaften am Nordfuße der deutschen Mittelgebirge. Es sind die Ostgebiete des Teutoburger Waldes, des Harzes, des Thüringer Waldes und anschließende Gebiete bis zur russischen Grenze. Der Einfluß des ozeanischen Klimas ist schon weniger bemerkbar, immerhin kennzeichnet diese Gebiete eine verhältnismäßig lange Vegetationsperiode. Die längere Feldarbeit kommt den Halmfrüchten zugute. Der Hackbau konzentriert sich um

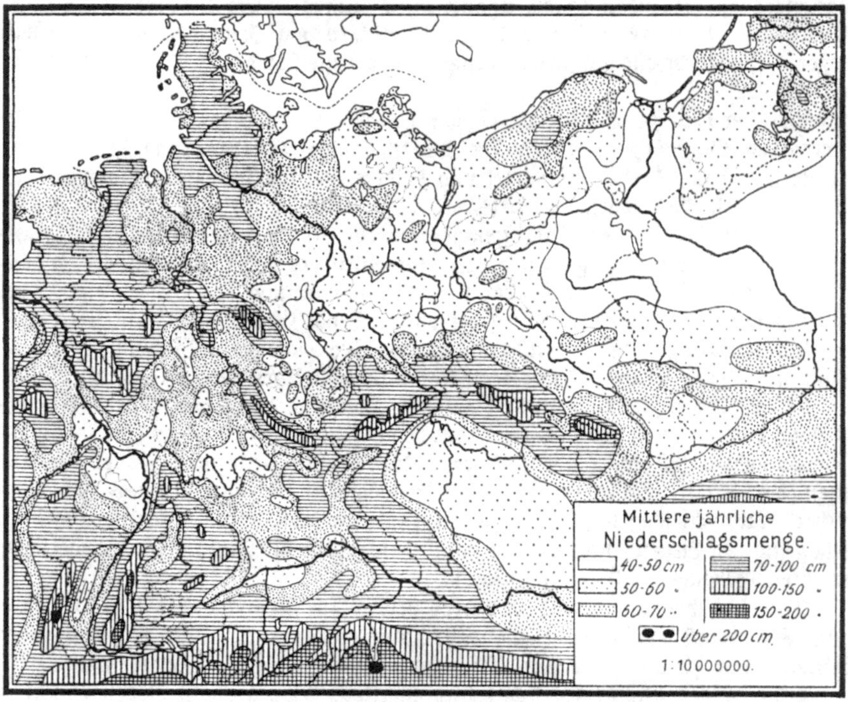

Fig. 95. Regenkarte von Deutschland.

Magdeburg und Braunschweig, die Gartenkultur um Erfurt, Halberstadt und Quedlinburg. In der Uckermark gedeiht Tabak, in dem Posener Bezirk Hopfen, selbst Wein (Nordgrenze des Weinbaus!). Die Viehzucht ist gering.

4. Die Landschaften der deutschen Mittelgebirge. Die Sommertemperatur ist wegen der Höhenlage niedriger, die Winter sind länger, die Vegetationsperiode ist darum kürzer. Der Landbau ist infolgedessen erschwert. Bei 650 m hört der Getreidebau auf, in den Sudeten schon bei 600 m. Roggen und Hafer (Berghafer) steigen am höchsten. Auf günstigen Flächen gedeihen Hackfrüchte, besonders Kartoffeln. Wegen der größern Niederschläge nehmen die Wiesen wieder größern Raum ein, was wiederum eine ausgedehntere Viehzucht zur Folge hat, hauptsächlich in den östlichen Mittelgebirgen (Harz, Thüringer Wald, Vogtland, Sachsen).

5. Die Oberrheinische Tiefebene und das Rhein—Main—Neckardreieck Mainz—Tübingen—Bamberg. Dazu kommen noch die Talstrecken des Rheins bis Bonn und der Mosel bis Trier. Die Niederschläge sind nicht allzu reichlich, aber gut auf die entsprechenden Jahreszeiten verteilt. Wichtig ist das frühzeitige Eintreten der Temperatur von 18°, die besonders einem ausgebreiteten und intensiven Wein- und Obstbau zusagt. Überall ist ein bedeutender Anbau von Weizen und Mais, Tabak, Hanf, Zichorie, Mohn und Hopfen.

6. Die Oberdeutsche Hochebene. Wirtschaftlich und klimatisch gehört zu ihr noch jenseit der Donau die Oberpfälzische Hochebene. Die Oberdeutsche Hochebene hat ein rauhes Klima, da sie den kalten Ostwinden zugänglich ist, weniger im N, darum ist sie hier am fruchtbarsten (am Donauknie !). Halmfrüchte gedeihen in den wärmern Strichen vorzüglich, daselbst auch Hopfen und Flachs. Auf der Hochebene werden Ackerbau und Viehzucht gleichmäßig stark betrieben.

7. Die Deutschen Alpen haben ein ähnliches, nur noch etwas rauheres Klima als die höhern deutschen Mittelgebirge. Die Vegetationsperiode ist kurz. Im wenigen Tälern gedeihen Halmfrüchte, im großen ganzen ist aber die Viehzucht die Hauptnahrungsquelle der ländlichen Bevölkerung.

§. 69. Die Bewässerung des Deutschen Reiches und ihre wirtschaftliche Ausnutzung. **a.** Die deutschen Flüsse gehören zwei Entwässerungsgebieten an, dem Atlantischen Ozean durch Ost- und Nordsee und dem Schwarzen Meere. Nur 10% des deutschen Bodens werden nach dem Schwarzen Meere entwässert, nach der Nordsee 55% und nach der Ostsee 35%. Die für den Verkehr geeignetsten Flüsse eilen der Nordsee zu, was für den Handelsverkehr Deutschlands sehr wichtig ist.

Der Nordsee wenden sich Rhein, Elbe und Weser zu, der Ostsee Oder und Weichsel. Der Rhein entwässert das größte Niederschlagsgebiet (225 000 qkm), die Weser das kleinste (50 000 qkm). Die Stromgebiete der Weser und Ems gehören vollständig dem Deutschen Reiche an, die des Rheins, der Elbe, der Oder und des Pregels zum größten Teile, die der Weichsel und Memel nur zum geringsten Teile.

b. Der Rhein (1320 km lang) ist die erste Schiffahrtstraße Deutschlands. Der Bodensee hat wohl einen regen Schiffsverkehr, doch beginnt die eigentliche Schiffahrt des Rheins erst bei Basel. Bis Cöln reicht vom Meere aus ein Seeschiffsverkehr mit kleinern Seedampfern. Die Nebenflüsse Mosel, Neckar und Main sind fast bis zum Oberlauf schiffbar. Auch Lahn, Ruhr und Lippe haben für den Schiffsverkehr Bedeutung. Die Gesamtlänge der schiffbaren Strecken des Rheingebietes beträgt 2690 km.

Die Ems (450 km lang) ist als echter Tieflandstrom fast bis zur Quellregion schiffbar, ebenso ihr Nebenfluß, die Hase. Die Gesamtlänge der schiffbaren Strecken des Emsgebietes beträgt 1300 km. Der Dortmund—Emskanal hat eine Länge von 283 km. (Vgl. auch nächste Seite unter e.)

Die Weser (bis zur Werraquelle 712 km lang) umfaßt mit ihren schiffbaren Nebenflüssen Fulda, Hunte, Aller und Leine 1040 km schiffbarer Strecken.

Die Elbe (1154 km lang) ist die zweitwichtigste Wasserstraße des Deutschen Reiches. Sie wird bereits bei Melnik in Böhmen schiffbar. Wichtige Nebenflüsse sind Mulde, Saale mit Unstrut, vor allem die Havel mit Spree. Die Gesamtlänge der zum Elbegebiet gehörenden schiffbaren Strecken umfaßt 3110 km und die der Küstenflüsse nördlich der Elbe 313 km; unter diesen ist die Eider nennenswert.

c. Die Ostseeküstenflüsse, wie Trave, Warnow, Recknitz, Peene, Ucker, sind auf ihrem Unterlauf sämtlich schiffbar.

Die Oder (1020 km lang) wird bereits an der österreichischen Grenze schiffbar. Glatzer und Görlitzer Neiße sind nur bei ihrer Mündung, dagegen Klodnitz, Malapane, Bartsch, Warthe mit Obra und Netze auf ausgedehntern Strecken für den Verkehr brauchbar. Die Gesamtlänge der auf deutschem Boden schiffbaren Strecken des Odergebietes beträgt 2280 km.

Die Weichsel (1040 km lang) wird weit im Russischen schon schiffbar. Trotz der 8 m hohen Dämme ist die Weichselniederung häufigen Überschwemmungen ausgesetzt. Im deutschen Weichselgebiete sind 540 km für die Schiffahrt benutzbar, von den Küstenflüssen des Frischen Haffs 32 km, darunter die Passarge von Braunsberg an.

Wo der Pregel seinen westlichen Lauf beginnt, bei Insterburg, wird er schiffbar. Im Pregelgebiet gibt es 230 km schiffbare Strecken. Die Masurische Wasserstraße, die von Angerburg durch die masurischen Seen bis nach Johannisburg zieht, ist 87 km lang.

Die Memel (russisch Njemen) tritt als schiffbarer Fluß bereits in Deutschland ein. Im deutschen Memelgebiet sind 330 km schiffbar.

d. Die Donau (2850 km lang, davon 580 km auf deutschem Boden) steht in ihrer Verkehrsbedeutung weit hinter den andern deutschen Hauptflüssen zurück. Die Gründe sind aus der politischen Karte zu ersehen! Nachdem die Donau bei Ulm die Iller aufgenommen hat, wird sie schiffbar. Altmühl, Naab und Regen sind nur auf der Mündungsstrecke benutzbar. Iller, Lech und Isar sind nur flößbar, Inn mit Salzach teilweise auch schiffbar. Die schiff- und flößbaren Strecken des deutschen Donaugebietes sind 780 km lang.

e. Unter den deutschen Kanälen, die über eine Gesamtlänge von über 4000 km verfügen, steht der Kaiser-Wilhelm- oder Nordostseekanal obenan (s. § 87 d.). Wir unterscheiden in Deutschland ein östliches und westliches Kanalsystem.

Das östliche Kanalsystem, das durchgängig für Schiffe von 400 t Tragfähigkeit geeignet ist, berührt sich in Berlin mit dem westlichen Wasserstraßensystem. Der Große Friedrichsgraben verbindet Memel mit Pregel; der Bromberger Kanal Weichsel mit Oder; der Klodnitzkanal den oberschlesischen Berg- und Hüttenbezirk mit der Oder; der Oder-Spreekanal (Friedrich-Wilhelm-Kanal) Oder mit Spree; der Finowkanal, zum Großschiffahrtweg Berlin—Stettin umgebaut (§ 83 b), Oder mit Havel; Ruppiner und Rhinkanal die Oberhavel mit Unterhavel, desgleichen der Havelländische Hauptkanal oder Großer Hauptgraben, der Plauensche (Plauer) Kanal Unterhavel mit Elbe und Elbe-Travekanal Hamburg mit Lübeck.

Das westliche Kanalsystem, das durchgängig für Schiffe von 600 t Tragfähigkeit geeignet ist, beginnt erst mit der untern Weser, da eine Kanalverbindung (Mittellandkanal!) zwischen Elbe einerseits und Weser, Ems und Rhein anderseits trotz der von der Natur gegebenen Fingerzeige (Tiefland!) immer noch ermangelt. Der Dortmund-Emskanal verbindet das Rhein-Ruhrkohlengebiet mit der Nordsee. Die südliche Strecke dieses Kanals bildet einen Teil des Rhein-Weserkanals, der Ruhrort mit Hannover verbindet. Der Rhein-Marnekanal Straßburg mit Paris und Rhein-Rhonekanal Straßburg mit Lyon.

Die Bedeutung des Ludwigkanals, der Rhein-Main mit Donau verbindet und nur Fahrzeugen bis 127 t den Verkehr gestattet, hat durch den Aufschwung der Eisenbahnen ganz verloren und wird erst wieder durch größere Abmessungen gewinnen.

§ 70. **Die deutschen Staaten und die Verwaltung. a.** Das Deutsche Reich ist ein konstitutioneller Bundesstaat von 26 Einzelstaaten, die in 22 eigentliche Bundesstaaten, drei Freie und Hansestädte und in ein Reichsland zerfallen:

Staaten und Landesteile	Fläche qkm	Ortsanwesende Bevölkerung am 1. Dez. 1905	Einwohner auf 1 qkm 1905 u. (1895)	
Provinz Ostpreußen	37 000	2 030 000	55	(54)
„ Westpreußen	25 500	1 642 000	64	(59)
„ Brandenburg	39 800	3 532 000	87	(71)
„ Pommern	30 100	1 684 000	56	(52)
„ Posen	29 000	2 000 000	69	(63)
„ Schlesien	40 300	5 000 000	123	(110)
„ Sachsen	25 300	3 000 000	118	(107)
„ Schleswig-Holstein	19 000	1 500 000	79	(68)
„ Hannover	38 500	2 760 000	72	(63)
„ Westfalen	20 200	3 620 000	179	(134)
„ Hessen-Nassau	15 700	2 070 000	132	(112)
„ Rheinland	27 000	6 436 000	238	(189)
Hohenzollern	1 140	68 000	60	(58)
1. Königreich Preußen	348 700	37 300 000	107	(91)
Bayern rechts des Rheins	69 900	5 640 000	81	(70)
Bayern links des Rheins	5 900	886 000	150	(129)
2. „ Bayern	75 900	6 526 000	86	(77)
3. „ Sachsen	15 000	4 509 000	301	(253)
4. „ Württemberg	19 500	2 302 000	118	(107)
5. Großherzogtum Baden	15 100	2 011 000	133	(114)
6. „ Hessen	7 700	1 209 000	157	(135)
7. „ Mecklenburg-Schwerin	13 100	625 000	48	(35)
8. „ Sachsen-Weimar	3 600	388 000	108	(94)
9. „ Mecklenburg-Strelitz	2 900	103 000	35	(34)
10. „ Oldenburg	6 400	440 000	68	(58)
11. Herzogtum Braunschweig	3 700	486 000	132	(118)
12. „ Sachsen-Meinigen	2 500	270 000	109	(95)
13. „ Sachsen-Altenburg	1 300	207 000	156	(136)
14. „ Sachsen-Coburg und -Gotha	2 000	242 000	123	(111)
15. „ Anhalt	2 300	328 000	143	(128)
16. Fürstentum Schwarzburg-Sondershausen	860	85 000	99	(91)
17. „ Schwarzburg-Rudolstadt	940	97 000	103	(94)
18. „ Waldeck	1 100	59 000	53	(51)
19. „ Reuß ältere Linie	300	71 000	223	(213)
20. „ Reuß jüngere Linie	800	145 000	175	(160)
21. „ Schaumburg-Lippe	340	45 000	132	(121)
22. „ Lippe	1 200	146 000	120	(111)
23. Freie und Hansestadt Lübeck	300	106 000	356	(278)
24. „ „ „ Bremen	260	263 000	1028	(764)
25. „ „ „ Hamburg	400	875 000	2114	(1647)
26. Reichsland Elsaß-Lothringen	14 500	1 815 000	125	(113)
Deutsches Reich	540 780	60 641 000	112	(97)

b. Der jedesmalige König von Preußen ist zugleich erblicher deutscher Kaiser. Ihm stehen der Bundestag und der Reichstag als gesetzgebende Körperschaften zur Seite. Durch den Reichstag ist dem Volke Anteil an der Reichsregierung gewährt. Der Reichskanzler, der vom Kaiser gewählt wird, vereinigt in sich die oberste Reichsbehörde. Zur Bearbeitung der dem Kanzler zugewiesenen Geschäfte ist die Reichskanzlei eingerichtet worden. Sie vermittelt der Verkehr mit den unterstellten Reichsbehörden. Dazu gehört das Reichsamt des Innern, das Auswärtige Amt, das Reichsjustizamt, das Reichsschatzamt, das Reichseisenbahnamt,

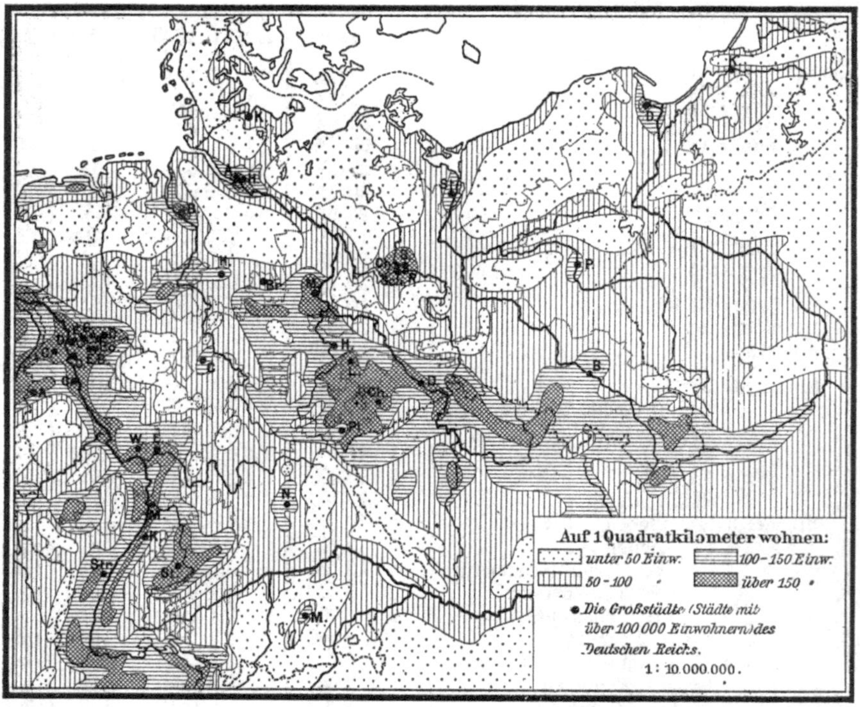

Fig. 96. Bevölkerungsdichte.

das Reichspostamt, der Rechnungshof des Deutschen Reichs, die Verwaltung des Reichsinvalidenfonds, die Reichsbank, die Reichsschuldenkommission, das Reichsmarineamt und das Reichskolonialamt.

§ 71. Volksstämme, Bevölkerungsdichte und Auswanderung. **a.** Von den 56,4 Millionen Bewohnern an der Volkszählung vom 1. Dezember 1900 sprachen 51,9 **Mill.** (92%) die deutsche, 0,3 Mill. (0,75%) die deutsche und eine fremde und 4,2 (7,3%) eine nichtdeutsche Muttersprache. Deutschland ist mithin bezüglich der Nationalität als ein einheitlicher Staat anzusehen. Durch Mitteldeutschland zieht die Grenze zwischen den Oberdeutschen im S und den Niederdeutschen in N. Handel und Verkehr verwischen immermehr diese Grenze.

Von fremden Volksstämmen sind am zahlreichsten die Polen vertreten (3,1 Mill. besonders in Posen). Der Anteil der andern Volksstämme ist wesentlich geringer, Franzosen wohnen in Lothringen und Elsaß, Dänen in Nordschleswig, Masuren und Litauer in Ostpreußen, Kassuben in Westpreußen, Wenden in der Ober- und Niederlausitz.

b. Die ortsanwesende Bevölkerung hat sich von 1900 bis 1905 um 8% vermehrt, seit 1871 um 48%. Auf 1 qkm kommen 112 Bewohner, 1871 nur 76. Deutschland wird in der durchschnittlichen Volksdichte nur von Belgien, den Niederlanden, Großbritannien, Italien und Japan übertroffen. Nahe stehen ihm Luxemburg und die achtzehn Provinzen Chinas. (Vgl. die Staaten Europas S. 88 u. § 65 b.)

Die Staatentabelle, § 70, zeigt, daß, abgesehen von den Hansestädten, Sachsen am bevölkertsten ist (301 Bewohner auf 1 qkm). Dann folgen die andern Industriegegenden, wie das Rheinland u. a. Die am schwächsten bevölkerten Gegenden liegen im landwirtschaftlichen Osten des Deutschen Reiches (Ost- und Westpreußen, Pommern, Posen, Mecklenburg).

c. Das Deutsche Reich hatte am Anfang des Jahres 1905 gerade 41 Großstädte mit über 12 Mill. Einwohnern, jede einzelne über 100 000 E. Es sind dies folgende Städte:

Berlin (2,1 Mill. E.), Hamburg (0,9 Mill. E.), mit je ½ Mill. E. München, Dresden , Leipzig und Breslau, Cöln (0,4 Mill. E.), Frankfurt a. M., Nürnberg, Düsseldorf, Hannover, Stuttgart, Chemnitz, Magdeburg, Charlottenburg, Essen, Stettin, Königsberg, Bremen, Duisburg, Dortmund, Halle a. S., Altona, Straßburg i. E., Kiel, Mannheim, Elberfeld, Danzig, Barmen, Rixdorf, Aachen, Gelsenkirchen, Schöneberg, Cassel, Posen, Braunschweig, Bochum, Karlsruhe, Crefeld, Plauen i. V. und Wiesbaden.

Deutschland besitzt ferner rund 210 Mittelstädte (20 000 bis 100 000 E.), gegen 950 Kleinstädte (5000 bis 20 000 E.) und rund 2400 Landstädte (2000 bis 5000 E.).

In Deutschland gibt es rund 3600 städtische Gemeinden mit 35 Mill. E. und 73 000 ländliche Gemeinden mit 26 Mill. Bewohnern. Demnach ist das Verhältnis der Stadtbewohner zu den Landbewohnern wie 5 : 4.

d. Der deutsche Boden vermag noch eine weit stärkere Bevölkerung zu ernähren. Trotzdem folgen viele Deutsche dem alten Wandertriebe und suchen in der Fremde ihr Glück. Die Gesamtsumme der deutschen Auswanderung beträgt seit 1821 bis zur Gegenwart 6 Millionen. In den achtziger Jahren des vergangenen Jahrhunderts war die Hochflut der deutschen Auswanderung, da wanderten jährlich über 100 000 Deutsche aus. Seit dem Jahre 1894 begann der Rückschlag, und in der Folgezeit wanderten jährlich 20 000 bis 37 000 Deutsche aus. (Vgl. Fig. 97.)

In der Hauptsache gehen die deutschen Auswanderer nach den Vereinigten Staaten (über 90%), sodann nach verschiedenen europäischen Staaten, nach Brasilien, Argentinien, Britisch-Nordamerika, Afrika, Australien und Asien. Eine winzige Anzahl geht nur nach den deutschen Kolonien, obwohl Deutsch-Südwestafrika und -Ostafrika genugsam besiedelungsfähige Ländereien besitzen.

§ 72. **Die Berufsgliederung des deutschen Volkes.** a. Von der Bevölkerung des Deutschen Reiches gehören zur Land- und Forstwirtschaft, einschließlich Fischerei, 35%; zur Industrie und zum Bergbau 40%; zum Handels- und Verkehrsstande, einschließlich Gast- und Schankwirtschaft, 12%; zur Armee und Marine 2%; zu dem öffentlichen Dienst und den freien Berufen 4% und zu den häuslichen Dienstboten 5%.

b. Die land- und forstwirtschaftlichen Berufe sind am stärksten in Hohenzollern, Posen, Ost- und Westpreußen, Waldeck und Pommern vertreten, am geringsten in den großen Industriebezirken, wie z. B. im Königreich Sachsen. Die Fischereibevölkerung wohnt am dichtesten in Ostfriesland und an der Ostseeküste, weniger dicht in Dithmarschen und Westschleswig.

c. Die industriellen Berufe treten am meisten in den beiden Reuß, im Königreich Sachsen, in Berlin, Westfalen, Rheinland und Sachsen-Altenburg auf. Die geringste industrielle Bevölkerung haben Waldeck, die beiden Mecklenburg, Pommern, Westpreußen, Posen, Hohenzollern und Ostpreußen.

Das Handel- und Verkehrsgewerbe ist am stärksten in den Hansestädten und in Berlin vertreten. Es reihen sich sodann das Königreich Sachsen und Schleswig-Holstein an, und erst im weitern Abstande Lippe, Ost- und Westpreußen, Posen, Württemberg und Waldeck.

§ 73. Die landwirtschaftlichen und industriellen Betriebsarten des Deutschen Reiches. a. In Deutschland unterscheidet man Parzellenbetriebe (unter 2 ha Betriebsfläche), mittlere (5—20 ha) und größere (20—100 ha) bäuerliche Betriebe und zuletzt Großbetriebe (mit 100 und mehr Hektaren).

Die Parzellenbetriebe haben ihren Hauptsitz in den südwestdeutschen Staaten und im Rheinland. Sie gehören dem Obst-, Wein- und Tabakbau an, ferner dem Gartenbau in der Nähe industrieller Bevölkerungszentren. In denselben Gegenden, wo die Parzellenbetriebe anzutreffen sind, sind auch die kleinen bäuerlichen Betriebe am häufigsten. Die mittlern bäuerlichen Betriebe gibt es besonders in Bayern, Hessen-Nassau, im Rheinland, im südlichen Württemberg und Baden und in den deutschen Kleinstaaten; die größern bäuerlichen Betriebe in Sachsen, Westfalen, Schleswig-Holstein und Hannover.

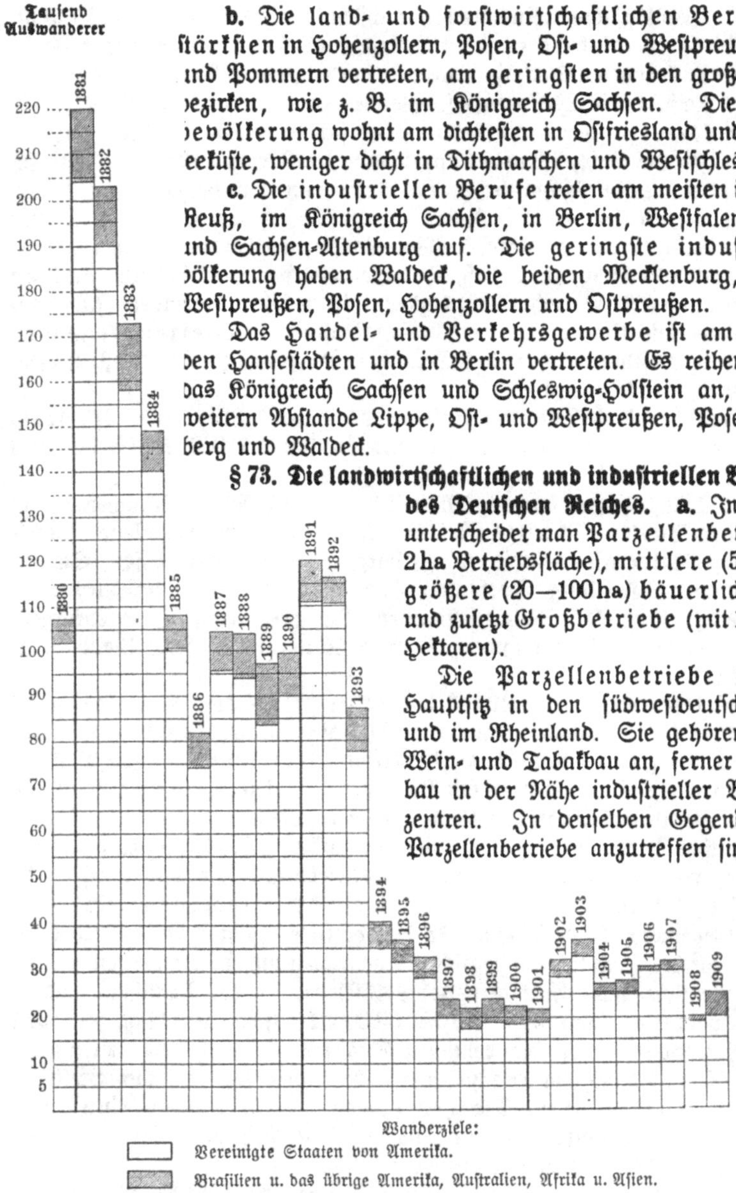

Fig. 97. Die deutsche überseeische Auswanderung.

Die landwirtschaftlichen Großbetriebe herrschen im Osten des Reiches vor, namentlich in Ost- und Westpreußen, Posen, Schlesien, Pommern und Mecklenburg.

b. Bei dem Gewerbe unterscheidet die Gewerbestatistik nach der Anzahl der beschäftigten Personen Kleinbetriebe (1—5 Personen beschäftigt), Mittelbetriebe (6—50 Personen) und Großbetriebe (mit mehr als 50 Personen).

In Deutschland gibt es nach der gewerblichen Betriebszählung 1907 rund 3 Mill. Kleinbetriebe, 300 000 Mittelbetriebe, 30 000 Großbetriebe und unter letztern solche mit mehr als 1000 Personen über 300. Die Kruppschen Werke in Essen, Magdeburg und Kiel beschäftigen allein gegen 70 000 Personen.

c. In den gewerblichen Betrieben des Deutschen Reiches sind über $14^1/_3$ Mill. menschlicher Arbeitskräfte und gegen 10 Mill. motorischer Kräfte tätig. Mit letzern arbeiten gegen 270 000 oder 8% aller gewerblichen Betriebe Deutschlands. 18 000 Betriebe arbeiten mit Windmotoren, 50 000 mit Wassermotoren und 74 000 Betriebe mit Dampfmotoren. Der Rest entfällt auf Betriebe mit Gas, Petroleum, Benzin, Heiß- und Druckluft und auf Elektrizität, darunter gebrauchen 80 000 Betriebe an elektrischer Kraft 1½ Mill. Kilowatt.

Die Verbreitung der Wind- und Wassermotoren ist geographisch bedingt. Die Windmotoren (Bockmühlen und holländische Windmühlen) sind dem ebneren Norddeutschland eigen, die Wassermotoren dem gebirgigen Mittel- und Süddeutschland, wo die Fallkraft der Gewässer ausgenutzt werden kann. Windmühlenreiche Gegenden gibt es in Posen, zwischen Halle und Leipzig und der Mulde, in der Provinz Sachsen, in der Oberlausitz und in den deutschen Küstengebieten. Die meisten Wassermotoren trifft man im Erzgebirge und im Sauerländischen Gebirge um Solingen an.

§ 74. Der Wohlstand des deutschen Volkes. a. Unter Volksvermögen versteht man die Gesamtmenge der dem Volke zur Verfügung stehenden Güter. Das deutsche Volksvermögen wird auf 250 Milliarden M. geschätzt. Mithin entfallen gegen 4000 M. auf je einen Reichsbewohner. Das deutsche Volkseinkommen beträgt jetzt jährlich gegen 35 Milliarden oder rund 600 M. auf je einen Bewohner.

b. Die Einkommensteuerstatistik erweist, daß in den Industriebezirken viel mehr und reichere Steuerzahler leben als in den Bezirken mit ausschließlichem Landwirtschaftsbetrieb. Die ostelbischen Landschaften sind die steuerärmsten Gebiete Deutschlands. Die Rheinprovinz allein bringt jährlich an Einkommensteuer mehr auf als Schlesien, Schleswig-Holstein, Pommern, Posen, Ost- und Westpreußen zusammen.

Wenn wir nach der geographischen Verbreitung der ortsüblichen Tagelöhne schauen, so unterscheiden wir drei nordsüdliche Zonen: die ärmere und bedürfnislosere Ostzone (West- und Ostpreußen, Posen und Schlesien) mit rund 2 M. Tageslohn für den erwachsenen männlichen Arbeiter, die wohlhabende Mittelzone (Pommern, Brandenburg, Provinz und Königreich Sachsen, Thüringen, Bayern mit der Pfalz, Großherzogtum Hessen und Westfalen) mit rund 3 M. und die reichere Westzone (Schleswig-Holstein, Mecklenburg, Hannover, Oldenburg, Braunschweig, Anhalt, Hessen-Nassau, Rheinland, Elsaß-Lothringen, Baden und Württemberg) mit 3 und über 3 M. ortsüblichem Tagelohn. Die Großstädte des Westens, besonders die Seestädte und Berlin, zahlen 4 M. und mehr.

c. Ein Aufsteigen des Wohlstandes ist fast überall zu beobachten. Das beruht auf vielerlei Gründen, besonders in der Vervollkommnung der Arbeitsmittel und Arbeitsmethoden, in der Arbeitsteilung und in der gesteigerten Konsumtionskraft des deutschen Volkes.

Der Verbrauch von Nahrungs- und Genußmitteln ist, auf den Kopf der Bevölkerung berechnet, in den letzten 30 Jahren außerordentlich gestiegen. Das zeig sehr deutlich der Verbrauch von Roggen, Weizen, Gerste, Kartoffeln, Zucker, Bier Tabak, Branntwein, Kaffee, Tee, Reis, Kakao, Südfrüchten, Heringen, allerhand Gewürzen und Kohlen.

§ 75. Die Erzeugnisse der Pflanzenwelt. **a.** Die Hälfte des deutschen Bodens gehört dem Acker- und Gartenbau, ein Viertel dem Wald, ein Siebentel den Wiesen und Weiden. Nicht ganz ein Zehntel des Landes entfällt auf Ödland, d. h. auf Land, das weder land- noch forstwirtschaftlich benutzt wird, also auf die Flächen für Ansiedelungen, der Gewässer, Straßen usw. Acker- und Gartenland, Wiesen und Wald haben in den letzten Jahrzehnten zugenommen.

Fig. 98. Bodenbenutzung in Deutschland in Proz. [1900].

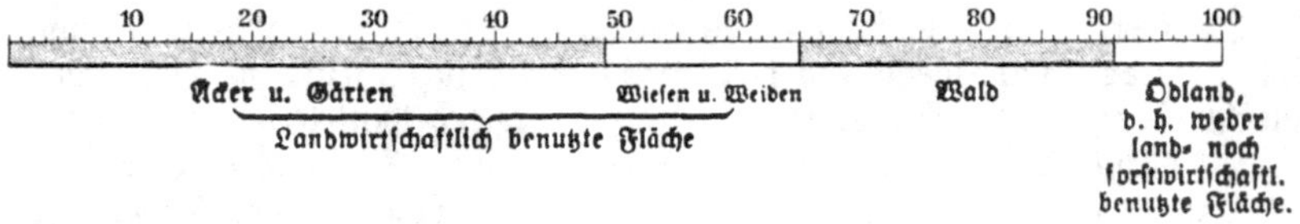

Von dem Acker- und Gartenland gehört die größte Fläche (61%) dem Getreidebau, einschließlich des Anbaues von Hülsenfrüchten. Hackfrüchte und Gemüse beanspruchen fast 17%, die Futterpflanzen 10%, die Ackerweide und Brache 9%, die Haus- und Obstgärten 2%. Am wenigsten ausgedehnt ist der Anbau von Handelsgewächsen (1%). (Vgl. Fig. 99.)

b. Das Deutsche Reich ist ein Land intensiven Ackerbaues. Durchschnittlich wird $^1/_3$ der gesamten Ackerbaufläche mit Roggen bebaut. Der meiste Roggen wird im norddeutschen Tiefland und im sächsischen Bergland erzeugt. Der Roggen liebt lockern, mit Sand reichlich vermischten Boden.

Der Weizenbau beansprucht $^1/_{10}$ der landwirtschaftlich ausgenutzten Fläche. Der Nährboden des Weizens ist vorzüglich tiefgründiger Ton- und kräftiger Lehmboden. Der Weizen südlicher Gebiete ist besser, kleberreicher. Wo in Deutschland der beste Wein gedeiht, da gedeiht auch der beste Weizen, also besonders in Elsaß-Lothringen und in der Oberrheinischen Tiefebene. In Südwestdeutschland wird auch viel Spelz, eine besondere Weizenart, gebaut. Die unreifen Früchte von Spelz (Dinkel) bilden gedörrt als „Grünkern" ein bekanntes Suppenmaterial (Knorrsche Suppen).

Die Gerste gedeiht am besten auf humusreichem Lehm- und Mergelboden, dem sog. „Gerstenboden erster Klasse". Sie folgt dabei gern den Flußtälern, wie den Tälern des Rheins und Mains, der Donau, Oder und Weichsel.

Der Hafer, der ¼ der Getreideanbaufläche einnimmt, bequemt sich fast jeder Bodenart und Bodenlage an. Sein Anbau ist auch ziemlich gleichmäßig über Deutschland verbreitet. Schlesien und Ostpreußen ragen als Haferländer hervor.

c. Die größten Erntemengen erzielt der Roggen, jährlich etwa 10 Mill. Tonnen (zu 1000 kg). Die Hafermenge beträgt durchschnittlich 3/4, die Weizenernte 2/5 und die Gerstenernte 1/3 der Roggenernte. Durch diese Ernten werden aber nur 97% unsers Hafer-, 63% unsers Weizen- und 65% unsers Gerstenverbrauches gedeckt. Wir bedürfen darum einer bedeutenden, von Jahr zu Jahr sich steigernden Einfuhr von Getreide. Nur der Roggen ergibt Ernten, daß jährlich noch bis 3% der Ernte ausgeführt werden kann.

Für die Getreideeinfuhr zahlen wir an das Ausland jährlich 1 Milliarde M.,

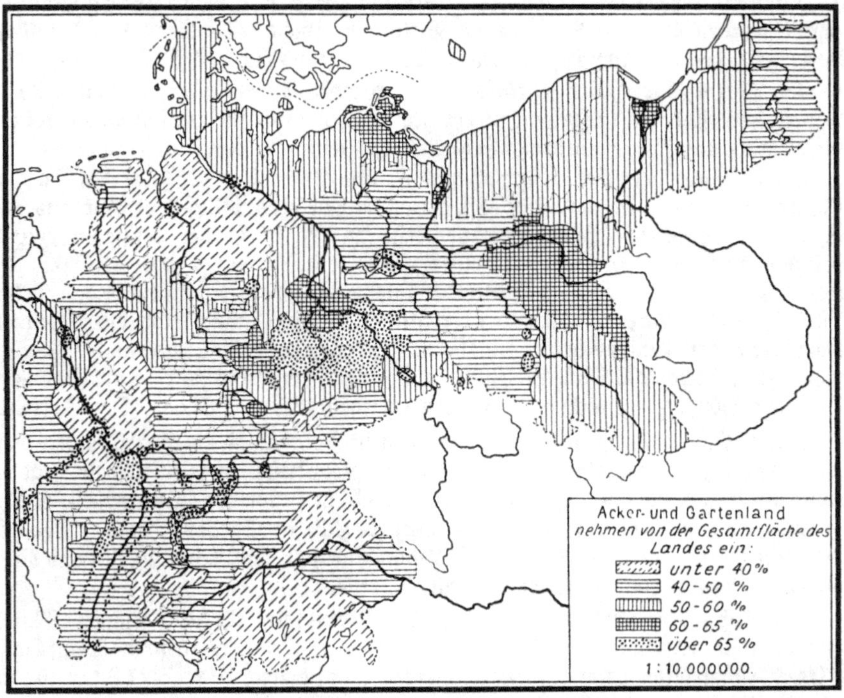

Fig. 99. Acker- und Gartenland.

während unsere Getreideausfuhr nur 1/6 dieses Einfuhrwertes beträgt. Unsere Hauptgetreidelieferanten sind Rußland, Argentinien, die Vereinigten Staaten, Österreich-Ungarn und Rumänien.

d. Die Kultur der Hülsenfrüchte ist in Deutschland nicht umfangreich. In der Hauptsache handelt es sich um den Anbau von Erbsen, Linsen und Bohnen. Sie lieben einen mit Humus durchsetzten Kalk- oder Sandboden, lockern Lehmboden und nicht allzu große Feuchtigkeit.

Erbsenländer sind Ost- und Westpreußen. Die Linse zieht südlichere Gebiete vor (Thüringen, Bayern). Im W und SW Deutschlands wird die Bohnenkultur getrieben. Indessen ist ihr Anbau gering. Außer den Früchten wird das Kraut benutzt, das zu Futterzwecken dient.

Zu Futterzwecken werden lediglich Wicke und Lupine angepflanzt. Die Lupine ist der „Segen des Sandbodens“, weil sie selbst auf Flugsandböden wächst, und weil durch Unterpflügen der Lupinen der Sandboden ertragreicher gemacht wird.

Nach Deutschland werden jährlich für etwa 40 Mill. M. Hülsenfrüchte eingeführt, besonders aus Rußland und Österreich-Ungarn.

e. Im Kartoffel- und Zuckerrübenbau ist Deutschland auf dem Weltmarkt tonangebend. Das Deutsche Reich übertrifft im Kartoffelbau alle europäischen Länder. Es führt jährlich trotz des eigenen großen Konsums und einer Einfuhr von 350000 t noch gegen 150000 t aus, besonders nach Österreich-Ungarn und der Schweiz. Jährlich werden über 45 Mill. Tonnen Kartoffeln erbaut. Die Kartoffelanbaufläche nimmt 18% des landwirtschaftlich ausnutzbaren Bodens ein. (Vgl. Fig. 20.)

Die Kartoffel weiß sich jedem Klima und jeder Bodenart anzupassen. Reich an Kartoffeln sind die Umgebungen der größern Industrieorte. Arm an Kartoffeln sind die Oberdeutsche Hochebene, Schleswig-Holstein und die Nordseeküste.

Die intensive deutsche Landwirtschaft ist zum Teil mit eine Folge der Zuckerrübenkultur, die eine sorgfältige Pflege und ein tieferes Pflügen des Bodens verlangt. Die Zuckerrübe gedeiht vorzugsweise an Nordfuße der deutschen Mittelgebirge. Von den 400 deutschen Zuckerfabriken entfallen über 100 allein auf die Provinz Sachsen. Der Zuckerpol befindet sich in Magdeburg. Deutschland ist das erste Zuckerland der Erde und übertrifft in der Erzeugung selbst die tropischen Rohrzuckerländer; denn es liefert annähernd $^1/_3$ des gesamten Rübenzuckers. Jährlich werden für reichlich 200 Mill. M. Zucker ausgeführt, besonders nach Großbritannien, Norwegen, Holland, der Schweiz, Dänemark, Argentinien und Chile. (Vgl. Fig. 22.)

f. Der Anbau von Handelspflanzen ist in Deutschland im Verhältnis zu den andern Kulturen sehr gering. Die Kultur der Gespinstpflanzen ist von Jahr zu Jahr zurückgegangen. Flachs wird vorwiegend in Hannover, Ostpreußen, Schlesien und Bayern angebaut, Hanf fast ausschließlich in Süddeutschland. Deutschland führt jährlich für etwa 80 Mill. M. Flachs und Hanf ein, hauptsächlich aus Rußland, und führt davon für kaum 20 Mill. M. aus.

Der Tabakbau wird am meisten in der Rheinpfalz, Elsaß-Lothringen, Mittelfranken, Pommern und der Uckermark gepflegt. Jährlich werden in Deutschland 35000 t Tabakblätter erzeugt. Dazu werden jährlich noch über 75000 t unbearbeiteter Tabakblätter im Werte von etwa 130 Mill. M. eingeführt, insbesondere aus Niederländisch-Indien, Brasilien, der Türkei und den Vereinigten Staaten.

In einem Bierland wie Deutschland ist die Hopfenkultur von größter Wichtigkeit. Hopfenkulturen finden sich vorwiegend in Bayern (Spalt, Nürnberg), sodann im Württembergischen, im Unterelsaß und in Posen. Jährlich werden gegen 20000 t Hopfen auf den Markt gebracht, wovon noch etwa 10000 t im Werte von durchschnittlich 20 Mill. M. ausgeführt werden, besonders nach Belgien, Großbritannien, Frankreich, Holland und den Vereinigten Staaten. Für mehr oder weniger als 10 Mill. M. wird jährlich Hopfen aus Österreich-Ungarn eingeführt.

g. Gemüsebau, Obstbau und Blumenzucht verteilen sich über ganz Deutschland. Der Gartenbau blüht in der Nähe der Großstädte und in größern, besonders fruchtbaren Gebieten, so bei Berlin (Teltow), Halle, Erfurt (Blumenzucht), in der Goldenen Aue, bei Quedlinburg, Magdeburg, Hamburg (Vierlande), Dresden, Leipzig (Borna), Frankfurt a. M., Braunschweig, Bamberg, Nürnberg, Stuttgart, im Rheingau und bei der benachbarten Bergstraße.

Der Obstbau wird namentlich in Mittel- und Süddeutschland gepflegt. Trotz der 170 Mill. Obstbäume des Deutschen Reiches wird der einheimische Bedarf an Obst nicht gedeckt. Jährlich werden für 30—40 Mill. M. frisches Obst (aus Italien, der Schweiz, Österreich-Ungarn und den Vereinigten Staaten) und für ebensoviel Geld getrocknetes und eingekochtes Obst (aus Serbien, Österreich-Ungarn, Frankreich und San Franzisko) eingeführt. Beerenfrüchte liefert besonders Schweden.

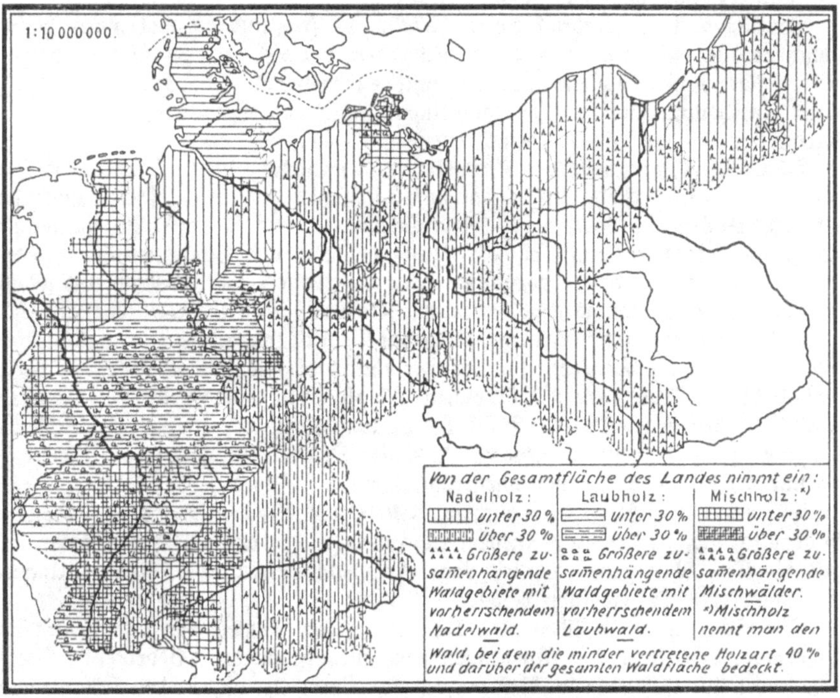

Fig. 100. Verbreitung des Waldes.

h. Der Weinbau wird insonderheit in SW von Deutschland gepflegt. Nördliche Vorposten des Weinbaues finden sich im Saale- und Unstruttale (Naumburg, Freiburg), bei Meißen und bei Grünberg. Die bedeutendsten Weingegenden sind die Täler des Rheins, der Mosel, des Mains, des Neckars und der Ahr. Die Rheinpfalz steht mit ihren Erträgnissen obenan.

Die Weinmosternte hat im letzten Jahrzehnt zwischen 1,6 Mill. hl und 4,2 Mill. hl geschwankt, der Erntewert zwischen 70 und 143 Mill. M.

Deutschland führt jährlich für reichlich 20 Mill. M. Wein (einschließlich Schaumwein) aus, dagegen für reichlich 40 Mill. M. Wein ein, besonders aus Frankreich, Spanien, Italien und Österreich-Ungarn. Dazu kommt noch der Import von frischen Weinbeeren, hauptsächlich aus Italien, im Werte von 12 Mill. M.

i. Ein Viertel der Gesamtfläche des deutschen Bodens ist mit Wald bedeckt. Deutschland gehört zu den waldreichen Ländern. Der Waldreichtum ist eine Folge der ausgezeichneten Forstkultur des Deutschen Reiches. Am waldreichsten sind die Provinzen Brandenburg, Schlesien, Rheinland und Ostpreußen. Auch Bayern, Württemberg, Baden, die hessischen Länder und das Königreich Sachsen besitzen große Waldbestände. Das waldärmste Gebiet Deutschlands ist Schleswig-Holstein. Die östlichen Landschaften Deutschlands gehören mehr dem Nadelwald, die westlichen mehr dem Laubwald an. Der Nadelwald bedeckt nahezu 100 000 qkm, das Laubholz nicht ganz halb so viel.

Deutschland führt jährlich für etwa 50 Mill. M. Holz und Holzwaren aus, hauptsächlich nach Großbritannien, Holland, Schweden, der Schweiz, Frankreich, Belgien und den Vereinigten Staaten. Dagegen führt es für rund 300 Mill. M. Holz und Holzwaren ein, hauptsächlich aus Österreich-Ungarn, Rußland, Schweden, Finnland, den Vereinigten Staaten und aus den Tropen.

§ 76. Die Erzeugnisse der Tierwelt. a. Deutschland ist ein Land mit intensiver Viehzucht. Mehr Pferde hat in Europa nur Rußland. Dieses Land hat auch mehr Rinder wie Deutschland. Mehr Schafe gibt es in Rußland, Großbritannien und Irland, Frankreich und Spanien. In der Ziegen- und Schweinezucht wird das Deutsche Reich von keinem europäischen Land übertroffen. In der Esel- und Maultierzucht steht es allerdings weit hinter den südeuropäischen Gebieten zurück.

b. Die Pferdezucht wird im nördlichen Deutschland gepflegt, in Süddeutschland besonders in Oberbayern und Elsaß-Lothringen. Deutsche Gestüte von Weltruf sind die zu Trakehnen in Ostpreußen und zu Graditz in der Provinz Sachsen. Jährlich werden gegen 120 000 Stück Pferde zum Werte von nahezu 100 Mill. M. eingeführt (aus Belgien, Dänemark, Rußland, Österreich-Ungarn und Frankreich) und nur der zehnte Teil davon ausgeführt (nach der Schweiz).

Die Rinderzucht ist vorzüglich in Mittel- und Süddeutschland zu finden, in Norddeutschland, da besonders in dem Marschengebiet. Gegen 200 000 Rinder für etwa 80 Mill. M. werden jährlich eingeführt, hauptsächlich aus Österreich-Ungarn und Dänemark. Die Ausfuhr, besonders nach der Schweiz, ist unbedeutend.

Die Schafhaltung ist infolge der gesteigerten Wolleinfuhr aus Australien, Neuseeland, Südafrika und Argentinien ganz zurückgegangen. Bedeutende Schafzucht findet sich bloß noch in Mecklenburg und Pommern und in den Kleinstaaten, wie in Schwarzburg-Sondershausen, Anhalt, Braunschweig und Waldeck. Die deutsche Schafzucht hat es jetzt weniger auf die Wollgewinnung als vielmehr auf die Fleischgewinnung abgesehen. Die Ziegenhaltung blüht in den deutschen Kleinstaaten und in Ostpreußen.

In der Schweinezucht hat Deutschland verhältnißmäßig die größten Fortschritte zu verzeichnen. Die stärkste Zunahme des Bestandes zeigen alle mitteldeutschen Gebiete. Trotz der großen Zucht werden jährlich 90 000 bis 130 000 Stück Schweine im Werte von 16 bis 22 Mill. M. eingeführt, fast ausschließlich aus Rußland. Die Ausfuhr ist nicht nennenswert. (Vgl. Fig. 42—49.)

c. Deutschland ist auch noch reich an jagdbaren Wildtieren. Am reichsten sind daran die großen Waldgebiete, weniger reich die Industriegebiete. Die hauptsächlichsten Haarwildtiere sind Hirsch, Reh, Wildschwein, Hase, Kaninchen, Fuchs, Dachs, Fischotter, Wildkatze, Baum- und Steinmarder, Iltis, Wiesel, an der Meeresküste Seehund. Das Elchwild ist in Ostpreußen noch anzutreffen, der Biber in der Provinz Sachsen, der Wolf in Ostpreußen, Rheinland und Elsaß-Lothringen.

Die wichtigsten Vertreter des Federwildes sind Auer- und Birkhühner, Rebhühner, Fasanen, Wachteln, Trappen, Waldschnepfen, Wildgänse und Wildenten, Krammetsvögel und allerhand Raubvögel.

Der jährliche Jagdbeutewert beläuft sich auf etwa 20 Mill. M.

d. Die deutschen Fischereien gewinnen immer mehr an Bedeutung, besonders die Hochseefischerei. Die fischreichsten Flüsse sind Rhein, Weser und Elbe. Rhein und Weser bringen Lachse auf den Markt, zusammen jährlich gegen 10000 Stück. Die Teichfischzucht beschäftigt sich in der Hauptsache mit der Zucht von Schleien, Forellen, Aalen, Hechten und Karpfen. Der Wert der deutschen Binnenfischerei beläuft sich auf 40 Mill. M.

Die deutsche Küsten- und Hochseefischerei erzielt gegenwärtig einen Wert von reichlich 50 Mill. M. Die deutsche Hochseefischerei blickt erst auf ein Vierteljahrhundert ihrer Entwicklung zurück. Ihre Ergebnisse sind schon recht befriedigend, aber immerhin zahlen wir jedes Jahr an das Ausland für Fischereiprodukte (ohne gesalzene Heringe) 30 bis 45 Mill. M. und für Salzheringe allein die gleich hohe Summe.

Der Ertrag der deutschen Hochseefischerei hat mit dem Jahre 1900 10 Mill. M. überschritten, gegenwärtig beträgt er über 20 Mill. M. Die deutsche Hochseefischereiflotte fischt in der Nordsee, bei Island und neuerdings auch an der marokkanischen Küste. Geestemünde und Cuxhaven (Hamburg) sind die größten deutschen Fischmärkte.

Geestemünde besitzt als größter deutscher Fischmarkt in der Seefischerei die führende Rolle. Kein Fischereihafen Europas ist derartig vollkommen wie der von Geestemünde eingerichtet. Von hier aus laufen auch die meisten Fischbahnen nach den großen Binnenstädten, wo die Fischnahrung immer mehr zu Geschmack kommt und zum Volksnahrungsmittel wird. Die hauptsächlichsten Seefische, die gefangen werden, sind Schellfisch, Kabeljau, Scholle, Seezunge, Rotzunge, Steinbutt, Heilbutt, Makrele, Hering und Sprotte. Auch der Zander, ein (ursprünglich russischer) Flußfisch, wird mit verauktioniert.

§ 77. Die Erzeugnisse der Mineralwelt. a. Der deutsche Boden ist reich an mineralischen Schätzen. Vor allem sind die Grundlagen der modernen Industrie, Kohle und Eisen, reichlich vertreten. Das größte Steinkohlenbecken ist das oberschlesische. Die Kohlenlager sind hier reicher als die Großbritanniens zusammengenommen. Die jährliche Steinkohlenerzeugung hat in Oberschlesien gegenwärtig erst eine Höhe von 34 Mill. t erreicht, dagegen werden in dem kleinern rheinisch-westfälischen Gebiete 85 Mill. t gefördert. (Vgl. Fig. 101.)

Andere wichtige Kohlenlager sind die sächsischen bei Dresden und Zwickau, das Saarkohlenbecken, das Waldenburger oder niederschlesische, das Ibbenbürener und die Wäldenkohlenlager des Wesergebirges und des Deisters.

Gegenwärtig werden in Deutschland jährlich gegen 150 Mill. t Steinkohlen zu einem Werte von rund 1500 Mill. M. gewonnen. Gegen 25 Mill. t im Werte von reichlich 300 Mill. M. werden das Jahr über ausgeführt, besonders nach Österreich-Ungarn, Holland, Belgien und der Schweiz, dagegen halb so viel Kohlen eingeführt, hauptsächlich aus Großbritannien.

b. Die deutsche Braunkohlengewinnung verzeichnet jährlich gegen 70 Mill. t zu einem Werte von reichlich 180 Mill. M. Die wichtigsten Braunkohlenfundstätten sind die Hallesche Gegend, die Ville bei Cöln und das sächsisch-altenburgische Gebiet. Auch das Alpenvorland hat Braunkohlen, so bei Miesbach in Oberbayern. Aus Österreich-Ungarn werden jährlich über 8 Mill. t Braunkohlen für etwa 80 Mill. M. eingeführt.

In den kohlenarmen Gebieten Deutschlands, wie in Süd- und Norddeutschland, muß vielfach der Torf die Kohlen ersetzen.

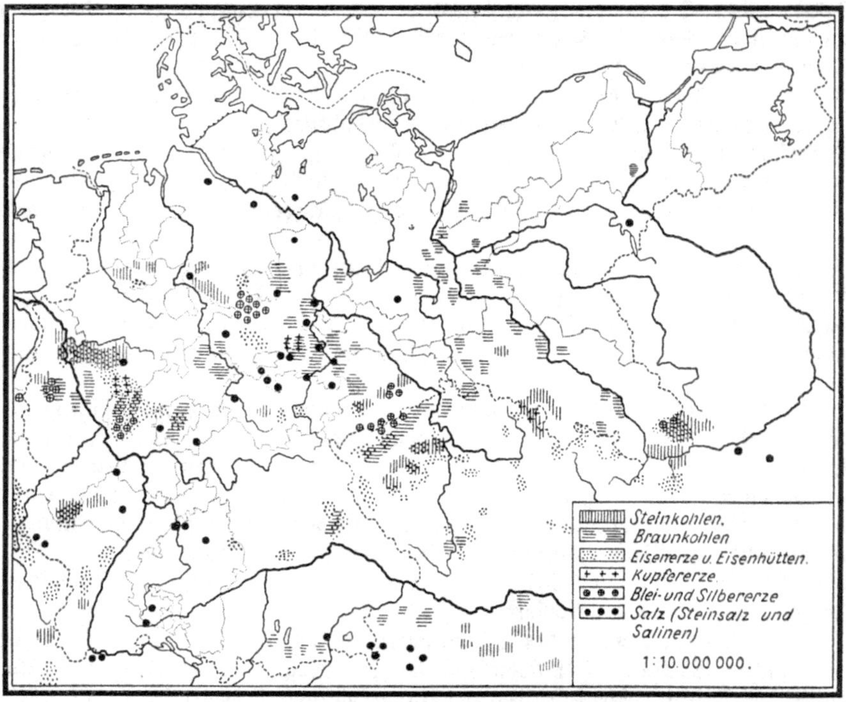

Fig. 101. Schätze unter der Erde.

Reinster Kohlenstoff in der Form von Graphit wird bei Passau bergmännisch gewonnen.

c. In der Eisenerzeugung nimmt Deutschland eine sehr hohe Stellung ein. Gegen 13 Mill. t Roheisen werden gegenwärtig jährlich erzeugt. Die luxemburgisch-lothringischen Hüttenwerke liefern ein Viertel der gesamten Eisenausbeute des Deutschen Reiches. Wichtige Hüttenwerke sind außerdem noch die im Ruhrkohlengebiet, an der Sieg und Lahn, und in Oberschlesien.

Andere Eisenfundstätten sind im Harz, in der Lindener Mark bei Gießen, in Bayern bei Amberg, in Sachsen bei Berggieshübel und Schwarzenstein und in Schlesien bei Schmiedeberg.

Eisenerze werden jährlich über 8 Mill. t im Werte zu 130 Mill. M. hauptsächlich aus Spanien und Schweden eingeführt, dagegen 3 Mill. t für 14 Mill. M. ausgeführt, nach Frankreich und Belgien.

d. Kupfererze finden sich im Mansfeldischen, im Harz, bei Ilmenau und in Westfalen. Die jährliche Ausbeute beträgt über 30 000 t. Dazu werden gegen 160 000 t rohes Kupfer für etwa 200 Mill. M. eingeführt, hauptsächlich aus den Vereinigten Staaten, und nur gegen 7000 t für 18 Mill. M. ausgeführt. Deutsch-Südwestafrika liefert jährlich über 5000 t Kupfererze.

Deutschland ist reich an Bleierzen; die wichtigsten Bleierzfundstätten sind das Aachener, das oberschlesische und das Clausthaler Gebiet. Die jährliche Produktion erreicht 160 000 t. Dazu werden noch 60 000 bis 140 000 t für 10 bis 25 Mill. M. hauptsächlich aus Australien eingeführt. Die Ausfuhr ist unbedeutend.

In der Zinkgewinnung steht Deutschland mit den Vereinigten Staaten obenan. Das oberschlesische Gebiet liefert allein $^5/_8$ alles deutschen Zinks, Rheinland-Westfalen die übrigen $^3/_8$. Trotz einer Ausbeute von reichlich 220 000 t werden jährlich noch aus Belgien und Österreich-Ungarn über 200 000 t Zinkerze für reichlich 20 Mill. M. eingeführt und ein Viertel soviel nur ausgeführt.

Zinn wird nur noch in ganz geringen Mengen bei Zinnwald und Altenberg im Erzgebirge gewonnen. 15 000 t für reichlich 20 Mill. M. bringen jährlich in der Hauptsache Belgien, sodann Chile, Spanien, Niederländisch-Indien und Großbritannien nach Deutschland. Die Ausfuhr an Zinnerzen ist kaum nennenswert.

e. Die Edelmetallproduktion des eigenen Landes ist zurückgegangen. Es werden viele fremde Erze verhüttet. In der Silberproduktion liefert Deutschland ein Drittel (über 150 t) der europäischen Ausbeute. Silberlieferanten sind das Erzgebirge, der Oberharz, das Mansfeldische und die Eifel. Gegen 700 t im Werte von über 50 Mill. M. werden jährlich an Feinsilber in der Hauptsache aus Großbritannien und Mexiko eingeführt.

Die eigene deutsche Goldausbeute beträgt reichlich 100 kg, wobei noch viel Altgold verarbeitet wird. Reichenstein in Schlesien liefert jährlich gegen 50 kg Gold. Goldführende Sande besitzen der Rhein, die Eder und Schwarza. Etwa 180 t Gold- und etwas Platinerze für 10 Mill. M. werden jährlich aus Rußland, Frankreich und England eingeführt, dazu noch über 70 t Fein- und Rohgold zu reichlich 200 Mill. M. hauptsächlich aus England und Britisch-Südafrika.

f. Das Deutsche Reich fördert ansehnliche Mengen von Salzen zutage. Das Kochsalz (Chlornatrium) wird teils bergmännisch als Steinsalz, teils als Sole gewonnen. Berühmte Salzorte sind Staßfurt, Schönebeck, Merseburg, Halle, Heilbronn, Hall, Berchtesgaden, Reichenhall, Dieuze und Château-Salins (in Lothringen), Hannover, Lüneburg und Hohensalza (das frühere Inowrazlaw).

Kein Land auf Erden erzeugt so viel Kalisalze wie Deutschland, jährlich über 6 Mill. t im Werte zu reichlich 70 Mill. M. Das Hauptgebiet dafür ist bei Staßfurt-Leopoldshall.

An Salzen führt Deutschland gegen 1½ Mill. t im Werte zu 25 Mill. M. aus. Die Einfuhr ist gering.

§ 78. **Industrien und Gewerbe auf pflanzlicher Grundlage.** **a.** Ein großer Teil der Textilwarengruppe beruht auf der Verarbeitung von pflanzlichen Rohstoffen. Hier steht das Baumwollengewerbe obenan mit seinen Hauptsitzen im

Elsaß (Mülhausen), Rheinland (Barmen, Elberfeld), in Westfalen (Münster), Bayern (Augsburg, Hof), Sachsen-Thüringen (Plauen, Chemnitz, Leipzig, Zeitz, Eilenburg), in der sächsischen Oberlausitz (Zittau, Neugersdorf) und in Schlesien (Lauban).

Die Leineweberei bevorzugt auch bestimmte Gebiete, so Schlesien (Glatz, Langenbielau, Hirschberg), die Oberlausitz (Großschönau, Cunewalde, Ebersbach), Westfalen (Bielefeld) und das Elsaß (Kreis von Zabern). Große Jutewebereien finden wir in Bonn, Bremen, Braunschweig. Die Hanfindustrie hat sich auch mehr und mehr wie die Juteindustrie nach den größern Seestädten zurückgezogen.

Die halbwollenen Stoffe bestehen zum größten Teile aus pflanzlichen und zum geringsten Teile aus tierischen Faserstoffen. (Vgl. auch § 79 a.) Hier seien genannt die Stickwaren- und die Gardinenweberei (Plauen i. V.), die Spitzenweberei und -klöppelei (Plauen i. V., Annaberg) und die großartige deutsche Bekleidungsindustrie mit ihrem Hauptsitz in Berlin. Erwähnenswert sind noch Stettin, Erfurt, Elberfeld, Hamburg und Chemnitz.

b. Die Holzindustrie hat in Deutschland einen riesigen Aufschwung genommen, namentlich seit der deutschen Erfindung der Holzstoffpapierfabrikation. Daneben bleibt noch die Papierfabrikation aus Lumpen. Bedeutende Papierfabriken gibt es in Berlin, Eberswalde, Löbau i. Sachs., Bautzen, Penig, Kriebstein (südl. v. Waldheim), Hildburghausen, Cassel, Heilbronn, Mülhausen i. E., Malmedy und Düren.

Die Möbelindustrie blüht in allen größern Städten Deutschlands, die Holzspielwarenindustrie im Thüringer Wald (Sonneberg), im Erzgebirge (Olbernhau) und in Nürnberg, die Holzschnitzereien im Riesengebirge (Agnetendorf) und in den deutschen Alpen (Oberammergau).

Oberbayern und das Erzgebirge liefern hölzerne Musikinstrumente. Weltberühmte Klaviere kommen aus Leipzig, Berlin, Dresden, Löbau i. S., Stettin, Stuttgart. Dem Schwarzwald entstammen Orgelwerke, besonders aber die berühmten Schwarzwälder Uhren.

c. Mit der deutschen Kartoffelproduktion hängt eine bedeutende Spritfabrikation zusammen, so in Ostpreußen und Pommern. Aus Korn wird ein besserer Branntwein bereitet (Nordhausen!). Ferner wird dieser Branntwein mit Zucker und Kräutern versetzt, wie im Riesengebirge und in den Likörfabriken der größern Städte (Berlin, Danziger Goldwasser).

Jährlich werden in Deutschland $4^1/_4$ Mill. hl Branntwein erzeugt. Auf 1 Kopf der Bevölkerung entfallen 6 l. 12 000 t Branntwein für 5 Mill. M. werden jährlich ausgeführt, besonders nach Britisch-Westafrika und Großbritannien, und gegen 6000 t feinerer Schnäpse für 9 Mill. M. eingeführt, besonders aus Frankreich und Jamaika.

Deutschlands Biere sind auf dem ganzen Erdenrund berühmt. Die bedeutendsten Bierbraustädte sind in Bayern München, Nürnberg, Würzburg, Kulmbach, Weihenstephan, in Mittel- und Norddeutschland Leipzig, Dresden, Erfurt, Braunschweig, Dortmund, Berlin, Stettin, Kiel. Auf 1 Kopf der Bevölkerung entfallen jährlich 112 l Bier, in Bayern 275 l.

Über 70 Mill. hl Bier werden das Jahr über gebraut. Davon werden über 110 000 t für reichlich 20 Mill. M. nach den Nachbarländern, den Vereinigten Staaten und Indien ausgeführt, dagegen etwa 60 000 t für 7 Mill. M. in der Hauptsache aus Böhmen eingeführt.

Der Wein- und Obstbau hat eine ansehnliche Weinindustrie hervorgerufen. Die besten Weine kommen aus der Rhein- und Moselgegend. (Siehe die Weinorte § 66 e.) In der Schaumweinfabrikation sind Mainz, Eltville und Freiburg a. d. Unstrut bekannt. Die Obstweinbereitung wird jetzt fast überall, wo größerer Obstbau stattfindet, betrieben. Ein Hauptort dafür ist Frankfurt a. M.

d. In den landwirtschaftlichen Gebieten und in Gebieten der leichten Getreidezufuhr sind große Müllereien entstanden, wie in Königsberg, Danzig, Bromberg, Neumühlen bei Kiel, Altona, Hameln, Mannheim und Ludwigshafen.

Auf der großen Zuckerproduktion beruht zum großen Teil mit die Zucker- und Konditorwarenindustrie, wie in Nürnberg, Pulsnitz, Wurzen, Braunschweig, Königsberg, Lübeck, Hamburg, Hannover, Göttingen. Berühmte Schokoladenfabriken gibt es in Cöln, Dresden, Berlin und Leipzig.

Zuletzt sei noch der Gewerbe auf Grund des Tabaks gedacht. Die Tabakmanufaktur steht in Deutschland auf anerkannt hoher Stufe. Bedeutende Tabak- und Zigarrenfabrikationsorte sind in Norddeutschland Bremen, Hamburg, Celle, Magdeburg, Berlin, in Mitteldeutschland Hanau, Gera, Leipzig, Waldheim, Dresden und in Süddeutschland Straßburg, Mannheim und Darmstadt.

§ 79. Industrien auf tierischer Grundlage. a. In Deutschland werden alle möglichen Arten der Webindustrie stark betrieben. Sie sind auch weit durch das Deutsche Reich verbreitet. Wollspinnerei und Wollweberei finden sich hauptsächlich in Mülhausen i. E., Aachen, Barmen, Elberfeld, Mülheim a. R., Fulda, Bamberg, Augsburg, Coburg, Mühlhausen i. Th., Eisenach, Breslau, im Vogtland und in den größern sächsischen Industriestädten. Hier ist es vor allem die Herstellung von wollenen und halbwollenen Waren, wie in Meerane, Glauchau, Zwickau, Reichenbach, Werdau und Crimmitschau.

Die Strumpfwirkerei und Handschuhfabrikation weist nach Chemnitz, Frankenberg, Limbach und Apolda, die Teppichfabrikation nach Ölsnitz, Aue, Wurzen, Berlin, Neumünster und Hanau.

Die Tuchweberei gehört zu den ältesten deutschen Erwerbszweigen. Sie blüht in Aachen mit Burtscheid, Düren, Eupen, Montjoie, Neumünster, Berlin, Brandenburg, Luckenwalde, Guben, Kottbus, Forst, Spremberg, Sagan, Görlitz, Bautzen, Großenhain, Döbeln und Hainichen.

Der Mittelpunkt der deutschen Seidenindustrie, die in der Gesamtleistung nur von der französischen übertroffen wird, ist Crefeld. Die Nachbarstädte München-Gladbach und Rheydt, Viersen und Mülheim a. Rh. nehmen an dieser Industrie mit teil. Seidenwaren und Halbseidenwaren liefern auch Berlin, Barmen und Elberfeld. Samte und Plüsche bringen Crefeld, Mülheim a. Rh. und Fulda auf den Weltmarkt.

b. Deutschland ist bekannt durch seine feinen Lederarbeiten. In Sattler-, Riemen- und Galanteriewaren hat es geradezu eine führende Stellung. Orte, in denen die Lederindustrie besonders blüht, sind Berlin, Brandenburg, Posen, die Hansestädte, Malmedy, Trier, Worms, Straßburg, Leipzig, Schweidnitz. Ledergalanterien liefern Offenbach, Hanau, Frankfurt a. M., Berlin. Bedeutende Schuhwarenfabrikation haben Pirmasens, Mainz, Bruchsal, Erfurt, Weißenfels, Groitzsch und Pegau i. Sachsen.

c. Die verschiedensten Tiere geben mit ihrem Fleisch, ihren Knochen und Häuten, ihrem Haar- und Federkleid die Grundlage zu den mannigfachsten Gewerben.

Die Hochseefischerei und Küstenfischerei haben wichtige Gewerbe hervorgerufen, so die Räuchereien und Marinieranstalten an der deutschen Küste (Ellerbek bei Kiel, Eckernförde). Über 25 Mill. M. beträgt der Wert der jährlich in Deutschland zu Räucherwaren und Marinaden verarbeiteten Fische. Unter den Orten mit Fleischwarenfabrikation sind hervorragend Frankfurt a. M., Münster, Braunschweig, Gotha, Göttingen und Straßburg.

§ 80. Industrien auf mineralischer Grundlage. a. Unter diesen Industriezweigen steht die Eisenindustrie obenan. Fast jede größere Stadt Deutschlands hat ihre Eisenindustrie. Gußstahl- und Eisenwerke befinden sich in Essen, Rheinhausen, Meiderich, Borbeck, Bochum, Gelsenkirchen, Hörde, Unna, Siegen, Neunkirchen, Magdeburg und in den Orten des oberschlesischen Industriebezirks. Maschinen und Eisenwaren werden auch in den vorgenannten Orten hergestellt. Einige wichtige hierher gehörige Orte sind noch Berlin, Dortmund, Cöln, Düsseldorf, Duisburg, Frankfurt a. O., Stettin, Königsberg, Posen, Hannover mit Linden, Cassel, Frankfurt a. M. mit Sachsenhausen und Bockenheim, Leipzig, Chemnitz, Gera, die Hansestädte, München, Nürnberg und Mannheim.

Besondere Eisenindustriezweige sind die Kanonengießereien (Spandau, Essen, Ingolstadt), die Gewehrfabriken (Spandau, Suhl, Sömmerda, Erfurt und Amberg), die Waffenherstellung (Solingen, Erfurt), der eiserne Schiffsbau (Kiel, Hamburg, Bremerhaven, Stettin, Danzig, Elbing), der Bau von landwirtschaftlichen Maschinen (Leipzig, Hildesheim), von Nähmaschinen, Fahrrädern, Messern, Scheren, Werkzeugen, Näh- und Stecknadeln.

b. Mit der Eisenindustrie ist die Metallwarenindustrie eng verwandt. Sie bleibt hauptsächlich im W und SW Deutschlands, wo die Orte Hall, Eßlingen, Geislingen, Altena und Düsseldorf hervorzuheben sind.

Bronzeguß und die damit verbundene Kunst- und Luxusindustrie finden wir in Berlin, Frankfurt a. M., München, Stuttgart und Iserlohn.

In Gold- und Silberwaren sind Hanau, Gmünd, Pforzheim und Augsburg weltberühmt.

Große Zinkgießereien gibt es in Bochum, Gelsenkirchen, Witten, Mülheim a. Rh., Schriftgießereien in Leipzig, Zinnwarenfabrikation in Nürnberg, Blechwarenherstellung in Berlin, Nürnberg, Coblenz und Aue.

Deutschland genießt Weltruf durch die Herstellung von elektrischen Apparaten (Berlin, Nürnberg), von physikalischen und optischen Instrumenten (Hamburg, Berlin, Jena, Göttingen, Leipzig, München, Kempten, Nürnberg und Rathenow) und durch seine Uhrenindustrie in Glashütte.

c. Deutschland nimmt in der Fabrikation von Steinen und Erden einen hohen Rang ein. Lithographieschiefer liefert Solnhofen, Schreibschiefer Sonneberg, Serpentinarbeiten Zöblitz, Wetzsteine Thüringen, Mühl- und Schleifsteine Zabern und Johnsdorf bei Zittau, geschliffene Achat- und Edelsteine Oberstein und Idar im Birkenfeldschen und Hanau, Meerschaumschnitzereien Ruhla, Zement Stettin, Lübeck, Oppeln, Lüneburg, Heidelberg.

In der Töpferei und Glaserei bringt Deutschland bedeutende Mengen auf den Weltmarkt. Steingut- und Tonwaren liefern Charlottenburg, Saargemünd, Kaiserslautern, Meißen, Waldenburg i. Schl., Bunzlau, Marburg, Glaswaren viele der vorgenannten Städte und außerdem auch Schreiberhau und Radeberg. Ausgezeichnetes Spiegelglas liefert Fürth und Spiegel Aachen und Stolberg. Weltberühmt ist das deutsche Porzellan, besonders das von Meißen, Thüringen, Berlin und München.

§ 81. **Industrien auf Grund von Erzeugnissen aus verschiedenen Naturreichen.** **a.** Die halbwollenen Waren § 78 a und § 79 a gehören hierher. Wichtig ist die Herstellung von Konserven und Genußmitteln, wie in Hamburg, Altona, Ottensen, Berlin, Breslau, Magdeburg, Braunschweig, Düsseldorf, Ansbach, Stuttgart, Heilbronn und Metz.

b. In der chemischen Industrie und in den verwandten Industriezweigen ist Deutschland gegenwärtig das erste Land der Erde. Drogen, Arzneimittel und Parfümerien liefern Cöln, Frankfurt a. M., Karlsruhe, Darmstadt, Cassel, Leipzig, Dresden und Berlin. Die prächtigen Anilin- und Teerfarben entstammen in der Hauptsache den Fabriken in Höchst, Ludwigshafen und Leverkusen bei Mülheim a. Rh. Allerhand Seifen kommen aus Cöln, Düsseldorf, Aachen, Barmen, Berlin, Stettin und Leipzig.

In allen größern Städten Deutschlands hat sich die chemische Industrie eingenistet. In ätherischen Ölen sind Leipzig und Berlin berühmt, in Alkaloiden Darmstadt, in Zündwaren verschiedene größere Orte in Schlesien, Sachsen, Rheinland, Rheinpfalz und Württemberg, in Zelluloid Leipzig, Berlin und Crefeld. Die Staßfurter Salz- und Kalilager haben der Entwicklung der deutschen chemischen Industrie einen mächtigen Antrieb gegeben.

c. Zum Schluß der deutschen Industrie sei noch des Buchdruckgewerbes gedacht. Die größten Buchdruckereien befinden sich in Leipzig, Berlin, Stuttgart und München. Landkarteninstitute gibt es in Berlin, Leipzig, Glogau und Gotha. Farbendruckbilder bringt Deutschland in ungeheuren Mengen auf den Weltmarkt, insbesondere nach Großbritannien, den Vereinigten Staaten von Amerika, Österreich-Ungarn, Frankreich, Belgien, den Niederlanden, der Schweiz und Rußland.

§ 82. **Zur Geschichte des deutschen Handels und Verkehrs.** **a.** Wir unterscheiden drei Perioden im deutschen Handelsverkehr:

1. die Zeit des Mittelalters, sie fällt mit der Blüte der Hansa zusammen;
2. die Zeit vom 16. Jahrhundert bis zum Ende des 18. Jahrhunderts; der deutsche Handel ist im 16. und 17. Jahrhundert ganz verfallen und erstarkt erst gegen das Ende des 19. Jahrhunderts; und
3. die neuere Zeit vom Ende des 18. Jahrhunderts bis zur Gegenwart, die Zeit des schnellen Emporblühens des deutschen Handels. Wohl wurde von Napoleon durch die 1806 verhängte Kontinentalsperre der deutsche Handel wieder auf längere Zeit lahmgelegt, indessen wurden die dadurch entstandenen Schäden vollständig wieder wettgemacht und eine neue Handelsepoche für Deutschland herbeigeführt, als am 1. Janauar 1843 der Deutsche Zollverein in Kraft trat. Durch ihn wurde die wirtschaftliche Einheit der deutschen Staaten hergestellt, und sie hat wiederum die politische von 1870 und 1871 vorbereitet. Hamburg und Bremen sind erst 1888 dem Deutschen Zollverein beigetreten.

b. Nach der politischen Einigung Deutschlands nahmen Industrie, Handel und Verkehr einen ungeahnten Aufschwung. Wohl hat es seitdem nicht an wirtschaftlichen Krisen gefehlt, aber trotzdem ist die gesamte Entwicklung des deutschen Wirtschaftslebens eine aufsteigende.

Den deutschen Erzeugnissen, die in übergroßen Mengen produziert wurden, mußten neue Absatzgebiete gewonnen werden. Noch ehe die Welt ganz aufgeteilt war, trat Deutschland in die Reihe der kolonialen Mächte ein. Der Handel hat in den Kolonien die besten und sichersten Stützpunkte in fernen Weltteilen gefunden. Zu der hochentwickelten Landmacht muß sich eine hochentwickelte Seemacht gesellen, damit den Deutschen sowohl wie dem deutschen Handel im Ausland stets der nötige Schutz zuteil werden kann.

§ 83. Verkehrswege und Verkehrsmittel, insbesondere die Wasserstraßen des Deutschen Reiches. a. Der deutsche Boden wird von einer Anzahl natürlicher Straßenzüge durchfurcht, die schon von alters her Handel und Verkehr zu benutzen verstanden. Das Donautal hat seine alte Bedeutung eingebüßt (warum?). Für die heutigen Verhältnisse sind zunächst die südnördlichen Verkehrsrinnen wichtig.

Das breite Rheintal beginnt im W die südnördlichen Straßenzüge. Ein zweiter Straßenzug geht über den Brenner nach Oberbayern (Augsburg) und Franken (Nürnberg) und weiterhin nach N. Beide Straßenzüge verbindet der Mainstraßenzug, an dessen wichtigsten Knotenpunkt Frankfurt a. M. entstanden ist. Von hier strahlt außer einer nördlichen Straßenrichtung (Frankfurt—Cassel—Hannover—Bremen oder Hamburg oder Lübeck) noch eine nordöstliche aus. Diese geht zwischen Rhön und Vogelsberg hindurch und erreicht Thüringen und Sachsen (Leipzig).

Südnördliche Hauptstraßenzüge sind fernerhin die, die vom Wiener Becken durch Böhmen und durch die Oberlausitz die deutschen Nordgebiete erreichen oder durch Mähren ins Odertal einmünden.

Da, wo sich die deutschen Mittelgebirge allmählich zum deutschen Tiefland verflachen, gehen die großen norddeutschen Handels- und Verkehrsstraßen, in deren Hauptknotenpunkt Berlin liegt, von W nach O und umgekehrt.

b. Die natürlichsten Binnenverkehrsstraßen bleiben die Flüsse. Mit schiffbaren Gewässern ist Deutschland reich ausgestattet (über 28 000 km). Auch die Schiffahrtdauer ist eine genügend lange, im W natürlich länger als im O.

Die Tragfähigkeit der gesamten Fluß-, Kanal-, Haff- und Küstenschiffe beträgt 5 Mill. t. Die Anzahl dieser Schiffe beträgt rund 25 000, darunter etwa 5000 mit mehr als 300 t Tragfähigkeit. In den Ruhrkohlenhäfen verkehren sogar Schiffe mit 2500 t Ladefähigkeit, das größte vermag 3000 t zu laden.

Wasserstraßen für Schiffe mit mehr als 1000 t Tragkraft sind der Rhein von Leopoldshafen (Baden) an, die Unterweser von Bremen und Unterelbe von Harburg-Hamburg an, die untere Trave von Lübeck an, der Seekanal Königsberg—Pillau und der Kaiser-Wilhelm-Kanal. Auf weit größern Strecken, besonders auch auf der Elbe, verkehren Schiffe bis 1000 t Tragkraft. Der Großschiffahrtweg Berlin—Stettin ist für Schiffe von 600—700 t geeignet. (Vgl. auch § 69 e.)

c. Auf den deutschen Binnenwasserstraßen fahren jährlich gegen 45 Mill. t Güter zu Berg und gegen 30 Mill. t zu Tal. Von dem Gesamtverkehr entfällt über die Hälfte (45 Mill. t) auf den Rheinverkehr und über ein Viertel (21 Mill. t) auf den Elbeverkehr.

Auf den deutschen Wasserstraßen werden hauptsächlich Erze, Getreide, Holz, Petroleum, Kohlen, Zucker, Rohbaumwolle, Flachs und Hanf, Salz, Glaswaren, Steine und Düngemittel verfrachtet.

Die wichtigsten Binnenverkehrshäfen sind in der Reihe der Bedeutung ihres Warenumsatzes: Duisburg (mit dem eingemeindeten Ruhrort), Berlin, Hamburg (Oberelbverkehr), Mannheim, Stettin, Magdeburg, Ludwigshafen, Frankfurt a. M., Breslau und Gustavsburg an der Mainmündung gegenüber Mainz.

§ 84. **Die deutschen Eisenbahnen.** **a.** Die erste deutsche **Eisenbahn** verband Nürnberg mit Fürth (1835). Ihr folgten Berlin—Potsdam (1837) und als erste größere Strecke Leipzig—Dresden (1839). Seit der Mitte des vergangenen Jahrhundets beginnt ein reger Eisenbahnbau. Die Gesamtlänge der deutschen Eisenbahnen beträgt jetzt 60000 km, so daß reichlich 11 km auf 100 qkm entfallen. Deutschland besitzt das drittdichteste Eisenbahnnetz in Europa. Nur Belgien und Großbritannien besitzen ein dichteres Netz. (Vgl. Fig. 84.)

In Deutschland entstand infolge der deutschen Kleinstaaterei kein einheitliches Eisenbahnnetz. Das norddeutsche Eisenbahnnetz mit seinem Hauptbrennpunkt Berlin ist am einheitlichsten gestaltet. Von hier strahlen 16 Eisenbahnlinien nach allen Himmelsrichtungen aus. Andere Hauptknotenpunkte für Eisenbahnen sind in Norddeutschland: Bremen, Hamburg, Thorn, Posen, Kottbus, Magdeburg, Stendal, Hannover, Essen, Oberhausen, Düsseldorf, Cöln, Aachen; in Mitteldeutschland: Cassel, Erfurt, Halle, Leipzig, Dresden, Breslau; und in Süddeutschland: Frankfurt a. M., Straßburg, Karlsruhe, Mannheim, Stuttgart, Nürnberg, Regensburg und München.

b. Infolge der zentral-europäischen Lage Deutschlands nehmen die wichtigsten großen transkontinentalen Schnellzüge (Luxus- oder Expreßzüge) ihren Weg durch Deutschland. Von den 22 europäischen Expreßzügen gehen 11 durch Deutschland:

1. Nordexpreß: Petersburg—Berlin—Cöln—Paris oder Ostende, Fahrzeit bis Berlin 29, bis Ostende 43½ Stunden.
2. Ostende—Wien—Budapest- (Orient-) Expreß: Ostende—Cöln—Frankfurt—Nürnberg—Wien—Budapest, Fahrzeit 30 Stunden.
3. Ostende—Nürnberg—Karlsbad-Expreß, Fahrzeit 20 Stunden.
4. Orientexpreß: Paris—Straßburg—München—Budapest—Konstantinopel, Fahrzeit 63½ Stunden, oder Konstanza, Fahrzeit 52 Stunden.
5. Nordsüd- (Brenner-) Expreß: Berlin—Leipzig—München—Bozen—Verona, Fahrzeit 20 Stunden; im Winter fährt der Expreß noch bis Cannes.
6. Lloyd-Expreß: Altona—Bremen—Cöln—Basel—Mailand—Genua, Fahrzeit 28 Stunden.
7. Paris-Karlsbad-Expreß: Paris—Straßburg—Stuttgart—München—Karlsbad, Fahrzeit 19 Stunden.
8. Berlin- (Karlsbad-) Marienbad-Expreß: Berlin—Leipzig—Bad Elster—Franzensbad—Eger—(Karlsbad)—Marienbad, Fahrzeit 6½ Stunden.
9. Der Ägypter-Expreß (Berlin—Rom—Neapel—Alexandria—Kairo), 10. der Berlin-Neapel-(Palermo-Taormina-) Expreß, und 11. der Riviera-Expreß (Berlin—Frankfurt—Lyon—Marseille—Nizza—Mentone—Ventimiglia) verkehren nur im Winter, während Nr. 3 und 8 nur im Sommer verkehren.

Von den andern europäischen Expreßzügen berühren nicht deutschen Boden: Der Peninsularexpreß (Calais—Brindisi in 44 Stunden), der Südexpreß (Paris—Madrid—Lissabon in 36 Stunden), der Engadinexpreß (Calais—Basel—Chur—Thusis in 19½ Stunden), der Simplon- (Oberland-) Expreß (London—Calais—Bern—Interlaken—Mailand—Venedig in 30 Stunden), der Savoie-Expreß (Paris—Evian-les-Bains), der Paris-Rom-Expreß, der Calais-Méditerranée-Expreß (Calais—Ventimiglia), der St. Petersburg-Wien-Cannes-Expreß, der Cannes-Florenz- (Rom)- Expreß, der Paris-Barcelona-Expreß und der Sibirische Expreß (Moskau—Mandschuria). Letzterer hat Anschluß von Berlin aus.

c. Die Eisenbahnfahrgeschwindigkeit beträgt in Deutschland für Personenzüge ohne durchgehende Bremse 60 km, mit durchgehender Bremse 80 km und darüber, für Güterzüge 25—45 km. (Vergleiche auch § 46 d.) Die längsten aufenthaltslos durchfahrenen Strecken sind München—Nürnberg (119 km), München—Ansbach (188 km), Hof—Regensburg (179 km), Berlin—Leipzig (173 km).

d. Gegenwärtig werden jährlich über 1300 Mill. Personen befördert und über 500 Mill. t Güter. Die zurückgelegten Personenkilometer betragen des Jahres 30 000 Mill. und die Tonnenkilometer 50 000 Mill.

Unter den beförderten Gütern nehmen die größte Tonnenmenge die Steinkohlen ein (100 Mill. t), sodann die Bruch- und Bausteine (35 Mill. t), die Braunkohlen (18 Mill. t) und Kies, Lehm und Ton (18 Mill. t).

Andere wichtige Güter, die befördert werden, sind Stein- und Braunkohlenkoks, Zuckerrüben, Eisenerze, Eisen und Stahl, Nutz- und Brennhölzer, Düngemittel, Getreide und Kalk.

5 Mill. t beträgt das Gewicht des beförderten Viehs (Pferde, Rinder, Schweine, Geflügel und sonstiges Vieh).

§ 85. Das deutsche Post-, Telegraphie- und Telephonwesen. **a.** Das deutsche Postwesen ist besonders durch den Generalpostmeister Stephan gefördert worden, der auch 1874 den Weltpostverein gründete (s. § 48 b.).

Die gesamten Briefsendungen des Deutschen Reiches haben eine Höhe von rund 6000 Mill. Stück erreicht; die eingegangenen Pakete ohne Wertangabe belaufen sich auf rund 250 Mill. Stück, der Betrag der eingegangenen Briefe, Kästchen und Pakete mit Wertangabe auf 21 Milliarden M., der Betrag der eingegangenen Postanweisungen auf 13 Milliarden M. und der aufgegebenen Postanweisungen auf ebensoviel. (Vgl. Fig. 86.)

b. Die ersten Telegraphen wurden in den dreißiger Jahren des vergangenen Jahrhunderts eingerichtet, in größerm Umfange jedoch erst, als seit 1848 der elektromagnetische Telegraph in Anwendung kam. Die Länge der Drähte beträgt jetzt rund 800 000 km, und die aufgegebenen Telegramme betragen rund 55 Mill. Stück.

Das Telephonwesen ist in Deutschland außerordentlich hoch ausgebildet. Das Deutsche Reich marschiert hierin an der Spitze aller europäischen Mächte, und Berlin steht mit seinen Telephonanlagen an der Spitze aller Städte der Erde. Die Länge der Fernsprechleitungen beträgt über 3 Mill. km. Die Gesamtzahl der von den Fernsprechstellen vermittelten Gespräche hat 1½ Milliarde erreicht.

c. Die deutschen Kabellinien sind in der Verkehrsgeschichte ein Ruhmesblatt, auf das Deutschland stolz sein kann. Sie sind in der Hauptsache auf Grund einer ersten Versuchslinie, die 1876 gebaut worden ist (von dem Carlswerk in Mülheim a. Rh.), in der Zeit von 1876 bis 1881 angelegt worden. Alsdann hat erst Frankreich und späterhin England ein unterirdisches Telegraphennetz ausgebaut. (Über die deutschen unterseeischen Kabel vg. § 49 b.)

Die drahtlose Telegraphie (Funkentelegraphie) ist das jüngste Mittel des modernen Verkehrs. Sie ist außer von Heer und Marine bereits von den großen Schiffsgesellschaften in Gebrauch genommen worden.

§ 86. Die wichtigsten deutschen Handels- und Verkehrsplätze. a. Nach der Lage unterscheidet man Seehandelsplätze (s. § 87) und Binnenhandelsplätze (Leipzig, Breslau, Berlin, München usw.). Zwischen beiden stehen die Binnenschiffahrtplätze, die ihrer Lage nach wohl zum Binnenlande gehören, durch die Flüsse aber mit dem Meere eng verknüpft sind. Dazu gehören die in § 83 c. genannten Handels- und Verkehrsorte.

b. Nach der allgemeinen Art der Güter und nach der Art der Erzeugung unterscheidet man Landesproduktenmärkte und Versandplätze für Fabrikate. Zu erstern gehören z. B. Cöln, München, Osnabrück, Braunschweig, Magdeburg, Danzig, Breslau, Staßfurt, Dresden, Nürnberg, Immenstadt u. a. m.; zur andern Gruppe gehören Berlin, die deutschen Häfen, Leipzig Sonneberg, Nürnberg, Geislingen, Hanau, Pforzheim, Pirmasens, Düsseldorf, Essen, Bochum, Dortmund u. a. m.

Nach der besondern Art der Waren unterscheidet man Wollmärkte (Berlin, Breslau, Leipzig), Getreidemärkte (Danzig, Hamburg, Berlin, Breslau, Regensburg, München), Hopfenmärkte (Nürnberg), Tabak-, Baumwollen- und Petroleummärkte (Bremen), Salpetermärkte (Hamburg), Reismärkte (Bremen), Eisenmärkte (Städte des Rhein-Ruhrgebietes), Weinmärkte (Colmar), Spiritusmärkte (Berlin, Hamburg, Stettin, Danzig), Rauchwarenmärkte (Leipzig), Öl- und Ölsaatmärkte (Leipzig, Berlin, Hamburg), Fischmärkte (Hamburg, Geestemünde, Cuxhaven, Kiel), Buchhandelsplätze (Leipzig, Berlin, Stuttgart, Jena, Breslau) u. a. m.

c. Nach der Bedeutung für den Handel bilden die Meßplätze ein besondere Gruppe: Leipzig mit seinen Oster-, Michaelis- und Neujahrsmessen, Berlin, Frankfurt a. M., München, Nürnberg, Ulm und Cassel.

Eine besondere Art von Marktplätzen sind die Börsenplätze. In Deutschland gibt es wohl gegen dreißig Börsenplätze, aber nur wenige haben auf Großhandel und Großverkehr größern Einfluß. Zu diesen wenigen gehören Berlin, Hamburg und Frankfurt a. M.

Berlin ist der deutsche Hauptbörsenplatz, überhaupt einer der bedeutendsten der Welt. Hier ist der Hauptsitz der Reichsbank, die jetzt einen Gesamtumsatz von rund 350 Milliarden M. hat. Andere Banken sind Deutsche Bank, die Bank für Handel und Industrie, die Deutsch-Asiatische Bank u. v. a. m. Hamburg, die große Vermittlerin Deutschlands mit dem Auslande, hat neben verschiedenen Banken (Reichsbankhauptstelle) besonders noch Seeversicherungsgesellschaften, Feuerversicherungsgesellschaften, Lebens- und Unfallversicherungen, die Maklerbank u. a. Der „Verein Hamburger Assekuradeure" wurde am Ende des 18. Jahrhunderts bereits gegründet und besteht jetzt aus einer größern Anzahl Hamburger Gesellschaften. Frankfurt a. M. beherrscht ganz Süddeutschland. Es besitzt außer einer Reichsbankhauptstelle eine größere Anzahl wichtiger Banken und Versicherungsanstalten.

§ 87. Die deutschen Häfen und der Kaiser-Wilhelm-Kanal. **a.** Die Nordseeküste hat nur wenige gute Häfen. Das liegt in der natürlichen Beschaffenheit dieses Küstensaumes begründet. Emden hat durch die Eröffnung des Dortmund-Emskanals und durch seinen neuen Seehafen sehr gewonnen. Andere Emshäfen sind Leer und Papenburg, im N davon Am Norddeich und Norderney.

Weserhäfen sind am linken Ufer Elsfleth, Brake, Nordenham, am rechten Ufer Bremen, Vegesack, Blumenthal, Geestemünde und Bremerhaven. Bremen ist ein Hauptstapelplatz für viele wichtigste Produkte des Welthandels (s. § 86 b.) und der erste deutsche Auswanderungshafen. Bei gewöhnlichem Hochwasser können Schiffe bis $5\frac{1}{2}$ m Tiefgang bis nach der Stadt Bremen gelangen.

Hamburg ist nicht bloß Deutschlands erster Seehafen, sondern überhaupt der größte Seehafen des europäischen Festlandes und einer der ersten Welthandelshäfen. Es liegt an der untern Elbe, und zwar 90 km vom offenen Meere entfernt. Das gesamte Hamburger Hafengebiet hat eine Wasserfläche von rund 1000 ha und eine Uferstrecken- oder Kailänge von 122 km. Altona und Harburg bilden eigentlich mit Hamburg einen einzigen Welthafen. (Vgl. Fig. 91.) Kleine Nordseehäfen sind Tönning und Husum.

b. Die Ostseeküste bietet bessere natürliche Hafenanlagen dar als die Nordseeküste. Aber infolge ihrer Lage zum Atlantischen Ozean weist sie eine geringere Verkehrsentwicklung auf als die der Nordseeküste. Flensburg steht im regen Verkehr mit der deutschen Fördenküste und Dänemark. Kiel hat als Kriegs- und Handelshafen Bedeutung.

Wichtigere Häfen sind fernerhin: Lübeck, Warnemünde (Überfahrt nach Gjedser), Saßnitz (Überfahrt nach Trelleborg), Stettin. Stettin ist der deutsche Welthandelsplatz an der Ostsee, der erste Hafen der Ostsee und der zweite im Reiche. Danzig-Neufahrwasser ist hauptsächlich der Hafen eines ackerbaureichen Hinterlandes. Der Königsberger Hafen hat durch den $6\frac{1}{2}$ m tiefen Seekanal nach Pillau außerordentlich gewonnen.

c. In den deutschen Seehäfen laufen jährlich gegen 110 000 Schiffe mit etwa 28 Mill. Reg. t netto ein. $^1/_{10}$ davon sind leer. Von den auslaufenden Schiffen, mit ähnlich hohem Registertonnengehalt wie die einlaufenden Schiffe, sind fast $\frac{1}{3}$ leer.

Von dem gesamten deutschen Auslandverkehr gehen 70% seewärts. Die reichsten Handelsbeziehungen zur See verknüpfen Deutschland mit Großbritannien und Irland, den Vereinigten Staaten, Dänemark, Schweden, Rußland und den Niederlanden. Von diesen Ländern kommen jährlich die meisten Schiffe in deutsche Häfen und nach diesen Ländern gehen die meisten Schiffe der deutschen Häfen ab. Von dem gesamten deutschen Seeverkehr entfallen ungefähr 90% auf deutsche Schiffe selber.

d. Der Kaiser-Wilhelm-Kanal (Nordostseekanal) hat nicht allein in politischer Beziehung eine große Bedeutung für das deutsche Reich, sondern auch in handelsgeographischer Beziehung, wie der von Jahr zu Jahr sich steigernde Verkehr erweist. Er wurde 1887 bis 1895 erbaut und verbindet auf einer 99 km langen Strecke die Elbmündung (Brunsbüttel) mit der Kieler Förde (Holtenau). Die Breite im Wasserspiegel beträgt 60 m, an der Sohle 22 m und die durchschnittliche Tiefe 9 m. Er wird in 8 bis 12 Stunden durchfahren. Den Verkehrsweg zwischen Nord- und Ostsee verkürzt er im allgemeinen um rund 400 Seemeilen oder 750 km.

In den letzten Jahren verkehrten durch den Kaiser-Wilhelm-Kanal jährlich über 35 000 Fahrzeuge mit einem Raumgehalt von $6^1/_4$ Mill. Reg. t netto, wofür über 3 Mill. M. Abgaben zu entrichten waren.

§ 88. Die deutsche Handelsflotte und ihre Wege. **a.** Das Deutsche Reich verfügt über rund 5000 See- oder Kauffahrteischiffe (einschl. der Küsten- und Schleppschiffe) mit rund 5 Mill. Reg. t brutto oder 3 Mill. Reg. t netto. Von der Gesamtzahl der Schiffe sind $^1/_5$ in der Ostsee und $^4/_5$ in der Nordsee beheimatet. (Über den deutschen Anteil an der Welthandelsflotte vgl. § 51 b.)

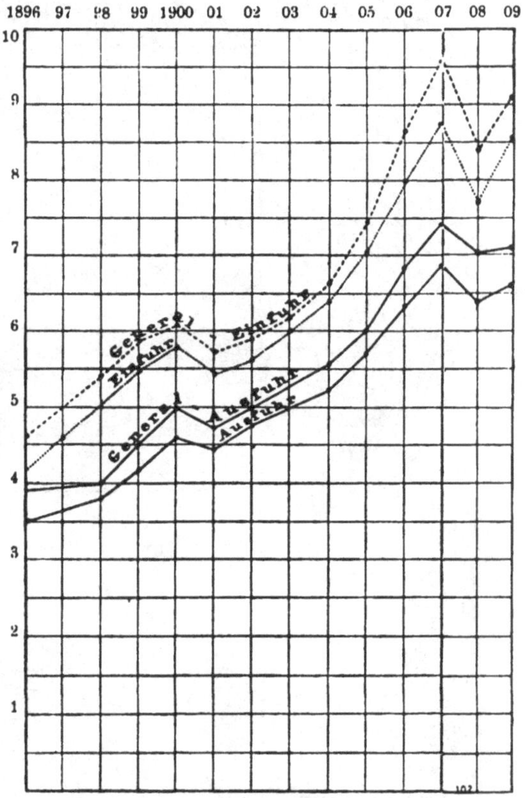

Fig. 102. Ein- und Ausfuhr des deutschen Wirtschaftsgebietes.

b. Zu dem Ruhm und der Entwicklung der deutschen Seeschiffahrt haben zwei Schiffahrtgesellschaften das meiste beigetragen. Es sind dies die Hamburg-Amerika-Linie (Hamburg-Amerikanische Paketfahrt-Aktien-Gesellschaft) in Hamburg und der Norddeutsche Lloyd in Bremen.

Die Hamburg-Amerika-Linie verfügte 1910 über 385 Fahrzeuge mit 980 000 Reg. t brutto. Sie beförderte 1909 über 320 000 Personen und 6 Mill. cbm (Frachttonnen) Güter. Der Norddeutsche Lloyd besaß 1910 427 Fahrzeuge mit 750 000 Reg. t brutto. Er beförderte 1909 rund 520 000 Personen und 4 Mill. cbm Güter.

Andere größere deutsche Dampfergesellschaften und Reedereien sind in Hamburg: Deutsch-Australische-Dampfschiffahrts-Gesellschaft; Hamburg-Südamerikanische Dampfschiffahrts-Gesellschaft; Deutsche Dampfschiffahrts-Gesellschaft „Kosmos“; Woermann-Linie; Deutsche Ostafrika-Linie; Deutsche Levante-Linie; Segelschiffsreederei „F. Laeisz“; in Bremen: Hansa; Neptun; Argo; Rickmers.

c. Die wichtigsten deutschen Dampferlinien verknüpfen Deutschland mit Amerika, zunächst mit Nord- und Mittelamerika. Die Fahrt von Hamburg oder Bremerhaven aus dauert bis nach Neuyork 6—8 Tage, nach Neuorleans 19 Tage und Galveston 21 Tage. Die mexikanischen und mittelamerikanischen Häfen werden in 30 Tagen erreicht. Die Fahrtdauer von Hamburg nach den westindischen

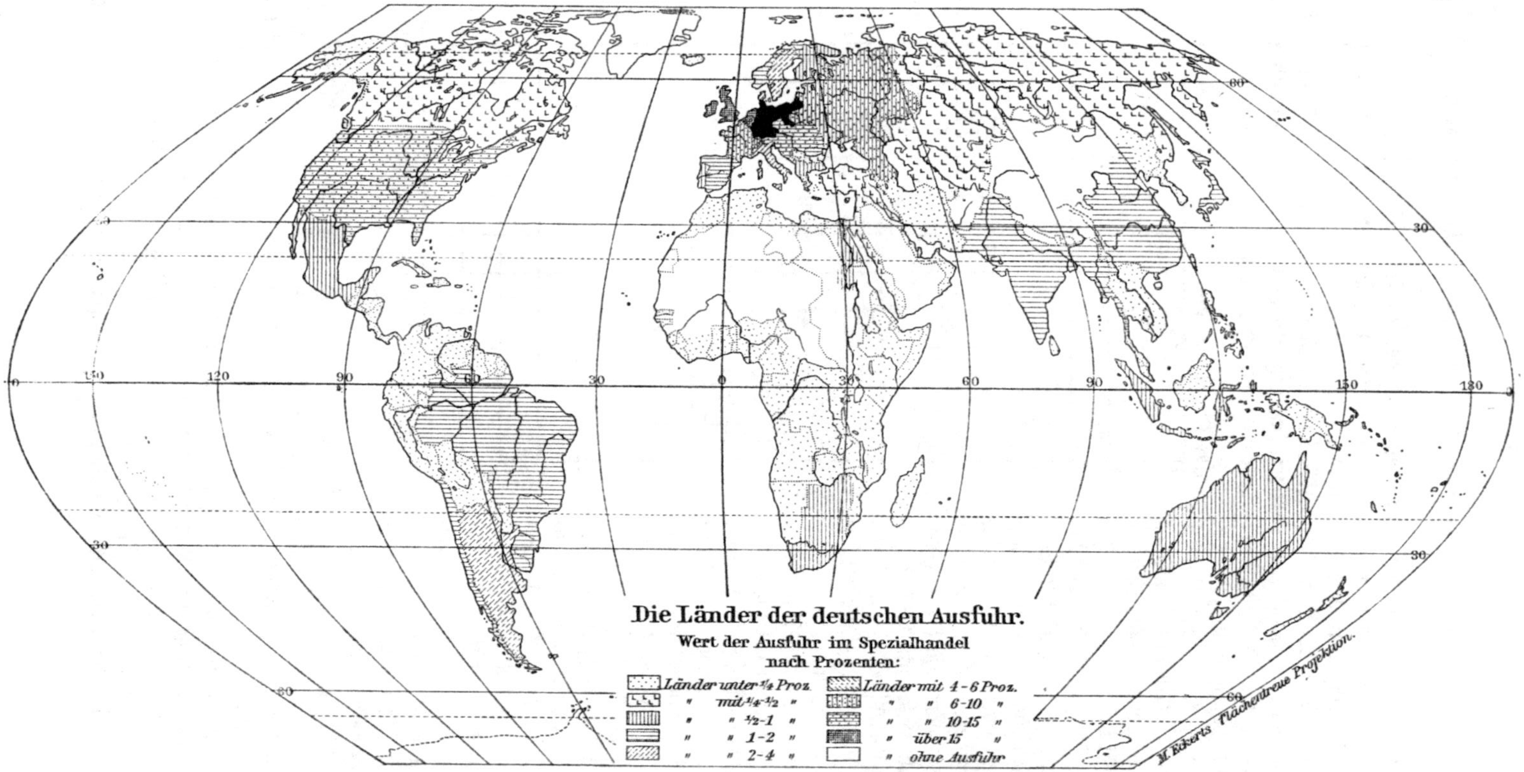

Fig. 103. Die Länder der deutschen Ausfuhr (1905—1909 im Dchschn.).

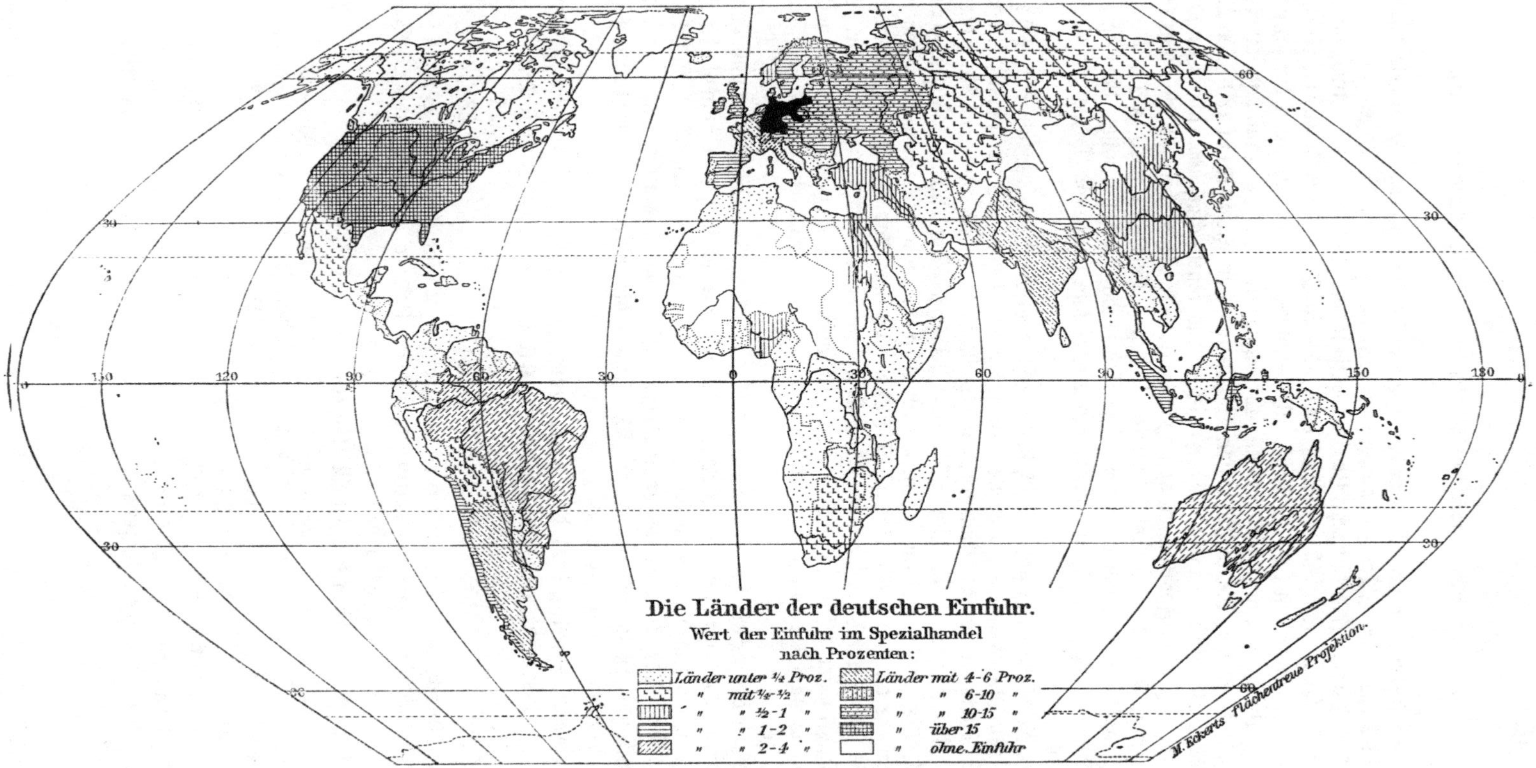

Fig. 104. Die Länder der deutschen Einfuhr (1905—1909 im Dchschn.).

Küstenplätzen beansprucht, je nachdem verschiedene Zwischenplätze angelegt werden, 18—32 Tage. Die „Prinzendampfer" fahren bis Havana 17 Tage.

Die Dampferfahrt nach Nordbrasilien bis Manáos am Amazonenstrom dauert 26 Tage, nach Mittelbrasilien 19—20 Tage, nach Südbrasilien und den Laplatastaaten 21—31 Tage. Der südlichste Hafen des amerikanischen Festlandes, Punta Arenas, wird in 40—42 Tagen erreicht, Valparaiso in 50 Tagen, Callao in 65 Tagen, die Westküste von Mexiko und San Franzisko in 120—150 Tagen.

d. West-, Süd- und Ostafrika ist in das regelmäßige deutsche Dampfernetz einbezogen. Die Fahrtdauer von Hamburg nach Lome beträgt 18, nach Duala (Kamerun) 20 und nach Swakopmund 25 Tage. Gibraltar wird in 13, Tanger in 15, Mogador in 18 Tagen erreicht. Die Fahrt nach Kapstadt dauert 28 Tage.

Auf der ostafrikanischen Route wird Daressalam in 38 und Durban in 47 Tagen erreicht.

e. Nächst Amerika schlingt sich das stärkste deutsche Verkehrsband nach Süd- und Ostasien. Von Hamburg oder Bremen aus werden erreicht Penang in 37, Singapore in 38, Hongkong in 44, Schanghai in 48, Nagasaki in 51, Kobe in 53, Yokohama in 55, Tsingtau in 50, Tientsin in 55, Port Arthur in 57 und Wladiwostok in 60 Tagen.

f. Die deutschen Dampferlinien nach Australien und Ozeanien gehen in der Hauptsache durch den Suezkanal. Die Route um das Kap der Guten Hoffnung befahren die Frachtdampfer der „Deutsch-Australischen Dampfschiffahrtsgesellschaft". Die Fahrtdauer währt nach Port Said 19, nach Suez 20, nach Aden 25, nach Colombo 32, nach Fremantle 44, nach Adelaide 49, nach Melbourne 52 und nach Sydney 55 Tage.

Nach den deutschen Kolonien geht die Fahrt über Singapore und Batavia. Letztere Stadt wird in 40 Tagen erreicht, Makassar in 46, Berlinhafen in 45, Friedrich-Wilhelmshafen in 55, Finschhafen in 58, Simpsonhafeu in 60 und Mioko in 62 Tagen.

§ 89. Der deutsche Handelsverkehr mit dem Auslande. a. Der deutsche Außenhandel ist ständig gestiegen. Das zeigen die letzten zehn bis zwanzig Jahre recht deutlich. (Vgl. Fig. 102.)

Der Spezialhandel des deutschen Wirtschaftsgebietes in Mill. M.

	1891—1895 (i. Dchschn.)	1896—1900 (i. Dchschn.)	1901—1905 (i. Dchschn.)	1909
Einfuhr	4038	5063	6426	8520
Ausfuhr	3100	3947	5123	6592

Entsprechend ist der Generalhandel (= Gesamthandel) Deutschlands und mit ihm die Durchfuhr gestiegen; er wertete 1909 in der Einfuhr 9560 Mill. M. und in der Ausfuhr 9450 Mill. M.

Der Generalhandel in Millionen Tonnen:

	1891—1895 (im Durchschnitt)	1896—1900 (im Durchschnitt)	1901—1905 (im Durchschnitt)	1909
Einfuhr	33,8	45,4	51,3	69,2
Ausfuhr	24,6	32,8	40,7	54,8
Darunter Durchfuhr	1,9	2,3	2,6	4,6

b. Bringt man die Einfuhr- und Ausfuhrwaren in große Gruppen, so erkennt man, daß bei manchen Warengruppen die Ausfuhr stets höher als die Einfuhr steht und umgekehrt.

Im deutschen Zollgebiete ist die Ausfuhr größer als die Einfuhr in den Drogerie-, Apotheker- und Farbwaren, Zucker, Eisen und Eisenwaren, Instrumenten und Maschinen, Kleidern und Leibwäsche, Kupfer und Kupferwaren, Leder und Lederwaren, literarischen und Kunstgegenständen, Papier- und Pappwaren und Stein- und Braunkohlen, Baumwollen-, Wollen- und Seidenwaren.

Die Einfuhr ist größer als die Ausfuhr bei Baumwolle, Schafwolle und Rohseide, Erden und Erzen, Flachs und andern pflanzlichen Faserstoffen, Getreide, Häuten und Fellen, Holz und Holzwaren, Material- und Spezereiwaren, Ölen und Fetten, Vieh, Rohtabak und Kaffee.

Deutschland führt vor allem Rohmaterialien ein und Fabrikate aus.

c. Unter den Ländern, mit denen das Deutsche Reich Handel treibt, steht Großbritannien obenan. Nach diesem Lande führt auch Deutschland mehr aus, als es von ihm bezieht. Die beiden nächstwichtigsten Länder, Rußland und die Vereinigten Staaten von Amerika bringen mehr Waren nach Deutschland als sie von ihm beziehen. Ziemlich gleichhoch sind Ein- und Ausfuhr zwischen Deutschland und Österreich-Ungarn. (Vgl. Fig. 103, 104; für 1909 allein Fig. 105 u. 106.)

Fig. 105. Einfuhr des deutschen Wirtschaftsgebietes (Herkunftsländer) in Proz. [1909: 8520 Mill. M.].

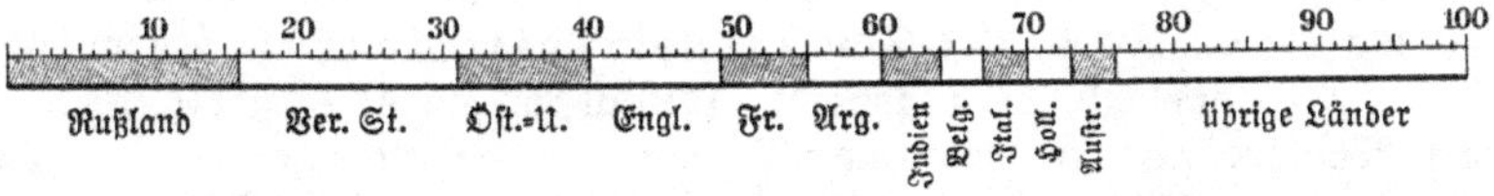

Fig. 106. Ausfuhr des deutschen Wirtschaftsgebietes (Bestimmungsländer) in Proz. [1909: 6592 Mill. M.].

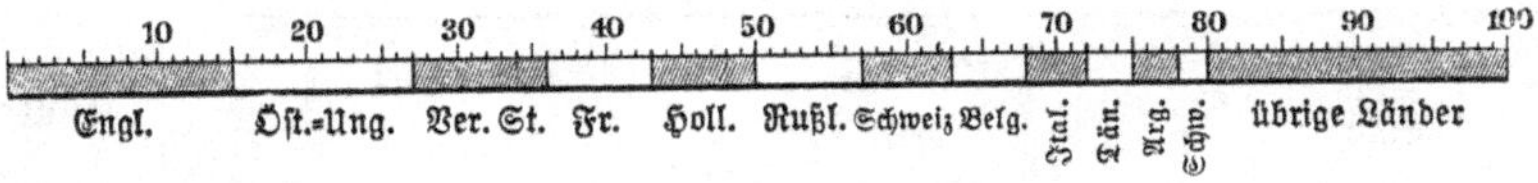

Die folgenden wichtigsten Handels- und Verkehrsländer sind die deutschen Grenzländer: die Niederlande, Belgien, die Schweiz und Frankreich. Nach den ersten drei ist die Ausfuhr größer als die Einfuhr; nur aus Frankreich bezieht Deutschland etwas mehr als es hinsendet.

Im Gesamtspezialhandel folgt Italien, das gleichviel Waren an Deutschland verkauft als es von ihm kauft; dagegen senden Britisch-Indien und Argentinien viel mehr Waren nach Deutschland als sie von ihm beziehen.

An die eben genannten Länder schließt sich der Handel mit den nordischen Ländern, Schweden, Dänemark und Norwegen, an. Sodann folgt in der Reihenfolge des Umsatzwertes der Handel mit Spanien, Brasilien, Australien, Niederländisch-Indien, Chile, China, Rumänien, der Türkei und Japan.

(Über die Umsatzwerte vgl. den Handel der einzelnen Staaten und die dazu gehörigen Figuren [Diagramme].)

Die deutschen Kolonien.

§ 90. Geschichtliches, Lage und Größe der deutschen Kolonien. a. Trotzdem Deutschland zur Zeit der Hansa großen Einfluß auf den Gesamtverkehr von Nord- und Nordwesteuropa ausübte, hatte es infolge der politischen Zersplitterung und der großen Kriege versäumt, an dem Verkehr der neuentdeckten Länder tatkräftig teilzunehmen. Erst der weitsichtige Friedrich Wilhelm, der Große Kurfürst, hatte unter allen deutschen Regenten die Notwendigkeit einer See- und Kolonialmacht erkannt. In Afrika kam am 16. Mai 1681 ein Gebiet der Goldküste unter brandenburgische Flagge, und das Fort Großfriedrichsburg beherrschte das Küstengebiet vom Senegal bis über Kap Blanco hinaus. Unter dem zweiten Nachfolger des Großen Kurfürsten, König Friedrich Wilhelm I., wurde das neu erworbene Land wieder aufgegeben.

Nach 200 Jahren erst konnte ein geeintes Deutsches Reich wieder an das Besitzergreifen außereuropäischer Gebiete herantreten. 1884 wurden Togo, Kamerun, Deutsch-Südwestafrika, Deutsch-Ostafrika und Deutsch-Neuguinea deutscher Besitz, 1898 Kiautschou durch einen Pachtvertrag auf 99 Jahre mit der chinesischen Regierung, 1899 Samoa und durch einen Kaufvertrag mit Spanien die Karolinen-, Palau- und Marianeninseln.

b. Von den deutschen Schutzgebieten liegen im Westen des afrikanischen Kontinentes: Togo (Regierungssitz in Lome), Kamerun (Reg.-Sitz in Buëa), Deutsch-Südwestafrika (Reg.-Sitz: Windhuk), im Osten von Afrika: Deutsch-Ostafrika (Reg.-Sitz: Daressalam), im Osten der chinesischen Provinz Schantung: Kiautschou (Reg.-Sitz: Tsingtau).

Die übrigen Kolonien gehören Ozeanien an. Das Gebiet von Deutsch-Neuguinea umfaßt einmal das alte Schutzgebiet: Bismarckarchipel, Salomonsinseln und Kaiser-Wilhelmsland, und sodann Deutsch-Neuguinea-Inselgebiet: Ostkarolinen, Westkarolinen mit Palau und Marianen und Marschallinseln. Der gemeinschaftliche Regierungssitz ist Rabaul oder Simpsonhafen (früher Herbertshöhe) auf der Gazelle-Halbinsel von Neupommern. Bezirksämter sind auf Kaiser-Wilhelmsland

Kolonien	Flächeninhalt qkm	Einwohner insgesamt	davon Weiße (1909) Europäer	davon Weiße (1909) Deutsche	Einwohner auf 1 qkm
1. Togo	87200	1000000	330	300	12,0
2. Kamerun	496000	3500000	1127	986	8,0
3. Deutsch-Südwestafrika	835000	200000	11791	9283	0,2
4. Deutsch-Ostafrika	995000	7000000	3387	2384	7,0
5. Kaiser-Wilhelmsland	181650	110000	197	185	0,6
6. Bismarckarchipel	57100	200000	474	364	4,0
7. Marschallinseln	405	9300	164	91	23,0
8. Karolinen-, Marianen- und Palauinseln	2076	41000	231	145	20,0
9. Samoa	2572	34000	467	240	13,0
10. Kiautschou	552	32000[1])	(1500)	—	—
Deutsche Schutzgebiete	2657000[2])	12130000[2])	13200[2])	14000[2])	5[2])
Deutsches Reich	541000[2])	61000000[2])	—	—	112[2])

[1]) Im Stadtgebiete von Tsingtau. Die Bevölkerungsziffer im Landbezirk wird auf [illegible]0000 Chinesen geschätzt, die der 50 km-Zone ist nicht bekannt.

[2]) Die Zahlen sind abgerundet.

Friedrich-Wilhelmshafen, auf den Jaluit-Inseln der Marschallgruppe Jabor, auf den Ostkarolinen Pónape und auf den Westkarolinen Jap. Regierungsstationen finden sich noch außer in dem alten Schutzgebiet auf Nauru, Palau und Saipan (Sárapan). Die deutsche Samoainselgruppe hat ihren Regierungssitz in Apia auf Upola.

c. Die deutschen Kolonien sind fünfmal so groß wie das deutsche Mutterland; die Einwohnerzahl dagegen fünfmal so klein wie die des Deutschen Reiches.

§. 91 Wirtschaftlicher Wert der deutschen Kolonien im allgemeinen. a. Die deutschen Schutzgebiete sind im Ringe der gesamten Kolonien der europäischen Länder nicht gerade die besten, aber auch nicht die schlechtesten Gebiete auf der Erde. Wie viele Jahrzehnte, sogar Jahrhunderte haben andere Kolonialstaaten gebraucht, um aus ihren Kolonien brauchbare Länder zu schaffen; viele ältere Kolonialstaaten, wie Spanien und Portugal, haben überhaupt nicht ihre Kolonien zu dauernd nutzbringenden Schutzgebieten gebracht. Die Kolonialgeschichte fremder Mächte beweist uns, daß ohne große anfängliche Opfer nie ein Kolonialbesitz zur Blüte gelangen kann. Deutschland kann mit vielen Erfolgen in den Kolonien schon recht zufrieden sein. Togo bedarf bereits keines Reichszuschusses mehr und vermag sich durch seine eigenen Erzeugnisse zu erhalten, desgleichen Samoa und die Karolinen mit den Marianen- und Marschallinseln

b. An der Entwicklung der einzelnen deutschen Kolonialgebiete arbeiten Kaufleute, Pflanzer, Kolonisten, Soldaten, Reichsbeamte, Missionare, Forscher und Gesellschaften. Die mit Erfolg begonnene Kulturtätigkeit in den deutschen Schutzgebieten befaßt sich mit der Ausnutzung des Bodens, Förderung des Handels und Erziehung der Bewohner der Schutzgebiete zu regelmäßiger Arbeit. Ansiedelungsgebiete für die Deutschen besitzt Deutsch-Südwestafrika in der Größe von 1¼ Deutschland und Deutsch-Ostafrika malariafreie Gebiete in der Ausdehnung des Königreichs Preußen.

Im Plantagenbau und im Handel liegt die Zukunft der deutschen Kolonien. Für die sachgemäße Ausnutzung des Bodens arbeiten die Versuchsstationen und Versuchsgärten in den einzelnen Kolonien. Die Hauptsache aber bleibt immer, die Kolonien durch ein großes Verkehrsnetz zu erschließen; denn ohne Bahnen bleiben die Kolonien ein totes Gut, eine wirtschaftliche Belastung für das Mutterland. Die neuen Bahnen und Wege in unsern Kolonien beweisen deutlich, welchen großen Einfluß sie auf die Steigerung der Produktion ausüben, nicht bloß auf die Produktion der Weißen, sondern auch auf die der Eingeborenen. Für die Besiedelung der innern Hochländer unserer tropischen Kolonien durch Weiße haben die Eisenbahnen die größte Bedeutung, und sie ermöglichen erst ein Vordringen der Plantagenwirtschaft von den Küstenbezirken in das Innere der Kolonien. Zuletzt steigern die Eisenbahnen die Steuereinnahmen in den von der Eisenbahn erreichten Gebieten.

§ 92. Wirtschaft und Verkehr von Togo. a. Das Wirtschaftsleben der Kolonie beruht bis heute fast ausschließlich auf der landwirtschaftlichen Erzeugung. In den kleinbäuerlichen Betrieben der Eingeborenen werden die Werte geschaffen, die Aus- und Einfuhr, Handel und Wandel im Schutzgebiet bisher beherrscht haben. Die wenigen vorhandenen europäischen Pflanzungsunternehmen haben bis jetzt die Ausfuhrziffern weniger beeinflußt.

Die Erzeugnisse der Ölpalme, nämlich Palmkerne und Palmöl, sind alte wichtige Gegenstände des Außenhandels. Ihre Ausfuhr stieg in den letzten Jahren von

4 auf 7 Mill. kg im Werte von 1½ Mill. M. Der **Maisbau**, besonders in den küstennahen Gegenden, ist ein großer Konkurrent der Ölpalme geworden und erzielt gegenwärtig in der Ausfuhr größere Werte (über 30 Mill. kg zu 2 Mill. M.) als die Palmenprodukte. Die **Kautschukgewinnung** ist im allgemeinen gestiegen (jährlich 140 000 bis 170 000 kg im Werte von ½ Mill. bis über 1 Mill. M.). Die **Baumwollkultur** ist in Togo hauptsächlich Volkskultur (Ausfuhr von 2000 Ballen) à 250 kg, zu rund 400 000 M.). Die **Kakaogewinnung** nimmt im Misahöhebezirk von Jahr zu Jahr zu. Die Kultur der **Erdnuß** durch Eingeborene ist über ganz Togo verbreitet, die des **Maniok** über Süd- und Mitteltogo. In den Steppengebieten Togos wächst wild der **Schibaum**, aus dessen Nüssen die Schibutter, ein Speisefett, gewonnen wird.

Fig. 107. Produktionskarte von Togo.
(Zeichenerklärung siehe Fig. 108).

Die **Viehzucht** steht in Togo auf keiner hohen Stufe. Die **mineralischen** Schätze des Schutzgebietes haben für unsere Wirtschaft noch keine Bedeutung.

b. Die klimatischen und Bodenverhältnisse des Landes bedingen, daß die Hauptproduktion sich auf verhältnismäßig geringe Produkte, nämlich Palmöl, Palmkerne und Mais erstreckt. Diese Erzeugnisse vertragen aber keine weiten, mit Menschenkraft ausgeführten Landtransporte. Nur Eisenbahnen helfen diesem Übelstande ab und steigern sodann die Produktion der Kolonie wesentlich, wie es sich bereits zeigte. Eine Eisenbahn verbindet die Küstenstädte **Lome**, **Porto Seguro** und **Anecho**, eine andere **Lome** mit **Agome—Palime**, im SO von Misahöhe, und eine dritte führt von Lome direkt nach N bis **Atakpame**; sie soll später noch Bassari und Sansane-Mangu erreichen.

Kpandu und Kete-Kratschi am Voltafluß, sowie Jendi und Sansane-Mangu liegen an verkehrsreichen Karawanenstraßen, auf denen insbesondere Haussavölker den Handel leiten.

§ 93. Wirtschaft und Verkehr von Kamerun. a. Das Wirtschaftsleben Kameruns beruht bis jetzt noch im wesentlichen auf der Ausfuhr der von den Eingeborenen gesammelten Erzeugnisse wildwachsender Pflanzen (Raubbau!); Kautschuk, Palmkerne und Palmöl sind die Stapelartikel des Handels. Die natürlichen Kautschukbestände erschöpfen sich aber in absehbarer Zeit, darum müssen die Eingeborenen allmählich zu einer geordneten Feldwirtschaft mit Viehhaltung, Düngung und Pflugkultur angehalten werden. Die Kautschukgewinnung ist der Feind jeder andern geregelten wirtschaftlichen Tätigkeit der Eingeborenen. Die Landwirtschaft in Adamaua und Bornu steht auf höherer Stufe als die der Küstenvölker. In jenen Hinterlandgebieten wird auch **Baumwolle** gebaut, bis jetzt nur für den eigenen Bedarf. **Kautschuk** (jährlich über 1 Mill. kg im Werte, je nach dem Weltmarktpreis, von 5 bis 8 Mill. M.), **Palmöl** und **Palmkerne** (zusammen gegen 15 Mill. kg im Werte von über 3 Mill. M.) bilden neben **Elfenbein** (etwa 60 000 kg im Werte von nahezu 1 Mill. M.) die wichtigsten Urerzeugnisse des Landes. Andere durch Sammeltätigkeit der Eingeborenen gewonnenen Erzeugnisse sind **Adjab** (Ölfrüchte), **Kolanüsse** und **Kopal**. **Kakao** ist bis jetzt noch das einzige in Betracht kommende Erzeugnis der Plantagenwirtschaft (jährlich über 2 Mill. kg im Werte von etwa 3 Mill. M.). Der Kakao entstammt den Plantagen der Seeseite des Kamerunberges (Bibundi, Bimbia, Debundscha). Über Duala wird Kakao von Eingeborenenkulturen ausgeführt. Die Kautschukplantagen führen bis jetzt noch geringe Mengen Kautschuk aus. (Über die Wirtschaftslandschaften vgl. § 215.)

Die Viehzucht steht auf noch niederer Stufe. An mineralischen Schätzen scheint Kamerun nicht arm zu sein, so an Salz, Petroleum, Glimmer, Gold und besonders an Eisenerzen. Letztere haben die Grundlage zur Eisenindustrie (Schmiedekunst) der Eingeborenen des Hinterlandes gegeben.

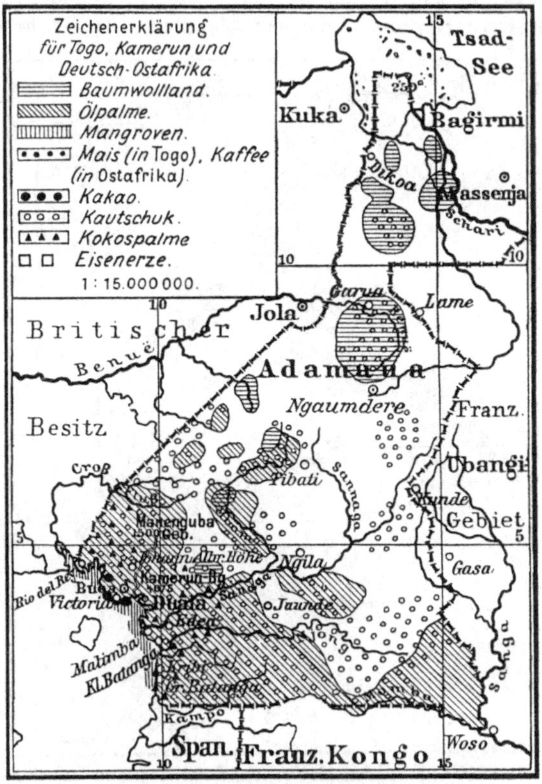

Fig. 108. Produktionskarte von Kamerun.

b. Von großer Bedeutung sind im Handel der Kolonie die von N aus bis zur Graslandgrenze vorgedrungenen betriebsamen Haussa. Die Graslandgrenze verläuft von Bamenda über das Hinterland des Jabassibezirks nach dem am weitesten nach SW vorgeschobenen Posten Jáunde und von da nach O zur französischen Grenze. Von allen afrikanischen Kolonien Deutschlands hat Kamerun noch die wenigsten brauchbaren Verkehrswege. Außer Karawanenpfaden finden sich auch einige gut angelegte, allerdings verhältnismäßig sehr kurze Wegstrecken. Eine Eisenbahn führt von Duala nach dem nördlich gelegenen Manenguba-Gebirge; es ist die Kameruner Nordbahn. Sie soll dereinst noch Garua am Benuë erreichen. Eine Mittellandbahn führt von Duala über Edea nach Widimenge am Njong. Auch eine Südbahn, die das Hinterland der Batanga-Küste mit einem Seehafen verbindet, ist geplant. Wichtige Handels- und Verkehrsorte an der Kamerunküste sind außer Duala und Victoria noch Bibundi, Rio-del-Rey, Mulimba an der Sanagamündung, Batanga, Kribi und Kampo. Im Innern sind noch erwähnenswert Jáunde, Jabassi, Ossidinge und weiter im Norden Ngaumdere, Garua und im Kopf von Kamerun Dikoa.

§ 94. **Wirtschaft und Verkehr von Deutsch-Südwestafrika.** a. Nach der Niederwerfung der Aufstände in Deutsch-Südwestafrika entwickelte sich rasch das Wirtschaftsleben. Dem Kaufmann, der viele Jahre dem Lande das Gepräge aufgedrückt hatte, tritt jetzt der Farmer gegenüber. Neben den Farmern, die die Viehzucht im großen betreiben, jetzt besonders im mittlern und nördlichen Teil der Kolonie, tritt eine größere Anzahl Kleinsiedler auf, die wohl auch auf einem größern Weidegebiet ihr Vieh frei weiden lassen, daneben aber sich der Hühnerzucht und vorzugsweise dem Anbau von Kartoffeln, Wein, Mais, Gemüse und Tabak zuwenden. Auch die Dattelpalme gedeiht in unserer Kolonie. Neben der Rinderzucht weist die Kleinviehzucht, besonders die Wollschafzucht, bedeutende Fortschritte auf. Viel Erfolg hat man mit dem persischen Fettschwanzschaf gehabt; auch mit der Straußenzucht beschäftigt man sich und neuerdings mit Fisch- und Bienenzucht. (Vgl. § 226.)

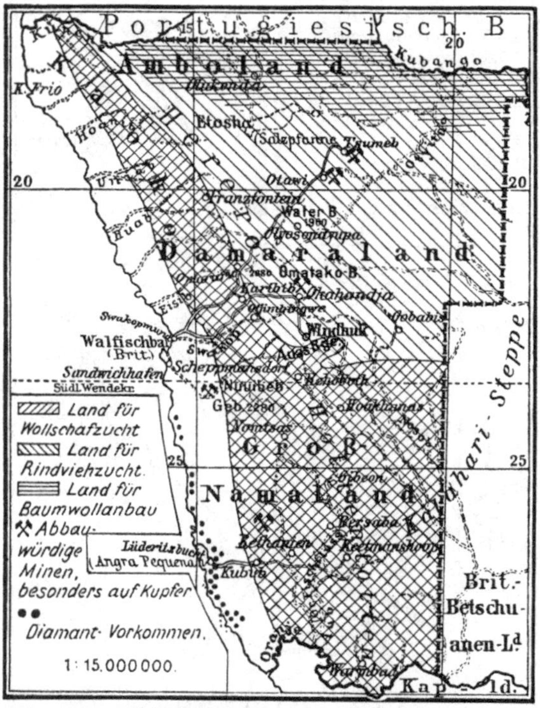

Fig. 109. Wirtschaftskarte von Deutsch-Südwestafrika.

Industrie und Gewerbe haben auf den Gebieten der Gerberei, Schuhfabrikation, Weinkelterei, Brennerei, Bierbrauerei und namentlich des Baugewerbes Fortschritte gemacht. Die Kalkbrennerei entwickelt sich bei Okahandja und die Marmorindustrie bei Kubas, im O von Swakopmund.

Deutsch-Südwestafrika ist reich an mineralischen Schätzen. Außer wertvollen Bausteinen werden Gold, Steinkohle, Graphit, Asbest, Silbererze, besonders aber Bleierze, Kupfererze und Diamanten gefunden. Blei- und Kupfererze sind an verschiedenen Stellen bereits zutage gefördert worden. Am bedeutendsten sind gegenwärtig die Blei- und Kupfererzfunde bei Tsumeb der Otawi-Minengesellschaft; im Jahre 1906, nachdem der Betrieb eröffnet worden war, betrug die Gesamtförderung reichlich 20 000 t Erz, 1909 gegen 50 000 t; an Kupfer wurde für 6⅓ Mill. M. ausgeführt und an Blei für 1 Mill. M. Von großer wirtschaftlicher Bedeutung für Deutsch-Südwestafrika sind die Diamantenfunde in dem Dünengürtel von Lüderitzbucht. Die Funde erstrecken sich von Lüderitzbucht aus nach S bis nahe zum Oranjefluß und nach N bis zum Wendekreis des Steinbocks. Die Diamanten liegen frei in dem Dünensand. Vom 1. Okt. 1908 bis zum 31. Juli 1909 sind bereits ¼ Mill. Karat gefördert worden. Eine jährliche Ausbeute von 550 000 bis 600 000 Karat ist sicher; das sind im Jahr, wenn ein Karat durchschnittlich mit 28 M. bewertet wird, für 15 bis 17 Mill. M. Diamanten. Die Qualität der Steine ist ausgezeichnet.

b. Unter allen deutschen Kolonien besitzt Deutsch-Südwestafrika jetzt die meisten Eisenbahnen. Von den 4000 km langen Eisenbahnen der deutschen Kolonien entfallen auf Südwest allein 1700 km. Ein Eisenbahnstrang verbindet Swakopmund über Karibib und Okahandja mit Windhuk, ein andrer Swakopmund über Omaruru und Otawi mit Tsumeb. Im Süden der Kolonie läuft eine neue Bahn von Lüderitzbucht aus über Aus nach Keetmannshoop. In Seeheim, einer Station vor Keetmanshoop, zweigt die Bahn nach Kalkfontein, im N von Warmbad, ab. Eine zentrale Nord-Südbahn wird Windhuk über Rehoboth und Gibeon mit Keetmanshoop verbinden. Swakopmund, früher der lebhafteste Ort im Schutzgebiet, hat stark unter dem Wechsel der wirtschaftlichen Verhältnisse zu leiden; die zunehmende Bedeutung der Diamantenstadt Lüderitzbucht macht sich stark fühlbar. Zwischen den bedeutendern Orten, die von keiner Eisenbahn berührt werden, herrscht noch der alte und beschwerliche Ochsenkarrenverkehr.

§ 95. Wirtschaft und Verkehr von Deutsch-Ostafrika. a. Deutsch-Ostafrika ist ein echtes Tropenland nach Lage, Klima und Erzeugnissen. Darum ist auch hier die Möglichkeit zum Anbau der verschiedensten tropischen Nutzpflanzen gegeben. Plantagen- und Eingeborenenkulturen bringen bereits eine Menge Ausfuhrprodukte. Von den Kulturen der Eingeborenen schaffen die ölliefernden Erzeugnisse die größten Ausfuhrwerte. Die Ausfuhr von Kopra schwankt zwischen 3½ und 4 Mill. kg im Werte von ¾ bis 1½ Mill. M. Die Ausfuhr von Erdnüssen, hauptsächlich aus dem Muansa-Gebiet, erreicht 2 Mill. kg und die von Sesam, der alten Kulturpflanze der Kolonie, 1 Mill. kg. Der Bukoba-Kaffee, ein von den Eingeborenen angebauter Kaffee, wird bereits in ansehnlichen Mengen ausgeführt. Der in dem Schutzgebiet erbaute Reis wandert zumeist über die Binnengrenze. Mehr und mehr hebt sich die Tabakkultur der Eingeborenen (Ausf. jährl. über 100 000 kg). Die Eingeborenen sind auch an der Ausfuhr von Kopal (120 000 kg), Bienenwachs (über ½ Mill. kg) und Kautschuk und Guttapercha beteiligt. Die Ausfuhr der letztern Erzeugnisse, die teils wildwachsenden, teils kultivierten Pflanzen entstammen, ist großen Schwankungen unterworfen, jährlich 200 000 bis über 300 000 kg im Werte von 1 bis reichlich 2 Mill. M.

In Usambara gewinnt man jährlich 600 000—700 000 kg Kaffee, am Kilimandscharo und Meru über 100 000 kg. Den größten Ausfuhrwert hat der Sisalhanf zu verzeichnen, 4 Mill. kg zu 3 Mill. M. Die Baumwolle steht noch weit hintan, ¼ Mill. kg zu etwa ¼ Mill. M. Von Jahr zu Jahr steigt die Nutzholzausfuhr. Ferner gelangen zur Ausfuhr Hanf, Flachs, Rindvieh, Elfenbein (26 000 kg zu 600 000 M.) und Häute und Felle. Zu letztern Erzeugnissen liefern die jagdbaren Wildtiere eine ansehnliche Menge, werden doch alljährlich in der Kolonie allein gegen 500 Löwen und 1500 Leoparden erlegt. Auch Fischereierzeugnisse, wie Kauri, Schildpatt und Fische, werden ausgeführt.

Die Viehhaltung beschäftigt sich mit der Zucht von Rindern, Eseln, Pferden, Schafen und Ziegen, Schweinen, Hühnern und Straußen (Kilimandscharo).

Auch Schätze unter der Erde werden gefunden, wie fossiles Kopalharz (oben bereits genannt), Granaten und Glimmer. Graphit, Gold und Steinkohle hat man gefunden. Vorderhand sind von Bedeutung nur der Abbau von Glimmer (im Ulugurugebirge, bei Morogoro, über 80 000 kg) und Gold bei Irangi im Bezirk Kilimatinde, die Gewinnung von Granaten und die Ausbeutung von Salz und Soda (Natronsee, an der Nordgrenze). (Vgl. § 221.)

b. Der Kleinhandel liegt fast ganz in den Händen der indischen Kaufleute (Banianen). Der Verkehr ist hauptsächlich auf den Karawanenverkehr angewiesen. Erst in neuester Zeit geht man an den Bau von Eisenbahnen. Die Usambarabahn führt von Tanga nach Mombo, in der Nähe von Wilhelmstal, weiterhin nach Moschi am Kilimandscharo und nach Aruscha am Meru; sie soll späterhin den Victoriasee erreichen. Die ostafrikanische Zentralbahn geht von Daressalam über Morogoro, Mpapua und Kilimatinde nach Tabora, wo sie sich späterhin gabeln wird; der eine Zweig soll die bedeutende Handelsstadt Muansa am Victoriasee er-

Fig. 110. Produktionskarte von Deutsch-Ostafrika.

reichen und der andre Udjidji am Tanganjikasee. Aber auch eine Südbahn würde für unsere Kolonie außerordentlich wichtig sein, eine solche, die Kilwa-Kiwindsche mit Wiedhafen am Njassasee über Ssongea verbände. Außer den bereits genannten Hafen- und Handelsorten sind noch erwähnenswert Pangani, Bagamoyo und Lindi.

§ 96. Wirtschaft und Verkehr der Südsee-Schutzgebiete und des Pachtgebietes von Kiautschou. a. Das Schwergewicht der Erzeugung sämtlicher Schutzgebiete in der Südsee liegt außer in der Phosphatgewinnung nach wie vor in der Kultur der Kokospalme. In der Gewinnung von Kopra steht Samoa obenan. Der Ausfuhrwert beträgt 5 Mill. M. für 20 Mill. kg Kopra, wovon die Hälfte auf Samoa entfällt. Daneben werden jährlich von Samoa noch über 100 000 Kokosnüsse besonders ausgeführt. Es folgen sodann in der Kopraerzeugung die Marschallinseln, der Bismarck-Archipel, die Ostkarolinen, die Westkarolinen, Kaiser-Wilhelmsland, die Marianen und Palau. Auf Samoa ist noch die Kakaokultur hervorragend, die bedeutende Fortschritte auszuweisen hat (1905: 28 000 kg, 1909 über 200 000 kg im Werte von ¼ Mill. M.); nächst dem Kakao sind Kawawurzeln Ausfuhrgegenstand für andere Südseeinseln, ferner Kaffee, Ananas und Tabak. Für die Wirtschaft der andern Schutzgebiete der Südsee sind außer Kopra und einigen mehr Ernährungszwecken der Einheimischen dienenden Kulturen vor allem auch verschiedene Meereserzeugnisse von Bedeutung, so der Trepang und Perlmutterschalen. Auf Nauru, der südlichsten der Marschallinseln, beginnt seit 1907 die Ausbeutung der reichen Phosphatschätze. 1908 bereits wurden hauptsächlich auf Nauru und sodann auf Feis, einer kleinen Insel der Westkarolinen und auf Angaur, zu der Palau-Gruppe gehörig, 60 Mill. kg Phosphate im Werte zu 4 Mill. M. gewonnen. Die Phosphate verdanken ihre Entstehung der Vogelwelt. Unter dem Einfluß der reichen Niederschläge verbanden sich die Laugen der Auswurfstoffe mit dem Kalk der Koralleninseln zu dem bewährten Düngemittel. (Vgl. § 233.)

b. **Kiautschous** wirtschaftliche Bedeutung liegt lediglich in seinem Handelsverkehr. Ein- und Ausfuhr steigen ganz beträchtlich von Jahr zu Jahr. Damit vereint wächst die Seeschiffahrt von Tsingtau. Dieser Ort ist zu einem großen und ausgezeichneten Hafen durch die Deutschen ausgebaut worden, versehen mit Mole, Schwimmdock und Werftanlagen. Da das Gebiet sehr klein ist, so kommt der ganze Handelsverkehr namentlich dem Hinterlande zugute. Die Ziffern der Handelsstatistik betreffen in der Hauptsache Durchgangsgüter für das Hinterland, das hinwiederum als wichtige Erzeugnisse für den Ausfuhrhandel chinesische Fabrikate und Halbfabrikate liefert. Die von Tsingtau ausgehende deutsche Schantung-Eisenbahn (435 km) führt zu den Kohlenrevieren der Schantung-Bergbaugesellschaft bei Weihsien und Poschan; sie endet bei Tsinanfu, wo sie Anschluß an andre chinesische Bahnen findet. An dem Ausbau des Bahnnetzes im Hinterlande sind die Deutschen stark beteiligt Das Weihsien-Kohlenfeld fördert jetzt im Jahre gegen 300 000 t Kohlen und das Poschan-Kohlenfeld halb soviel.

Von den Chinesen werden verschiedene Obstsorten, Kartoffeln, Hirse, Weizen, Gerste, Gemüse, Bohnen und Erdnüsse angebaut. Birnen und Äpfel werden in großen Mengen ausgeführt. Die Seesalzgewinnung auf der Insel Yintau in der Kiautschoubucht hat in den letzten Jahren eine starke Steigerung erfahren. Das bedeutungsvollste Ereignis in dem Schutzgebiet war die Eröffnung der deutsch-chinesischen Hochschule am 25. Okt. 1909. Mit ihr hat ein neuer Abschnitt in der kulturellen Wirksamkeit Deutschlands im fernen Osten seinen Anfang genommen. (Vgl. auch § 185.)

§ 97. Der Handel der deutschen Kolonien. a. Für die Ausfuhr nach dem Weltmarkte haben zurzeit die größte Bedeutung in unsern Schutzgebieten die Eingeborenenkultur und die im wesentlichen auf Raubbau beruhende Gewinnung (Sammelwirtschaft) von Naturprodukten, wie Kautschuk, Palmkerne, Elfenbein usw. durch die Eingeborenen. Dazu gesellt sich drittens die europäische Plantagenwirtschaft, namentlich in Ostafrika, in Kamerun und in der Südsee. Die Ausfuhrbedeutung der Eingeborenenkultur, des Raubbaus von Naturprodukten und der Plantagenwirtschaft ergibt sich für die wichtigsten Erzeugnisse im einzelnen aus folgenden Ziffern, und zwar in 1000 M.:

	Kautschuk			Baumwolle				Kakao		
	1903	1907	1908	1903	1907	1908		1903	1907	1908
Ostafrika	1994	2039	1113	7	225	209	Kamerun	928	2704	2654
Kamerun	2247	7641	4780	—	—	0,8	Samoa	6	117	246
Togo	640	1095	587	38	231	366	Togo	1	51	69
Zusammen	4481	10775	6480	45	456	576		935	2872	2969

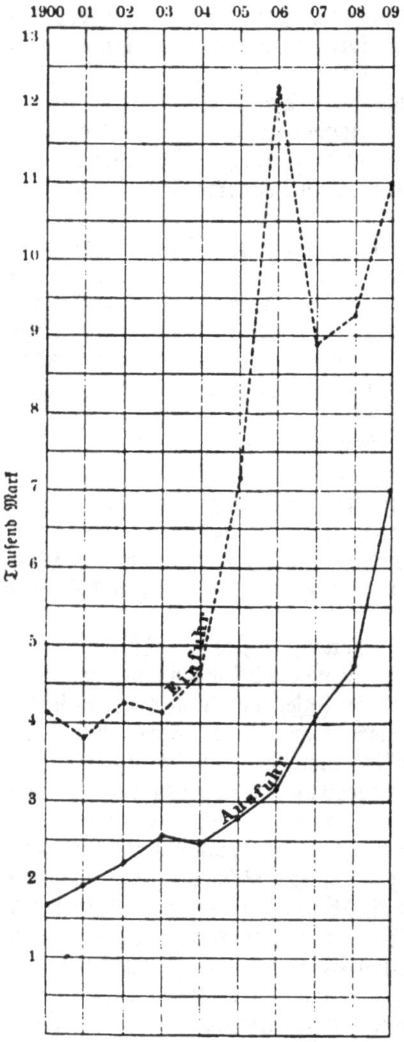

Fig. 111. Ein- u. Ausfuhr der deutschen Kolonien (ohne Kiautschou).

Die Ausfuhrwerte von **Palmkernen** und **Palmöl** in Kamerun und Togo schwankten in den letzten Jahren zwischen $3\frac{1}{2}$ und $5\frac{1}{2}$ Mill. M. Die Gewinnung von **Kaffee** ist in Ostafrika von 340000 kg (1903) auf reichlich 1 Mill. kg (1908) gestiegen; der Wert hat noch nicht ganz 1 Mill. M. erreicht. Innerhalb der Zeit von 1903 bis 1908 haben die Ausfuhrwerte für **Mais** in Togo und für **Sisal** in Ostafrika ganz bedeutend zugenommen, und zwar der Mais von 99000 M. auf 2 Mill. M. und Sisal von $\frac{1}{3}$ auf 3 Mill. M. **Kopra** liefern unsere sämtlichen Kolonien mit Ausnahme von Südwestafrika und Kiautschou. Die Ausbeute schwankt jährlich zwischen 5 und 7 Mill. M.

b. Bei dem Handel mit den deutschen Kolonien sind **Großbritannien** und die **britischen Kolonien** vorwiegend beteiligt; indessen herrscht England, wie ehedem in **Deutsch-Ostafrika**, nicht mehr vor. In **Deutsch-Ostafrika** beherrscht jetzt im Küstengrenzhandel Deutschland den Gesamthandel mit 52%, dann folgen England und Indien. Mehr noch hat Deutschland das Übergewicht in **Kamerun** (78%), **Togo** (60%) und **Südwestafrika** (84%). Von den Südseegebieten wird der Gesamthandel des **Bismarckarchipels** mit **Kaiser-Wilhelmsland** und ebenso der **Ostkarolinen** von Deutschland zur Hälfte beherrscht. Besonders ist der Handel mit Australien infolge der Phosphatfunde sehr lebhaft geworden. Darum beherrscht Australien den Handel der **Marschallinseln** mit 60%. Auch der Handel **Samoas** ist zur Hälfte nach Australien gerichtet. Ein Drittel des samoanischen Handels entfällt auf Deutschland und $\frac{1}{4}$ des Handels der **Westkarolinen** mit Palau und

Marianen. In dem Handelsgebiet der Marianen herrschen nach wie vor die Japaner (mit 43% des Gesamthandels). (Vgl. hierzu Fig. 211—214, 217—220, 227—230.)

c. Die wesentlichste Form des Handels in den deutschen Kolonien ist immer noch die des Tauschhandels. Es erfolgt mithin ein unmittelbarer Austausch der verschiedensten europäischen Waren gegen die Erzeugnisse des Landes. Der Handel des Deutschen Reiches mit den Kolonien hat sich von Jahr zu Jahr erfreulich gesteigert. Der Gesamthandel der Kolonien ohne Kiautschou hat im Jahre 1908 die Höhe von nahezu 140 Mill. M. erreicht, woran Deutschland mit fast 90 Mill. M. (64%) beteiligt war. 1909 betrug der Gesamthandel 180 Mill. M., woran 110 Mill M. auf die Einfuhr und 70 Mill. M. auf die Ausfuhr entfielen.

Überblick der Entwicklung von Deutschlands Handel mit seinen Kolonien.

<table>
<tr><th>Jahre</th><th>Togo</th><th>Kamerun</th><th>Südwestafrika</th><th>Ostafrika</th><th>Bismarckarchipel, Kaiser-Wilhelmsland, Marschallinsl., Karolinen, Palau und Marianen</th><th>Samoa</th><th>Kiautschou</th></tr>
<tr><td colspan="8">Anteil Deutschlands an der Einfuhr nach den Kolonien (in 1000 Mark).</td></tr>
<tr><td>1908</td><td>4755</td><td>12028</td><td>26934</td><td>11534</td><td>1534</td><td>544</td><td>3499</td></tr>
<tr><td>1905</td><td>5961</td><td>10091</td><td>20131</td><td>7801</td><td>2229</td><td>827</td><td>7989</td></tr>
<tr><td>1900</td><td colspan="2">8483</td><td>5148</td><td>3904</td><td>712</td><td>198</td><td>5800</td></tr>
<tr><td>1897</td><td colspan="2">4485</td><td>2868</td><td>1805</td><td>304</td><td>—</td><td>—</td></tr>
<tr><td colspan="8">Anteil Deutschlands an der Ausfuhr aus den Kolonien (in 1000 Mark).</td></tr>
<tr><td>1908</td><td>4412</td><td>9562</td><td>7412</td><td>6133</td><td>1893</td><td>1252</td><td>110</td></tr>
<tr><td>1905</td><td>2370</td><td>7634</td><td>175</td><td>4232</td><td>886</td><td>849</td><td>24</td></tr>
<tr><td>1900</td><td colspan="2">4326</td><td>317</td><td>1118</td><td>341</td><td>506</td><td>21</td></tr>
<tr><td>1897</td><td colspan="2">3562</td><td>209</td><td>762</td><td>210</td><td>—</td><td>—</td></tr>
</table>

Die Ausfuhr der kolonialen Erzeugnisse nach dem Deutschen Reiche hat eine regelmäßigere Bewegung und Steigerung als die Einfuhr heimischer Erzeugnisse in die Kolonien. Das Schwanken der Einfuhrziffer kommt hauptsächlich auf Rechnung von Baumaterialien, wie z. B. von Eisenbahnbaugegenständen, von Zement u. a. m. (Über die wichtigsten Waren im Handel mit den deutschen Kolonien vergleiche die einzelnen Erdteile.)

d. Für die Entwicklung der deutschen Schutzgebiete ist es sehr wichtig, daß sie, leider mit Ausnahme von Samoa, in geregeltem Schiffsverkehr mit dem Mutterlande stehen. Dieser Verkehr und der sich sichtlich steigernde Handel lassen mit Recht hoffen, daß sich die deutschen Kolonien zu sichern Stützpunkten des deutschen Welthandels und des deutschen Weltverkehrs entwickeln, und daß sie der deutschen Nation in allen Weltteilen gebührende Anerkennung und dauernde Wertschätzung verschaffen werden. Gestützt auf eine tüchtige Kriegsmarine, auf die dem Deutschen eigene Kraft und Ausdauer und den kaufmännischen Unternehmungsgeist, geht Deutschland einer gesicherten Zukunft entgegen. Der deutsche Kolonialhandel wird für das Deutsche Reich im Laufe der Zeit noch eine dauernde Quelle des Reichtums werden. Schon jetzt entwickeln sich unsere Kolonien zu immer stärker fließenden Kraftquellen für das Mutterland.

b. Großherzogtum Luxemburg.

§ 98. **Land und Leute, Naturerzeugnisse, Gewerbe und Handel.** a. Das Großherzogtum Luxemburg verfügt über 2600 qkm mit 246000 Einwohnern; es entfallen auf 1 qkm 95 Bewohner. Bei einer ähnlichen Volksdichte wie Deutschland umfaßt es kaum die Größe von Mecklenburg-Strelitz. Über die politische Lage vergleiche die Karte!

Luxemburg nimmt an den westlichen Ausläufern des deutschen Mittelgebirges teil. Die südlichen und niedern $^2/_3$ des Landes sind sehr fruchtbar. Der größte Teil des Gebietes wird zur Mosel entwässert, ein kleiner Teil zur Maas.

b. Das Großherzogtum Luxemburg ist ein konstitutioneller Staat. Seine Bevölkerung ist zu 93% deutsch. Der Rest entfällt auf Belgier, Franzosen und Italiener. Die Landbevölkerung ist durchweg deutsch. Die Handelssprache ist deutsch.

Der größte Ort des Landes ist die Hauptstadt Luxemburg (21 000 E.). Die Hauptstadt ist zugleich auch die bedeutendste Handels- und Industriestadt des Landes. Andere wichtigere Orte sind noch: Esch a. d. Elz, Echternach, Diekirch und Wiltz.

c. Die Hälfte des Bodens nimmt das Ackerland und Gartenland ein. Die andere Hälfte gehört zum größten Teil den Wiesen und Weiden und zum geringsten Teil dem Waldland. Die Viehhaltung ist ganz ansehnlich und erstreckt sich auf Rinder, Schweine, Pferde, Schafe und Ziegen.

d. Unter den Industrien ragt die Eisen- und Stahlindustrie hervor. Andere Industriezweige sind Leder-, Handschuh-, Tuch-, Trikot-, Fayence-, Steingut- und Papierfabrikation, ferner Holzbearbeitung und Käsebereitung.

Handel und Verkehr sind in den deutschen Handel mit einbegriffen. Luxemburg gehört seit 1842 zum deutschen Zollgebiet (dem deutschen Wirtschaftsgebiet).

c. Österreich-Ungarn.

§ 99. **Land und Leute.** a. Die österreichisch-ungarische Monarchie wird von 45° n. Br. und vom 15° ö. L. geschnitten. Das Kaiserreich Österreich ist 300 000 qkm groß mit 28 Mill. E. (93 E. auf 1 qkm) und das Königreich Ungarn 325 000 qkm mit 21 Mill. E. (63 E. auf 1 qkm). Österreich-Ungarn ist mit Bosnien und der Herzegowina 677 000 qkm groß mit rund 50 Mill. E. (74 E. auf 1 qkm).

Österreich und Ungarn sind seit 1867 zu einer konstitutionellen Monarchie untrennbar verbunden. Jede Reichshälfte hat ihre besondere Verfassung, Gesetzgebung und Verwaltung. Beiden sind aber gemeinsam die auswärtige Vertretung, Kriegsmacht, Finanzangelegenheiten und seit 1878 die Verwaltung von Bosnien und Herzegowina; 1908 sind beide Länder vollständig der Monarchie einverleibt worden.

Die österreichisch-ungarische Zollgrenze umfaßt außerdem das 160 qkm große Fürstentum Liechtenstein im Rheintal, mit reichlich 10 000 Bewohnern und dem **Hauptort** Vaduz.

Österreich-Ungarn ist trotz seiner mittelländischen Küste ein kontinentales Land, das inmitten Europas zwischen den kulturell höchstentwickelten und den am wenigsten entwickelten Ländern Europas vermittelt.

b. Die Bodengestalt ist höchst mannigfaltig. Das Tiefland herrscht in der Mitte, das Gebirgsland mehr an den Rändern des Landes vor. Das Gebirgsland drängt auch das ganze Wirtschaftsleben von der Meeresküste weg. Die Ostalpen fallen auf österreichisches Gebiet. Ihr südöstlicher Ausläufer ist der unfruchtbare, zerrissene und höhlenreiche Karst. Hier herrscht der Kalkstein vor. Die Urgesteine, Granite und kristallinische Schiefer, machen sich in den andern Gebirgen breit, wie in den böhmischen Gebirgen, in den Karpathen, den Transsylvanischen Alpen mit dem eisenerzreichen Banater Gebirge. Im N des Landes machen sich auch Sandsteinschichten bemerkbar (das Elbsandsteingebirge). Der Löß, der schon in Böhmen auftritt, bedeckt die große Ungarische Niederung.

c. Österreich-Ungarn wird vom Stromsystem der Donau beherrscht, deren Lauf von Passau bis zum Eisernen Tore (1350 km) für die Dampfschiffahrt geeignet ist. Für die Schiffahrt wichtigere Flüsse sind noch die rechten Donaunebenflüsse Inn mit Salzach, Drau mit Mur, Save, die linken Donaunebenflüsse Theiß mit Szamos, Körös und Maros, Alt und Pruth. Die Störung im Verkehr, die die Donau bei dem Verlassen des österreichisch-ungarischen Bodens durch die Einengung am Eisernen Tor bei Orsova erfährt, hat man durch kostspielige Stromregulierungsarbeiten zu beheben gesucht.

Die Elbe nimmt bei Melnik die Moldau auf und wird von da ab schiffbar. Die Weichsel wird bei Krakau schiffbar. Für die Schiffahrt sind ferner geeignet der Dnjestr, die Etsch, die Narenta, letztere aber bloß von Metković an.

Österreich-Ungarn hat mit Anteil an dem Verkehre des Bodensees und des Gardasees. Die Tieflandseen, Neusiedler See und Plattensee, haben für den Verkehr nur rein örtliche Bedeutung. Die österreichische Küste am Adriatischen Meere ist mit natürlichen Hafenbuchten reich ausgestattet.

d. Wegen der mannigfachen Bodengestalt ist auch das Klima sehr verschiedenartig. Im allgemeinen wechseln heiße Sommer mit kalten Wintern ab. In den Karpathen hat man eine mittlere Jahrestemperatur von 6°, in der Ungarischen Niederung von 10° bis 11°, in Südtirol von 15° beobachtet.

In den Gebirgsgegenden sind die Niederschläge reichlich, bis 1 m und darüber (Salzburg), in der Ungarischen Niederung erreichen sie kaum 40 cm. Die regenreichen Winter und die trockenen Sommer bedingen hier den steppenartigen Charakter (Pußta!).

e. Österreich-Ungarn umfaßt ein reiches Völkergemisch. Die Kulturträger der Monarchie sind die Deutschen (12 Mill. oder 25% der Gesamtbevölkerung). Sie wohnen besonders in Österreich. Deutsch ist auch die Handelssprache. In der östlichen Reichshälfte sind die Magyaren die Hauptbevölkerung (9 Mill. oder 18% der Gesamtbevölkerung). Zwischen beiden Hauptstämmen wohnen verschiedene Slawenvölker (22 Mill. oder 50%). Außerdem wohnen im SO noch Rumänen, in Südtirol Italiener. Juden wohnen im ganzen Lande zerstreut. Zigeuner finden sich zumeist in Ungarn, Siebenbürgen und der Bukowina.

f. Österreich ist dichter als Ungarn bewohnt (s. Abschnitt a.). Menschenarm sind die Hochalpenregionen, der Karst und das Innere der Karpathen. Großstädte (mit 100 000 Bewohnern und mehr) sind in Österreich: Wien (2 Mill. E.), Prag, Lemberg, Graz, Triest, Brünn und Krakau; in Ungarn: Budapest (900 000 E.) und Szegedin.

Andere wichtige Orte sind in Österreich noch: Linz, Salzburg, Innsbruck, Trient, Bregenz, Klagenfurt, Laibach, Görz, Zara, Spalato, Pilsen, Aussig, Reichenberg, Troppau, Przemysl und Czernowitz; in Ungarn: Preßburg, Fünfkirchen, Maria-Theresiopel, Kecskemet, Debreczin, Großwardein, Hodmezö-Vásárhely, Fiume; in Kroatien: Agram; in Siebenbürgen: Klausenburg, Kronstadt und Hermannstadt.

Österreich-Ungarn ist ein Ackerbaustaat; 2/3 der Bevölkerung gehört landwirtschaftlichen Berufen an, 1/4 der Industrie und der Rest dem Handel und Gewerbe.

§ 100. Erzeugnisse des Pflanzen-, Tier- und Mineralreiches. a. Der österreichisch-ungarische Boden ist reich an pflanzlichen Erzeugnissen.

Hafer-, Roggen-, Kartoffel- und Zuckerrübenbau werden in Österreich stärker als in Ungarn betrieben. Ungarn ist vorzugsweise das Land des

Fig. 112. Bodenbenutzung in Österreich-Ungarn in Proz. [1908].

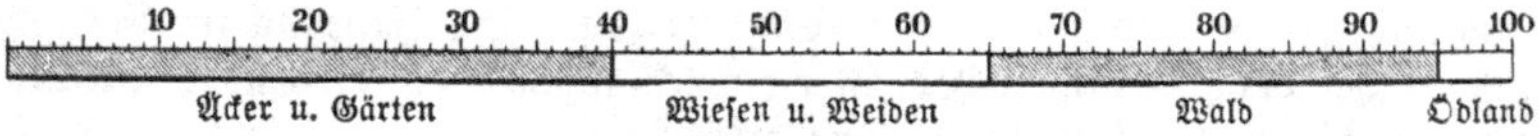

Weizens und des Maises (Kukuruz). Gerste und Hülsenfrüchte werden in beiden Reichshälften in gleichem Umfange angebaut. In Ungarn (Fünfkirchen) wird viel Tabak erbaut, auch Raps und Hanf, dagegen Flachs besonders in Österreich.

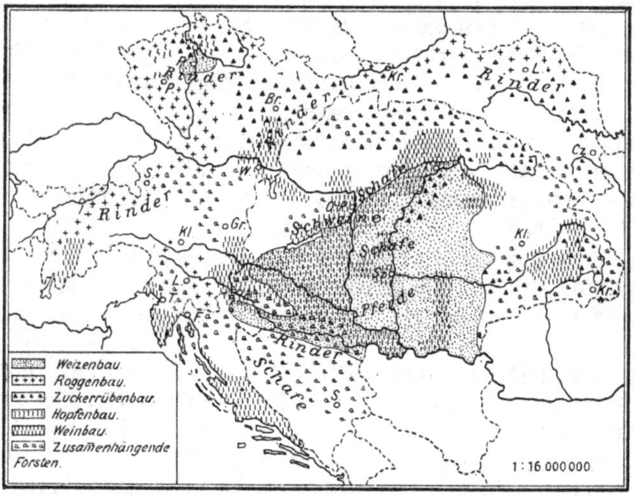

Fig. 113. Bodenkultur u. Wälder Österreich-Ungarns

Hopfen bringt Böhmen (Saaz) in anerkannter Güte auf den Weltmarkt. Als Weinland hat die gesamte Monarchie Weltruf. Die Weinernte hat den zwei- bis vierfachen Betrag (150 bis 250 Mill. M.) der deutschen Weinernte. Bekannte Weinsorten kommen in Ungarn aus Tokai, Erlau, Ruszt, Neszmély und Ofen, in Niederösterreich aus Vöslau. Südtirol und Dalmatien liefern zumeist leichtere Rotweine, selten schwere Weißweine. Obst wird überall gebaut, hauptsächlich jedoch in Böhmen und Südtirol. Hier macht sich in den nach S offenen Tälern bereits die Südfrüchte- und Olivenkultur bemerkbar.

Die Forstwirtschaft erstreckt sich über ein großes Waldgebiet. Österreich-Ungarn hat gegenwärtig noch den größten Holzexport unter den europäischen Ländern. Die waldreichsten Gegenden sind die Karpathen, die Mittelgebirge und Alpengehänge. In den Alpen und Karpathen herrscht das Nadelholz vor, in Ungarn und Slawonien das Laubholz (Eiche).

b. Die ausgedehnten Weiden und Wiesen ermöglichen eine große Viehzucht. Die Anzahl der Tiere ist groß, die Güte aber läßt zu wünschen übrig. Ungarn steht in der Pferde-, Schaf- und Schweinezucht über Österreich, dagegen Österreich über Ungarn in der Rinder-, Maultier- und Ziegenzucht. Die ungarischen Pferde sind berühmt.

Die Rinder werden in Ungarn und Galizien mehr als Arbeits- und Fleischtiere gehalten, in den Alpenländern mehr zur Milchwirtschaft. Die Schafzucht ist infolge der überseeischen Konkurrenz zurückgegangen, aber bezüglich der Zucht von Fleischtieren noch recht ansehnlich. Auch Merinos werden vielfach noch gehalten.

Schweine werden in Ungarn (Bakonyer Wald), Siebenbürgen und Slawonien (Eichelmast!) gezüchtet. Ansehnlich ist die Ziegenzucht in Dalmatien, die Bienenzucht in Ungarn, die Seidenraupenzucht in den südlichen Kronländern und in Ungarn. Die Geflügelzucht ist in beiden Reichshälften ganz bedeutend (großer Eierexport!).

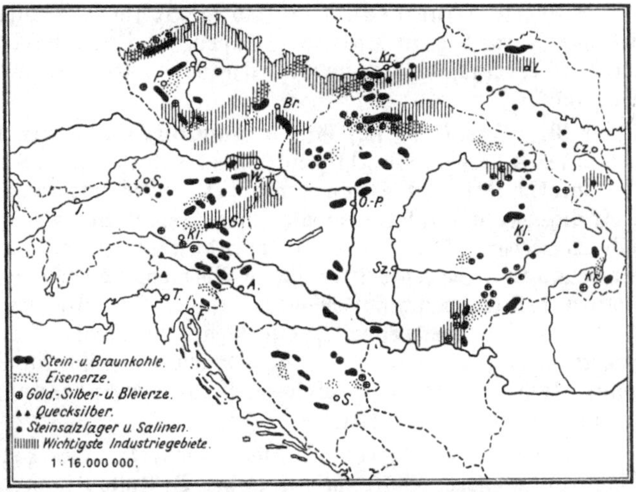

Fig. 114. Schätze unter der Erde u. Industriegebiete in Österreich-Ungarn.

c. Österreich-Ungarn zählt zu den mineralreichsten Ländern Europas. Eine große Schwierigkeit erwächst der Verhüttung der Erze in schlechten Zufuhrwegen und besonders in der ungünstigen Verteilung der Kohlenlager, die von den Erzlagern weit entfernt liegen. Die Kohlenausbeute (50 Mill. t) setzt sich zu $^2/_3$ aus Braunkohlen und zu $^1/_3$ aus Steinkohlen zusammen. Das Egertal (Aussig, Dux, Komotau, Osseg) liefert vor allem Braunkohlen, das Banater Gebirge in Südungarn vorzüglich Steinkohlen. Als Kohlenfundort in Österreich ist noch wichtig das Ostrauer Kohlen- und Eisenrevier.

Eisenerze werden in den Alpen, Sudeten und Karpathen gewonnen, jährlich etwa 2 Mill. t. Besonders ist Steiermark als eisenreichstes Alpenland bekannt; das „norische Eisen" wußten schon die alten Römer zu schätzen. Graphit findet man im südlichen Böhmen (Schwarzbach), in Mähren und Steiermark.

In der Erzeugung von Edelmetallen übertrifft Österreich-Ungarn alle europäischen Staaten mit Ausnahme Rußlands. Die ungarischen Gebirgslandschaften sind die bevorzugten Gebiete der Edelmetallerzeugung (Schemnitz, Kremnitz, Schmölnitz und in Siebenbürgen Zalatna). Die Ostalpen sind noch reich an metallischen Schätzen, so an Kupfer, Blei, Zink, Quecksilber. Idria in Krain ist als Quecksilberfundstätte weltbekannt.

Der Außenrand der Karpathen ist reich an mächtigen Salzstöcken. Steinsalz liefern Wieliczka und Bochnia in Westgalizien, Siebenbürgen und das Marmarosgebiet Ungarns, Sudsalz das Salzkammergut (Aussee, Hallstatt, Ischl), Hallein und Hall, Seesalz die Küste Istriens. Gegen 600 000 t Salz werden jährlich erzeugt. Österreich-Ungarn besitzt gute Ton- und Porzellanerden (Karlsbad). Petroleum und Erdwachs liefert Galizien.

Berühmte Mineralquellen sind in Böhmen Teplitz, Karlsbad, Franzensbad und Marienbad, in Salzburg Gastein, in Oberösterreich Hall und Ischl, in Niederösterreich Baden und in Ungarn Ofen und Mehadia bei der Porta Orientalis.

§ 101. Industrien auf Grund pflanzlicher, tierischer und mineralischer Erzeugnisse. a. Österreich steht gleichsam als industrieller Westen Ungarn als dem landwirtschaftlichen Osten gegenüber. Der ungarische Weizenbau hat eine großartige Mehlindustrie hervorgerufen. Hauptorte dieser Industrie sind Budapest und Temesvar. Die Rübenzuckerindustrie ist eine der bedeutendsten nach der deutschen. Sie konzentriert sich in Böhmen, wo Aussig eine der größten Zuckerfabriken des europäischen Festlandes besitzt. Die Bierbrauereien liefern über 20 Mill. hl Bier, wovon etwa $^1/_{10}$ auf Ungarn und ebensoviel auf Pilsen allein entfällt. Andere wichtigere Bierorte sind noch Budweis, Leitmeritz, Wien, Schwechat und Graz. Ungarn besitzt zweimal soviel Branntweinbrennereien wie Österreich; sie sind aber zumeist Kleinbetriebe.

Die Tabakfabrikation ist Staatsmonopol. Die Textilindustrie steht in Österreich auf hoher Blüte, besonders die Baumwollengewebe mit dem Hauptgebiet in Böhmen (Reichenberg). Böhmen (Warnsdorf) liefert ebenfalls Baumwollensamt und besonders auch Leinenwaren (Trautenau). Jutewaren werden auch zumeist in böhmischen Gebieten hergestellt, Hanfwaren in Ungarn. Die Papierfabrikation hat ihre Hauptsitze in Nieder- und Oberösterreich, in Steiermark und Nordböhmen. Feine Holzwaren liefern Salzburg und Tirol. Die österreichischen Möbel aus gebogenem Holz sind weltberühmt (Wien), wie auch die Luxuswagen und sodann die musikalischen Instrumente (Böhmen).

b. Die Wollenindustrie wird als anderer Zweig der Textilindustrie ebenfalls in großem Umfange betrieben. In der Streichgarnspinnerei und -weberei steht Böhmen (Reichenberg) wieder obenan; dann folgen Mähren (Brünn), Schlesien (Bielitz) und Galizien (Biala). Kammgarnspinnereien und -webereien finden sich am zahlreichsten in Böhmen (Reichenberg, Asch). Die Tuchfabrikation weist auf Mähren und Steiermark (wasserdichte Lodenstoffe).

Schals, feine Möbelüberzüge und Teppiche kommen hauptsächlich aus Wien. Wien ist auch der Hauptort der Seidenindustrie. Wirkwaren liefern Reichenberg und Eger, Weißstickereien das Erzgebirge und Voralberg, fertige

Kleider und Wäsche von anerkannter Güte Wien, Prag, Budapest und andere Orte mehr. Die Hutfabrikation liefert Welterzeugnisse (Wien, Prag und Graz).

Die gröbern und auch luxuriösen Lederwaren entstammen den größern Orten von Niederösterreich (Wien, Krems), Böhmen (Prag, Pilsen), Galizien, Mähren und Ungarn (Budapest).

c. Auf Grund der mineralischen Rohstoffe hat sich eine bedeutende Metallwarenindustrie entwickelt. Die Stahlerzeugung führt uns nach Steiermark (Graz, Bruck), Oberösterreich (Steyr), Böhmen (Prag, Pilsen) und Mähren (Witkowitz). Berühmt ist die Sensen- und Waffenfabrikation von Steyr. Die größten Städte besitzen auch die größten Maschinenfabriken. In Triest, Fiume und Pola sind Werften entstanden, die den eisernen Schiffsbau immer mehr und mehr bevorzugen. Wien liefert in der Hauptsache alle möglichen Luxuswaren in Bronze, ebenso in Gold und Silber.

Eine Folge der ausgezeichneten Erden in Böhmen ist die Entstehung einer weitverbreiteten Glas-, Ton- und Porzellanwarenherstellung. Die Waren dieser Gewerbezweige sind mit tonangebend auf dem Weltmarkt. In der Glasindustrie insbesondere steht wiederum Böhmen obenan (Haida, Steinschönau, Gablonz, Tannwald, Eleonorenhain). Es folgen Mähren, Steiermark und Niederösterreich. In der Keramik hat Böhmen ebenfalls die führende Stelle (Karlsbad, Eger). An den größern Orten entstehen allmählich mehr und mehr chemische Fabriken und Mineralölraffinerien.

§ 102. Verkehr und Handel. a. Für den Binnenhandel Österreich-Ungarns haben die Wasserverkehrswege große Bedeutung. Von dem 12000 km langen schiff- und flößbaren Wassernetz entfallen 5000 km auf Ungarn. 4000 km sind dem Dampferverkehr zugänglich. In der Verkehrsbedeutung steht die Donau obenan, die auf der ganzen österreichischen Strecke von Dampfern befahren werden kann. Als regelmäßige Handelsstraße wird sie bereits seit 1830 befahren, in welchem Jahre die „Donau-Dampfschiffahrt-Gesellschaft" zu Wien begründet wurde. Die Dampfer dieser Gesellschaft verkehren zwischen Regensburg und Galatz, auf den Donaunebenflüssen (Save bis Sissek, Drau bis Barcs, Theiß bis Szolnok), auf dem Schwarzen Meere zwischen Galatz und Odessa und zwischen Galatz und Batum.

Die Elbestraße ist der nächstwichtigste Wasserweg. Zwischen Aussig und Hamburg verkehren die Schiffe der „Österreichisch-Nordwest-Dampfschiffahrt-Gesellschaft". Holz, Obst und Braunkohlen werden nach N zu verfrachtet. Hamburg erscheint gleichsam als ein österreichischer Hafen, denn die hauptsächlichsten österreichischen Waren für den Weltverkehr werden in Hamburg eingeschifft. Das Kanalnetz wird bedeutend ausgebaut. Der Franzenskanal verbindet Donau mit Theiß.

b. Österreich-Ungarn ist von zahlreichen Landstraßen durchzogen. Die Wege des Ostgebietes sind weniger gut als die des Westens. Der Eisenbahnbau begann bereits 1831. Ungarns Eisenbahnnetz ist aus natürlichen Gründen einheitlicher als das Österreichs. Das ungarische Netz hat einen Hauptknotenpunkt in Budapest, das österreichische hat mehrere Hauptknotenpunkte: Wien, Prag und Pilsen.

Österreich ist mit Deutschland durch 36 Eisenbahnlinien verbunden, mit Rußland durch 5 Karpathenbahnen. Durch den Tömöspaß führt die Bahn von Kronstadt südlich nach Bukarest. Die Temesbahn benutzt die eigentliche Eingangspforte zur Walachei, die „Porta Orientalis", die einer der wichtigsten Straßenzüge ist, da sie die Umgehung der Donauengen ermöglicht. Nach Serbien führt eine Hauptbahn, nach Italien bahnen sich drei Schienenstränge durch die Alpen den Weg. Österreich-Ungarn hat 43 000 km Eisenbahnen im Betrieb.

Berühmte und verkehrswichtige Bahnen sind die Alpenbahnen, wie die Semmeringbahn, die das Wienerbecken mit der Adria verbindet, die Brennerbahn, die Süddeutschland mit Italien verbindet, und die Arlbergbahn, die Österreich mit der Schweiz verknüpft. Eine wichtige Eisenbahnverbindung fehlt noch, nämlich eine Verbindung von Wien mit Mailand. Die Stilfserjochstraße muß bis jetzt dem zwischen beiden Gebieten hin und her flutenden Verkehre genügen.

Die zentrale Lage Österreich-Ungarns macht es erklärlich, daß sehr viele europäische Hauptstraßenzüge, besonders viele Expreßlinien, das Land durchschneiden. (Vgl. § 84 b.)

Der österreichisch-ungarische Postverkehr erzielt bedeutende Umsätze, besonders auch mit seiner Postsparkasseneinrichtung. Der österreichische Postverkehr ist nach Umfang und Stärke doppelt so groß als der ungarische.

c. Die wichtigsten Handelsplätze sind in Österreich Wien, Prag, Aussig, Reichenberg, Brünn, Brody, Graz und Triest und in Ungarn Budapest und Fiume. Wien ist nicht bloß die Hauptstadt der gesamten Monarchie, sondern auch der erste Mittelpunkt des Handels und Verkehrs, der Knotenpunkt des Orients mit dem Westen. Darum ist Wien ein Börsenplatz von europäischer Bedeutung, ein Bankplatz ersten Ranges.

Budapest oder Ofenpest zu beiden Seiten der Donau, die von großartigen Kais eingeschlossen wird, ist die Hauptstadt Transleithaniens und zugleich dessen erste Handelsstadt. Getreide, Wolle und Ölfrüchte haben hier ihren Hauptstapelplatz. Prag an der Moldau und im Herzen des böhmischen Beckens gelegen, ist die Hauptstadt Böhmens. Das große Straßennetz Böhmens läuft hier zusammen, und so mußte es auch ein Haupthandelsplatz und ein Hauptknotenpunkt des österreichischen Eisenbahnnetzes werden.

Triest und Fiume sind die zwei größten Häfen der Monarchie, jener von Österreich, dieser von Ungarn. Beide Hafenorte sind Freihäfen. Triest, der bedeutendere von beiden, im Norden des Adriatischen Meeres gelegen, verdankt seinen Aufschwung dem Österreichischen Lloyd (gegründet 1833) und dem Durchstich der Landenge von Suez. Die Linien des Österreichischen Lloyd gehen von Triest aus vornehmlich nach Venedig (Fahrzeit 6½ Stunden), nach der gesamten Levante, der Türkei (Fahrzeit nach Konstantinopel 7¼ Tage), Ägypten (Alexandria in 5¼ Tagen), Ostindien (Bombay in 17, Kalkutta in 40 bis 42 Tagen), Ostasien (Schanghai, Yokohama, Kobe in 54 bis 74 Tagen) und Südamerika (Rio de Janeiro und Santos in 51 Tagen). In Fiume unterhält die ungarische Schiffahrtgesellschaft „Adria" regelmäßigen Verkehr mit Italien, Spanien, Portugal, Algerien, Brasilien und Großbritannien.

d. Von dem österreichisch-ungarischen Außenhandel sind $^5/_6$ Landhandel und $^1/_6$ Seehandel. Die gesamte Handelsflotte verfügt über 15 000 Fahrzeuge mit rund 500 000 Reg. t netto.

Die Hauptausfuhrgegenstände sind Holz, Zucker, Eier, Gerste, Baumwollenwaren, Braunkohle, Malz, Lederartikel, Rinder, Pferde, Glas und Glaswaren,

Porzellan, Wollwaren, Schmuckgegenstände, Häute und Felle, fertige Kleider, Papier, Metallwaren, Mehl, Wein und Weinstein, Bier, Obst, Mineralwässer, Salz, Quecksilber.

Die hauptsächlichsten Einfuhrgegenstände sind Baumwolle, Wolle, Steinkohle, Tabak, Kaffee, Häute und Felle, Wollgarne, Maschinen, unedle Metalle, Eisen und Eisenwaren, Bücher und Landkarten, Kupfer, Edelsteine, Flachs und Jute, Reis und Chemikalien.

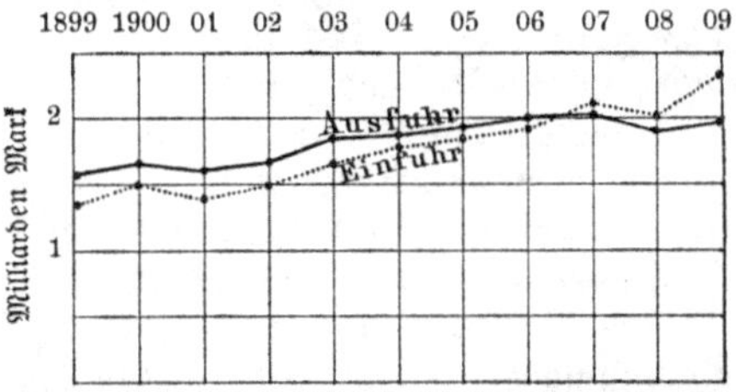

Fig. 115. Ein- u. Ausfuhr Österreich-Ungarns.

Der Außenhandel ist stetig gestiegen. Seit 1889 gehört Österreich-Ungarn zu den Großhandelsstaaten, die also einen Gesamthandelsumsatz von über 1 Milliarde M. aufweisen.

e. Der Warenverkehr zwischen Österreich-Ungarn und dem Deutschen Reiche ist ein sehr reger. Österreich sendet jährlich für 750 Mill. M. Waren nach Deutschland und holt aus Deutschland für die gleiche Summe Waren. In der Hauptsache sendet Österreich-Ungarn nach Deutschland: Braunkohlen (für 80 Mill. M.), Bau- und Nutzholz (für 60 Mill.

Fig. 116. Einfuhr Österreich-Ungarns (Herkunftsländer) in Proz. [1908: 2038 Mill. M.].

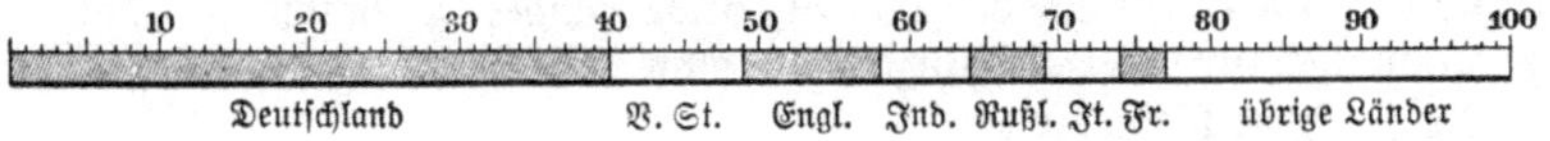

Fig. 117. Ausfuhr Österreich-Ungarns (Bestimmungsländer) in Proz. [1908: 1917 Mill. M.].

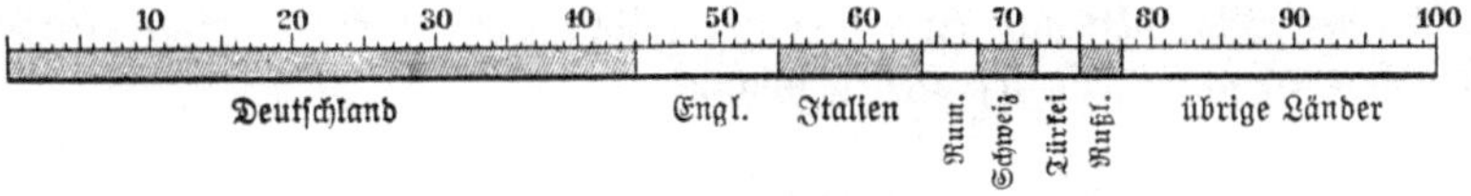

M.), Eier (für 60 Mill. M.), Gerste und Malz, Ochsen, Kühe, Pferde, Fleisch, Kalbfelle und andere Felle, Blasen und Därme, Milchbutter, Obst, Wein, gemünztes Gold, Bier, Erdöl, Porzellanerde und Schuhe.

Österreich-Ungarn kauft in der Hauptsache von Deutschland: Steinkohlen (für 120 Mill. M.) und Koks, Bücher, Karten und Musikalien (zusammen für 40 Mill. M.), Farbendruckbilder und Kupferstiche, Papier und Papierwaren, allerhand Eisenwaren und Maschinen, Edelmetallwaren, Anilin- und andere Teerfarbstoffe, feine Leder und Lederwaren.

§ 103. Bosnien und Herzegowina. Land und Leute, Urproduktion, Gewerbe, Verkehr und Handel. a. Beide Gebiete sind 51 000 qkm groß mit nahezu 2 Mill. Einwohnern (35 auf 1 qkm). Sie breiten sich südlich von der Save, zwischen Una und Drina aus. Die Fortsetzung des Karstes füllt das Land aus. Im Osten ist das Bosnische Erzgebirge bemerkenswert.

Das Land gehört zu den Wassergebieten des Schwarzen Meeres und des Adriatischen Meeres (Narenta). Auf den Höhen ist das Klima rauh, dagegen in den nach Süden geöffneten Tälern sehr warm.

Bosnien und Herzegowina sind nicht dicht bevölkert. Der Hauptteil, fast $^9/_{10}$ der Bevölkerung beschäftigt sich mit Ackerbau, der noch in der einfachsten Weise betrieben wird. Die Industrie nistet sich langsam in den Gegenden ein, wo Bodenschätze zutage gefördert werden.

b. Das Ackerland bedeckt $^1/_4$ der Landoberfläche. Die Hauptbrotfrucht ist Mais; es folgen Weizen, Gerste, Hafer, Roggen, Hirse, Buchweizen, Kartoffeln und neuerdings Zuckerrüben. Das Land ist reich an Obstbäumen (Pflaumen!). Tabak, Flachs, Hanf, Wein und Oliven werden kultiviert. Fast die Hälfte des Landes ist mit Wald bedeckt und $^1/_6$ mit Wiesen und Weiden.

Die Viehzucht erstarkt von Jahr zu Jahr und erstreckt sich auf Pferde, insbesondere auf Esel und Maultiere, ferner auf Rinder, Schafe, Ziegen und Schweine. Die Seidenraupenzucht ist nicht sehr bedeutend.

Von Schätzen unter dem Boden gewinnt man Eisen-, Kupfer-, Chrom- und Antimonerze. Außerdem werden Kohlen und Salz (Dolnja Tuzla) gefördert.

c. Die Industrie ist in der Hauptsache noch Klein- und Hausgewerbe. Als Handelsgegenstände haben Bedeutung die Schafwolldecken, Teppiche und Lederwaren aus Sarajewo und die Säbel und Dolche aus Mostar und Sarajewo. Zucker-, Papier-, Tabak- und Sodafabriken, Bierbrauereien sind größere Betriebe.

d. Die Haupteisenbahn, die das Land vom N nach S durchzieht, hat eine westliche Verlängerung nach dem Meere und eine südliche nach Cattaro. Sarajewo (40 000 E.), Banjaluka und Mostar sind als Handelsstädte nennenswert. Spanische Juden betreiben vorzugsweise den Handel. Beide Länder waren schon vor der völligen Besitzergreifung durch Österreich-Ungarn im Jahre 1908 in das allgemeine österreichisch-ungarische Zollgebiet einbezogen.

Ein- und Ausfuhr werten je gegen 100 Mill. M.

Ausfuhrartikel sind Holz, Schafwollengewebe, Vieh, Erze und Kohlen, besonders aber Pflaumen und Pflaumenmus (jährlich 36 000 t). Industrieartikel und Kolonialwaren sind die Einfuhrgegenstände.

d. Die Schweiz.

§ 104. **Land und Leute.** **a.** Die Schweiz ist 41 000 qkm groß mit 3½ Mill. Einwohnern (85 E. auf 1 qkm). Sie liegt in der Mitte zwischen Nordpol und Gleicher, im Herzen Europas, umschlossen von vier hochentwickelten Kulturstaaten. Mit Ausnahme des kleinen Serbiens ist sie das einzige größere Land Europas, das nicht an das Meer grenzt. Die Schweiz ist zugleich der einzige europäische Alpenstaat.

b. Die Alpen bedecken die reichliche Hälfte des Flächenraums der Schweiz. Im Nordwesten und Norden ist die Schweizer Hochebene vorgelagert, die mit einer fruchtbaren Ackerkrume bedeckt ist. Sie wird nach außen hin durch das Juragebirge abgeschlossen.

Wichtige Gruppen der Schweizer Alpen sind die Walliser Alpen oder das Massiv des Monte Rosa (Monte Rosa 4640 m und Matterhorn 4480 m), die Adula-Gruppe, die Bernina-Gruppe, im Norden das Berner Oberland mit Finsteraarhorn, Jungfrau, Mönch, Eiger und dem größten Alpengletscher, dem Aletschgletscher (24 km lang), die Tödi-Gruppe, Sentis und der St. Gotthard.

Die bedeutendsten Pässe sind der Große St. Bernhard in den Walliser Alpen (2472 m Paßhöhe), vom Rhonetal nach dem Tal der Dora Baltea; der Simplon (2610 m), vom Rhonetal nach dem Lago Maggiore; der Lukmanier (1917 m) und der Bernhardin (2063 m), vom Rheintal nach dem Lago Maggiore; der Splügenpaß (2117 m) nach dem Comer See, ebenso der Maloja- und Berninapaß.

Der Gotthardstock knotet die Alpenzüge der Schweiz zusammen. Darum ist auch seit alters her der St. Gotthardpaß (2114 m) berühmt; er ist in der mittlern Schweiz die einzige Stelle, wo mit einem Anstieg die Alpen überquert werden. Dieser Paß führt direkt von N nach S, vom Reußtal ins Tessintal.

Das Schweizerische Juragebirge ist infolge der vielen langen und mehrfach nebeneinander gelagerten Parallelzüge dem Verkehr nicht günstig. Die Verkehrswege müssen große Umwege beschreiben, wie auch die Flußläufe schon zeigen. Der Kalkboden ist für eine ausgiebige Vegetation nicht geeignet. Die Jurahöhen sind rauh.

c. Die Schweiz ist ein wasserreiches Land. Die Flüsse sind für die Schiffahrt nicht benutzbar. Sie sind aber für Industrie und Gewerbe eine unschätzbare Kraftquelle. Elektrizitätswerke und andere Industrieanlagen rücken immer mehr in den Tälern aufwärts. Der Rheinfall bei Schaffhausen dient neben anderm zum Betriebe eines großen Aluminiumwerkes.

Die Hauptflüsse entströmen dem zentralen Gotthardstock. Der Tessin fließt nach S, die Rhone nach W, der Rhein nach O und die Reuß nach N, die sich weiterhin in die Aar (Aare) ergießt. Emmen und Limmat sind andere wichtige Aarnebenflüsse.

Die größten Alpenseen liegen mit auf Schweizer Boden, so der Genfer See (582 qkm), der Bodensee (583 qkm), der Neuenburger, der Vierwaldstätter, der Züricher, Lugano- und Langen-See (Lago Maggiore).

Die schweizerischen Bodenerhebungen zeigen Unterschiede von 375 m bis über 4000 m. Infolgedessen wird das Klima mannigfaltig beeinflußt. Die südliche Schweiz (Genfer See und Tessintal) haben 11—13° mittlere Jahrestemperatur. Die nach N zu geschützten südlichern Täler werden als klimatische Kurorte aufgesucht (Davos).

Je nach der Höhenlage schwankt die Regenmenge von 55 bis 200 cm. Am regenärmsten sind das Rhonetal und das Engadintal.

d. Die Schweiz oder die Schweizerische Eidgenossenschaft ist ein Bundesstaat von 25 Republiken in 22 Kantonen. Jede Republik verwaltet sich als selbstständiger Staat. Nur Post-, Telegraphen- und Zollwesen, sowie Münzen und Maße sind einheitlich.

Der Hauptteil der Bevölkerung ist deutsch (72%). Die Deutschen bewohnen hauptsächlich das Stromgebiet des Rheins, die Franzosen (22%) das Stromgebiet der Rhone. Im Tessintale wohnen Italiener und in der Südostecke Rätoromanen. Die Handelssprache ist deutsch und französisch.

Die Volksdichte, 85 E. auf 1 qkm, ist ansehnlich. Die Alpenregionen sind am wenigsten dicht bevölkert. Das Juragebirge ist dichter bewohnt, noch dichter die Schweizer Hochebene. Die industriereichen Gebiete von Genf und Zürich besitzen eine sehr große Volksdichte, 300 bis 400 Bewohner auf 1 qkm.

Großstädte sind Zürich, Basel und Genf. Andere wichtigere Orte sind: Bern, Lausanne, St. Gallen, La Chaux-de-Fonds, Luzern, Biel, Winterthur, Neuenburg, Freiburg, Schaffhausen, Herisau, Le Locle, Vevey, Chur und Solothurn.

§ 105. Erzeugnisse der Pflanzen-, Tier- und Mineralwelt. **a.** Die Hochalpenlandschaft herrscht vor und drängt das Ackerland zurück.

Fig. 118. Bodenbenutzung in der Schweiz in Proz. [1906].

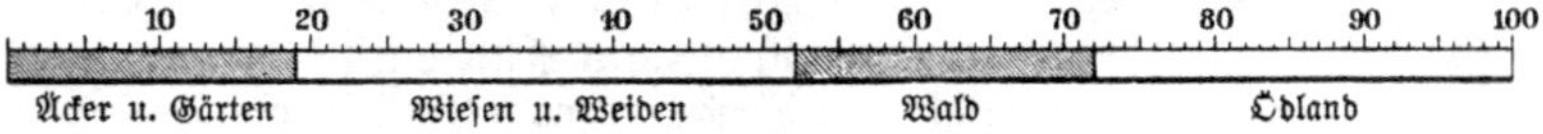

Von den Zerealien wächst der Roggen am besten. Doch nicht einmal für ½ Jahr langt die eigene Getreideernte. Futterkräuter und Kartoffeln gedeihen gut, besonders auch die Obstbäume (am Bodensee und Züricher See).

In den südlichen Kantonen gedeihen schon Südfrüchte. Die Walnußbäume tragen reichlich, verhältnismäßig auch die Weinreben (jährlich 1½ Mill. hl Wein). Weinbau wird auf der Schweizer Hochebene, in Graubünden und im Tessintal gepflegt. Die Forstkultur steht auf keiner hohen Stufe.

b. Wichtiger als der Ackerbau ist die Viehzucht. Die saftigen Alpenweiden sind dafür besonders geeignet (das Berner Zuchtvieh). Auf die Viehzucht gründet sich eine bedeutende Milchwirtschaft. Während die Anzahl der Rinder gegen 1½ Mill. beträgt, ist die der Schafe, Ziegen und Schweine gering. Unansehnlich ist die Pferdehaltung. Die Seidenraupe wird in Tessin und Graubünden gezüchtet.

Von jagdbaren Wildtieren sei die Gemse genannt. Der Steinbock ist fast ausgestorben.

c. Die Schweiz ist sehr arm an Schätzen unter der Erde. Etwas Bedeutung hat nur die Salzgewinnung in der Nähe von Basel (Schweizerhall) und in Wallis.

§ 106. Industrien auf Grund pflanzlicher, tierischer und mineralischer Erzeugnisse. **a.** In der Schweiz haben sich vor allem Großindustrien entwickelt, die sämtlich für die Ausfuhr arbeiten. Von den Industrien auf pflanzlicher Grundlage steht die Baumwollenindustrie obenan. Hauptsitze dafür sind Zürich und St. Gallen. Auch Appenzell, Biel, Aarau und Chur sind Webwarenstädte. Die Maschinenstickerei blüht im St. Gallener Kanton.

Die Holzschnitzereien sind wichtige Hausgewerbe in den Alpenkantonen. Berühmt ist das Schweizer Stroh samt den Erzeugnissen daraus (im Aargau). Hier blüht auch eine ansehnliche Zigarren- und Tabakfabrikation. Die Schweizer Honigkuchen (Baseler Leckerli) und Schokoladewaren (Bern, Neuchâtel oder Neuenburg, Vevey, Lausanne) sind weithin berühmt.

b. Von den Gewerben auf tierischer Grundlage sind die Fettkäsebereitung und die Herstellung kondensierter Milch (Zuger, Genfer See) erwähnenswert. Burgdorf am Ausgang des Emmentals ist ein Hauptversandplatz für Schweizer Käse.

Die Seidenindustrie hat ihre Hauptplätze in Basel und Zürich. Gerbereien und Ledereien sind in den Großstädten zu finden, große Handschuhwerkstätten in Genf und Solothurn.

c. Auf Grund ausländischer Erze und Metalle findet sich eine lebhafte Maschinenindustrie in Zürich, St. Gallen, Winterthur, Basel und Genf. In Neuhausen bei Schaffhausen ist eins der größten Aluminiumwerke der Welt. Weltberühmt ist die Herstellung von Uhren und Uhrenbestandteilen in einem Jahreswert von reichlich 100 Mill. M. Hauptsitze der Uhrenfabrikation sind St-Imier, Biel, La Chaux-de-Fonds, Le Locle, Porrentruy und hauptsächlich Genf.

Der Fremdenverkehr in der Schweiz hat einen besondern Gewerbezweig, die „Fremdenindustrie" geschaffen. Musterhafte Hotels und Pensionen weisen darauf hin. Über 1 Mill. Fremde besuchen jährlich die Schweiz und bringen über 200 Mill. M. ins Land.

§ 107. Verkehr und Handel. a. Trotz der ungeheuern Schwierigkeiten, die der Verkehr in dem gebirgigen Terrain überwinden muß, hat sich die Schweiz eine Reihe mustergültiger und leistungsfähiger Verkehrswege geschaffen. Große Kunststraßen laufen über den Simplon, St. Gotthard, Bernhardin, Splügen, Malojapaß, Julier und Axen.

Die Eisenbahnen haben die Bedeutung jener Kunststraßen vielfach überholt und verdunkelt. Der Gotthardtunnel (15 km lang) wurde 1882 vollendet, der Simplontunnel (20 km lang) 1905. Durch den Gotthardtunnel läuft die Hauptverkehrslinie zwischen N und S, durch den Simplontunnel die zwischen Paris und Mailand. Die westöstliche Hauptverkehrslinie geht von Basel nach Zürich und weiter nach dem Arlberg. Vgl. weiterhin die Expreßlinien § 84, 6.

Eine wichtige direkte Eisenbahnverbindung geht auch von Breslau aus über Dresden, München, Zürich, Bern nach Genf. Die Zahnrad- und Drahtseilbahnen dienen lediglich dem Fremdenverkehr. Dieser Verkehr ist auch auf den Postverkehr von großem Einfluß geworden.

b. In der Schweiz blüht nicht allein ein ansehnlicher Binnen- und Außenhandel, sondern vor allem wegen der Lage ein bedeutender Durchgangshandel. Die Hauptsitze des Handels sind Basel, Zürich und Genf. Bern kommt erst an vierter Stelle.

Bern, der Sitz der Bundesregierung, ist besonders als ein Ort bekannt, in dem wichtige internationale Verträge zur Förderung des Handels und Verkehrs geschlossen worden sind, wie die „Internationale Telegraphenvereinigung" (1865) und der „Weltpostverein" (1874).

Die größte und gewerbreichste Stadt der Schweiz ist Zürich. Ferner ist Zürich der bedeutendste Eisenbahnknotenpunkt. Der schnelle Aufschwung begann mit der Eröffnung der Gotthard- und Arlbergbahn. Ansehnliche Banken und große Ledermessen haben die Stadt weithin bekannt gemacht. Die zweitgrößte, die wohlhabendste und zugleich die erste Handelsstadt des Landes ist Basel. Drei Länder berühren sich hier. Der Rhein wird hier schiffbar. So ist Basel die „goldene Pforte" der Schweiz geworden, durch die mehr als die Hälfte der schweizerischen Einfuhr hindurchgeht. Basel ist der erste Wechselplatz des Landes. Genf ist das Tor, durch das die Schweiz mit Südfrankreich und den westlichen Mittelmeerländern verkehrt.

c. Der Schweizer Handel ist ein Welthandel. Der überseeische Handel ist auf die Vermittelung fremder Häfen angewiesen. Über Hamburg, Bremen, Rotterdam, Amsterdam und Marseille fluten schweizerische Waren, besonders jedoch über

Genua, das durch die Gotthardbahn und durch die Nähe der schweizerischen Grenze zu einem wirklichen Hafen der Schweiz geworden ist.

Die Schweiz gehört mit ihrem Gesamthandelsumsatz von 2 Milliarden M. zu den Großhandelsstaaten der Erde.

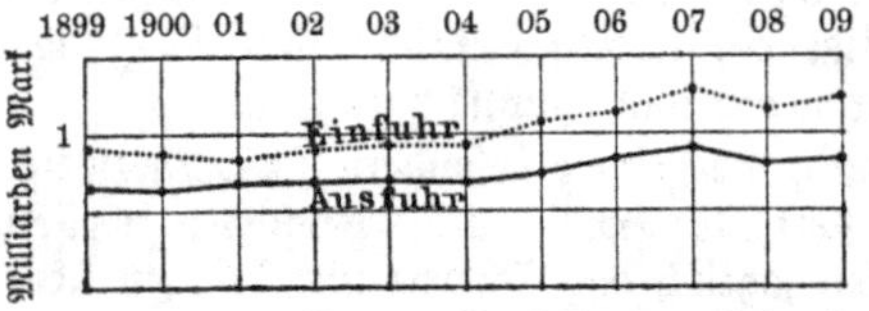

Fig. 119. Ein- u. Ausfuhr der Schweiz.

Die Hauptausfuhrwaren sind Seiden- und Baumwollwaren (zusammen für über 300 Mill. M.), Uhren (für 100 Mill. M.), Käse, Rohseide, Maschinen, Seiden- und Baumwollengarne, Chemikalien, Milch, Schokolade, Tiere, Strohwaren, Häute und Obst.

Wichtige Einfuhrwaren sind Getreide (für 150 Mill. M.) und Nahrungsmittel. Andere Einfuhrwaren sind Tiere, Kohlen, Baumwolle, Wollen- und Baumwollengarne, Chemikalien, Eisenwaren, Wein, Malz und Hopfen, Leder, Kaffee, Baumaterialien und Eier.

Fig. 120. Einfuhr der Schweiz (Herkunftsländer) in Proz. [1908: 1190 Mill. M.].

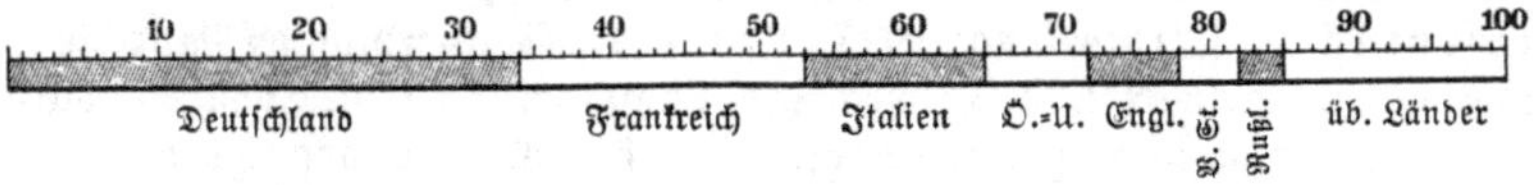

Fig. 121. Ausfuhr der Schweiz (Bestimmungsländer) in Proz. [1908: 831 Mill. M.].

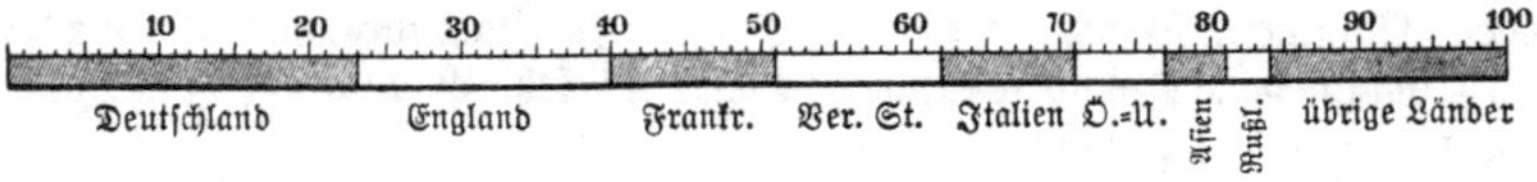

d. Die Einfuhr von Schweizer Waren nach Deutschland hat einen Wert von kaum 200 Mill. M., die Ausfuhr Deutschlands nach der Schweiz dagegen einen reichlich doppelten Wert (420 Mill. M.). Die Schweiz sendet nach Deutschland hauptsächlich Seide (für etwa 40 Mill. M.), Taschenuhren (20 Mill. M.), Käse, Kühe, Rindshäute, Aluminium, Schokolade und frische Äpfel.

Die Schweiz holt sich aus Deutschland Steinkohlen (für rund 40 Mill. M.), allerhand Getreide und Weizenmehl, Waren aus Eisen, Kupfer, Messing und Edelmetallen, ferner Woll-, Sack- und Zeugwaren, wollene Strumpfwaren, Kleider, Lederwaren, Tischler- und Drechslerarbeiten, Bücher, Chemikalien, Zucker und Bier.

e. Belgien.

§ 108. **Land und Leute.** Belgien hat eine europäische Randlage und zudem eine günstige Handelslage. Es liegt zwischen den wirtschaftstätigsten Staaten Europas und nimmt an der Nordseeküste mit teil. Belgien wird vom 51. Grad n. Br. geschnitten. Auf einem Flächenraum von nahezu 30 000 qkm wohnen $7\frac{1}{2}$ Mill. Menschen (251 auf 1 qkm).

b. Im SO des Landes ragen die Ardennen bis 600 m empor. Nach N zu dacht sich der Boden sehr bald ab. Die Campine ist eine geestartige Sandfläche, die sich bis nach Holland hinein erstreckt. Der fruchtbare W Belgiens, Flandern, ist *Tiefland* und wird durch Dünen und Deiche vor den Meeresüberschwemmungen geschützt.

c. Belgien ist mit natürlichen und künstlichen *Wasserstraßen* reich ausgestattet. Wichtig sind die *Schelde* (l'Escaut) und die *Maas*, die beide in ausgedehntem Maße der Schiffahrt dienen.

d. Im großen ganzen hat Belgien ein rein *ozeanisches Klima*. Die mittlere Jahrestemperatur beträgt 9 bis 10°. Die Niederschlagsmenge beträgt im Durchschnitt 70 cm.

e. Seit 1830 ist Belgien von den Niederlanden getrennt und selbständiges konstitutionelles Königreich. Die *flämischen* Provinzen lehnen sich an die Nordsee und an Holland an, die *wallonischen* an Frankreich; die *Flämen*, ein *deutscher* Volksstamm, wohnen in jenen Provinzen (46% der gesamten Bevölkerung), in diesen die *französischen Wallonen* (43%).

Der größte Teil der Bevölkerung (42%) gehört der *Industrie* an, der nächstgrößte der Landwirtschaft (21%). In den *Handelsberufen* und verwandten Berufen sind verhältnismäßig viele Bewohner beschäftigt (12%).

Belgiens Bevölkerung wohnt sehr dicht. Neben Sachsen ist es das *dichtest bevölkerte Land Europas*. *Vier Großstädte* weist Belgien auf: Brüssel (200 000 mit Vororten über 600 000 E.), Antwerpen (300 000 E.), Lüttich und Gent. Andere *wichtigere Orte* sind Mecheln, Brügge, Verviers, Seraing, Ostende, Löwen, Kortryk (Courtrai), Mons und Charleroi.

§ 109. Erzeugnisse der Pflanzen-, Tier- und Mineralwelt. a. Belgien ist von der Natur mit reichen Schätzen ausgestattet worden. Von dem *Ackerland* entfällt nicht ganz ein Viertel allein auf Obst- und Gartenland.

Fig. 122. *Bodenbenutzung in Belgien in Proz.* [1900].

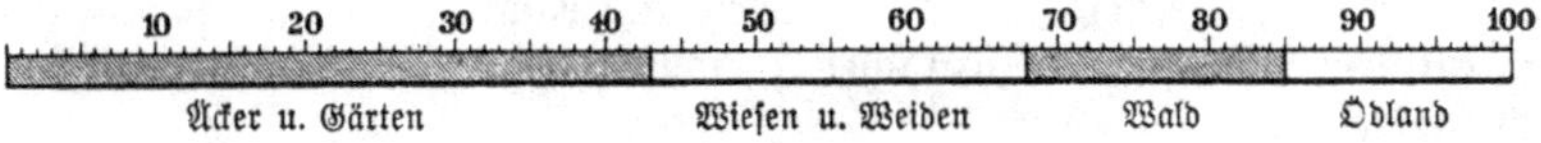

Weizen und Spelz, Roggen, Hafer und Gerste gedeihen, Buchweizen in der armen Campine. Vorzüglich die *Poldern* Flanderns sind ausgezeichnete Weizengebiete. Kartoffeln werden in der Campine und im gebirgigen Belgien angebaut, Zuckerrüben mehr in der Mitte des Landes. Trotz der ausgezeichneten Feldwirtschaft müssen jährlich noch für eine halbe Millarde M. Brotfrüchte eingeführt werden.

Der *Flachsbau* blühte schon im Mittelalter in den Provinzen Brabant, Hennegau und Flandern. Er steht hierselbst heute noch auf hoher Stufe und wertet mehr als der deutsche Flachsbau. Andere wichtige Kulturen sind die des Hopfens, Rapses, Mohns und der Zichorie. Der *Gemüsebau* wird stark betrieben, ebenso die *Blumenzucht*, diese besonders in Gent und Umgebung.

Ausgedehnte Wälder finden sich noch in dem gebirgigen Südosten.

b. Die *Viehzucht* könnte noch umfangreicher sein. Die belgischen *Rinder* sind weithin berühmt, ebenso die starken, zugkräftigen *Pferde* aus Flandern und Brabant. Die Schweinezucht Belgiens ist bedeutend, weniger die Schafzucht. Eine weit verbreitete *Kaninchenzucht* liefert für die Ausfuhr viele Tiere. Federvieh wird in großer Anzahl gezüchtet. In der Campine findet sich eine ausgedehnte Bienenzucht. Die Seefischerei bringt Kabeljau und Heringe auf den Markt; indessen könnte sie weit ausgedehnter sein.

c. Belgien ist außerordentlich reich an Bodenschätzen. Obenan stehen die Steinkohlen, die das östliche (Lüttich) und das westliche Industriebecken Belgiens geschaffen haben. Die jährliche Ausbeute beträgt 24 Mill. t. An Eisen werden jährlich über 1½ Mill. t gewonnen. Kupfer, Blei und Zink werden in ansehnlichen Mengen gefunden, außerdem gute Bausteine in den Ardennen, Schiefer im Luxemburgischen und Porzellanerde. Belgische Wetzsteine haben Weltruf. Mineralquellen hat Spa, ein Weltbad.

§ 110. Industrien auf Grund pflanzlicher, tierischer und mineralischer Erzeugnisse. **a.** Belgien gehört zu den ersten europäischen Industriestaaten. Die Rübenzuckerfabrikation blüht in den Ackerbaudistrikten, die Rohrzuckerfabrikation in Antwerpen. Die Bierbrauerein sind ansehnlich, noch ansehnlicher die Spritgewinnung (Antwerpen). Belgien verbraucht verhältnismäßig den meisten Alkohol unter allen europäischen Ländern.

Die Strohhutflechterei blüht in Lüttich und Umgebung, die Leinenmanufaktur in Flandern (Kortryk oder Courtrai) und im Antwerpenschen, die Baumwollenindustrie in Gent, Kortryk, Brüssel, Tournai und Mons.

b. Ein rege betriebener landwirtschaftlicher Industriezweig ist die Gewinnung von Käse aus Schafsmilch (Limburger Käse). Schafwolle und andere tierische Wolle wird in Lüttich, Verviers und Seraing verarbeitet. Die Woll- und Tuchwaren von Verviers sind weltbekannt, wie auch die Luxusteppiche von Tournai. Bekannt sind auch die Seidenwaren von Westflandern und die Lederwaren aus Lüttich, Brüssel, Namur, St-Hubert und Stavelot.

c. Die belgischen Berg- und Hüttenbetriebe sind den andern großen europäischen ebenbürtig. Berühmte Maschinenwerkstätten befinden sich in Lüttich und Seraing, ferner in Charleroi, Mons, Mecheln und Namur. Brüssel ist bedeutend in feinen Kutschen und landwirtschaftlichen Maschinen. Für die Waffenherstellung ist Lüttich maßgebend.

Kurzwarenindustrie, Kupfer- und Nagelschmiederei finden sich in Brüssel, Lüttich, Charleroi und Namur, in letzterm Orte auch große chemische Fabriken. Feine Gläser und Spiegel liefern Namur, Charleroi und Lüttich, vorzügliche Porzellan- und Fayencewaren Brüssel und Tournai.

d. Erwähnt seien noch die Spitzenfabrikation (Brabanter oder Brüsseler und Mechelner Spitzen), der Schiffsbau (Hoboken bei Antwerpen), die Luxusartikel (Brüssel), die Papierfabrikation und das Buchdruckereiwesen (Lüttich und Brüssel).

§ 111. Verkehr und Handel. **a.** Belgien ist infolge seiner Lage ein rechter Kreuzweg des Welthandels. Belgien hat den bedeutendsten Transitverkehr unter den europäischen Ländern. Indessen ist sein Landverkehr mehr als der Seeverkehr ausgebildet.

Das verhältnismäßig kleine Land verfügt über 2200 km schiffbarer Wasserstraßen, darunter sind über die Hälfte Kanäle. Die Landstraßen sind breit und gut erhalten. Das Eisenbahnnetz übertrifft in seiner Dichte alle Staaten der Erde (28 km auf 100 qkm).

Von dem Postverkehr Belgiens entfällt ⅓ auf den Durchgangsverkehr.

Die Eisenbahnlinien Antwerpen—Lüttich—Verviers und Antwerpen—Brüssel—Namur—Arlon—Luxemburg werden vom deutschen Handel und Verkehr benutzt. Es ist der Straßenzug des deutsch-englischen Durchgangs. Brüssel ist ein Zentralpunkt von Welteisenbahnlinien. (Vgl. § 84 b.)

b. Als Handelsstädte haben sich Gent und Lüttich im belgischen Binnenlande einen großen Ruf erworben. Brüssel ist weniger eine Handelsstadt großen Stils. Lüttichs Handel hängt mit der großen Eisenindustrie zusammen. Gent war bis zum 17. Jahrhundert eine der größten Industriestädte Europas. Durch einen Kanal ist es für Seeschiffe zugänglich. Der Handel erstreckt sich insbesondere auf Leinen- und Baumwollenwaren und auf Blumenzwiebeln. Brügge, eine alte Hansestadt, war bis zum 16. Jahrhundert die erste Handelsstadt Nordeuropas. Der Handel mit Spitzen und Textilwaren ist heute für Brügge wichtig.

Antwerpen ist ein Hafen- und Handelsplatz ersten Ranges; es gehört zu den europäischen Riesenverkehrshäfen. Auch besitzt es die älteste Börse Europas. Antwerpens Blüte fängt mit der Kontinentalsperre an. Napoleon wollte aus ihm ein „kontinentales London" schaffen. Heute ist Antwerpen der Ein- und Ausfuhrhafen Belgiens, zugleich auch ein Auswanderungsplatz für das eigene Land und für West- und Süddeutschland. Antwerpen ist der Stapelplatz für die Erzeugnisse des Kongostaates. Seine Speicher sind reich an importierten Fellen Südamerikas und an Kaffee Brasiliens. Antwerpen ist einer der größten Getreidemärkte der Welt und ist die festländische Hauptniederlage der „London-Liebigs-Fleischextrakt-Kompagnie". Außerordentliche Mengen von Baumwolle, Kolonialwaren, Tee und Reis werden hier gelöscht. Die größten Seedampfer können zur Flutzeit bis zur Stadt gelangen. Ostende, ein berühmtes Nordseebad, verdankt sein Emporkommen vor allem der Gunst des reisenden Publikums, das in größter Schnelligkeit vom Kontinent nach England und umgekehrt gelangen will.

c. Der Handel Belgiens ist zu $^2/_3$ Landhandel und $^1/_3$ Seehandel. Die Küstenschiffahrt ist gering entwickelt, ebenso die eigene Ozeanschiffahrt. Die eigene Handelsflotte ist darum nicht groß: gegen 90 Schiffe mit rund 150 000 Reg. t netto.

Der Außenhandel ist in stetiger Entwicklung begriffen. Belgien gehört zu den Großhandelsstaaten.

Wichtige Ausfuhrgegenstände sind: Maschinen und Wagen (für 160 Mill. M.), Getreide und Mehl (für 150 Mill. M.), Eisen und Stahl (für 140 Mill. M.), Kohlen, Häute, Wolle, Flachs, Leinengarne und Baumwollengewebe, Chemikalien und Farben, Glaswaren, Maschinen, Zucker, geschliffene Diamanten und Zink.

Die wichtigsten Einfuhrartikel sind Getreide und Mehl (über 500 Mill. M.), Holz (130 Mill. M.), Harze, Wolle, Baumwolle, Flachs und Hanf, rohe Häute, Ölsamen, Chemi-

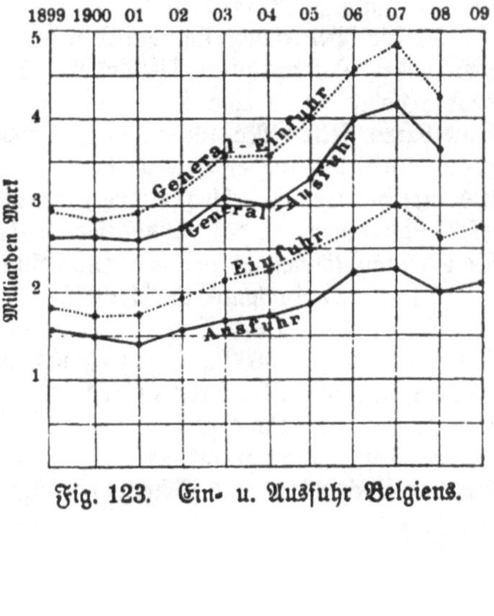

Fig. 123. Ein- u. Ausfuhr Belgiens.

kalien und Drogen, Kaffee, Wein, Butter und Käse, Fett und Fleisch, verschiedene Erze, Eisen, Stahl und Maschinen, Diamanten, Petroleum und Kautschuk.

Fig. 124. Einfuhr Belgiens (Herkunftsländer) in Proz. [1908: 2662 Mill. M.].

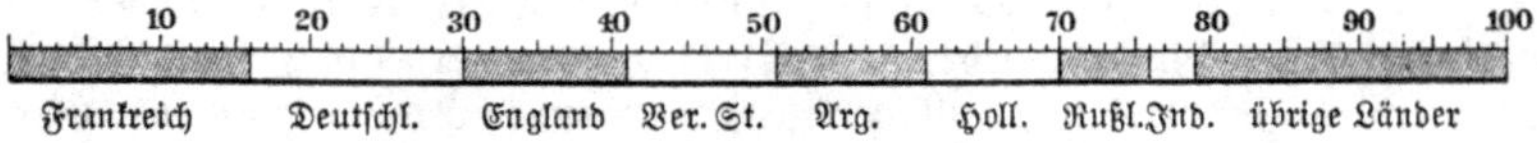

Fig. 125. Ausfuhr Belgiens (Bestimmungsländer) in Proz. [1908: 2005 Mill. M.].

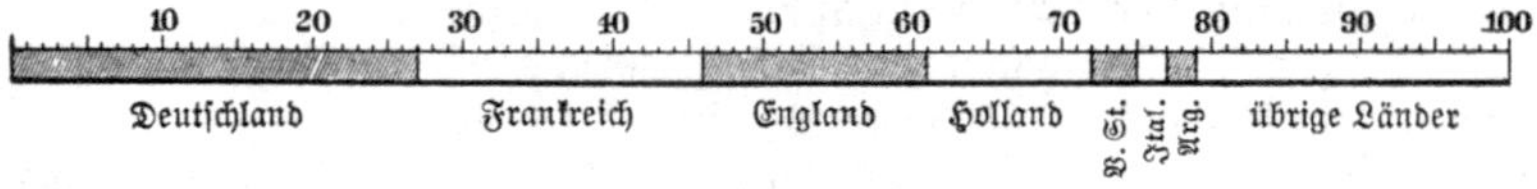

d. Belgien sendet jährlich für rund 300 Mill. M. Waren nach Deutschland und holt aus Deutschland für 350 Mill. M. Waren. Die belgischen Einfuhrwaren nach Deutschland sind hauptsächlich Wolle und Wollengarne (für 60 Mill. M.), Flachs, Steinkohlen (6 Mill. M.), Eisenwaren, Maschinen, Kautschuk und Guttapercha, Pferde (gegen 30 Mill. M.), Obst und Küchengewächse.

Belgien bezieht aus Deutschland Steinkohlen (für 44 Mill. M.), Roheisen und Eisenerze, Maschinen, Lokomotiven, Waren aus Edelmetallen, Messing und Kupfer, Textilwaren, Telegraphenkabel, Leder und Lederwaren, Häute und Felle, grobe Tischler- und Drechslerarbeiten, Farbendruckbilder und Kupferstiche, Papier und Pappwaren, Chemikalien, Mineralwasser und Bier.

Über den Kongostaat vgl. § 217.

f. Die Niederlande (Holland).

§ 112. Land und Leute. a. Das Königreich Holland hat wie Belgien eine europäische Randlage. Es schließt nördlich an Belgien an, nimmt aber an der Nordseeküste größern Anteil als Belgien. Es wird vom 52. Grad n. Br. halbiert. Holland umfaßt 33000 qkm mit 6 Mill. Einwohnern (176 auf 1 qkm.)

b. Die Niederlande sind ein Teil des nordeuropäischen Niederlandes, eine Fortsetzung des Norddeutschen Tieflandes. Es ist mit Diluvial- und Alluvialmassen bedeckt. Letztere sind jene Schwemmlandgebilde in der Nähe des Meeres mit dem fruchtbaren, fetten Marschboden (Kleiboden). Hinter den Marschen erhebt sich das Geestland, das in der Veluwe im SO der Zuidersee bis 100 m ansteigt. Veluwe bedeutet die sandige, schlechte Aue gegenüber der guten Aue, der Betuwe zwischen Waal und Rhein. $^1/_4$ des Landes liegt unter dem Meeresspiegel. Nur gewaltige Deichbauten können es vor den Sturmfluten der Nordsee retten.

Die Küste Hollands ist Flachküste, in die hinein im 12. und 13. Jahrhundert das Wasser drei große Buchten riß, die Zuidersee, die Lauwerssee und den Dollart. Gegen 3630 qkm (11%) sind dem Meere allmählich wieder abgerungen worden, und wenn die Trockenlegung der Zuidersee vollendet sein wird, hat Holland weitere 232 qkm Land gewonnen.

c. Der Küstenverlauf wird durch das Rheindelta unterbrochen, an dessen Bildung noch Maas und Schelde beteiligt sind. Die vielen Arme sind die Grundlage einer vorzüglichen Bewässerung. Viele Kanäle verbinden die Arme. Die Länge des schiffbaren Wassernetzes beträgt 4500 km, darunter über 3000 km Kanäle. An Engmaschigkeit des Kanalnetzes wird Holland von keinem andern Land Europas übertroffen.

Das Klima ist echt ozeanisch, nebel- und regenreich. 10° ist die mittlere Jahrestemperatur. 60—70 cm betragen die jährlichen Niederschläge.

d. Holland ist ein konstitutionelles Königreich. Aus den ehemaligen 7 Generalstaaten haben sich 11 Provinzen entwickelt.

Altgermanische Stämme bevölkern das Land, so die Niederfranken, die Holländer und Niedersachsen. Die Bewohner sind geschickte Ackerbauer, Seeleute und Kolonisatoren. In der Wasserbautechnik haben sie Großes und Mustergültiges geleistet.

Mit der Landwirtschaft und Fischerei beschäftigen sich 31% der Bevölkerung, mit Industrie und Gewerbe 34%, mit Handel und Verkehr über 17%. Einen solchen hohen Prozentanteil der Handelsberufe an der Gesamtbevölkerung zeigt kein anderes Volk.

Holland ist fast durchgehend gleichmäßig bevölkert. Großstädte sind Amsterdam (600 000 E.), Rotterdam (über 400 000 E.), (der) Haag und Utrecht. Andere bemerkenswerte Städte sind: Groningen, Haarlem, Arnhem, Leyden, Nimwegen, Tilburg, Dortrecht, Maastricht, Leeuwarden, Herzogenbusch, Delft, Zwolle, Enschede, Schiedam, Deventer, Helder, Zaandam und Gouda.

§ 113. Erzeugnisse der Pflanzen-, Tier- und Mineralwelt. a. Die Küstenregionen, von Friesland im N bis Seeland im S, sind die fruchtbarsten Gebiete Hollands.

Fig. 126. Bodenbenutzung in Holland in Proz. [1908].

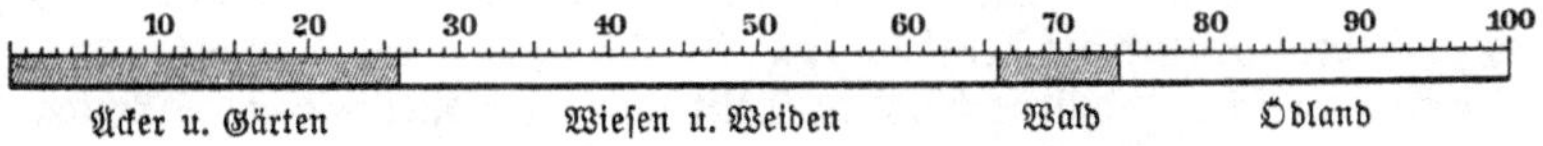

In der Hauptsache werden Weizen, Gerste, Roggen und Hafer angebaut. Holland und Seeland sind die Provinzen des Garten- und Gemüsebaues. Die Blumenzucht Haarlems ist weltberühmt. In den Geestgebieten werden hauptsächlich Kartoffeln gebaut. Zuckerrüben, Runkelrüben und Hopfen werden allenthalben kultiviert. Ausgedehnter Obstbau findet sich in Holland und Utrecht. In Holland und Brabant wird auch Flachs kultiviert. Die Zuidersee bringt Seegras.

b. Die Viehzucht ist eine Quelle des holländischen Wohlstandes. Die ausgezeichneten Weiden unterstützen aufs trefflichste die Viehzucht. Die holländischen Rinderrassen werden weithin geschätzt. Die Rinderzucht blüht besonders in den Marschen, hier auch die Pferdehaltung. In den ärmern Geestgebieten ist die Schafhaltung zu finden; sie befaßt sich mehr mit der Zucht von Fleischtieren. Die Schweinezucht wird stark betrieben. Die Veluwe und die Landschaften zwischen Zwolle und Groningen sind Gebiete großer Bienenzucht.

Die Seefischerei ist eine andere Quelle des holländischen Reichtums. Sie wird an den Küsten wie auf der Hochsee betrieben. Hauptsächlich werden Heringe gefangen, jährlich für etwa 15 Mill. M. Außerdem bilden der Krabbenfang und die Austernzucht (Bergen op Zoom) wichtige Zweige der holländischen Seefischerei. Jährlich werden über 2 Mill. kg Austern gefischt.

c. Die Natur hat Holland mit mineralischen Schätzen ganz und gar vernachlässigt. In der Nähe von Maastricht beutet man Steinkohlenflöze aus, etwas Brauneisen in den Landschaften östlich der Zuidersee. Die Moore werden auf Torf abgebaut, jährlich gegen 50 Mill. t. Torf dient nicht allein für den Hausgebrauch, sondern auch zum Heizen von Dampfkesseln und Lokomotiven.

§ 114. Industrien auf Grund pflanzlicher, tierischer und mineralischer Erzeugnisse. **a.** Rübenzuckerfabriken befinden sich im Innern des Landes, in den großen Küstenstädten (Amsterdam) dagegen Rohrzuckerraffinnerien. Bierbrauereien und Spritfabriken sind überall in den größern Städten zu finden. Holland ist das Land der berühmtesten Liköre (Genever aus Schiedam).

Auch die Tabakfabrikation ist hochansehnlich. Jährlich werden über 100 Mill. Stück Zigarren hergestellt. Die Blumenzucht ist weltberühmt (Blumenzwiebeln von Haarlem). Die Baumwollenindustrie hat sich besonders an den deutschen Grenzgebieten entwickelt (Enschede). Altberühmt sind die Seiler- und Segeltuchwaren aus Rotterdam und Amsterdam.

b. Unter den landwirtschaftlichen Industrien stehen die Butter- und Käsefabrikation (Edamer Kugelkäse) obenan. Friesland ist das Hauptbuttergebiet. Berühmt ist die Tuchfabrikation von Utrecht und Tilburg. Die Lederfabrikation ist wie die Tuchfabrikation ein altberühmter Gewerbezweig und heute noch in den beiden größten Hafenstädten blühend.

c. Trotz des Mineralmangels des eigenen Landes hat sich eine ansehnliche Metallindustrie entwickelt. Die Mineralien der Kolonien ersetzen den Mangel des Mutterbodens. Maschinen- und Eisenwerkstätten befinden sich in Amsterdam, Rotterdam und Utrecht, Geschütz und Eisengießereien im Haag, bedeutende Schiffswerften in Rotterdam. Die Gold- und Silberarbeiten von Amsterdam sind berühmt, vorzüglich auch die Diamantschleifereien.

Die keramische Industrie blüht in Delft und im südholländischen Gouda (Pfeifen). Die Lehm- und Schlammassen des Rheins dienen zur Gewinnung von Bau- und Pflastersteinen.

§ 115. Verkehr und Handel. Holland ist ein Handels- und Schiffahrtstaat. Dem Seehandel verdankt Holland seinen Nationalwohlstand. Die Handelsflotte Hollands war einst sehr mächtig; sie verfügt heute über 1000 Schiffe mit 700 000 Reg. t netto. Holland hat eine sehr günstige Verkehrslage. Es ist noch mehr wie Belgien der natürliche Absatzweg des westlichen Deutschlands.

Die erste Verkehrsstraße des Landes ist der Rhein; 50 000 Schiffe mit 25 Mill. t Waren passieren jährlich zwischen Nimwegen und Emmerich. Unter den Kanälen seien hervorgehoben der Nordhollandkanal, von Amsterdam nach Helder, und der Neue Wasserweg, zwischen Rotterdam und Hoek van Holland an der Nordsee.

Der Rhein und die ostwestlichen Eisenbahnlinien sind die großen Ableitungslinien der großen deutschen Industriegebiete am Rhein. Die wichtigsten Eisenbahnstrecken führen einmal von Vlissingen, Middelburg über Bergen op Zoom, Tilburg, Venlo nach dem linken Rheinufer, das andere Mal von Amsterdam und Rotterdam über Utrecht und Arnhem nach dem rechten Rheinufer. Der Postverkehr ist infolge der Lage des Landes hoch entwickelt.

b. Die wichtigsten Handels- und Verkehrsstädte müssen der europäischen Randlage nach Hafenstädte sein. Weit über allen andern Städten stehen darum auch Rotterdam und Amsterdam. Von beiden Häfen gehen die Schiffe der „Niederländisch-amerikanischen Dampfschiffahrtgesellschaft" aus.

Amsterdam ist der erste Geldmarkt der Niederlande, einer der größten Rohtabakmärkte Europas und Haupthandelsplatz für den Kaffee der Regierungsplantagen in den niederländischen Kolonien. Das Kaffeegeschäft liegt in den Händen der Königl. Niederländischen Handelsgesellschaft (Maatschappij). Die Amsterdamer Börse ist eine der wichtigsten Warenbörsen Europas.

Rotterdam, ein Riesenverkehrshafen, hat Amsterdam als Welthandelsplatz überflügelt. Die Aufhebung der Rheinzölle durch Napoleon I. und die Eröffnung des Neuen Wasserweges sind von entschiedenem Einfluß auf die schnelle Entwicklung Rotterdams gewesen. Es ist ebenso bedeutender Fluß- wie Seehafen. Rotterdam ist der erste Getreidehafen Hollands und nächst London ein Hauptplatz für Tee. Es ist fernerhin ein wichtiger Stapelplatz für Baumwolle und Rohrzucker. In Rotterdam ist der Sitz des „Lloyd von Rotterdam" und der „Dampfschiffahrtgesellschaft der Maas".

In Vlissingen hat sich ein ansehnlicher Transithandel mit England entwickelt. Für Antwerpen ist Vlissingen ein gefährlicher Nachbar.

c. Ein reger Binnenhandel ist dem Lande eigentümlich. Er wird durch eine lebhafte Küstenschiffahrt unterstützt. Arnhem hat sich zu einem bedeutenden Speditionshandelsplatz entwickelt.

Im Außenhandel setzt Holland ganz bedeutende Wertsummen um; es gehört zu den Großhandelsstaaten. Der holländische Außenhandel ist einer der bedeutendsten der Welt.

Die bedeutendsten Einfuhrwaren sind Getreide und Mehl (gegen 700 Mill. M.), Eisenwaren, Eisen und Stahl aller Art, Textilwaren und Wolle, Steinkohlen, Rüben- und Rohrzucker, Kaffee, Holz, Häute, Kupfer, Salpeter, Zink, Zinn, Tabak, Farben, Ölfrüchte, Papier und Waren daraus, Manufaktur- und Modewaren.

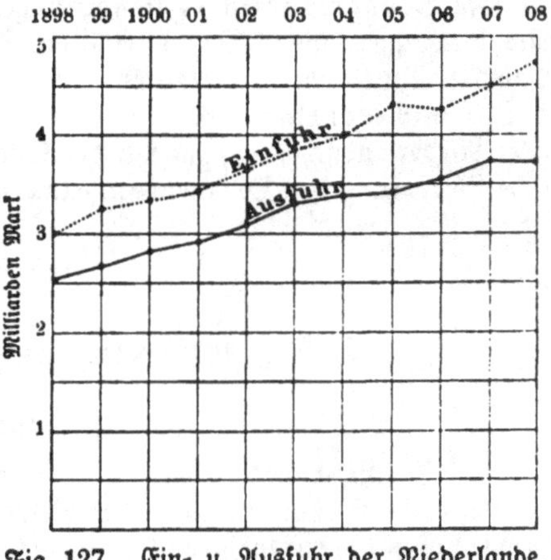

Fig. 127. Ein- u. Ausfuhr der Niederlande.

Die Hauptausfuhrgegenstände sind Zerealien (gegen 450 Mill. M.), namentlich Weizen, ferner Blumen, Eisenwaren, Textilwaren, Butter, Margarine, Käse, Kartoffelmehl, Reis, Kaffee, Branntwein, Mastvieh, Häute, Kupfer, Zink, Zinn, Salpeter, Leinsaat und -öl, Tabak und Zigarren, Flachs und Leinwand, Fische, insbesondere Heringe.

d. Hollands Handel mit Deutschland setzt eine Summe von ³/₄ Milliarden M. um. Holland führt nach Deutschland Waren für rund 250 Mill. M. ein und empfängt von Deutschland Waren für reichlich 450 Mill. M. Der Handel hat sich seit längerer Zeit nur langsam gesteigert. Die Ursachen liegen in der Entwicklung Deutschlands zu einem Kolonialstaat und in der Eröffnung des Dortmund-Emskanals.

Die Niederlande senden nach Deutschland Milchbutter (für 40 Mill. M.), Käse, Kartoffeln, frische Küchengewächse, Blumenzwiebeln, gesalzene Heringe und frische Fische, Fleisch, unbearbeitete Tabakblätter, Edelsteine, Gold, Reis, Pferde, Hühner, Zink und Kaffee.

Fig. 128. Einfuhr Hollands (Herkunftsländer) in Proz. [1908: 4777 Mill. M.).

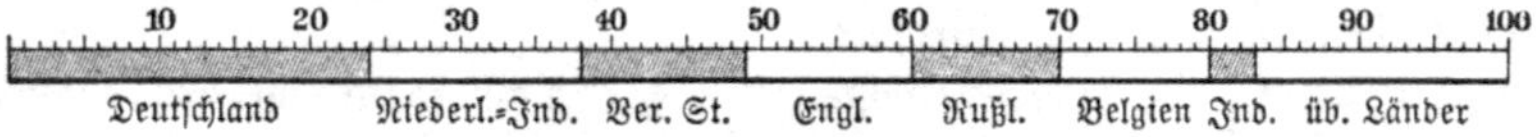

Fig. 129. Ausfuhr Hollands (Bestimmungsländer) in Proz. [1908: 3692 Mill. M.].

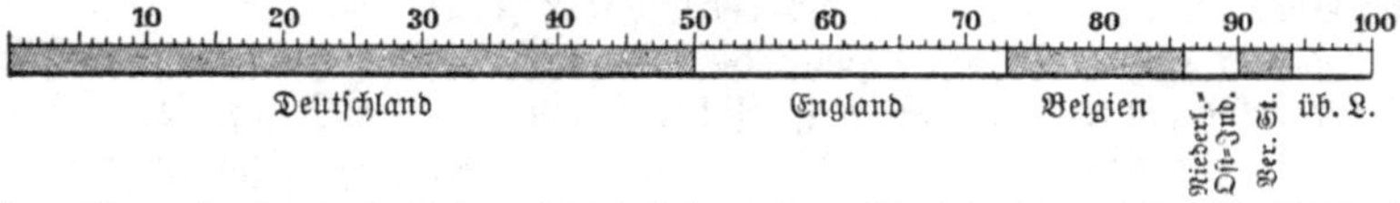

Von Deutschland beziehen die Niederlande Steinkohlen (für 65 Mill. M.), Kleider und Wäsche, Eisen und Eisenwaren, Maschinen, wollene Tuch- und Zeugwaren, baumwollene Waren, chemische Fabrikate und Präparate, Farbendruckbilder und Kupferstiche, Bücher, Karten, Musikalien und Musikinstrumente, Lederwaren, Metall- und Holzwaren.

§ 116. Die holländischen Kolonien. Die Niederlande verdanken einen großen Teil der kommerziellen Blüte ihren reichen und zahlreichen Kolonien. Sie umfassen Niederländisch-Ostindien oder Indonesien und Niederländisch-Westindien. Das erstere Kolonialreich umfaßt 1,9 Mill. qkm mit 39 Mill. Einwohnern (21 auf 1 qkm) und das andere 130 000 qkm mit etwa 140 000 Einwohnern (1 auf 1 qkm).

Zu Niederländisch-Ostindien gehören Java und Madura, Sumatra, die Riouw Lingga-Inseln, Banka, Billiton, West-, Süd- und Ostborneo, Celebes, die Molukken-Inseln, der Timorarchipel, Bali und Lombok, Neuguinea bis zum 141. Grad ö. L. Zu Niederländisch-Westindien gehören die Insel Curaçao und Surinam oder Niederländisch-Guayana mit der Hauptstadt Paramaribo. (Über die wirtschaftliche Bedeutung der Kolonien vergleiche die einzelnen Erdteile.)

6. Die westeuropäischen Wirtschaftsreiche.

a. Frankreich.

§ 117. Land und Leute. a. Frankreich umfaßt mit Korsika und Küsteninseln 536 000 qkm mit 39¼ Mill. Bewohnern (73 E. auf 1 qkm). Es ist der viertgrößte Staat des europäischen Kontinents, sowohl seiner Fläche wie seiner Einwohnerzahl nach.

Frankreich liegt genau zwischen Nordpol und Äquator. Es ist das einzige Land Europas, das Nordsee und Mittelländisches Meer berührt. Die Meergrenzen sind etwas länger als die Landgrenzen.

b. Die Südosthälfte des Landes ist in der Hauptsache Gebirgsland. In der Nordwesthälfte herrscht wesentlich das Tiefland vor. Westalpen, Jura und Pyrenäen sind Faltengebirge. Die Gebirge der Bretagne, das französische Mittelgebirge, die Vogesen und Ardennen sind altkristalline Gebirge.

In den Westalpen ragt das Montblancmassiv bis 4810 m empor. Das ist die höchste europäische Alpenhöhe. Die Pyrenäen erreichen in der Maladettagruppe 3404 m. Wegen der hohen Kammlinie sind die Pyrenäen sehr verkehrshindernd. Die wenigen Pässe setzen sich als Saumpfade auf spanischer Seite fort. Wichtige Paßstraßen sind die von Roncesvalles (1100 m) in den Westpyrenäen und Col de la Perche (1622 m) in den Ostpyrenäen.

Zwischen den Gebirgen breiten sich große, flache Becken aus, so das Seine- oder Pariser Becken im N, das Garonne- oder Aquitanische Becken im SW und das langgestreckte Saône-Rhonebecken im SO.

Frankreich ist eins der wenigen europäischen Länder, das fast durchgängig fruchtbaren Boden aufweist. Zu dem Ödland tragen die unfruchtbaren „Les Landes" im SW am meisten bei.

c. Trotz des großen Anteils am Meere kommen die französischen Küsten der Schiffahrt nur wenig entgegen. Sie bieten nur wenige natürliche Hafenanlagen, und nur durch kostspielige Kunstbauten werden viele Häfen dem Verkehre offen gehalten, wie Dünkirchen und Calais, auch Boulogne und Abbeville im N. An der gefährlichen Steilküste der Normandie liegen Dieppe, Le Havre und der Krieshafen Cherbourg. Die Seinebucht leidet an Versandungen.

Die Küste der Bretagne bietet gute natürliche Hafenanlagen. Doch wegen des Mangels eines fruchtbaren Hinterlandes werden sie nicht ausgenutzt. Hier wohnt aber das tüchtigste französische Fischervolk. Hafenorte sind Brest, Nantes und St-Nazaire. Die weitere geradlinig verlaufende Küste „Les Landes" ist eine unfruchtbare Dünenküste und für die Schiffahrt gar nicht geeignet. Nur Bordeaux an der Gironde ist den größten Seeschiffen zugänglich.

Die Mittelmeerküste ist im O von Marseille für die Schiffahrt am besten geeignet. Cette ist im W ein Hafen von Bedeutung. Die übrigen Häfen liegen im W, wie Marseille, Toulon, Fréjus, Cannes und Monaco.

Die Insel Korsika gehört ihrer Boden- und Küstengestaltung wie ihrer Bevölkerung nach zu Italien.

d. Frankreich ist im allgemeinen gut bewässert. Die schiffbaren Strecken der Flüsse haben eine Länge von 7300 km, wozu sich nicht ganz 5000 km Kanäle gesellen. Drei große Stromgebiete gehören ganz zu Frankreich, die der Seine, Loire und Garonne, das Stromgebiet der Rhone-Saône zu zwei Dritteln und das des Rheins nur zum geringsten Teil. Unter den kleinern Flußgebieten sind die der Somme, Charente, des Adour und der Aude bemerkenswert.

Fast alle Flüsse entspringen in der Mitte des Landes und fließen von da radienförmig ab. Alle Flüsse leiden an Versandung und an wechselndem Wasserstand. Sie können infolgedessen vielfach nur durch kostspielige Flußbauten für den Verkehr nutzbar gemacht werden. Wohl sind alle Flüsse bis weit zum Quellgebiet hinan schiffbar, aber nur für flachgehende Schiffe. Sie können den neuzeitlichen Verkehrsanforderungen nicht voll entsprechen.

Der wichtigste Fluß für den Flußverkehr ist die Seine mit ihren schiffbaren Nebenflüssen Marne und Yonne. Die Rhone ist der wasserreichste Fluß Frankreichs. Sie hat einen zu reißenden Lauf. Trotz der großen Stromregulierungen hat sich auf ihr ein regelmäßiger Schiffahrtbetrieb noch nicht entwickelt. Mosel, Maas und Schelde sind bereits auf französischem Boden schiffbar.

Das günstige Klima gestattet das ganze Jahr hindurch die Benutzung der Flüsse als Wasserstraßen. Das Terrain setzte dem Kanalbau nur wenige Schwierigkeiten entgegen. (Über die Kanäle vergleiche weiter § 120 a.)

e. Unter allen europäischen Ländern besitzt Frankreich das günstigste Klima. Die mittlere Jahrestemperatur beträgt 11° C. Große Temperaturextreme sind selten. In der Normandie und Bretagne herrscht echtes ozeanisches Klima. Größere Temperaturgegensätze treten nach O und S zu auf.

Frankreich besitzt im allgemeinen eine ausgiebige Regenmenge. Am regenreichsten (bis 2 m Niederschläge) sind die Westpyrenäen und die Alpengebiete. Verhältnismäßig regenarm sind die großen Becken des Landes (Regenmenge weniger als 60 cm).

f. Die heutige französische Republik besteht aus 86 Departements und 1 Territorium (Belfort). An der Spitze steht ein auf 7 Jahre von der Nationalversammlung gewählter Präsident. Die Bewohner sind ein romanisches Mischvolk, das überwiegend aus Franzosen (96%) besteht. Basken wohnen im SW, Bretonen im NW, Flämen im N und auf Korsika Italiener. In Frankreich leben über 1 Mill. Fremde; namentlich sind es Belgier und Deutsche.

Der Hauptteil der Bevölkerung gehört dem Ackerbau an (42%). Mit dem Weinbau allein beschäftigen sich 2 Mill. Menschen. Die reichliche Hälfte (36%) der übrigen Berufe gehört der Industrie. Ein Zehntel der Bevölkerung beschäftigt sich mit Handel und Verkehr. In Frankreich leben über 2½ Mill. Rentner.

Frankreich besitzt eine mittlere Dichte von 73 E. auf 1 qkm. Es ist ziemlich gleichmäßig bevölkert. Die dichteste Bevölkerung sitzt in den großen Becken und im industriellen Norden. Während Deutschland jährlich um reichlich 800 000 Menschen zunimmt, vermehrt sich Frankreich kaum um 80 000 Menschen. In vielen Departements nimmt die Bevölkerung sogar ab. Das Wachstum Frankreichs stockt. Außerdem weist Frankreich eine ganz geringe Auswanderung auf.

Frankreich ist ein städtereiches Land, da jeder Ort von über 2000 Einwohnern als Stadt gerechnet wird. Trotzdem wohnt nur ein reichliches Drittel der gesamten Bevölkerung in den Städten.

Frankreich zählt 15 Großstädte, die zumeist in Nordfrankreich liegen: Paris (2,8 Mill. E.), Lille, Roubaix, Le Havre, Reims, Rouen, Nancy und Nantes; in Südwestfrankreich: Bordeaux und Toulouse; in Südostfrankreich: Lyon (½ Mill. E.), St-Etienne, Marseille (½ Mill. E.), Toulon und Nizza.

Andere wichtige Städte sind noch: Amiens, Brest, Angers, Nimes, Montpellier, Rennes, Grenoble, Orleans, Tours, Le Mans, Calais, Versailles, Troyes, Béziers, Saint-Quentin und Boulogne.

§ 118. Erzeugnisse der Pflanzen-, Tier- und Mineralwelt. **a.** Der Schwerpunkt der Urproduktion Frankreichs liegt in den Erzeugnissen der Pflanzenwelt. Die Hälfte des Bodens wird mit Brotfrüchten bepflanzt.

In der Weizenerzeugung (10 Mill. t) kommt Frankreich gleich hinter Rußland und den Vereinigten Staaten. Die Hauptweizengebiete sind der Norden Frankreichs, die Landschaften Brie und Beauce und das Saônebecken. Roggen gedeiht in den höhern Gegenden (gegen 2 Mill. t). Der Haferbau bringt die Hälfte der Weizenmenge. Der *Mais* gedeiht im untern Garonnebecken und Saône-Rhonebecken. Die *Kartoffelernten* bringen etwa 17 Mill. t. Trotz des ausgezeichneten Getreidebaues muß Frankreich jährlich noch für etwa 200 Mill. M. Getreide einführen.

Fig. 130. Bodenbenutzung in Frankreich in Proz. [1908].

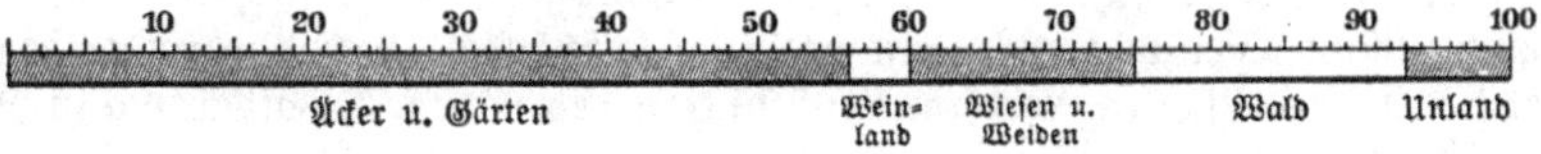

Frankreich ist das *erste Weinland* der Erde. 45—60 Mill. hl Wein werden jährlich gekeltert. Die berühmten Weingegenden sind die Champagne (Epernay, Châlons, Reims), Burgund und Médoc (am südlichen Girondeufer). Ebenso steht Frankreich in der *Obstkultur* obenan, in der Bretagne, Normandie, an der Loire, um Paris und in den Vogesen. Der *Gemüsebau* wird in den dichter bevölkerten Gebieten stark betrieben. Die *eßbare Kastanie* ist weit verbreitet. Sie berührt, ebenso wie der Weinstock, nicht die Normandie und Bretagne. In Mittel- und Südfrankreich ist sie mit zur Volksnahrung geworden. Das mittelmeerische Frankreich bringt vielerlei *Südfrüchte* auf den Markt. Der *Zuckerrübenbau* steht auf hoher Stufe.

Der *Ölbaum* im untern Rhonetale liefert ein ausgezeichnetes Öl. Der *Maulbeerbaum* ist im südlichen Frankreich ganz gemein. Ebenso bildet hier die *Korkeiche* größere Waldungen. *Industriepflanzen* werden im Seinebecken und in Nord-

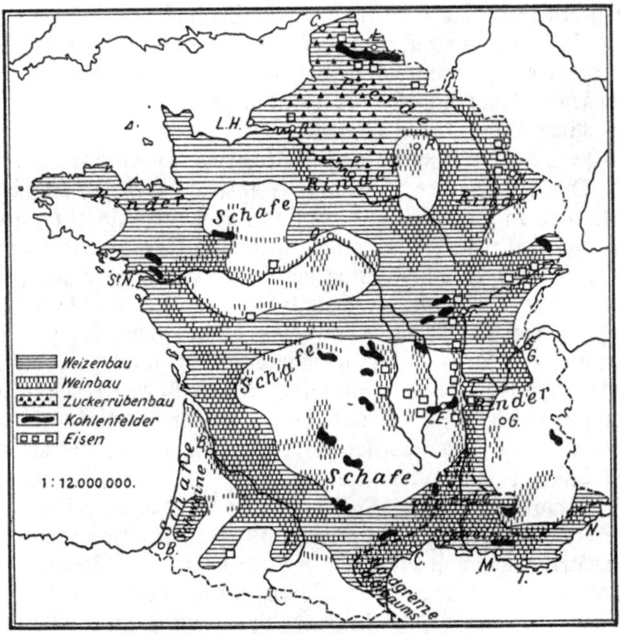

Fig. 131. Urproduktion Frankreichs.

frankreich angebaut. Indessen ist der Anbau von Lein, Hanf und Raps durch die fremde Konkurrenz zurückgedrängt worden. Im südlichen Seealpengebiet ist die Blumenzucht eine nationale Einnahme (Nizza!).

Große Wälder sind selten. Sie finden sich nur noch in Gebieten der beiden Hochgebirge, in den Ardennen und in Burgund.

b. Mit dem Ackerbau geht eine blühende Viehzucht Hand in Hand. Doch kann die einheimische Viehzucht nicht den großen Fleischbedarf decken. Rindviehhaltung findet sich hauptsächlich in Nordfrankreich und in den Alpen, Schafhaltung in Mittel- und Südfrankreich. Hier pflegt man auch die Ziegenzucht. In der Zucht von Federvieh hat Frankreich keinen Wettbewerber. Fleisch und Eier bilden wichtige Exportartikel. Die Seidenraupenzucht ist im Rhonetal und auf Korsika einheimisch. Jährlich werden durchschnittlich $^3/_4$ Mill. kg Rohseide erzeugt.

Der Seefischereibetrieb erzielt bedeutende Einnahmen. Sardinen werden an der atlantischen Küste gefangen (Hauptausfuhrort Nantes), Thunfische im Mittelmeer, Heringe und Schellfische in der Nordsee, Kabeljau bei Neufundland, Austern an der französischen Westküste.

c. In bezug auf mineralische Schätze hat die Natur den französischen Boden auch nicht vernachlässigt. Steinkohlen (gegen 40 Mill. t) bringen die Gebiete an der belgischen Grenze (Valenciennes, Roubaix) und an der obern Loire (St-Etienne, Le Creusot). Eisenerze (4 Mill. t) kommen aus Lothringen, der Champagne und dem Gebiet des Cher. Außerdem werden Kupfer und Blei bergmännisch gewonnen.

Ausgezeichnete Bausteine werden in den Pyrenäen, den Ardennen und im Seinebecken gebrochen. Die Gewinnung von Steinsalz (Lothringen) ist nicht allzu ergiebig. Die Salzgewinnung ist mehr auf das Seesalz der Meeresküsten angewiesen. An Mineralquellen ist Frankreich reich, so in der Provence (Aix), am Allier (Vichy), in den Pyrenäen. Damit sind Kurorte verbunden. Andere berühmte französische Kurorte sind Nizza, Cannes und Biarritz.

§ 119. Industrien auf Grund pflanzlicher, tierischer und mineralischer Erzeugnisse. a. Die Rübenzuckererzeugung Frankreichs reiht sich an die von Deutschland und Österreich an. Sie blüht im N und um Paris. In allen größern Hafenstädten finden sich Rohrzuckerraffinerien. Bierbrauereien entstehen immer mehr in Nordfrankreich. Die Weinfabrikation hat in der Champagne zur Herstellung von Schaumweinen geführt, jährlich gegen 20 Mill. Flaschen im Werte von 100 Mill. Mark. Ebenso weltbekannt ist die Branntweinfabrikation: Cognac (Cognac, Bordeaux), Chartreuse (Grenoble), Absinth (Pontarlier im Jura).

Die Ölfabrikation ist in Südfrankreich, in der Provence, alteinheimisch. In der Herstellung von Schokoladen- und Konditorwaren genießt Frankreich (Paris) ebenfalls Weltruf. Die Tabakfabrikation ist Staatsmonopol. Paris ist der Mittelpunkt der Möbel- und Wagenindustrie.

Die Baumwollenindustrie, 1773 zuerst in Amiens eingeführt, ist zu außerordentlich hoher Blüte gelangt. Ihr Hauptsitz ist in Nordfrankreich (Lille, Valenciennes). Die Herstellung von Linnen ist weithin verbreitet. Besonders ist es wieder der Norden, der die meisten und feinsten Waren für den Weltmarkt liefert (Cretonne). Dem Leinengewerbe schließt sich die Jute- und Hanfindustrie an. Valenciennes, Lille, Bayeux und Cambrai liefern Spitzen und Batiste.

b. Mit der Viehzucht hängt die Fabrikation feiner Käse zusammen, so von Neuschateller Käse, Fromage de Brie und Roquefortер Schafmilchkäse. Auf tierischer Grundlage beruht der wichtigste Zweig der französischen Textilindustrie, nämlich die Seidenspinnerei. Frankreich steht hierin über allen andern Ländern und ist mit seinen Erzeugnissen tonangebend. Über 4 Mill. kg Rohseide werden alljährlich verbraucht. Hauptindustriegebiete für Seide sind Lyon, St-Etienne und Grenoble.

Die Schafwollindustrie blüht im Seinebecken. Weltruf haben auch die Tuche und Streichgarnstoffe von Louviers, Elbeuf, Abbeville, Reims und Sedan, die Kammgarnstoffe von Roubaix, Reims und Rouen, die Schals von Paris, Nîmes und Lyon und die Kunstteppiche oder Gobelins von Paris. Die ansehnliche Bekleidungsindustrie liefert weithin gehende Exportwaren (Paris).

Frankreich ist fernerhin in vielen Zweigen der Lederindustrie mit tonangebend. Die Handschuhfabriken von Paris und Grenoble liefern beliebte Exportwaren. Die Pariser Ledergalanteriewaren gehen weit in alle Welt.

c. Frankreich ist nach Großbritannien, Deutschland und den Vereinigten Staaten das wichtigste Industrieland der Erde. Störend für die industrielle Entwicklung ist es, daß die eigenen Kohlen bei weitem nicht den eigenen Bedarf decken können. Die Metallindustrie ist über ganz Frankreich verbreitet; am stärksten ist sie im Pariser Becken und im N und NO. Gußwaren liefert St-Etienne, Messerschmiedearbeiten Paris und der N. Ausgezeichneten Maschinenwerkstätten begegnet man in Paris, Lille, Le Havre, Le Creusot, St-Etienne und Marseille.

In Bronzen, Gold- und Silberwaren und Bijouterieartikeln behauptet Paris seinen ersten Platz. Ebenso hat es Weltruf in der Herstellung von wissenschaftlichen Instrumenten

In der Keramik liefert Frankreich geschätzte Waren. Berühmtes Porzellan liefern Sèvres und Limoges; Fayencen Paris, Lyon, Rouen und Tours; Glaswaren Paris und Baccarat in den Vogesen.

Die chemische Industrie und verwandte Zweige beschäftigen sich in der Hauptsache mit der Herstellung von Seifen, Kerzen und Parfümerien (Marseille, Paris).

§ 120. Verkehr und Handel. a. Für die Weltverkehrsstellung Frankreichs ist es wichtig, daß es Mittelmeer und Atlantischen Ozean berührt. Die Verbindung beider Meere wird durch natürliche Straßenzüge unterstützt, aber auch durch künstliche, durch Kanäle und Eisenbahnen. Der Canal du Midi (Kanal von Languedoc), der 244 km lang, 2 m tief und 36 m breit ist, verbindet Mittelmeer mit Garonne; der Canal du Centre Saône und Loire; der Rhein-Rhonekanal Rhein und Rhone und der Rhein-Marnekanal Seine mit Rhein.

Frankreich ist ein Land mit ausgezeichneten Landstraßen. Mehr Bedeutung haben die Eisenbahnen, mit denen Frankreich wie mit einem Spinnennetz überzogen ist. Der Hauptmittelpunkt ist Paris. Die meisten französischen Bahnen sind in privaten Händen. Mehrere internationale Verkehrslinien gehen durch Frankreich. (Vergleiche die europäischen Expreßzüge § 84 b.)

Frankreich besitzt einen gut entwickelten Postverkehr.

b. Unter den Handelsplätzen Frankreichs steht Paris, die zweitgrößte Stadt Europas, obenan. Hier laufen alle wichtigen Verkehrsadern Frankreichs zusammen. Es ist nicht bloß der Brennpunkt alles geistigen und künstlerischen, sondern auch alles industriellen, kommerziellen und finanziellen Lebens in

Frankreich. **Paris c'est la France!** Paris behauptet im französischen Handelsleben den Geldmarkt (Banque de France, Crédit foncier). Der Handel mit Mode- und Luxuswaren ist weltberühmt. Paris ist einer der bedeutendsten Flußhäfen Europas, in dem über 10 Mill. t umgesetzt werden, wovon auf die Einfuhr allein 8 Mill. t entfallen.

Lyon ist der zweitwichtigste Handelsplatz Frankreichs. Es ist der Hauptstationspunkt der Linien von Paris und der Nordsee aus nach dem Mittelmeer. Vor allem blüht hier der Handel mit Seidenwaren und allerhand Landesprodukten des südlichen Frankreichs. Auch im Geldwesen hat Lyon große Bedeutung (Crédit Lyonnais).

Unter den mittelmeerischen Häfen hat Marseille, einer der ältesten Hafenplätze Europas, die führende Oberhand. Die Eröffnung des Suezkanals hat auf den Marseiller Handel und Verkehr einen außerordentlich fördernden Einfluß gehabt. Marseille unterhält den lebhaftesten Handel mit Algerien und den gesamten Mittelmeerstaaten, mit dem übrigen Afrika, mit Asien und Amerika. Es ist der Hauptmarkt für italienische und spanische Weine, für Ölfrüchte und tropische Produkte. Ferner ist es das Hauptquartier der großen Dampfschiffahrtgesellschaft „Messageries Maritimes".

Der zweitwichtigste Hafenplatz Frankreichs ist Le Havre, Sitz des Handels mit Amerika. Es ist der Hauptstapelplatz für nordamerikanische Baumwolle, Tabake, Weizen und tierische Produkte und für südamerikanische Wolle.

Bordeaux, der große Flußmündungshafen der Garonne, ist der drittgrößte Hafenplatz Frankreichs. Es ist der Hauptstationspunkt des Verkehrs von Paris mit Spanien. Die Entfernung Paris—Bordeaux wird in nicht ganz 8 Stunden überwunden.

Dünkirchen, der größte Fischereihafen Frankreichs, ist der viertgrößte Hafen Frankreichs. Es importiert spanische und englische Eisenerze, norwegisches und kanadisches Holz, Hanf und Leinen aus Rußland, Wolle aus den Laplata-Staaten und Jute aus Indien.

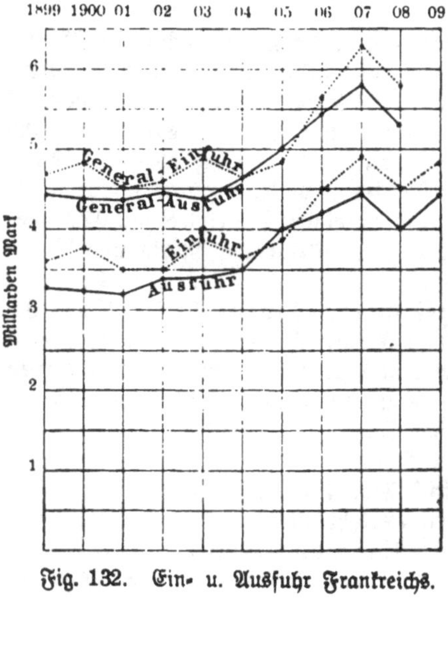

Fig. 132. Ein- u. Ausfuhr Frankreichs.

c. Frankreich hat einen bedeutenden Handelsverkehr, der Waren im Werte bis zu 8 Milliarden umsetzt. Aber dennoch hat sich in den letzten zwanzig Jahren der Außenhandel nicht wesentlich gehoben. Die französische Handelsflotte ist recht bedeutend und reiht sich innerhalb der Welthandelsflotte an fünfter Stelle an (s. § 51 b). Sie zählt rund 1800 Schiffe mit reichlich 1,3 Mill. Reg. t netto. Frankreich steht mit allen Ländern der Erde in lebhaftem Verkehr.

Hauptausfuhrgegenstände sind Seiden-, Woll- und Baumwollgewebe (zusammen über ³/₄ Milliarde M.), Wolle und Seide, Wein, Häute, Galanteriewaren, Konfektion, Zucker, Butter und Käse, Metallwaren, Maschinen, Liköre, Lederwaren, Papier, Töpfer- und Glaswaren.

Haupteinfuhrgegenstände sind Wolle (500 Mill. M.), Steinkohlen, Seide, Baumwolle, Ölsamen und Fische, rohe Felle und Pelze, Holz, Getreide, Maschinen, Kaffee, Wein, Mineralien, Kupfer, Flachs, Salpeter, Jute, Petroleum. Schmuckfedern.

Fig. 133. Einfuhr Frankreichs (Herkunftsländer) in Proz. [1908: 4512 Mill. M.].

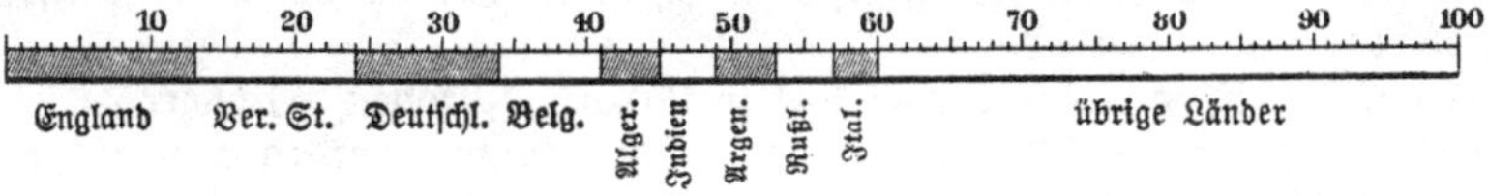

Fig. 134. Ausfuhr Frankreichs (Bestimmungsländer) in Proz. [1908: 4041 Mill. M.].

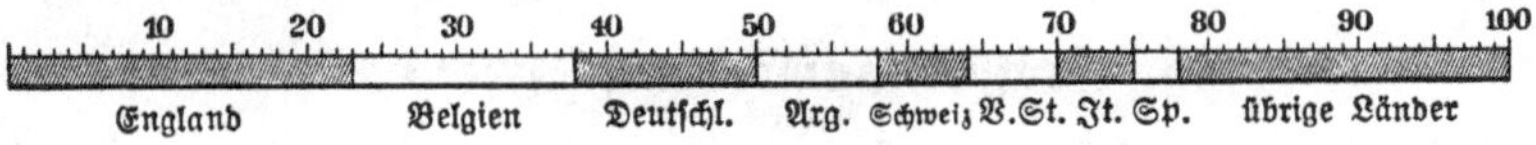

d. Der Handelsverkehr zwischen Frankreich und Deutschland ist stetig gestiegen und hat mit dem neuen Jahrhundert ½ Milliarde M. überschritten. Frankreich führt jetzt Waren für rund 500 Mill. M. nach Deutschland aus und für reichlich 450 Mill. M. von Deutschland ein.

Französische Waren für Deutschland sind: Wolle (für etwa 50 Mill. M.), Wein und Most in Fässern ,Pferde, Seide, Ölkuchen, Obst und Tafeltrauben, Küchengewächse, Kleesaat, Häute und Felle, Edelsteine, Rosen und andere Blumen, Därme, Käse, Schaumwein u. a. m.

Deutsche Waren für Frankreich sind: Koks und Steinkohlen (60 Mill. M.), Maschinen, Häute und Felle zur Pelzwerkbereitung, Farbendruckbilder und Kupferstiche, Edelmetallwaren, halbseidene Zeuge, Tücher und Schals, Eisenwaren, Fahrradteile, Zinn, Borsten, Hopfen, Nähmaschinen, Handschuhleder, Korduan, Spielzeug aller Art, Bücher, Karten, Musikalien, Chemikalien und Bier.

§ 121. Die französischen Kolonien. a. Die Kolonien umfassen gegen 11 Mill. qkm mit etwa 45 Mill. Bewohnern. Das „Große Frankreich" ist nächst Großbritannien und Rußland die größte Kolonialmacht. Indessen läßt der wirtschaftliche Wert vieler Kolonien viel zu wünschen übrig (das Saharagebiet !). Die Ackerbaukolonien treten gegenüber den Handels- und Plantagenkolonien ganz zurück.

b. Der Handel Frankreichs mit seinen Kolonien nimmt reichlich $^1/_{10}$ des französischen Gesamthandels in Anspruch. Die Einfuhr in die französischen Kolonien geschieht fast durchweg durch das Mutterland. Der Handelsverkehr mit Algier (Algerien) steht obenan.

c. Die französischen Kolonien liegen in Afrika, Asien, Ozeanien und Amerika. In Afrika liegen Algerien, Tunesien, Senegal, Französisch-Sudan, Französisch-Guinea, Französisch-Kongo und Obok. Von den Inseln des Indischen Ozeans sind französisch Madagaskar und Réunion, ferner die wirtschaftlich wenig bedeutsamen Komoren, St-Paul, Amsterdam und Kerguelen.

In Asien liegen die vorderindischen Stadtgebiete Tschandernagor (Chandernagor), Yanaon, Pondichéry, Karikal und Mahé. Das französische Indochina umfaßt Kotschinchina, Kambodscha, Anam, Tonkin und Laos.

Zu den pazifischen Kolonien gehören Neukaledonien, die Gesellschaftsinseln, die Tubuai-, Marquesas- und Paumotu- oder Niedrige Inseln.

Unter den französischen Kolonien in Amerika sind zu nennen: in Westindien die Inseln Miquelon und St-Pierre, Guadeloupe und Martinique, an der Nordostküste Südamerikas Französisch-Guayana.

§ 122. Das Fürstentum Monaco. Dies kleine Fürstentum von 1½ qkm mit 20 000 Einwohnern ist eine unbeschränkte Erbmonarchie. Es steht mit Frankreich im Zollverband. Die Stadt Monaco, 2400 E., ist die Station der Linie Marseille—Mentone der Mittelmeerbahn.

Das Klima ist so ausgezeichnet wie in Nizza. Zitronen, Orangen, Öl, Parfümerien, Liköre und künstlerisch bearbeitete Töpferwaren werden ausgeführt. In Monte Carlo ist die berüchtigtste Spielbank des Kontinents.

b. Großbritannien und Irland.

§ 123. Land und Leute. a. Das Vereinigte Königreich von Großbritannien und Irland umfaßt 314 000 qkm mit 45½ Mill. Bewohnern (145 auf 1 qkm). Es ist das Inselreich im NW von Europa und besteht aus zwei größern Inseln, Großbritannien (England und Schottland) und Irland (grünes Eiland), und aus einer Anzahl kleinerer Inseln. Es sind dies die Orkney- und Shetlandinseln, die Hebriden, Man, Anglesey, die Scillyinseln, Wight und an der französischen Küste die Normannischen Inseln oder Kanalinseln (Guernsey und Jersey).

Die britischen Inseln dehnen sich zwischen 50° und 60° n. Br. aus. Sie werden von dem Atlantischen Ozean umspült. Der Globus zeigt, daß Großbritannien in der Mitte der Landhalbkugel liegt, daß es die natürliche Vermittlerin zwischen den Kulturländern Mittel- bzw. Nordeuropas und Amerikas ist, daß es gegenüber den Ausgangspforten der wirtschaftlich wichtigsten Länder Europas liegt. Diese großartige Weltlage hat Großbritannien frühzeitig auszunutzen verstanden.

b. Die Küstengliederung ist sehr günstig. Kein Ort ist mehr als 120 km vom Küstenrand entfernt. Über die wichtigsten Buchten, die von O und W her in das Land eingreifen, vergleiche die Wand- oder Atlaskarte. Die besten Hafenbuchten finden sich auf der Südseite, bei Plymouth, Southampton, Portsmouth und in Irland bei Cork. Der innere Londoner Hafen ist nur in einer schmalen Fahrrinne für große Schiffe zu erreichen. Die Liverpoolbai bietet gute Häfen. Swansea und Cardiff im Bristolkanal sind künstlich angelegte Häfen.

Gebirgsland findet sich vorzugsweise in Schottland. Im Königreich England drängen sich die Gebirge nach dem W, um einen fruchtbaren Tiefland in der Mitte und im O Platz zu machen. Tiefland erfüllt auch das innere Irland, das von zerstückelten Gebirgen umzogen wird. Die schottischen Hochlande erreichen ihre höchste Erhebung im Ben Nevis (1343 m) der Grampians. In englisches Gebiet hinein ziehen sich die schafweidereichen Cheviotberge.

Die britischen Inseln liegen noch auf dem europäischen Kontinentalsockel. Würden sich die Inseln nur um 100 m heben, so wäre die Nordsee trocken gelegt und die Verbindung der Inseln mit dem Festlande wiederhergestellt.

Die Gebirge bestehen aus den ältesten Gesteinen. Alte Kalk- und Sandsteine und Schiefer sind in den niedern Gegenden zu einer fruchtbaren Krume verwittert.

Im Innern bergen sie aber riesige Schätze von Kohlen und Eisen. In Irland neigt die große zentrale Ebene zu Sumpf- und Moorbildungen.

Das große englische Becken, auch Themse- oder Londoner Becken genannt, ist durch außerordentliche Fruchtbarkeit ausgezeichnet und so zur Heimat des englischen Ackerbaues geworden.

c. Die Flußentwicklung ist infolge der Bodengestalt nach O zu immer noch ganz ansehnlich entwickelt. Die Flüsse sind echte Tieflandströme, in die die Flutwelle des Meeres sich weit hinein bemerkbar macht. So dringt die Flutwelle in der Themse (Thames), dem größten Flusse Englands (323 km), bis nach London vor. Der 7 km breite Humber, der Mündungstrichter der Trent und Ouse, erschließt das große Industriegebiet Ostenglands. Im Bristolkanal, in den sich der Severn ergießt, erreicht die Flutwelle eine Höhe bis 18 m. In die Liverpoolbai ergießt sich der Mersey.

Der Shannon (350 km) ist der bedeutendste unter den irischen Flüssen. Zahlreiche Seen schmücken die Berglande von Schottland und Irland.

Das Klima Großbritanniens ist rein ozeanisch; es wird durch heftige Westwinde und den Golfstrom beeinflußt. 10° C ist die mittlere Jahrestemperatur der Südhälfte Irlands und des Königreiches England. Lorbeer und Myrte können in Südengland im Freien überwintern. Der Wein gedeiht jedoch nicht; ihm fehlt zur Reife die heiße Juli- und Augustsonne. Die schottischen Hochlande haben ein rauhes Klima.

Das Inselreich ist reich an Niederschlägen, und zwar im W reicher als im O. Auf den Hebriden gibt es die größten in Europa beobachteten Regenmengen, jährlich über 4 m. Der O Englands hat jährlich 60—80 cm Niederschläge. Zahlreiche und der Schiffahrt sehr gefährliche Stürme charakterisieren das englische Wetter, wie auch zahlreiche Nebel, so daß London kaum 12 sonnenklare Tage im Jahre aufzuweisen hat.

d. Das Vereinigte Königreich Großbritannien und Irland ist die älteste konstitutionelle Monarchie Europas. Der Herrscher Englands führt außerdem den Titel „Kaiser von Indien". Die gesetzgebende Gewalt teilt der König mit dem Parlament. Das Land zerfällt in Grafschaften (Shires oder Counties).

Die Bevölkerung setzt sich aus verschiedenen Völkerstämmen zusammen, in denen die germanischen vorherrschen. Altansässig sind die Kelten im W von Großbritannien und Irland. Dann kamen die Germanen ins Land (Angeln und Sachsen, Jüten und Dänen) und zuletzt die Normannen (1066). Die Irländer unterscheiden sich in Sprache und Religion von den Engländern, ihren Eroberern, gegen die sie einen unversöhnlichen Haß haben, der sich, besonders in wirtschaftlicher Beziehung, nicht zum Vorteil des Landes erweist.

Trotz der politischen Freiheit herrscht in England ein auffallend großer Unterschied der Stände, der für das englische Leben geradezu maßgebend ist. Die allgemeine Volksbildung steht auf keiner hohen Stufe.

In Großbritannien herrscht die städtische Bevölkerung vor. Mehr als der zehnte Teil der gesamten Bevölkerung wohnt in London. Ein freier Bauernstand existiert nicht, da sich aller Grundbesitz in den Händen großer Grundeigentümer befindet. Die Bauern sind nur Pächter (Farmer).

Der große Prozentsatz der Stadtbevölkerung gibt bereits einen Hinweis auf das Überwiegen der Industriebevölkerung (über die Hälfte der Gesamtbevölkerung,

54%). Kaum ein Siebentel (13%) beschäftigt sich mit Ackerbau und ein Fünftel (21%) mit Handel und Verkehr.

Großbritannien ist mit Ausnahme von Belgien und Holland der dichtest bevölkerte Staat in Europa, 145 Köpfe auf 1 qkm. Die Industriegebiete Englands und Schottlands zählen 300, 400 Bewohner und mehr auf 1 qkm. Irland hat eine geringe Volksdichte. Aus allen drei Reichen fließt jährlich ein starker Auswanderungsstrom ab, vorwiegend nach den Vereinigten Staaten von Amerika.

Kein Staat der Erde ist so reich an Großstädten wie das britische Inselreich. Man zählt jetzt über 40 Großstädte, darunter haben elf Städte 250 000 bis 500 000 Einwohner; das sind Bradford, Bristol, Leeds, Sheffield, West-Ham bei London, Edinburgh, Dublin, Belfast, Hull (Kingston upon Hull), Nottingham und Newcastle (-on-Tyne). Fünf Städte besitzen über ½ Mill. Einwohner, nämlich Birmingham, Liverpool, Manchester, Glasgow und London.

London, die größte Stadt der Welt, zählt rund 5 Mill. Einw., mit dem äußern Ring, also das „größere London", 7 Mill. E. London und dessen Polizeibezirk umfaßt 1800 qkm mit einem Radius von 24 km, Berlin hingegen nur 63 qkm mit einem Radius von 8 km. Das Innere Londons besteht fast durchgängig aus Magazinen und Geschäftshäusern (gegen 40 000). Deutsche zählt man gegen 30 000 in der Riesenstadt; sie sind zumeist Bäcker, Schneider, Lehrer, Kaufleute, Gesinde. (Über London vgl. weiter § 126 b.)

Von den andern Großstädten mit 100 000 bis 250 000 Einwohnern seien noch genannt: Aberdeen, Birkenhead, Blackburn, Bolton, Brighton, Cardiff, Derby, Dundee, Halifax, Leicester, Norwich, Oldham, Plymouth, Portmouth, Southampton, Sunderland und Tottenham.

§ 124. **Erzeugnisse der Pflanzen-, Tier- und Mineralwelt.** **a.** Nur wenig der gesamten Oberfläche wird von Waldungen und Parks eingenommen. Größere Waldbestände trifft man bloß noch im schottischen Hochlande.

Fig. 135. Bodenbenutzung in England in Proz. [1909].

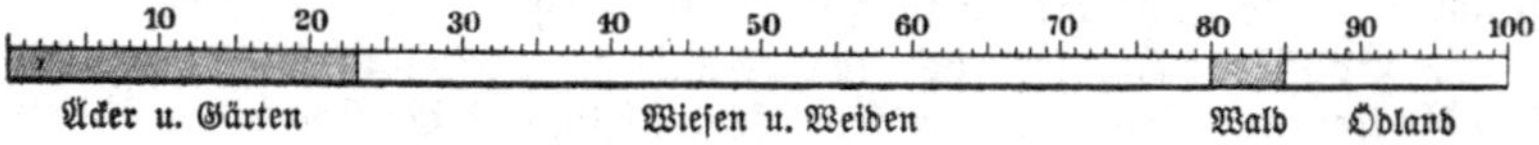

Die Anbaufläche des Bodens für Kulturpflanzen ist in England und Irland am größten, in Schottland am geringsten. Das südliche England hat fast dasselbe landschaftliche Aussehen wie Nordfrankreich, Belgien und Holland.

Die größte Anbaufläche (17 000 qkm) gehört außer der Kartoffel dem Hafer. Halb so groß ist die der Gerste. Fast ebensoviel ist mit Weizen bestellt. Ganz gering ist der Anbau von Roggen. Im S und SW Englands ist ein ausgedehnter Obstbau anzutreffen (Obstwein, „Cider"). Große Mengen Getreide müssen eingeführt werden, jährlich für über 1500 Mill. M.

b. Die Wiesen- und Weidenutzung hat in neuerer Zeit immer mehr zugenommen. England ist das klassische Land der Viehzucht. Die Rindviehzucht ist hochberühmt. Irland hat die größte Anzahl von Rindern. Die Pferdezucht im NO Englands (York, Lincoln) erzielt sehr gesuchte Rassen. Die Schafherden, die mit den magern Weiden von Wales, Nordengland und Schottland und den Bergweiden

Irlands fürlieb nehmen, ergeben eine geschätzte Wolle. Ziegen werden in Schottland und Wales gehalten. Die Schweinezucht, vorwiegend in Irland, hat abgenommen. Trotz der großen Viehzucht muß jährlich noch für 900 Mill. M. Fleisch eingeführt werden.

Der Fischfang ist eine bedeutende Ernährungsquelle der englischen Bevölkerung. Die Flüsse und Seen sind reich an Forellen und Lachsen. Von größerer Wichtigkeit ist der Seefischfang. Die britische Bevölkerung zieht an jedem Wochentage fast das ganze Jahr über für rund 600 000 M. Produkte aus dem Meere heraus. Der jährliche Fischfang hat einen Wert von rund 200 Mill. M. Der Hering ist der einträglichste Fisch; jährlich werden davon für 40 bis 60 Mill. M. ausgeführt, und zwar die Hälfte nach Deutschland.

Andere wichtige Seefische sind Kabeljau, Schellfisch, Makrelen, Steinbutt und Sardinen. Die Auster wird überall an den Küsten gefischt und gezüchtet. London allein soll jährlich 800 Mill. Stück Austern verzehren.

c. Mit unterirdischen Schätzen ist der britische Boden von der Natur reichlich bedacht worden. Vor allem werden Steinkohlen noch in unermeßlicher Menge gefunden. Die bedeutendsten Steinkohlenlager sind die von Durham und Northumberland, von Leeds und Derby, von Liverpool und Manchester, von Wolverhampton und Südwales. Letzteres hat bequeme Ausfuhrhäfen in Swansea, Cardiff und Newport. Die Steinkohle von Cardiff gilt als eine der besten. Die jährliche Kohlenausbeute beträgt 270 Mill. t. Irland ist arm an Steinkohlen. Als Ersatz muß hier der Torf dienen. Die Graphitausbeute in Barrowdale ist ganz zurückgezogen.

An Eisenerzen werden jährlich 10 Mill. t zutage gefördert. Ihre Fundstätten decken sich ziemlich mit denen der Steinkohlen. Auch Irland bringt Eisen hervor. In der Roheisenerzeugung steht jetzt England hinter den Vereinigten Staaten von Amerika und auch hinter Deutschland zurück.

Cornwall und Wales bringen Kupfererze. Swansea ist die Stadt des Kupfers. Blei wird in Nordengland, Wales und Südschottland gefunden, Zink in Cornwall, Wales und auf der Insel Man. Der Zinnbergbau ist zurückgegangen.

Großbritannien ist reich an Salz. Man gewinnt Steinsalz, hauptsächlich in Chesire, und außerdem Seesalz. Die jährliche Salzproduktion beläuft sich auf 2 Mill. t. Die Inseln sind reich an ausgezeichneten Bausteinen, so an Graniten, Kalkbausteinen, Sandsteinen und Schiefern. Töpfererde findet sich überall in den Grafschaften der Mitte und des Ostens. Berühmt ist die Porzellanerde von Staffordshire.

§ 125. Industrien auf Grund pflanzlicher, tierischer und mineralischer Erzeugnisse. a. Unter den Industriezweigen, die auf pflanzlichen Erzeugnissen beruhen, stehen die Bierbrauereien obenan, besonders im SO Englands. Gegen 70 Mill. hl Bier, etwas weniger als die deutsche Produktion, werden jährlich erzeugt. Bekannte Biersorten sind der Porter Londons, das Ale von Burton und Edinburgh und der Dubliner Stout.

Die ansehnliche Obstweinbereitung (Cider) ist eine Folge der großen Obstbaumzucht im S Englands. Große Mengen Alkohol werden jährlich hergestellt. Die Branntweinfabrikation ist sehr entwickelt. Weltbekannte Branntweinsorten sind Gin und Whisky. Die Zuckerraffinerien bearbeiten meistens Rohzucker der Kolonien.

Die Holzindustrie verarbeitet ausländische Hölzer. Guten Ruf hat die Herstellung von **Möbeln**, Luxuswagen und Spazierstöcken in London, von **Zündhölzchen** in der Nähe der Großstädte. Kautschuk und Guttapercha werden in dem größern Seestädten verarbeitet. Die Tabakmanufaktur ist unbedeutend.

Die **Textilindustrie** ist der erste Industriezweig Großbritanniens. Jährlich werden etwa 850 Mill. kg Baumwolle, 250 Mill. kg Wolle und 100 Mill. kg Flachs verarbeitet.

Fig. 136. Bergbau und Industrie von Großbritannien u. Irland.

Obenan stehen **Baumwollenspinnerei** und **Baumwollenweberei**. Sie blicken auf fünf Jahrhunderte ihrer Entwicklung zurück. Die Baumwollenindustrie konzentriert sich in der Landschaft Lancashire mit dem Mittelpunkt Manchester, sodann in Niederschottland mit dem Mittelpunkt Glasgow.

In der **Linnen- und Flachsgewinnung** behauptet Irland die führende Stellung mit dem Mittelpunkt **Belfast**. Auch in Schottland, Leeds und Manchester werden bedeutende Mengen Leinwand hergestellt, Hanfgewebe bloß noch in Schottland. Die **Jutefabrikation** (dauerhafte Packleinwand) blüht in Dundee, Glasgow und Manchester.

b. Auf Grund der tierischen Erzeugnisse des eigenen Landes haben sich ansehnliche landwirtschaftliche Industrien entwickelt, so die Butterbereitung, besonders aber die Käsebereitung, die sogar Produkte auszuführen vermag. Bekannt sind die Chester- und Chiltonkäse. Die Wollindustrien verarbeiten außer einheimischem Material vor allem die Wolle der Kolonialgebiete, so z. B. jährlich gegen 150 Mill. kg australische Wolle. Berühmt sind die feinen Tuche von Leeds, Manchester und Bradford, die Flanelle von Halifax und Rochedale, die Teppiche von Kiddermünster und die schottischen Schals und Umhängetücher („schottische Tweeds") von Glasgow.

Die Seidenindustrie ist trotz aller Bemühungen gering entwickelt, bedeutend hinwiederum die Kleider- und Wäschekonfektion, die Modewaren- und Hutindustrie (London). Weithin ist auch die englische Lederindustrie mit einem jährlichen Ertrag von nahezu 400 Mill. M. berühmt, besonders in Worcester und Woodstock (nördlich von Oxford).

Die Papierindustrie ist hoch entwickelt und verarbeitet Lumpen, in der Hauptsache jedoch Esparto und andere Pflanzenfasern. Die feinsten Papiere kommen aus Kent, überhaupt aus der Londoner Umgebung. Jährlich wird für 250 bis 300 Mill. M. Papier hergestellt.

Die zahlreichen chemischen Fabriken stellen vorwiegend Soda und Säuren her. Außer in Glasgow befinden sie sich in den größern Städten des Königreichs England.

c. Auf Grund der mineralischen Bodenschätze hat sich eine blühende Maschinen- und Metallindustrie entwickelt. Dem Werte nach kommt diese Industrie gleich nach der der Webwaren. Alle Arten von Metall- und Eisenwaren werden in Großbritannien erzeugt, von der kleinsten Nadel an bis zur größten Dampfmaschine. Der Mittelpunkt der gesamten Eisenindustrie ist das zentrale England, der Distrikt von Birmingham (Staffordshire). Mit der Roheisenherstellung verbindet sich eine große Stahlproduktion. Wenn auch Deutschland und die Vereinigten Staaten von Amerika die britische Stahlproduktion zu einer dritten gemacht haben, so sind doch die Industriemittelpunkte von Staffordshire noch die ersten der Welt nach der Stärke der Produktion.

Birmingham, ein Eisenindustrieort ersten Ranges, verfertigt Nähnadeln, Lokomotiven, Gewehre und Kanonen, Newcastle schwere Geschütze, das Haus Armstrong und das Hüttenwerk von Woolwich größere Kriegswaffen. Die Messer, Scheren, Werkzeuge aller Art und die Panzerplatten von Sheffield haben Weltruf, ebenso die Stecknadeln von Gloucester, die Nähnadeln von Redditsch (i. S v. Birmingham) und die Nägel von Wolverhampton.

Der Bau eiserner Schiffe blüht in Greenock und Glasgow, in Newcastle und Shields, in Hull, London und Liverpool.

Edelmetalle werden hauptsächlich in London und Birmingham verarbeitet. Ansehnlich ist auch in London die Herstellung von Turm- und Taschenuhren.

Die Töpfer- und Glaswarenindustrie bildet eins der wichtigsten Gewerbe in England. Im N von Staffordshire stellt ein großer Distrikt, die „Potteries" genannt, $^3/_4$ sämtlicher englischer Töpferwaren her. Spiegel und Spiegelglas, sodann Kristallglas von Newcastle, Birmingham, Sunderland und London, und die Fayencen und Porzellanwaren von Worcester sind bedeutende Handelsgegenstände.

§ 126. Verkehr und Handel. **a.** Großbritannien ist von vielen natürlichen und künstlichen Verkehrsstraßen durchzogen. Der bedeutendste Wasserweg ist die Themse, die zwischen London und Greenwich ½ km und an der Mündung 7 bis 8 km breit ist. Der Leeds-Liverpoolkanal ist wichtig für den Frachtverkehr nach dem Binnenlande. Der Kaledonische Kanal hat die Länge des deutschen Nord-Ostseekanals, aber nur eine Tiefe von 5½ m. Der Manchester-Schiffskanal, ein sog. Seestichkanal von 8 m Tiefe, macht die Binnenstadt Manchester den größten Seeschiffen zugänglich. In Irland sind die Flüsse fast bis zur Quelle schiffbar.

Mehr Sorgfalt als auf das Wasserstraßennetz hat man auf die Ausgestaltung des Eisenbahnnetzes verwendet. England baute die erste Eisenbahn mit Dampfbetrieb 1830, eröffnet zwischen Manchester und Liverpool. Der Verkehr der Reisenden und der Waren auf den Eisenbahnen ist weit stärker als in Deutschland oder in Belgien. Sämtliche britische Eisenbahnen sind in Privathänden.

Das Post- und Telegraphenwesen ist praktisch eingerichtet und hat vielen andern Staaten als Muster gedient. Mit der Post sind die stark benutzten Postsparkassen verbunden.

Das Fernsprechwesen hat sich infolge klimatischer und anderer Verhältnisse nicht so schnell wie in Deutschland, Schweden oder in den Vereinigten Staaten entwickelt. England ist aber das Land, das zuerst die politische und wirtschaftliche Wichtigkeit der unterseeischen Kabel erkannte. Das englische Kabelnetz umspannt Afrika, Amerika und Indien, außerdem besitzt es große Linien in den ostasiatischen und australischen Gewässern (s. § 49 a).

b. Unter den britischen Hafen- und Handelsplätzen hat London die vorherrschende Stellung. London ist nicht bloß die erste und größte Stadt des Landes, nicht bloß die erste Fabrik- und Industriestadt Großbritanniens, sondern auch die erste und bedeutendste Handels- und Seeverkehrsstadt der ganzen Welt. Das konnte sie nur infolge der günstigen Lage werden. Schon der innere Verkehr ist riesenhaft. Über 3500 Omnibusse passieren in 15 Dienststunden die „London-Bridge". Die Untergrundbahn ist das bedeutendste Verkehrsmittel des linken Themseufers. An drei verkehrsreichen Gebieten ist die Themse untertunnelt worden. Ein Tunnel dient nur dem Eisenbahnverkehr, ein anderer nur dem Fußverkehr und der großartige Blackwalltunnel bietet für Fußgänger und Wagen freien Durchgang unter der Themse. Der Handelsverkehr spielt sich in der innern Stadt, „City", ab. Hier befinden sich die „Bank of England" und die Getreidebörse, hier die verkehrsreichsten Straßen, das Generalpostamt und die großartige Druckerei der „Times". Der Großhandel mit Lebensmitteln wird auf offenen Märkten und in Hallen betrieben.

Der Londoner Hafen (**The Pool**) mißt von der „London Bridge" an 10½ km, bis zu den neuen Dockanlagen flußabwärts sogar 37 km. (Vgl. Fig. 91.) Die Docks bedecken 500 **ha** und nehmen Getreide, Wolle, Häute, Kolonialwaren in Mengen bis zu 1½ Mill. dz auf. Nächst der Baumwolle bildet das Getreide die Haupthandelsware. Ein Drittel der gesamten englischen Einfuhr geht nach London (reichlich 3½ Milliarden M.). Von der 2 Milliarden M. wertenden Durchfuhr entfallen 60% allein auf London. London ist mit allen wichtigern Hafenplätzen der Welt durch regelmäßigen Verkehr verbunden. Die hauptsächlichsten und größern Verbindungen unterhält es mit Indien, China, Japan, Australien und Südamerika.

An London reiht sich in der Bedeutung als Welthafen Liverpool an. Seine Lage ist für die amerikanischen Verbindungen noch besser als die Londons. Die Cunard-Linie hat hier ihren Hauptsitz, ebenso die Liverpool-Brasil-Linie. Liverpool ist der erste Handelsplatz für Baumwolle. Sodann werden Getreide und Mehl, Fleisch, Holz, Petroleum und Kolonialwaren importiert. Liverpool hat ausgezeichnete Docks, die an Größe den Londoner Docks gleichkommen. Ein 1 km langer Tunnel verbindet Liverpool mit dem am linken Mersey-Ufer liegenden Birkenhead.

Cardiff hat eine ähnlich große Schiffahrtsbewegung wie Liverpool aufzuweisen; doch liegt die Größe lediglich in der lebhaften Ausfuhr von Kohle begründet. Die benachbarten Orte Newport und Swansea beteiligen sich mit an der Kohlenausfuhr.

Glasgow ist die wirtschaftlich wichtigste Stadt von Schottland und genießt als britische Handelsstadt Weltruf. Es ist ein Mittelpunkt der Küstenschiffahrt und wichtiger britisch-amerikanischer Schiffahrtslinien.

Edinburgh und sein Hafen Leith sind für den Nord- und Ostseehandel wichtig, noch mehr Newcastle, Hull und Harwich. Am Kanal sind Dover und Folkestone von Bedeutung, weiterhin an der Südküste Newhaven, Portsmouth, Southampton und Plymouth.

In Irland sind Belfast, Dublin und Cork die handelsreichsten Häfen. Im N ist noch Londonderry bemerkenswert, das von vielen Linien nach Amerika zu angelaufen wird.

c. Großbritannien besitzt fünf Riesenverkehrshäfen: London, Liverpool, Cardiff, Southampton und Newcastle mit Shields, und bedeutende Großverkehrshäfen, wie Newport, Hull, Dover, Sunderland, Glasgow und Belfast. Die Handelsflotte ist die größte der Welt. (Vgl. § 51 b und § 54.)

Der Außenhandel des Vereinigten Königreichs wertet 20 Milliarden M., wovon $^3/_5$ auf die Einfuhr und $^2/_5$ auf die Ausfuhr entfallen.

Die Einfuhrgegenstände umfassen hauptsächlich Nahrungsmittel und Rohstoffe. Zur erstern Gruppe gehören Getreide (für $1\frac{1}{2}$ Milliarde M.), lebende Tiere, Fleisch (900 Mill. M.), Butter und Käse (über 600 Mill. M.), Zucker (über 400 Mill. M.), Tee (über 200 Mill. M.), Kakao, Früchte, Wein und Eier (Eier für 150 Mill. M.) und zur zweiten Gruppe Baumwolle (für 1000 bis 1200 Mill. M.), Holz (über 500 Mill. M.), Wolle (für 600 Mill. M.), Seidenwaren, Chemikalien und Drogen, Häute und Felle, Sämereien, Kautschuk u. a. m. Die Industrieerzeugnisse, die früher fast gar nicht eingeführt wurden, betragen gegenwärtig fast $^1/_4$ der Einfuhr.

Unter den Ausfuhrwaren stehen die Baumwollgewebe obenan (jährlich f. $1^2/_3$ Milliarde M.), dann kommen dem Werte nach Kohlen (f. über 900 Mill. M.), Maschinen (750 Mill. M.), Eisenwaren (750 Mill. M.), Wollgewebe, Chemikalien, Eisen, Kleider, Schiffe, Eisenbahnwagen, Leinengewebe, Fische und Kupfer.

d. Der Handelsverkehr zwischen Großbritannien und Deutschland ist für beide Länder von außerordentlicher Bedeutung. [Großbritanniens Ausfuhr nach Deutschland beträgt $^3/_4$ Milliarde M., und Deutschlands Ausfuhr nach Großbritannien über 1 Milliarde M.

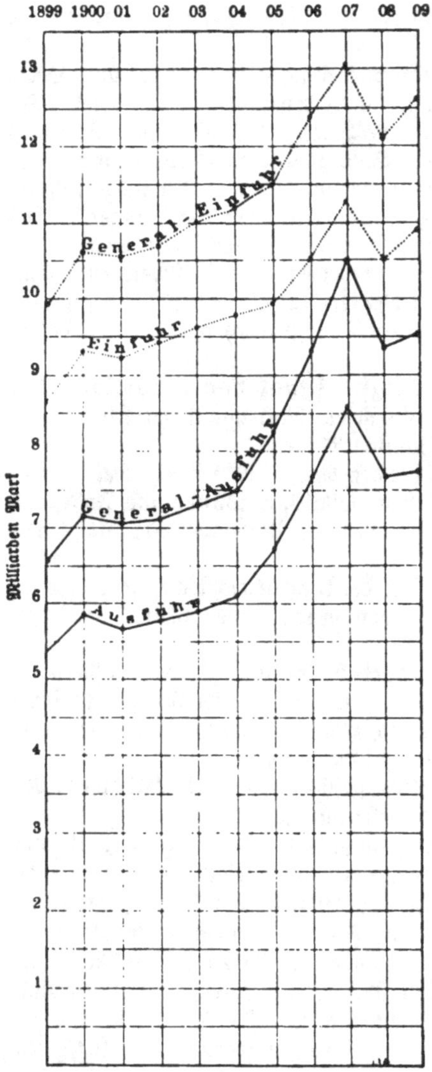

Fig. 137. Ein- u. Ausfuhr Großbritanniens u. Irlands.

Großbritannien führt in der Hauptsache nach Deutschland aus Goldmünzen (über 100 Mill. M.), Steinkohlen (für 150 Mill. M.) Wollgarn, Baumwollgarn, Schafwolle, Heringe (bis 25 Mill. M.), Roheisen, Maschinen, Seeschiffe, Kautschuk und Guttapercha, Häute und Felle zur Pelzwerkbereitung, rohes Kupfer und Zinn, Weißblech u. a. m.

Die britischen Inseln beziehen von Deutschland: Zucker (bis 160 Mill. M.), Kleider und Wäsche, halbseidene Zeuge, Tücher und Schals, baumwollene Waren, Maschinen und Eisenwaren, Farbendruckbilder und Kupferstiche, Anilin- und andere Teerfarbestoffe, Kinderspielzeug, feine Lederwaren, rohes Zink, Porzellan, musikalische und wissenschaftliche Instrumente, Uhren, ausgeglühte Glühstrümpfe, Bücher, Karten, Bier u. v. a. m.

§ 127. Die britischen Kolonien.

a. Der britische Kolonialbesitz hat eine Größe von rund 30 Mill. qkm. Er ist mithin so groß wie ganz Afrika, dreimal so groß wie Europa, elfmal so groß wie der deutsche Kolonialbesitz oder fast hundertmal so groß wie das eigene Mutterland. Mit ihren 400 Mill. Bewohnern beherbergen die britischen Kolonien ein Viertel der ganzen Menschheit.

Das britische Reich nimmt durch seine Besitzungen an allen Erdteilen und an allen Meeren teil.

b. Kolonien in Europa und Asien. Den Eingang zum Mittelmeer beherrscht das stark befestigte Gibraltar. Zwischen Ost- und Westbecken des Mittelmeeres, in nächster Nähe von Europa und Afrika liegt Malta. Der Ostteil des Mittelmeeres wird durch Cypern bewacht.

Durch den Kanal von Suez, von dessen Einfluß und Macht sich England einen großen Teil zu sichern gewußt hat, gelangen wir in das Rote Meer, wo wichtige Kohlenstationen und Handelspositionen wiederum in englischen Händen sind, so

Aden, die Insel Perim, die Insel Kameran, bei der Anlage des Kabels von Suez nach Bombay an England abgetreten, ebenso zu gleichem Zwecke an der Südostküste Arabiens vom Sultan von Maskat die Kuria-Muria-Eilande. Sokotra bewacht den Ausgang des Golfes von Aden. Im Persischen Golf liegen die perlenreichen Bahrein-Inseln.

Britisch-Indien ist ein gewaltiges Reich, von der gleichen Fläche und der dreifachen Einwohnerzahl des europäischen Rußlands oder von der halben Größe

Fig. 138. Einfuhr Englands (Herkunftsländer) in Proz. [1908: 10472 Mill. M.].

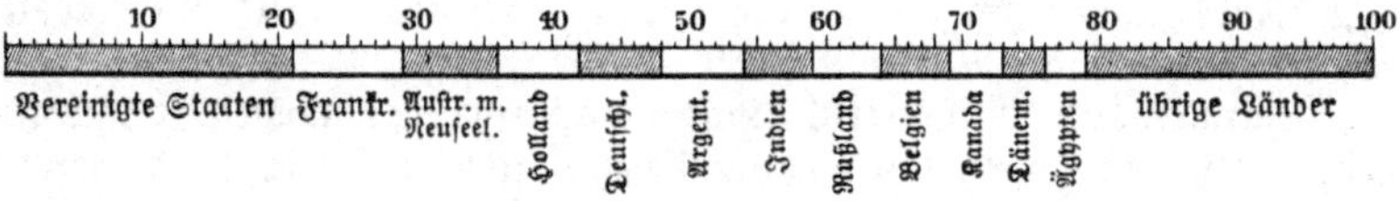

Fig. 139. Ausfuhr Englands (Bestimmungsländer) in Proz. [1908: 7693 Mill. M.].

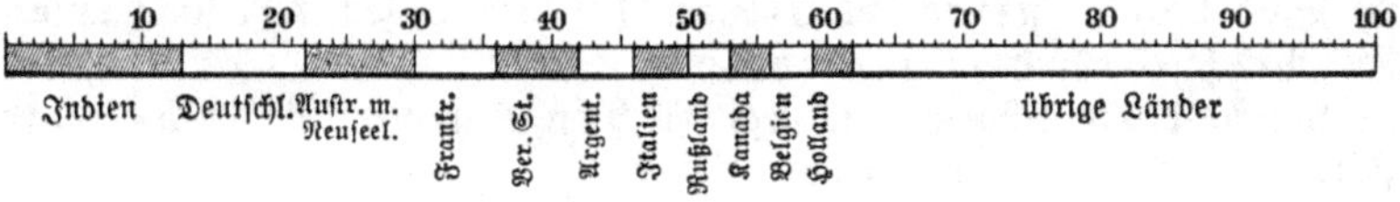

Europas oder der Vereinigten Staaten. Es hat den Wohlstand Großbritanniens begründen helfen; seit 1876 nennt man den König von England auch Kaiser von Indien. Zur indischen Verwaltung gehören noch Belutschistan und Sikkim, sowie die Inselgruppen der Andamanen, Nikobaren, Lakkadiven und die Keelinginseln. An die Südspitze Indiens lehnt sich das paradiesisch fruchtbare Ceylon an, nicht ganz so groß wie Bayern, und westlich davon liegen die Malediven.

An der Malakkastraße liegen auf der Halbinsel Malakka die Straits Settlements mit Singapore, Penang und Malakka. Die Malaiischen Schutzstaaten umfassen die südliche Hälfte der Malakkahalbinsel. Der nördlichste Zipfel Borneos ist britisch und nördlich gegenüber an asiatischer Küste die Inselstadt Hongkong (die eigentliche Stadt heißt Victoria).

c. Kolonien in Afrika. An der Gambiamündung tritt uns die älteste britische Besitzung auf afrikanischem Boden entgegen (Errichtung einer Senegal- und Gambiakompanie 1588). Zu den westafrikanischen Kolonien zählen ferner das Sierra Leoneküstengebiet (Freetown), die Goldküste (Aschantiland), Lagos an der Sklavenküste, welches Gebiet jetzt mit dem britischen Nigergebiet, Nigeria, vereint ist.

In der Mitte der Küstenerstreckung des deutsch-südwestafrikanischen Schutzgebietes liegt die wertlose Walfischbai. Das britische Südafrika besteht aus dem Kapland, dem nördlich sich anschließenden Betschuanaland, dem Basutoland, einem Lande im NO der Kapkolonie, an das sich nach der Küste zu Natal und nördlich von diesem das SuluIand anschließt. Rhodesia ist die Bezeichnung für das ausgedehnte Gebiet, das zwischen dem Norden und Westen Transvaals und den südlichen Grenzdistrikten des Kongostaates liegt; seine Ostgrenze berührt portugiesische und seine Westgrenze deutsche Besitzungen. Die Oranjefluß- und die Transvaalkolonie wurden 1900 einverleibt. Swasiland ist der Südostteil der neuen

Kolonie Transvaal. Das britische zentralafrikanische Schutzgebiet zieht sich an der Süd- und Westküste des Njassasees hin und erstreckt sich fast bis zum Sambesi.

Britisch-Ostafrika umfaßt das Sansibarschutzgebiet, das Ostafrikaschutzgebiet, zwischen Küste und Victoria-Njansa, und das Ugandaschutzgebiet, zwischen letztgenanntem See und dem Albert-Njansa. Der Südrand des Golfs von Aden wird fast in seiner Ausdehnung von der Somalischutzherrschaft gebildet.

d. Kolonien in Amerika. In Nordamerika breitet sich nördlich der Großen Seen und des 49. Breitenarallels bis zum Nördlichen Eismeer das **Dominion of Canada** aus, von einer Größe, die zwischen denen von Australien und Europa liegt (8,8 Mill. qkm). Im Atlantischen Ozean ist Neufundland vorgelagert; zu ihm gehört Labrador (als Verwaltungsgebiet).

In Zentralamerika ist Britisch-Honduras eine der ältesten britischen Besitzungen. Von den Inseln des amerikanischen Mittelmeeres besitzt England eine große Anzahl; die Bahamainseln, Jamaika, Leeward-Islands (Antigua, St. Kitts, Dominika, Jungferinseln), Windwardinseln (Grenada, St. Vincent, Santa Lucia), Barbados, Trinidad und Tobago. Alle diese Inseln faßt man unter dem Namen „Britisch-Westindien" zusammen.

An der Nordküste Südamerikas liegt östlich an Venezuela Britisch-Guayana (Hauptstadt Georgetown oder Demerara).

e. Kolonien in Australien, Ozeanien und in den andern Weltmeeren. Die australischen Kolonien haben sich am 1. Januar 1901 zum Australischen Bundesstaat (**The Commonwealth of Australia**) zusammengeschlossen und bestehen aus den Kolonien (jetzt Original- [ursprüngliche] Staaten genannt) Neusüdwales, Victoria, Queensland, Südaustralien, Westaustralien und Tasmanien.

Britisch-Neuguinea liegt südlich des deutschen Anteils. Neuseeland, im O Tasmaniens, hat die Verwaltung noch über die Auckland-, Chatham-, Cook- (Hervey-) und Kermadecinseln. Norfolk wird von Neusüdwales aus verwaltet.

Nördlich dieser Inselgruppen liegen die Fidschi- (Viti-)Inseln. Die andern wichtigsten pazifischen Inselbesitzungen Großbritanniens sind nördlich vom Äquator: Christmas-, Fanning- und Palmyrainsel; vom Äquator geschnitten: die Gilbertinseln; südlich vom Äquator: die südlichen Salomon-, St-Cruz-, Ellice-(Lagunen-), Phönix-, Tokelau-, Union-, Manihiki- und Suwaroffinseln; im S der französischen Paumotugruppe noch die Pitcairn-Islands. All diese Inselgruppen unterstehen dem Gouverneur der Fidschiinseln als dem Oberkommissar der westlichen Südsee.

Im Indischen Ozean sind als englische Besitzungen zu erwähnen: Mauritius, Rodriguez, die Amiranten, Seychellen und Tschagosinseln; im Atlantischen Ozean: die Falklandinseln, Tristan da Cunha, St. Helena, Ascension und die Bermudainseln.

---

7. Die nordeuropäischen Wirtschaftsreiche.

a. Dänemark.

§ 128. **Land und Leute.** **a.** Das Königreich Dänemark ist der südlichste der skandinavischen Staaten und eins der kleinsten selbständigen Wirtschaftsgebiete Europas. Ist es doch gerade zweimal so groß wie das Königreich Württemberg, denn es umfaßt nicht ganz 40 000 qkm mit $2\frac{1}{2}$ Mill. Einwohnern (66 E. auf 1 qkm).

Durch seine Lage ist es dazu geschaffen, den Handel und Verkehr zwischen O und W des nördlichen Europas und zwischen Nord- und Mitteleuropa zu fördern.

Dänemark besteht aus einem kontinentalen und einem insularen Teil; der erstere ist Jütland, der andere setzt sich aus den größern Inseln Seeland, Fünen, Langeland, Laaland, Falster, Möen und Bornholm zusammen. Seeland und Fünen sind die größten Inseln. Fünen wird von Jütland durch den Kleinen Belt, Seeland von Fünen durch den Großen Belt und von Schweden durch den Sund getrennt. Der Sund ist 50 km lang, zwischen Helsingör und Helsingborg nur $4\frac{1}{2}$ km breit.

b. Die dänische Inselwelt ist mit Ausnahme Bornholms nach Oberflächengestalt und Bodenbau eine Fortsetzung des norddeutschen Tieflandes. Der Baltische Höhenrücken erreicht in Jütland nochmals Höhen bis 170 m. Im W Jütlands breitet sich die unfruchtbare Ahlheide aus, die „jütländische Steppe". Der O ist mit fruchtbarem Mergelboden überdeckt. Die Inseln zeigen fast durchgängig fruchtbaren Boden, der sogar noch Weizenbau gestattet. Bornholm besteht in der Hauptsache aus Granit, der vielfach von feinen Tonerden überlagert ist.

Die dänischen Küsten sind zumeist Flachküsten. Die Nordwestküste Jütlands ist wegen der zahlreichen Sandbänke gefürchtet (Eiserne Küste! Schiffskirchhof!).

c. Die Flußentwicklung ist aus natürlichen Gründen gering. Die Flüsse haben geringen wirtschaftlichen Wert.

Das Klima ist ozeanisch. Die mittlere Jahrestemperatur beträgt $7\frac{1}{2}°$ C und der mittlere Regenfall 60 cm.

d. Das Königreich Dänemark ist eine konstitutionelle Monarchie. Die Dänen, ein Stamm der Nordgermanen, bewohnen das Land. Die allgemeine Volksbildung steht, wie in allen skandinavischen Ländern, sehr hoch.

Am dichtesten sind die Inseln besiedelt. Die Auswanderer bevorzugen die Vereinigten Staaten von Amerika.

Kopenhagen, die Hauptstadt, ist auch die einzige Großstadt des Landes. Es zählt mit den Vorstädten $\frac{1}{2}$ Mill. Einwohner. Aarhus, auf dem Festlande, hat über 50 000 Einwohner. Andere nennenswerte Orte sind in Jütland Horsens, Randers, Aalburg, Viborg und Fredericia, auf Fünen Odense, Svendborg und Nyborg, und auf Seeland Korsör, Slagelse, Roeskilde und Helsingör.

§ 129. Erzeugnisse der Pflanzen-, Tier- und Mineralwelt. a. In Dänemark entfällt fast die Hälfte der Gesamtoberfläche auf Ackerland.

Fig. 140. Bodenbenutzung in Dänemark in Proz. [1907].

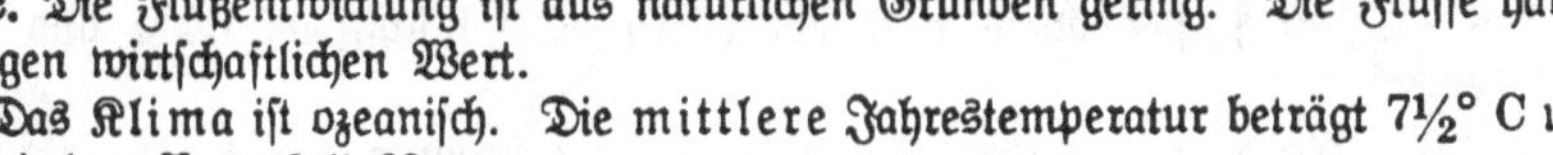

Mit Hafer und Gerste werden die besten Ernteergebnisse erzielt (jährlich je 7 Mill. dz). An Weizen werden jährlich über 1 Mill. dz gewonnen. Kartoffel- und Zuckerrübenbau sind stark entwickelt. Obstbäume bringen noch gute Früchte. Der Anbau von Beerenfrüchten, wie von Erdbeeren und Kronsbeeren (Preißelbeeren), ist sehr lohnend.

b. Die ausgedehnten Wiesen sind einer Viehwirtschaft sehr günstig. Die Rinder-, Schweine- und Schafhaltung stehen annähernd auf gleich hoher Stufe.

Auch die Pferdezucht (Arbeitspferde!) ist recht ansehnlich, dagegen gar nicht die Ziegenhaltung.

Die Ausbeute der dänischen Seefischerei hat einen Wert von über 15 Mill. M.

c. An Schätzen unter der Erde ist das Land arm. Kohlen fehlen. Torf gewinnt man in Jütland, Schlämmkreide und Kalk in Seeland. Bornholm liefert Granit und vortrefflichen Ton (Terrakotta) und Porzellanerde.

§ 130. Industrien auf Grund pflanzlicher, tierischer und mineralischer Erzeugnisse. a. Auf Grund pflanzlicher Erzeugnisse beruhen die großen Branntwein- und Spritfabriken (Kopenhagen, Aalborg), die Bierbrauereien und die Zuckerfabriken in Kopenhagen und Aarhus. Die größern Städte haben Tabak-, Baumwollen- und Holzwarenindustrie. Der Bau hölzerner Schiffe ist noch lohnend.

b. In der Herstellung von Fleischprodukten nimmt Dänemark eine bedeutende Stellung ein. Schweinefleisch (Horsens, Aarhus), Talg, Margarine und Butter sind wichtige Ausfuhrartikel. Die Gerberei blüht in Svendborg. Kopenhagen liefert Wollwaren und Helsingör und Odense Tuche.

c. Porzellanfabriken gibt es in Rönne auf Bornholm und in Kopenhagen (berühmte Königl. Porzellanmanufaktur), Zementfabriken in Aalborg, Maschinenfabriken in allen größern Orten und Eisengießereien in Kopenhagen und Odense. In den größern Küstenstädten wird der eiserne Dampfschiffbau mehr und mehr betrieben.

§ 131. Verkehr und Handel. a. Dänemark besitzt gut gepflegte Landstraßen und ein verhältnismäßig dichtes Eisenbahnnetz. Wichtig sind die Eisenbahnstrecken, die durch Dampfschiffverbindungen gleichsam ihre Fortsetzung nach dem Festlande finden, so die Linie Kopenhagen-Korsör (zweimal täglich Postdampfer in 6½ Stunde nach Kiel), ferner die Linie Kopenhagen-Gjedser (Fährendampfer in 2 Stunden nach Warnemünde).

b. Für den Binnen- und Außenhandel haben die Küstenstädte große Bedeutung. In ihnen blüht vor allem der Handel mit den Landesprodukten. Allen dänischen Orten steht im Handel und Verkehr Kopenhagen (Kjöbenhavn, Kaufhafen) weit voran, ein von Natur sehr günstig geschaffener Hafen. Kopenhagen ist zu einem Riesenverkehrshafen geworden, der regelmäßigen Dampfschiffverkehr mit allen bedeutenden Häfen Nordeuropas und Westeuropas unterhält, selbst mit dem Mittelmeer, mit Nordamerika, Westindien und Ostasien.

c. Dänemark hat einen lebhaften Außenhandel, den es zum großen Teile mit einer eigenen ansehnlichen Handelsflotte (über 4000 Fahrzeuge mit 540 000 Reg. t netto) unterhält. Dänemark gehört zu den Mittelhandelsstaaten. Es hat 1 Milliarde M. im Gesamthandelsumsatz überschritten.

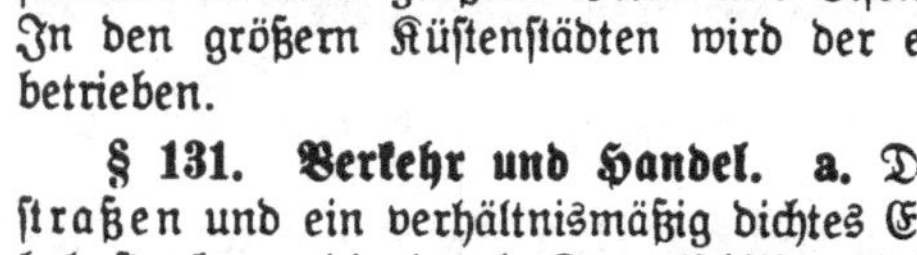

Fig. 141. Ein- u. Ausfuhr Dänemarks.

Hauptwaren der Einfuhr sind: Getreide, Ölkuchen, Steinkohlen, Eisenwaren, Holz und Holzwaren, allerhand Textilwaren, Fett und Oleomargarine, Zucker, Häute, Kaffee, Tabak, Petroleum und Kleie.

Hauptwaren der Ausfuhr sind Butter, Fleisch, lebendes Vieh, Häute, Eier, Fische, Schiffe und Gerste.

d. Aus den Handelsbeziehungen zwischen Dänemark und **Deutschland** zieht letzteres den größern Gewinn. Die Ausfuhr Dänemarks nach Deutschland beträgt über 130 Mill. M., die Einfuhr von Deutschland her 200 Mill. M.

Fig. 142. Einfuhr Dänemarks (Herkunftsländer) in Proz. [1908: 801 Mill. M.].

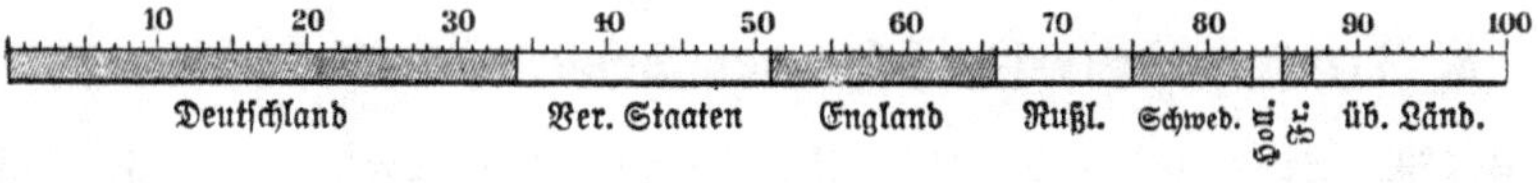

Fig. 143. Ausfuhr Dänemarks (Bestimmungsländer) in Proz. [1908: 694 Mill. M.].

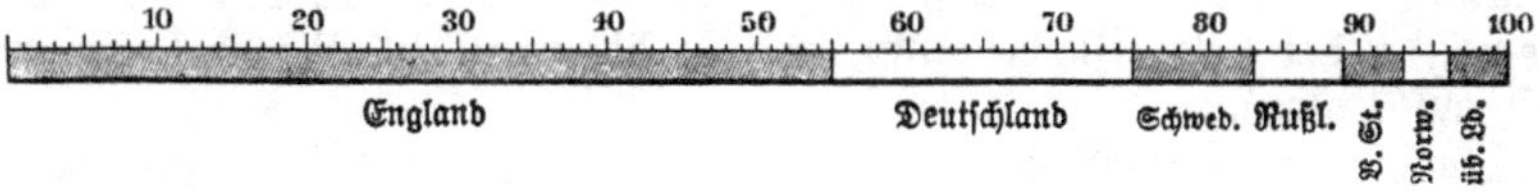

Dänemark sendet nach **Deutschland** Rindvieh (für 30 Mill. M.), Pferde (für 20 Mill. M.), frisches Fleisch, frische Fische, Därme, Gerste, Milch, Milchbutter, Rohblöcke aus Granit, Kryolith aus Grönland (s. unten) und Bettfedern.

Dänemark bezieht von **Deutschland** Textilwaren (gegen 20 Mill. M.), Eisenwaren, Fahrräder, feine Lederwaren, Baumwollgarn, Seeschiffe, feine Waren aus Messing und Kupfer, Telegraphenkabel, Rindshäute, chemische Fabrikate, Weizen, Roggen, Hafer und Mehl, literarische und Kunstgegenstände.

§ 132. Die dänischen Nebenländer. a. Zu den dänischen Nebenländern gehören die Schafinseln oder Färöer, die gewöhnlich in die Größe des Mutterlandes mit eingerechnet werden, Island, das zum amerikanischen Kontinent gehörige Grönland und drei westindische Inseln, von denen **St. Thomas** die wichtigste ist.

b. Die **Färöer** dienen, wie ihr Name bedeutet, vor allem der Schafzucht. An den Küsten wird Fischfang getrieben, auch auf Wale.

c. In **Island** (105 000 qkm, bewohnbar nur 42 000 qkm, mit 80 000 Einwohnern) kann nur Kartoffel- und Gemüsebau betrieben werden. Das Isländische Moos dient mit als Nahrungsmittel. Etwas einträglicher ist die **Viehhaltung**, die sich auf Schafe, Rinder und Pferde bezieht. Seit 1770 ist auch das Renntier eingeführt. Die Küstenmeere sind außerordentlich reich an Fischen, die aber fremde Fischer größtenteils wegfangen.

Ausfuhrgegenstände sind Fische, Wolle, gesalzenes Fleisch, Eiderdunen, Seehundsfelle, Talg und Tran. **Eingeführt** werden Industrieartikel und Getreide.

Rejkjavik, die Hauptstadt des Landes (4000 E.), steht mit Kopenhagen in regelmäßigem Schiffsverkehr.

d. Das **dänische Grönland** (88 000 qkm mit 12 000 Einwohnern) umfaßt die bewohnbaren Küstenstreifen der vergletscherten grönländischen Inselwelt, die im ganzen 2,2 Mill. qkm bedeckt. Rüben und Kohl können in beschränktem Maße angebaut werden. Reich ist das Land an Beerenfrüchten. Die Viehzucht ist ganz gering. Tierische Produkte werden von den **Wildtieren des Landes** (Blaufuchs) und des Meeres (verschiedene Robbenarten) geliefert. Das Land ist reich an **mineralischen Produkten**, so an Eisenerzen, Blei, Zink, Zinn, Graphit, Kohlen und **Kryolith** (ein Mineral, das zur Aluminiumgewinnung dient).

Unter den Ansiedelungen seien Julianehaab (3000 E.) und Godthaab genannt. Der grönländische Handel ist dänisches Staatsmonopol. Lebensmittel und Kolonialwaren werden eingeführt, ausgeführt werden Robbenspeck, Haifischleber, Seehundsfelle, Walfischbarten, Eiderdunen, Pelzwerk und Kryolith.

b. Die skandinavischen Länder Schweden und Norwegen.

§ 133. Land und Leute. a. Skandinavien ist die größte Halbinsel Europas. Sie umfaßt die zwei Königreiche Schweden und Norwegen. Schweden hat einen Flächenraum von 448 000 qkm mit 5½ Mill. Einwohnern (12 E. auf 1 qkm), und Norwegen hat einen Flächenraum von 321 000 qkm mit 2½ Mill. Einwohnern (7 E. auf 1 qkm).

Skandinavien erstreckt sich durch 16 Breitengrade, vom 55° bis zum 71° n. Br. Das ist eine Erstreckung wie von Berlin bis zur Südspitze Siziliens. Der nördlichste Punkt ist das Nordkap auf der Insel Magerö. Skandinavien ist in handels- und verkehrsgeographischer Beziehung nur eine dem Kontinent nördlich vorgelagerte Insel.

b. In Skandinavien finden wir die ältesten Gebirge Europas. Es ist der Westteil der russisch-skandinavischen Tafel, die sich im W der Halbinsel am höchsten erhebt und terrassenförmig nach O senkt. Die höchsten Erhebungen und viele Gletscher finden sich im S. Da ragt der Galdhöpig bis 2560 m empor. Aber noch beim 68. Grad n. Br. werden Höhen bis über 2000 m erreicht (Kebnekaisse 2140 m).

Das Gebirge ist einförmig, eine oben flachgewölbte Gebirgsmasse ohne irgendwelchen deutlichen Kamm. Die Täler sind tief eingeschnitten. Sie fördern jedoch wegen ihrer steilen Wände nicht die Zugänglichkeit des Gebirges. Pässe von annähernd 600 m Höhe benutzen die Eisenbahnen von Trondhjem nach N und S. In einer ostwestlichen Senke der skandinavischen Tafel haben sich die großen schwedischen Seen eingebettet.

Alte kristallinische Schiefer treten überall zutage, ferner auch Granite und andere ältere Gesteine. Das Grundgebirge ist in den Niederungen mit Schutt- und Schlammassen alter Grundmoränen bedeckt, sodann mit Ton und Sand. Da ist vielerorts ein fruchtbarer Wald- und Ackerboden entstanden. Die alten Wanderblöcke, die überall häufig umherliegen, ergeben ein vorzügliches Straßen- und Eisenbahnbaumaterial.

Die Küsten Skandinaviens sind fast durchgängig Felsenküsten, die im W steil ins Meer abfallen, im O dagegen mehr flach verlaufen. Die Westküste ist in zahllose schmale, steile Buchten oder Fjorde und in Inseln zersplittert. Für Handel und Verkehr sind folgende Fjorde wichtig: Kristiania-, Hardanger-, Sogne-, Trondhjem-, Alten- und Varangerfjord.

Der schwedische Küstensaum wird von einem mehr oder weniger dichten Schwarm felsiger Eilande und Klippen, den Schären, umrahmt.

c. Die Flußentwicklung erfolgt nach O und S. Die einzelnen Bodenstufen werden in Wasserfällen überwunden, Skandinavien ist das wasserfallreichste Land Europas. Der Glom (515 km lang) ist Norwegens größter Fluß. In Schweden geht der Klarelf in den Wenersee und verläßt ihn als Götaelf im SW, um sodann die *Trollhättanfälle* zu bilden und unterhalb Göteborgs zu münden. Von den andern vielen Elfen seien nur noch Dalelf und Torneelf hervorgehoben.

Skandinavien ist außerordentlich reich an Seen. In Mittelschweden liegen *Wenersee*, 6240 qkm groß, also 11½ mal so groß wie der Bodensee, Wettersee und Mälarsee.

d. Das Klima weist nicht bloß Gegensätze zwischen S und N auf, sondern auch zwischen O und W. Der W hat ein rein ozeanisches, der O völlig kontinentales Klima. Bergen hat 7° C *mittlere Jahrestemperatur*, Stockholm 5,3°, Hammerfest 1,9°, Haparanda 0,2° und Lund 7°.

Die Westküste ist sehr regenreich (bis 2 m jährlicher Niederschlag). In Schweden nimmt der Regen nach O und N ab. Die mittlere Regenmenge beträgt in Schweden 57 cm.

e. *Schweden und Norwegen* waren als zwei konstitutionelle Königreiche seit der Lostrennung Norwegens von Dänemark (1814) durch Personalunion verbunden. Im Juni 1905 hat sich *Norwegen* von Schweden getrennt und bildet seitdem ein vollständig selbständiges Königreich.

Norweger und Schweden sind *Nordgermanen*. Von allen seefahrenden Völkern hat Norwegen den stärksten Prozentsatz an seemännischer Bildung. Auf 1000 Bewohner entfallen 590 Reg. t netto Schiffsräume; in England nur 270 Reg. t netto. Die stahl- und wetterharten Menschen Norwegens sind schon seit ältesten Zeiten die *besten Seeleute der Erde* gewesen. Im N der Halbinsel wohnen mongoloide Völker, die Finnen und Lappen.

In beiden Reichen beschäftigen sich die meisten Bewohner mit *Land- und Forstwirtschaft*, in Schweden die Hälfte, in Norwegen nicht ganz die Hälfte der Bevölkerung. 6% der Bewohner beschäftigen sich in Norwegen mit *Fischerei*, in Schweden über 1%. Bedeutend größer ist in Schweden die Anzahl der Menschen, die der Industrie und dem Bergbau angehören. Norwegen beschäftigt verhältnismäßig mehr Arbeiter in Handel und Verkehr als Schweden.

Beide Staaten sind sehr dünn bevölkert, insbesondere Norwegen. Im S ist das Land am dichtesten bevölkert. *Schweden hat 2 Großstädte*: Stockholm (340 000 E.) und Göteborg (160 000 E.). *Norwegen hat nur eine Großstadt*: Kristiania (250 000 E.).

Andere *wichtigere Städte* sind in *Schweden*: Malmö, Norrköping, Gefle, Helsingborg, Karlskrona, Upsala, Jönköping, Lund, Eskilstuna, Kalmar und Falun; in *Norwegen*: Bergen, Trondhjem oder Drontheim, Stavanger, Drammen, Kristiansand, Fredrikstad, Aalesund und Arendal.

§ 134. Erzeugnisse der Pflanzen-, Tier- und Mineralwelt. a. Von Getreidearten gedeihen vor allem *Hafer* (in Schweden jährlich 12 Mill. dz), sodann *Roggen* und *Gerste*. Weizen wächst in Südschweden. Fast überall wird die Kartoffel angebaut. Der Hafer geht bis zum 64° n. Br., der Roggen bis zum 66°, Kartoffel und Gerste bis zum Nordkap. In südlichern Gebieten gedeihen auch Flachs, Hanf und Zucker-

Fig. 144. Bodenbenutzung in Schweden in Proz. [1908].

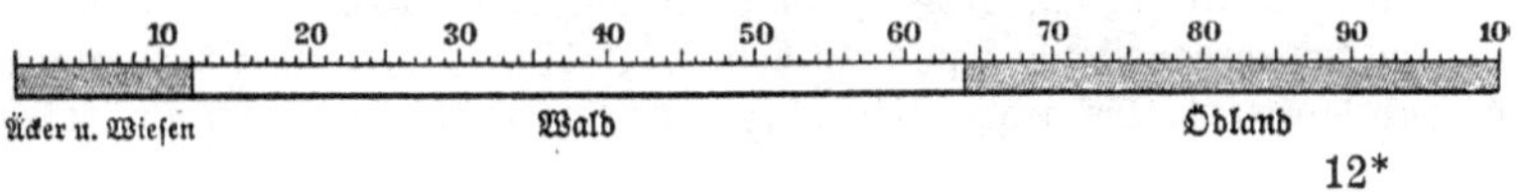

Fig. 145. Bodenbenutzung in Norwegen in Proz. [1907].

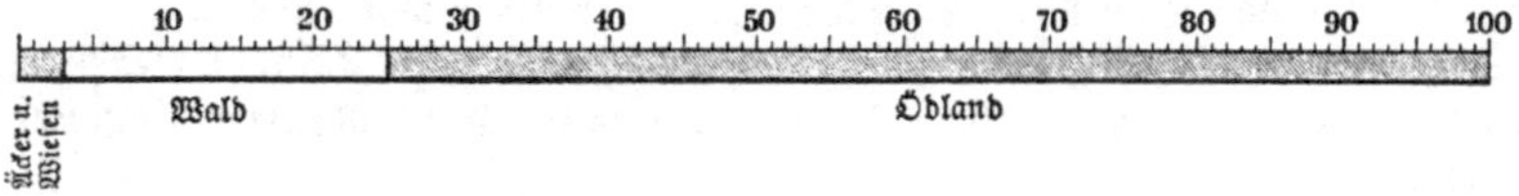

rübe. Die nordischen Länder besitzen einen unermeßlich großen Schatz in ihren Wäldern.

b. Die Viehzucht wird stark betrieben und erzielt ansehnliche Ausfuhrprodukte. Neben der Rinder- und Schafzucht blüht die Pferdezucht. Gering ist die Schweinehaltung in Norwegen; dagegen ist hier wiederum die Ziegenhaltung größer. Renntiere werden von den Lappen gezüchtet.

Skandinavien ist reich an jagdbaren Wildtieren. Gejagt werden Bär, Wolf, Fuchs, Luchs, Fischotter, Hermelin, Elentier, Hirsch und Reh, auch Wildhühner.

Die Fischerei gehört in beiden Ländern zu einer Hauptbeschäftigung, in Norwegen mehr als in Schweden. Der Ausfuhrwert der norwegischen Fischerei schwankt zwischen 25 und 50 Mill. M., der der schwedischen Fischerei beträgt etwa 10 Mill. M. Der wichtigste Fisch, der gefangen wird, ist der Kabeljau, besonders bei den Lofotinseln, sodann der Hering. Sodann werden Makrelen, Schellfische, Anchovis, Hummern, Krabben und Austern gefangen. Von den Norwegern wird auch ein ansehnlicher Robben- und Walfang betrieben.

c. Beide Länder sind reich an mineralischen Schätzen, Schweden indessen erheblich reicher als Norwegen. Eisenerze finden sich, besonders in Schweden, in unerschöpflichen Mengen. Wichtigste Eisenerzfundstätten sind der Taberg, südlich vom Wettersee; Dannemora, nördlich von Stockholm; der Eisenberg bei Gellivara im N und nicht weit davon die Fundstätten bei Kirunavara. Von Narvik im Ofotenfjord, dem nördlichsten Eisenbahnpunkt der Erde, werden die Erze verschifft, vorzugsweise nach Deutschland.

Kupfer wird in Schweden (Falun) und in Norwegen (am Glom) gefunden, Blei und Silber westlich von Upsala und südwestlich von Kristiania (Kongsberg). In Schweden werden auch viele Zinkerze gefördert.

Steinbrüche auf Granit und Syenit werden in der Nähe des Meeres ausgenutzt. Kohlen finden sich bei Helsingborg, jedoch nur in geringen Mengen.

§ 135. Industrien auf Grund pflanzlicher, tierischer und mineralischer Erzeugnisse. **a.** Große Müllereien finden sich im S des Landes; in den größern Hafenstädten Zuckerfabriken und Branntweinbrennereien. Die Bierbrauereien, wie in Göteborg (Porter), Stockholm, Drammen am Kristianiafjord, erzeugen ansehnliche Mengen, auch für die Ausfuhr.

Baumwollenspinnereien und -webereien sind in den Großstädten emporgeblüht. Die Leinen-, Damast- und Drillichweberei ist in Jönköping zu Hause, Leinen- und Segeltuchweberei in Gefle, Drammen und Trondhjem. Öl- und Seifenfabrikation findet sich in den Großstädten, ebenso daselbst Tabak- und Zigarrenfabrikation. Oerebro, in der Mitte Schwedens, liefert guten Schnupftabak.

Der Holzreichtum hat große Industrien geschaffen, zunächst gewaltige Sägewerke, so in den norwegischen Fjorden. Sundsvall ist Mittelpunkt der schwedischen Holzwarenindustrie. Die schwedische Zündholzfabrikation erfreut sich eines bedeutenden Weltrufes; weltberühmt ist Jönköping. Große Holzzellulosefabriken nutzen die Wasserkräfte aus, so die Trollhättanfälle und andere mehr. Holzpapierfabrikation ist in Kalmar, Göteborg u. a. O. zu finden. Der Schiffsbau aus Holz ist noch ein bedeutendes Gewerbe in Skandinavien (Haparanda, Gefle, Kalmar, Drammen und Tromsö).

b. Auf Grund tierischer Erzeugnisse haben sich zunächst die landwirtschaftlichen Gewerbe gehoben. Die Butter-, Schmalz- und Fleischbereitung sind wichtige Gewerbe, hauptsächlich in der Nähe der größern Häfen. Die Wollindustrie blüht vorzugsweise in Schweden, die Lederfabrikation in beiden Ländern. In der Herstellung von Fischereiprodukten, so von Fischkonserven, Räucherwaren, Lebertran und Fischguano steht Norwegen weit über Schweden und andern Ländern. Tromsö und Hammerfest, die nördlichste Stadt Europas und der Erde, besitzen große Transiedereien.

c. Die Industrien auf mineralischer Grundlage haben sich wiederum mehr in Schweden entwickelt. Gießereien, mechanische Werkstätten und Maschinenbau finden sich in allen wichtigern Orten Schwedens, in Norwegen nur in den größten Orten. Eskilstuna, in der Mitte Schwedens, ist das schwedische „Sheffield"; es liefert gute Stahlwaren. Der Bau eiserner Dampfschiffe wird in jedem größern Hafen betrieben. Chemische und verwandte Fabriken wachsen in Skandinavien jährlich mehr empor (Stockholm, Trollhättanfälle). Porzellanfabriken gibt es in Stockholm und Malmö, große Ziegeleien in Malmö und Kristiania.

§ 136. Verkehr und Handel Skandinaviens. a. Neben den größern gepflegten Landstraßen kommen als Verkehrslinien zunächst die Wasserstraßen in Betracht. Die Elfen zeigen den Weg nach dem Innern. Eine wichtige Verbindung von Stockholm und Göteburg, von der Nordsee mit der Ostsee ist der 3 m tiefe Götakanal. Schon seit 1832 dient er dem Verkehr. Er benutzt auf seinem Wege die großen schwedischen Seen. Im ganzen ist er 385 km lang.

Von einem Eisenbahnnetz kann man nur in Süd- und Mittelschweden reden und in den diesen zunächstliegenden Teilen Norwegens. Das Hochgebirge ist bis jetzt viermal vom Eisenbahnstrang durchbrochen worden, von S nach N durch die Eisenbahn von Kristiania nach Trondhjem, von O nach W durch die von Kristiania nach Bergen, von Stockholm nach Trondhjem und in ebenderselben Richtung durch die Ofotenbahn (Stockholm—Narvik, 1066 km). Von Trelleborg ist regelmäßige Postdampferverbindung, zweimal des Tages, nach Saßnitz; die Dampffähre gebraucht 4 Stunden zur Überfahrt.

Bei der dünnen Bevölkerung der skandinavischen Länder ist der rege Postverkehr geradezu auffallend.

b. Die zahlreichsten Verkehrslinien zur See bestehen zwischen Skandinavien und Deutschland. Auffällig ist allgemein der starke Schiffsverkehr. Doch erklärt er sich daraus, daß alle bedeutendern Orte, auch die Hauptorte, am Meere liegen.

Norwegen besitzt mit seinen großen Handelsschiffen die viertgrößte Flotte innerhalb der Welthandelsflotte (vgl. § 51 **b**). Schwedens Handelsflotte ist halb so groß (2100 Schiffe mit 770 000 Reg. t netto).

§ 137. Schwedens Verkehr und Handel. a. Im Gebiete der mittelschwedischen Senke haben sich Jönköping, Wenersborg, Karlstad, Oerebro und Eskilstuna als

Binnenhandelsorte entwickelt, im südlichsten Zipfel Schwedens Lund. Am Ost- und Westende der großen Senke liegen Stockholm und Göteborg.

Stockholm verdankt seine Entfaltung der glücklichen Lage am Ausfluß des Mälarsees. Mit der natürlichen Lage verbindet sich zugleich eine ausgezeichnete Handelslage am Eingange in den geräumigsten Hafen Schwedens. Stockholm ist Stapelplatz des schwedischen Ostseehandels. Es ist der Sitz der Reichsbank und der wichtigsten Geldinstitute.

Göteborg ist die erste Industrie- und Handelsstadt Schwedens. Es liegt dem Atlantischen Ozean eben um ein bedeutendes Stück näher als Stockholm. Sein fast immer eisfreier Hafen ist der größte Hafen Schwedens an der Nordsee. Malmö, am Sund, ist der drittgrößte Hafen Schwedens.

b. Schweden ist seit 1903 mit seinem Auslandverkehr in die Reihe der Großhandelsstaaten aufgerückt (vgl. § 56).

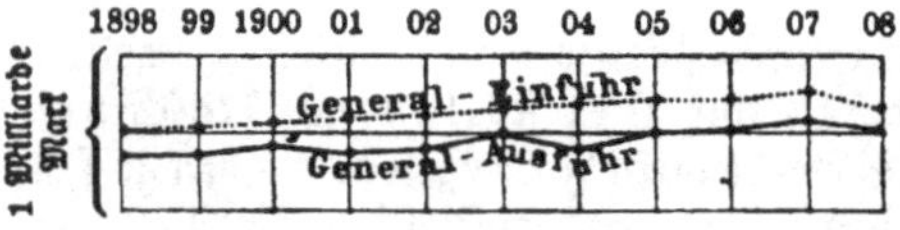

Fig. 146. Ein- und Ausfuhr Schwedens.

Holz, Erze und landwirtschaftliche Erzeugnisse sind die drei Gruppen der schwedischen Ausfuhr. Am wichtigsten ist die Ausfuhr von Holz und Holzstoff zur Papierfabrikation, die nahezu die Hälfte des gesamten Ausfuhrwertes ausmacht. Außerdem werden Papier und Papiererzeugnisse, Eisen und Eisenwaren, Butter, Schreinerarbeiten, Steine, Streichhölzer, Fische, Häute, Glas, etwas Hafer u. a. m. ausgeführt.

In der Einfuhr kommen dem Werte nach zuerst Steinkohlen (gegen 80 Mill. M.), Getreide (für 50 Mill. M.), Kaffee, Maschinen und Eisenwaren, sodann Häute, Baumwolle und Baumwollwaren, Woll- und Seidenwaren, Petroleum, Fett, Schweinefleisch, Fische, Ölkuchen, Tabak, Wein u. a. m.

c. Schwedens Verkehr mit Deutschland hat in den letzten zehn Jahren erhebliche Fortschritte gemacht. Schweden sendet für 150 Mill. M. Waren nach Deutschland und bezieht von Deutschland für 170 Mill. M.

Fig. 147. Einfuhr Schwedens (Herkunftsländer) in Proz. [1908: 685 Mill. M.].

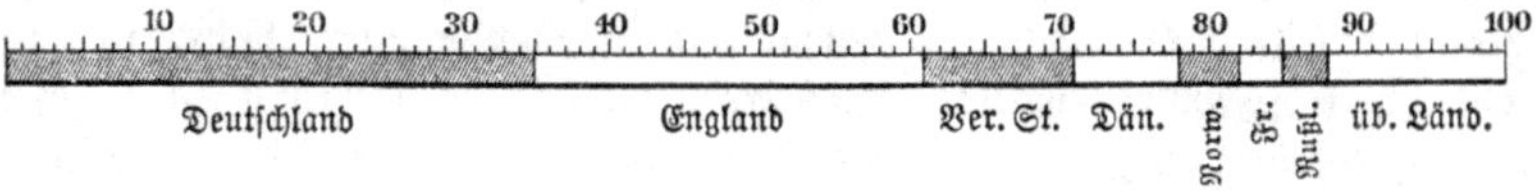

Fig. 148. Ausfuhr Schwedens (Bestimmungsländer) in Proz. [1908: 542 Mill. M.].

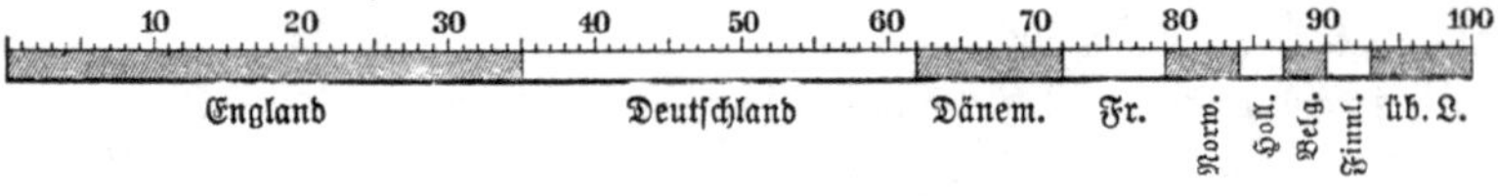

Nach Deutschland sendet Schweden Eisenerze (für 50 Mill. M.), Bau- und Nutzholz, Steine, frische Fische, Kalbfelle, Obst, Kronsbeeren und Zündhölzer. Von Deutschland bezieht Schweden in der Hauptsache Wollgarne, wollene Tuch- und Zeugwaren, Handschuhleder, Korduan, Eisenwaren, Telegraphenkabel, Weizen und Roggen, Sämereien, Schafwolle, Rindshäute, feine Waren aus Leder, Messing und Kupfer.

§ 138. **Norwegens Verkehr und Handel.** **a.** Unter den 44 norwegischen Hafenplätzen nehmen Kristiania und Bergen die ersten Stellen ein. Kristiania ist die wichtigste Handelsstadt Norwegens. Über Kristiania bewegt sich fast die Hälfte der Einfuhr des ganzen Landes, aber nur ein Viertel der Ausfuhr.

Bergen war früher die erste Handelsstadt Norwegens. Seine Blüte verdankte es der Hansa. Im Welthandel ist Bergen wichtig als erster Ausfuhrhafen für Fische und Fischereiprodukte Norwegens.

b. Norwegens Außenhandel erzielt die Hälfte des schwedischen Außenhandels. Norwegen gehört mithin zu den Mittelhandelsstaaten.

Die beiden wichtigsten Ausfuhrartikel sind Holz und Fische, die etwa $^2/_3$ des Ausfuhrwertes betragen. Außerdem ist noch die Ausfuhr von Mineralstoffen, Papier, Ölen und Häuten ansehnlich.

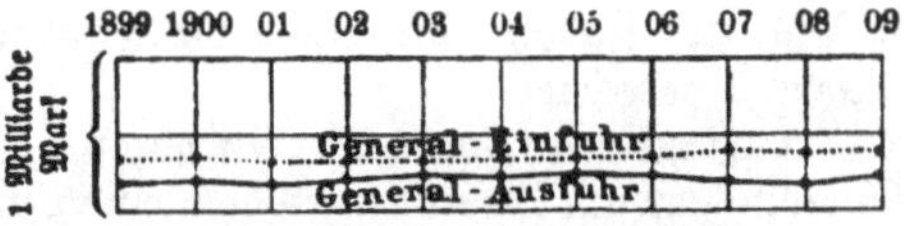

Fig. 149. Ein- u. Ausfuhr Norwegens.

In der Einfuhr stehen dem Werte nach obenan Brotstoffe, allerhand Webwaren und Garne, Kolonialwaren und Früchte, Mineralien (Kohlen), Metallwaren und Maschinen, Farben und Chemikalien.

c. Der Handelsverkehr mit Deutschland wächst von Jahr zu Jahr, Norwegen sendet Waren im Werte zu 30—40 Mill. M. nach Deutschland und bezieht von Deutschland für 100 Mill. M. Waren.

Fig. 150. Einfuhr Norwegens (Herkunftsländer) in Proz. [1908: 399 Mill. M.].

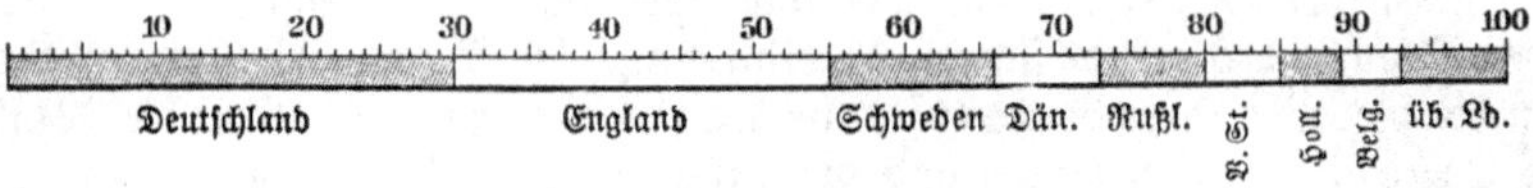

Fig. 151. Ausfuhr Norwegens (Bestimmungsländer) in Proz. [1908: 243 Mill. M.]

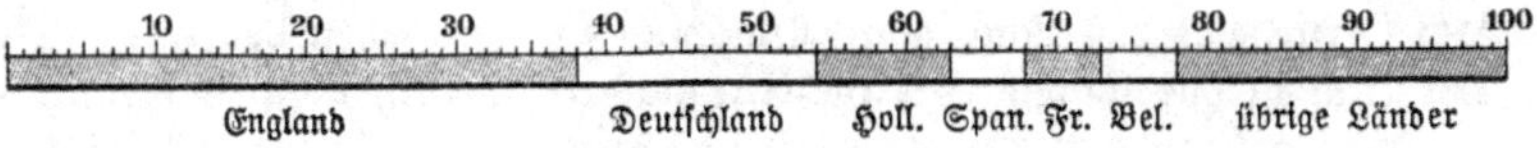

Norwegen führt nach Deutschland vor allem frische Seefische und Salzheringe aus, sodann Tran, Fisch- und Robbenspeck, Bau- und Nutzholz, Kalbfelle, Hummern und Schildkröten, Zellulose, Kalziumkarbid, Finnbarten und Stockfisch. Norwegen bezieht von Deutschland hauptsächlich Roggen und Mehl, Zucker, Tuch- und Zeugwaren, Kleider und Putzwaren, Eisenwaren, Maschinen, Chemikalien, Romanzement, Kartoffeln, Hanf und Bücher.

8. Die osteuropäischen Wirtschaftsreiche.

Rußland mit Finnland.

§ 139. Land und Leute. a. Das Kaisertum Rußland umfaßt die kontinentale Hauptmasse Europas. Das europäische Rußland erreicht den 70. Grad n. Br. auf dem Festlande, es fängt auf der Halbinsel Krim bei 44. Grad n. Br. an; mithin erstreckt es sich durch 26 Parallelgrade (2900 km).

Das europäische Rußland umfaßt $5\frac{1}{3}$ Mill. qkm mit 128 Mill. E. (24 auf 1 qkm). In diese Größe sind mit einbegriffen Polen mit 130 000 qkm und 11 Mill. E. und das Großfürstentum Finnland mit 380 000 qkm und 3 Mill. E. Zudem wird noch die Doppelinsel Nowaja Semlja zum europäischen Rußland gerechnet.

Rußland wird von 4 Meeren und 4 Landmassen begrenzt. (Welche?) Trotz seiner Anteilnahme am Meere hat es doch eine ungünstige Weltlage. Es ist den Bahnen und Gebieten des Weltverkehrs und des Welthandels zu weit entrückt.

Entsprechend dem niedrigen Aufbau des russischen Bodens sind die Meeresküsten fast überall Flachküsten. Nur im Schwarzen Meere machen sich Steilküsten in größerer Ausdehnung bemerkbar.

Das Kaspische Meer ist das größte Binnenwasserbecken der Erde (440 000 qkm) und die größte Senkung (Depression) der Erde. Der Wasserspiegel liegt 26 m unter dem des Schwarzen Meeres.

b. Rußland ist nicht bloß das größte, sondern auch das einförmigste Land Europas. Ein mächtiges Flachland breitet sich zwischen den Meeren und den begrenzenden Gebirgen (Ural, Kaukasus und Karpathen aus). Fast in der Mitte dieses großen Flachlandes erhebt sich die Waldaihöhe bis 350 m. Von hier streicht nach O zu die viel niedrigere Nordrussische Landhöhe und nach W zu die Westrussische Landhöhe. Im Hinterland der russischen Ostseeküste erheben sich die Baltischen Höhen bis 300 m. Im südlichen Rußland, in der Nähe des Unterlaufes des Donez steigt die Südrussische Steinplatte bis 370 m empor.

Nach O zu steigt das Land ganz allmählich zu den Höhen des Urals (1500 m) an. Der Ural ist das längste Gebirge Europas (3000 km), doppelt so lang als die Alpen. Das Jailagebirge auf der Halbinsel Krim erreicht Höhen bis 1500 m.

Der geologische Aufbau des russischen Flachlandes ist sehr einfach. Das Flachland ist der östliche, und zwar bedeutend größere Teil der skandinavisch-russischen Tafel. Die Tafel besteht aus den ältesten Gesteinen; aber nur an ihren Rändern (Ural, Karpathen und Kaukasus) tritt das Urgebirge zutage. Im Flachlande, das noch die ursprüngliche Lagerung der Schichten besitzt, haben sich im Laufe der Zeiten Sedimente aufgeschichtet. Darauf haben sich wieder Sande und Schuttmassen gelagert.

Bezüglich der Beschaffenheit der Oberflächengebilde unterscheidet sich das russische Flachland in eine nördliche und südliche Hälfte. Die Nordhälfte ist von den gewaltigen Schuttmassen der skandinavischen Vergletscherung bedeckt. Die Südgrenze dieser Region geht von den Karpathen über Tula, Kasan, Perm nach dem Uralgebirge. Außer den Wäldern breiten sich hier mächtige Wiesen und Sumpfflächen aus (Rokitno-Sümpfe, Tundren).

Die Südhälfte des russischen Flachlandes ist die Zone des vom Wind aufgeschütteten Bodens, des Lösses. Im N ist die gelbliche Lößerde mit Humusteilchen untermischt; man spricht da von Schwarzerde (Tschernosjom). Das Schwarzerdengebiet ist die Kornkammer Rußlands.

c. Rußland ist in Europa das Land der großen Ströme. Alle Hauptflüsse werden schon im Oberlauf schiffbar. Die Petschora, der Mesen und die Dwina entwässern Nordostrußland nach dem Eismeer. In die Ostsee ergießen sich die Newa, der Abfluß des Ladogasees, der größten Süßwasserschale Europas (18000 qkm), die Narwa, der Abfluß des Peipussees, die Düna, der Njemen (Memel) und die Weichsel.

In das Schwarze Meer ergießen sich die Donau mit Pruth, der Dnjestr, der Dnjepr und der Don mit Donez. In das Kaspische Meer fließen die Wolga und der Uralfluß.

Die Wolga ist der größte Strom Europas. Sie ist 3600 km lang, davon sind 3300 km schiffbar. Das Wolga-Stromgebiet umfaßt eine Fläche, die dreimal so groß wie Deutschland ist. Die Wolga entspringt auf der Waldaihöhe. Ihre Mündung bildet ein Delta, das von Astrachan an 55 km weit ins Kaspische Meer hinausgeschoben ist. Von den Nebenflüssen der Wolga sind die Kama und die Oka mit Moskwa die bedeutendsten.

Die geringen Bodenerhebungen setzen der Verbindung der Stromgebiete durch Kanäle keine besondern Schwierigkeiten entgegen. Das russische Kanalnetz verbindet sämtliche russische Meere miteinander.

d. Die russischen Meere haben keinen Einfluß auf das Klima des Landes, das echt kontinental ist, d. h. große Gegensätze von Sommer und Winter aufweist. Die Gegensätze treten im S wie im N auf; nur dauern im N die Winter länger und sind kälter als im S. Der Unterschied zwischen Januar- und Julitemperatur beträgt in den Ostseeprovinzen 24°, am Ural 35° C.

Die Sommerniederschläge herrschen vor. Der Winter ist dagegen arm an Niederschlägen. Im O beträgt die jährliche Regenmenge 50—60 cm, im S unter 40 cm.

e. Das Russische Reich ist eine konstitutionelle und erbliche Monarchie, an deren Spitze ein Kaiser, der „Selbstherrscher aller Reußen, Zar von Polen und Großfürst von Finnland" steht.

Das Russische Reich zeigt ein buntes Völkergemisch. Den größten Anteil an der Bevölkerung hat das slawische Element mit 73% (Russen 66%, Polen 7%). Die Russen gliedern sich in Groß-, Klein- und Weißrussen. Die erstern nehmen den breiten Rücken des mittlern Rußlands ein. Die Kleinrussen wohnen südlich und südwestlich davon; ihnen gesellen sich die Kosaken zu. Die Weißrussen wohnen westlich von den Großrussen in den Quellgebieten des Dnjepr und der Düna. Von den andern Völkern seien noch erwähnt die Rumänen im SW, sodann mongoloide Völker, wie im N die Finnen, Lappen und Samojeden, im O, SO und S Tataren, Kirgisen und Kalmücken.

Im SW des Reiches und besonders in Polen wohnen gegen 3 Mill. Juden. Etwa $1^3/_4$ Mill. Deutsche haben in Rußland Heimatrecht erworben. Jede größere russische Stadt hat ihre deutsche Kolonie. Die deutschen Ackerbaukolonien befinden sich nördlich am Schwarzen Meer vom Pruth bis zum Don, dann an der Wolga und im Kaukasus.

Über die Hälfte der Bevölkerung beschäftigt sich mit Ackerbau. Die Landbevölkerung ist darum vorherrschend. Die russische Auswanderung (jährlich 100 000 bis 150 000 Auswanderer), zu der die Juden und Finnen den größten Anteil stellen, bewegt sich hauptsächlich nach den Vereinigten Staaten, sodann nach Argentinien und Afrika. Über 100 000 Russen wandern jährlich nach Sibirien aus.

Das Russische Reich ist im allgemeinen wenig dicht bevölkert. Am dichtesten wohnt die Bevölkerung in den westlichen Industriegebieten und in den mittlern Landbaugebieten.

Rußland hat 18 Großstädte, unter denen St. Petersburg und Moskau über 1 Mill. Bewohner haben. Die andern Großstädte sind: Warschau (3/4 Mill. E.), Odessa, Lodz, Riga, Kiew, Charkow, Wilna, Saratow, Astrachan, Kasan, Jekaterinoslaw, Rostow am Don, Tula, Kischinew, Minsk und Nischnij Nowgorod. Helsingfors, die Hauptstadt Finnlands, zählt 130 000 E.

§ 140. **Erzeugnisse der Pflanzen-, Tier- und Mineralwelt.** a. Rußland ist mit Naturschätzen reich gesegnet. Wir betrachten Rußland zumeist als eine Kornkammer Europas.

Fig. 152. Bodenbenutzung in Rußland in Proz. [1900].

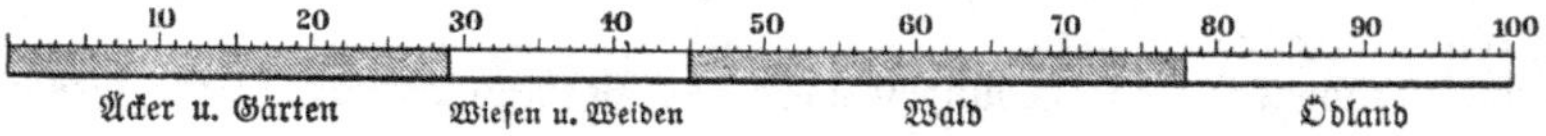

Roggen und Weizen sind die Hauptbrotfrüchte. Der Roggenbau herrscht mehr im nördlichen und mittlern, der Weizenbau im südlichen Rußland. Gegen 300 000 qkm werden mit Roggen bebaut; 230 000 qkm umfaßt die Anbaufläche des Weizens, 170 000 qkm die des Hafers und 110 000 qkm die der Gerste.

Im Kartoffelbau reiht sich Rußland gleich an Deutschland an (jährlich über 30 Mill. t). Bedeutende Zuckerrübenkultur wird neuerdings betrieben. In Südrußland wird neben dem Weizen auch Mais gebaut, ferner Anis, Senfsamen, Gurken, Wassermelonen, Krapp und Süßholz.

Buchweizen wird allgemein angebaut. Polen liefert viel Raps und Rübsen, das südwestliche Rußland, das Schwarzerdengebiet bei Kiew und am Don Tabak. In den Ostseeprovinzen und deren Hinterländern blüht der Flachsbau, an den sich nach S zu der Hanfbau anschließt.

Der russische Wald im mittlern und nördlichen Rußland birgt unerschöpfliche Holzschätze. Die Wälder werden schlecht bewirtschaftet und rücksichtslos abgeholzt.

b. Die Viehzucht bringt wohl einige besondere Rassen auf den Weltmarkt, im allgemeinen aber könnte sie besser sein. Obenan steht die Schafzucht im südlichen Schwarzerden- und Steppengebiet. Die Rinderzucht ist die nächstwichtige Viehhaltung. Der S und W liefert viele Pferde, der W besonders auch Schweine. Das Haustier der Nordvölker ist das Renntier, der Steppenvölker das Kamel. An der Wolga wird große Bienenzucht betrieben.

Die russischen Wälder sind noch reich an jagdbaren Wildtieren, so an Bären, Wölfen, Füchsen, Mardern, Hermelinen und Eichhörnchen.

Die Fischerei ist sowohl an der Nordküste wie im Gebiet des Schwarzen und Kaspischen Meeres eine lohnende Beschäftigung. In den südlichen Gebieten werden vor allem Störe (Kaviar aus Astrachan!) gefangen.

c. Die russischen Mineralschätze liegen vielfach noch unberührt da. Der Bergbau verteilt sich auf fünf Hauptgebiete; das kaukasische Gebiet bringt Kohle, Eisen, vor allem Naphtha und Manganerze: das mittelrussische Industriebecken bringt Steinkohlen; das altberühmte Uralgebiet liefert Eisen- und Manganerze, Gold, Platin und Kupfer; das Donez-Dnjeprbecken Anthrazit und

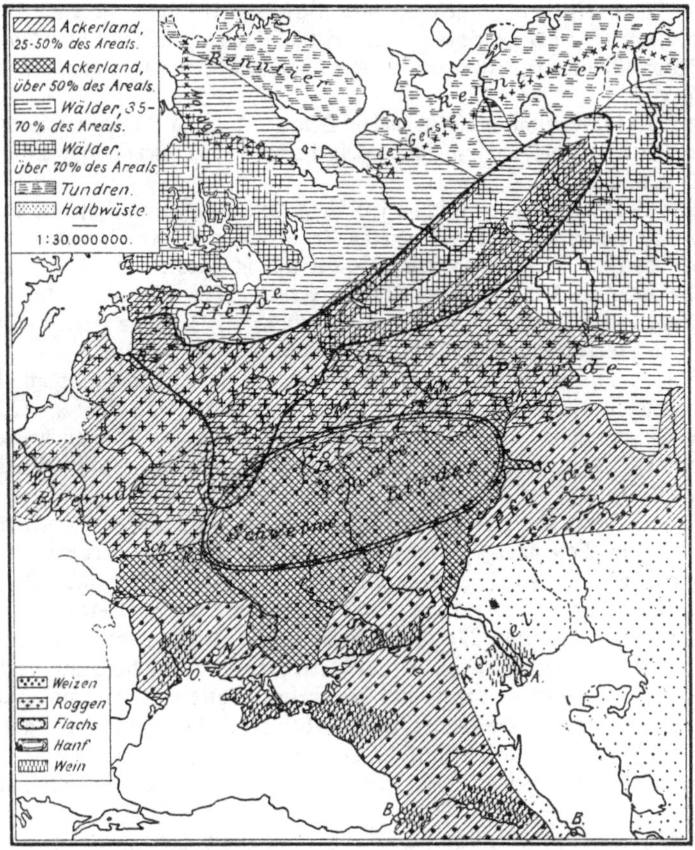

Fig. 153. Bodenkultur und Wälder Rußlands.

Magneteisen, und das südpolnische Gebiet Steinkohle, Eisen-, Zink- und Bleierze. Die beiden letzten Gebiete sind gegenwärtig am wichtigsten.

In den Steppengouvernements Astrachan und Orenburg sind große Steinsalzlager. Viele Steppenseen sind zu mächtigen Salzschüsseln eingedampft, wie der Eltonsee. Die russische Salzausbeute (1,8 Mill. t) ist nahezu so groß wie die deutsche.

§ 141. Industrien auf Grund pflanzlicher, tierischer und mineralischer Erzeugnisse. **a.** Erzeugnisse der Landwirtschaft wreden von den Müllereien in Polen, im Schwarzerdengebiet und in Odessa, den Makkaronifabriken (Odessa), den Branntweinbrennereien (Wilna, Petersburg) verarbeitet. Saratow besitzt große Ölmühlen.

Die Weinfabrikation blüht auf der Krim, die Tabakfabrikation in den größern Orten des W. Leinen- und Hanfindustrie sind weit verbreitet, besonders aber im Moskauer Gebiet bis hin nach Kasan.

Der Hauptsitz der Herstellung von Baumwollwaren ist einerseits Polen mit dem Zentrum Lodz-Warschau, andererseits Mittelrußland mit Moskau—Kaluga—Jaroslawl—Wladimir. Iwanowo-Wosnessensk bezeichnet man als „russisches Manchester".

Die Holzbearbeitung blüht in vielen Orten und bringt berühmte Sonderartikel auf den Markt, so die wasserdichten Holzschachteln von Reval, die Kutschen von Charkow u. a. m.

b. Die Wollenindustrie ist schon seit Peter dem Großen in Rußland eingeführt. Sie hat ihre Hauptsitze in den Gebieten, in denen auch die Baumwollenindustrie emporgeblüht ist. Seidenindustrie befindet sich in Moskau, Orel und Wladimir. Die Lederindustrie blüht in jeder größern Stadt. Die russischen Leder sind weithin berühmt, besonders die Juchten oder Juften. Talgschmelzereien, Stearin-, Lichte- und Seifenfabrikation sind alte russische Industriezweige.

c. Die Industrien auf mineralischer Grundlage haben sich hauptsächlich in den Bergbaugebieten entwickelt, so die Eisenhütten und Eisenwerke. Petersburg und Tula liefern allerhand Metallwaren. Kiew, Tula und Moskau besitzen große Gewehrfabriken und Perm große Geschützgießereien. Berühmte Glockengießereien gibt es in Kasan und im Waldaigebiet.

Gold-, Silber-, Kupfer- und Bronzefabrikation wird außer in den Bergbaugebieten auch in Petersburg gepflegt. Berühmt sind die Tulaarbeiten, das sind Silberwaren, die mit Niello, einem schwarzen Schmelz, verziert sind. In Rußland sind andere wichtige Gewerbezweige die Herstellung von Glaswaren (Wologda, Orel), Fayencen (Wladimir, Moskau), Marmor- und Jaspisarbeiten (Jekaterinburg).

§ 142. Verkehr und Handel. a. Der Verkehr spielt sich zumeist auf den Wasserstraßen ab, in neuester Zeit mehr auf den Eisenbahnen. Die Landstraßen lassen sehr zu wünschen übrig. Die Wasserstraßen haben im großen ganzen eine gute Schiffbarkeit, indessen ist die durchschnittliche Schiffahrtdauer sehr beschränkt. Im Winter haben die Wasserstraßen ihre „tote Zeit", die südlichen 2—3, die nördlichen 5 bis 8 Monate.

Das Wasserstraßennetz Rußlands (ohne Finnland) hat eine Länge von 120000 qkm. Davon sind 27 000 km für größere Dampfer benutzbar. Mit reichlich 3000 Dampfern und etwa 25 000 andern Schiffen werden auf den russischen Wasserstraßen während der Schiffahrtsdauer gegen 40 Mill. t Güter bewältigt. Der Hauptverkehr findet auf der Wolga statt; ihr reihen sich Newa und Dwina an.

Alle Hauptorte Rußlands sind jetzt durch Eisenbahnen verbunden. In der Länge (59 000 km) wird das russische Eisenbahnnetz innerhalb Europas nur von dem deutschen ein wenig übertroffen. Die Dichte des Netzes ist gering. Von Berlin nach Warschau gelangt man in 10, nach Petersburg in 29 Stunden (§ 84 b).

Moskau ist der größte Eisenbahnknotenpunkt des Reiches. Mit Ausnahme der Orte an der Strecke Moskau—St. Petersburg ist jeder wichtigere Ort an der

Peripherie des Reiches mehr denn 1000 km von Moskau entfernt, welche Entfernungen die Eisenbahn gewöhnlich in 30—40 Stunden überwindet.

Trotz des Entrücktseins von den Hauptschauplätzen des Weltverkehrs hat sich die russische Handelsflotte entwickelt. Sie verfügt über rund 4000 Schiffe mit 1100 000 Reg. t netto.

b. Bei der riesigen Ausdehnung des Landes ist ein großer Binnenhandel sehr erklärlich. Als erster Handelsplatz des Binnenhandels hat sich Moskau entwickelt. Es liegt inmitten des Hauptfabrikbezirkes und versorgt ganz Rußland mit seinen Erzeugnissen und mit den vom Auslande bezogenen Waren.

Andere wichtige Binnenhandelsplätze sind: Warschau, Haupthandelsplatz für Polen, sodann Berditschew, Charkow, Rostow, Orenburg und vor allem Nischnij Nowgorod.

Nischnij Nowgorod liegt da, wo die schiffbare Oka sich in die Wolga ergießt. Hier findet die größte russische Messe statt, und zwar von Juli bis Mitte September. Der Umsatz beträgt etwa ½ Milliarde M. Handelsartikel sind vor allem Webwaren, sodann Metall-, Rauch-, Leder- und Galanteriewaren. Die Messe wird von etwa 400 000 Personen besucht.

Für den sibirischen Handel ist noch die Messe von Irbit, einer Stadt jenseit des Urals an der sibirischen Grenze, sehr wichtig.

Von den Hafenplätzen seien zunächst Astrachan und Odessa genannt. Astrachan ist der größte Hafenplatz an dem russischen Binnenmeer, Odessa der größte Hafenort am Schwarzen Meere. Zugleich ist Odessa die zweite Haupthandelsstadt des Reiches. Odessa versorgt mit Getreide, besonders mit Weizen, alle Staaten des Mittelmeers und außerdem Großbritannien, Holland und Belgien. Nach Deutschland fahren direkte Schiffe, mit Gerste und Roggen beladen. Wichtige Ausfuhrgegenstände sind noch Petroleum, Holz, Häute und Talg.

Andere Häfen am Schwarzen bzw. Asowschen Meere sind Taganrog, (Rostow), Kertsch, Sewastopol und Nikolajew.

An der Ostseeküste haben außer St. Petersburg die Häfen Reval, Riga, Windau und Libau für den russischen Ostseehandel Bedeutung. Sie sind besonders Ausfuhrorte für Flachs, Leinen, Hanf, Getreide und Holz. Die russische Einfuhr beherrscht an erster Stelle St. Petersburg.

Im N ist an der Murmannischen Küste der Halbinsel Kola Katharinenhafen ein kleiner Handelsplatz. Am Weißen Meer spielt Archangelsk als Fisch- und Holzhafen eine große Rolle.

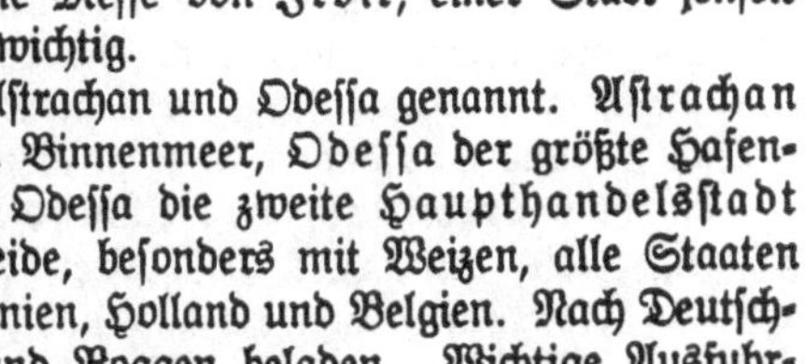

Fig. 154. Ein- u. Ausfuhr Rußlands

c. Rußland gehört zu den Großhandelsstaaten. Indessen ist der jährliche Handelsumsatz sehr schwankend. Das hängt einmal von der von Rußland ausgeübten Grenzpolitik, den Ernteerträgnissen und den schwankenden russischen Schutzgesetzen für Industrie zusammen. Die Ausfuhr steht in der Regel über der Einfuhr.

Hauptprodukte der Ausfuhr sind Getreide und Mehl (¾ bis 1 Milliarde M.),

Eier (100 Mill. M.), Holz (100 bis 150 Mill. M.), Butter (60—100 Mill. M.), Petroleum, Ölkuchen, Tiere, Zucker, Kaviar, Kartoffeln, Gemüse und Früchte, Tabak und Zigaretten.

Die wichtigsten Waren der **Einfuhr** sind: Baumwolle (150—200 Mill. M.), Tee (160 Mill. M.), Maschinen (150 Mill. M.), Kohlen (70 Mill. M.), Fische, Wolle und Garn, Gummi und Harz, Leder, Häute und Felle, Seide, Chemikalien und Farben.

Fig. 155. Einfuhr Rußlands (Herkunftsländer) in Proz. [1908: 1643 Mill. M.].

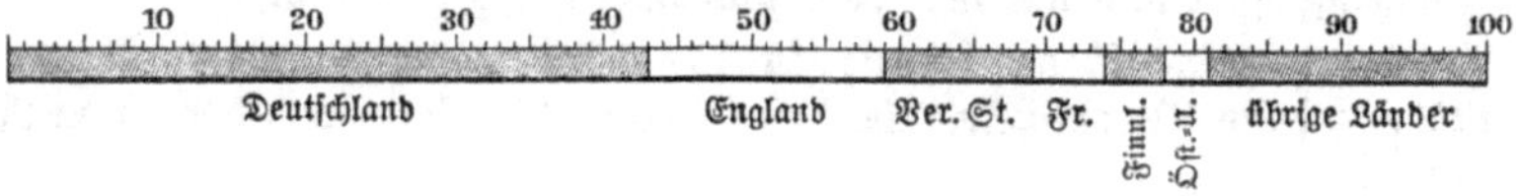

Fig. 156. Ausfuhr Rußlands (Bestimmungsländer) in Proz. [1908: 2028 Mill. M.].

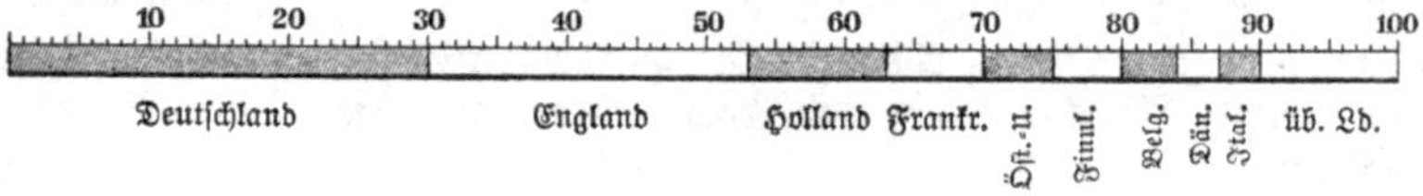

d. Rußlands Handel mit **Deutschland** ist der erste im Außenhandel. Der Verkehr zwischen beiden Staaten ist wie der gesamte Außenhandel sehr schwankend. Im allgemeinen sendet Rußland nach Deutschland Waren im Werte von reichlich 1 Mill. M. und empfängt Waren im Werte von ½ Milliarde M.

Rußland sendet **nach Deutschland** Gerste (für etwa 270 Mill. M.), Weizen, Roggen, Mais, gemünztes Gold, Eier, Hafer, Kleie, Flachs, Bau- und Nutzholz, lebendes Federvieh, Leinsaat, Häute und Felle zur Pelzwerkbereitung, Hanf, Pferde, Schweine, Milchbutter, Erbsen, Petroleum, Borsten, Eisenerze u. a. m.

Rußland bezieht **aus Deutschland** Maschinen, Lokomotiven und Eisenwaren, Silber, Steinkohlen, Wollgarn, Rindshäute, Baumwolle, Bücher, Karten und Musikalien, Waren aus Edelmetallen, Messing und Kupfer, Seeschiffe, Leder, Häute, Farbendruckbilder und Kupferstiche, Anilin- und andere Teerfarbstoffe, Chemikalien, Klaviere, Telegraphenkabel, Papier- und Pappwaren.

§ 143. Das Großfürstentum Finnland. a. Finnland ist das **waldreichste Land Europas**; über die Hälfte des Bodens ist mit Wald bedeckt. (Über die Größe Finnlands siehe § 139a.) Der Kulturboden bringt Hafer, auch Roggen, Gerste und Kartoffeln.

Die stark betriebene **Viehzucht** beschäftigt sich insbesondere mit der Zucht von Rindern und Schafen.

Das Land bringt außerdem Eisenerze, Granit und Syenit in den Welthandel.

b. Die **Sägemüllerei** ist der wichtigste Zweig der finnischen Industrie. Daran schließt sich die **Holzstoff**-, Papier- und Pottaschefabrikation, die Teer- und Pechsiederei. Die zahlreichen Wasserfälle werden von der Industrie ausgenutzt, besonders die großartigen **Imatrafälle**, die den größten See Finnlands, den Saimasee, nach dem Ladogasee entwässern.

Andere Industriezweige sind Zucker- und Tabakfabrikation (Åbo), Baumwollenindustrie (Abo, Tammerfors, das „finnische Manchester"), Flachs- und Leinenindustrie (ebenfalls in Tammerfors).

c. Die unzähligen, schon von der Natur vielfach miteinander verbundenen Seen sind ausgezeichnete Wasserstraßen. Für den Schnellverkehr werden sie durch gute Eisenbahnen abgelöst. Wichtige Meereshäfen sind Wiborg, Hangö, Åbo, Uleåborg, Torneå und vor allem die Hauptstadt des Landes, Helsingfors.

Die finnische Handelsflotte umfaßt 3200 Schiffe mit 380000 Reg. t netto. Finnland hat mit seinem Außenhandel die Grenze der Kleinhandelsstaaten überschritten; es gehört jetzt zu den Mittelhandelsstaaten.

Hauptausfuhrwaren sind Bauholz (100—130 Mill. M.), Papier und Zellulose, Butter, Eisen, Leder, Häute, Teer und Pech. Haupteinfuhrwaren sind Getreide (90 Mill. M.), Maschinen, Eisen und Eisenwaren, Mineralien, Kaffee, Zucker, Baumwolle und Waren daraus, Chemikalien, Tabak, Kleider, Petroleum und Wein.

Fig. 157. Einfuhr Finnlands (Herkunftsländer) in Proz. [1908: 291 Mill. M.].

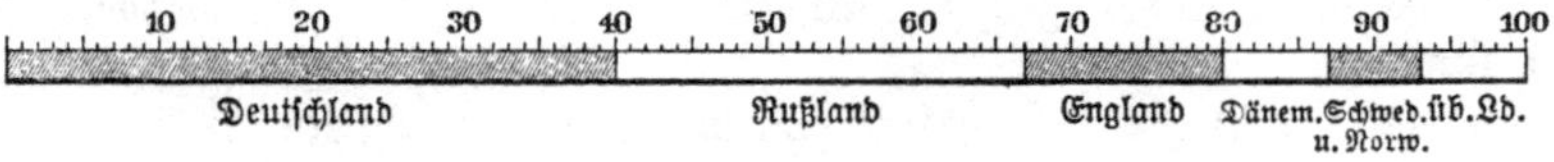

Fig. 158. Ausfuhr Finnlands (Bestimmungsländer) in Proz. [1908: 196 Mill. M.].

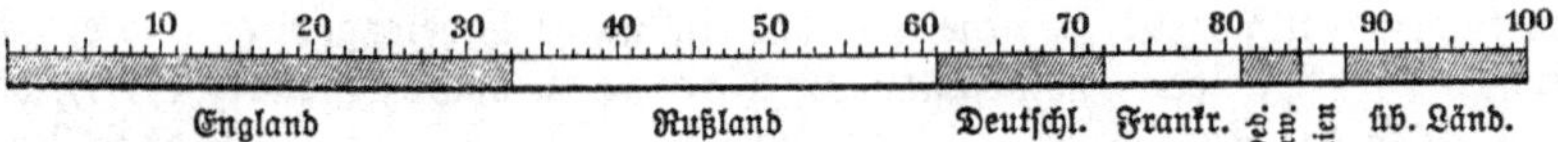

d. Finnland bezieht aus Deutschland für 70 Mill. M. Waren und sendet nicht ganz für die Hälfte dieses Wertes nach Deutschland.

Finnland bezieht aus Deutschland Roggen und Mehl, Maschinen und Eisenwaren, Wollwaren, Rindshäute, Frauenkleider, allerhand Farben, Bücher und Karten.

Finnland sendet nach Deutschland in der Hauptsache Bau- und Nutzholz, Kalbfelle, Pappen, grobe Tischlerarbeiten, Zellulose, Milchbutter, Flußkrebse, Wild und Teer.

§ 144. **Russisch-Asien.** Seit dem Jahre 1581 ist Rußland Schritt für Schritt in der Eroberung seiner asiatischen Besitzungen vorgedrungen. Die russischen Kolonisten legten Städte, Dörfer und Bergwerke an, sie vermischten sich zuletzt mit eingebornen Volksstämmen und bilden einen besondern Zweig des Russentums, den „Siberiak". Der asiatische Besitz umfaßt Sibirien, Zentralasien und Kaukasien.

Zum asiatischen Rußland gehören Kaukasien (473000 qkm mit 11 Mill. E., 24 auf 1 qkm), Zentralasien (3½ Mill. qkm mit 9 Mill. E., 3 auf 1 qkm), und Sibirien (12½ Mill. qkm mit 7 Mill. E., 2 auf 3 qkm). Dem zentralasiatischen Rußland gliedern sich noch das Emirat (Fürstentum) Bochara und das Khanat Chiwa an; beide Staaten sind wohl durch Verträge mit Rußland von diesem abhängig, sonst aber unumschränkte Monarchien.

9. Die südeuropäischen Wirtschaftsreiche.

a. Die Pyrenäenhalbinsel.

§ 145. Land und Leute. a. Die Pyrenäische Halbinsel schiebt sich wie ein kleiner Kontinent zwischen Europa und Afrika ein. Sie vermittelt ähnlich den Verkehr Europas mit Nordwestafrika wie die Balkanhalbinsel den Verkehr mit Asien. Hinderlich sind in diesem Verkehr stets die Pyrenäen gewesen. Die 14 km breite Straße von Gibraltar scheidet Spanien von Afrika.

Die Pyrenäenhalbinsel ist rund 600000 qkm groß und zählt 25 Mill. Einw. Drei Staatswesen teilen sich in die Halbinsel:

Das Königreich Spanien mit 505000 qkm und 20 Mill. Einwohnern (39 E. auf 1 qkm).

Die Republik Portugal mit 92000 qkm und 6 Mill. Einwohnern (60 E. auf 1 qkm).

Die Republik Andorra mit 500 qkm und 6000 Einwohnern (12 E. auf 1 qkm).

b. Einförmigkeit ist der Grundzug des Bodenaufbaues. Das ganze Land ist in der Hauptsache eine Hochebene, die steil zum Meere abfällt. Durch die Hochebene ziehen verschiedene Gebirge, wie das Kastilische Scheidegebirge und die Sierra Morena. Im N steigen am höchsten die Pyrenäen empor (siehe § 117b), die sich nach W zu in das Kantabrische Gebirge fortsetzen. Im S steigt die Sierra Nevada zu bedeutender Höhe empor (Mulahacen 3481 m). Am Ebro breitet sich das Ebrobecken aus und am Guadalquivir die Andalusische Tiefebene.

c. In den Atlantischen Ozean ergießen sich Miño, Duero, Guadiana und Guadalquivir, in das Mittelmeer der Ebro. Die Flüsse sind nur auf kurze Strecken ihres Unterlaufes, nahe der Mündung schiffbar. Nur der Guadalquivir ist weiter schiffbar; bis Sevilla (87 km von der Mündung entfernt) können Seeschiffe bis 5 m Tiefgang gelangen.

Das Klima ist reich an Gegensätzen. Auf dem Hochplateau hausen oft rauhe Winterstürme. Dagegen sind die südlichen Randgebirge außerordentlich warm, besonders auch das Becken des Guadalquivir.

Die größten Regenmengen haben der N und NW (bis 160 cm). Das hochgelegene Innere ist ganz regenarm (gegen 30 cm).

d. Die Ureinwohner sind die Iberer. Mit ihnen mischten sich die Kelten, späterhin phönizische, griechische und römische Einwanderer und die Germanen und Araber. Basken wohnen noch heute im N.

Portugal ist dichter als Spanien bevölkert. Spanien besitzt acht Großstädte und Portugal zwei. Die spanischen Großstädte sind Madrid (über ½ Mill. E.), Barcelona (über ½ Mill. E.,) Valencia, Sevilla, Malaga, Murcia, Cartagena und Zaragoza. Die zwei portugiesischen Großstädte sind Lissabon (400000 E.) und Oporto.

Über die Hälfte der Bevölkerung der Pyrenäenhalbinsel beschäftigt sich mit der Landwirtschaft und verwandten Berufen. In Portugal beschäftigt sich ein Fünftel der Bevölkerung mit Industrie.

1. Spanien.

§ 146. Erzeugnisse der Pflanzen-, Tier- und Mineralwelt. **a.** Ein Viertel des Kulturlandes nehmen Obstbäume und Wälder ein. Zu letztern gehören auch die Büsche und Gestrüppe der Hochebene.

Fig. 159. Bodenbenutzung in Spanien in Proz. [1904].

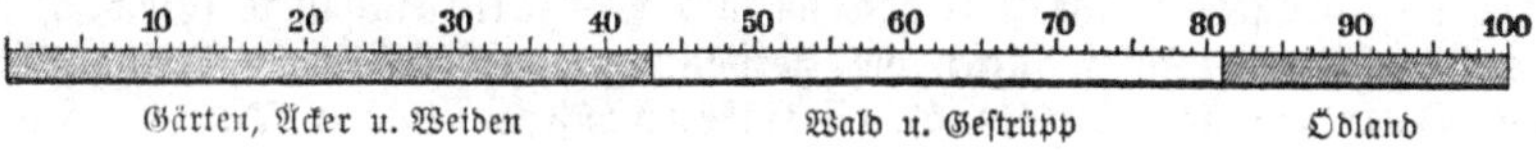

Der Spanier der Küstenlandschaften ist ein Meister der Bewässerungskunst. Ein berieseltes Feld bringt im allgemeinen den dreißigfachen Ertrag eines unbewässerten Feldes. Agrumen, Feigen und Datteln gedeihen namentlich in den bewässerten Kulturlandschaften. Elche ist der einzige Ort Europas, wo die Früchte der Dattelpalme ausreifen. Außerdem werden Reis, Mais, Weizen, Erdnüsse, spanischer Pfeffer, Batate und allerhand Gemüse angebaut.

In den nichtbewässerten Gebieten baut man zunächst Gerste, sodann erst andre Getreidearten und Hülsenfrüchte. Die Küsten und Flüsse entlang ziehen sich die Olivenkulturen (jährlich 3 Mill. hl Öl). Die Gebirgsabhänge der Küstenregionen sind mit Wein bepflanzt (jährlich 20—30 Mill. hl Wein). Hauptweingebiete sind die Landschaften bei Valencia, Tarragona, Malaga und Jerez („Sherry"). Obst, Maronen und Walnüsse gedeihen überall.

In den östlichen und südlichen Küstengegenden gewinnt man Espartogras. Die Korkeiche der spanischen Wälder gibt geschätzte Ausfuhrware. Von Forstwirtschaft kann man kaum reden.

b. In der Viehzucht herrschen Schaf und Ziege vor. Bekannt ist die Zucht von Merinos auf den hohen Steppenlandschaften des Innern. Die Wanderschafe, die im Sommer im Gebirge, im Winter in den Tieflandbecken weiden, müssen große Wege zurücklegen, oft mit Hilfe von Eisenbahnen. Weniger bedeutend ist die Pferdehaltung, ansehnlich aber wiederum die Maultierzucht. Im N blüht die Rinderzucht, in Valencia und Murcia die Seidenraupenzucht.

Wichtig ist der Seefischfang, besonders der von Sardinen.

c. Spanien ist reich an mineralischen Schätzen, die erst in neuerer Zeit wieder ausgiebiger ausgebeutet werden, und zwar hauptsächlich von fremden Unternehmern. Die reichen Eisenerzstollen des Kantabrischen Gebirges werden von Krupp, von Engländern und Franzosen ausgebeutet, die Quecksilberbergwerke zu Almaden durch Rothschild in London. Außerdem findet man in reichen Mengen Steinkohlen, Kobalt, Zink, Blei (Murcia, Almeria), Silber, Kupfer (Rio Tinto-Gruben) verschiedene Salze, Schwefel und Phosphor.

§ 147. Industrien auf Grund pflanzlicher, tierischer und mineralischer Erzeugnisse. **a.** Die Industrien auf pflanzlicher Grundlage sind über das ganze Land zerstreut, wenn auch die Nordostecke (Katalonien) den Löwenanteil daran hat. Hier blüht die Baumwollindustrie, besonders in Barcelona. Lein- und Hanfweberei sind im N weit verbreitet. Das Espartogras hat neben Flechtereien auch Papierfabriken hervorgerufen (Katalonien und Andalusien). Katalonien ist ferner der Hauptsitz der Korkstöpselfabrikation (jährlich etwa 30 000 t Korke). Die Tabakfabrikation ist Staatsmonopol. Außerdem gibt es Bierbrauereien, Mehl-, Wein-, Öl- und Zuckerindustrie, letzterer Gewerbezweig in Almeria und Malaga.

b. Industrien auf tierischer Grundlage sind ebenfalls am häufigsten in Katalonien vertreten. Wollen-, Tuch- und Seidenwarenfabrikation sind alte Industriezweige, ebenso die Lederindustrie („Saffian", „Korduan").

c. Die Industrien auf mineralischer Grundlage haben auch verschiedene alte Gewerbe aufzuweisen, so die Tonerden- und Porzellanindustrie (Sevilla, Tortosa, Valladolid und Salamanca), die Herstellung von Glas- und Steingutwaren (Bilbao, Barcelona und Cartagena), die Eisenindustrie (Bilbao, Toledo, „Toleder

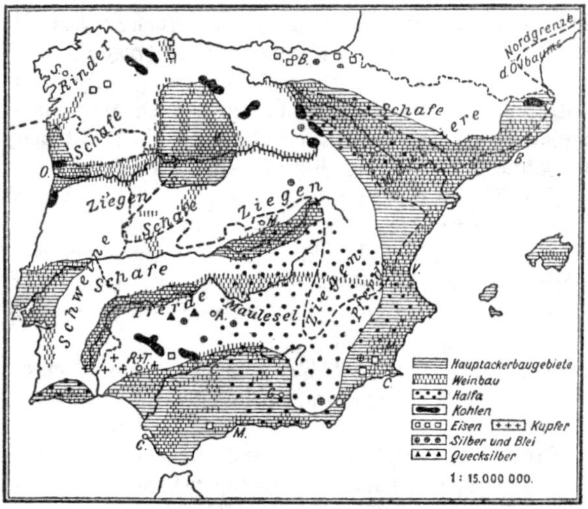

Fig. 160. Urproduktion der Pyrenäenhalbinsel.

Klingen", Segovia, Oviedo, Sevilla und Barcelona), die Metallfabrikation (Filigrane von Cordoba) und die Herstellung von Gold- und Silberwaren (Valladolid und Sevilla).

§ 148. Verkehr und Handel. **a.** Die Landstraßen Spaniens befinden sich in einem kläglichen Zustande. Die Eisenbahnen erst haben viele Provinzen dem Verkehr und Handel gewonnen. Die Eisenbahnen sind sämtlich Privatbahnen. Wichtig sind die beiden Eisenbahnstränge, die Spanien im O und W der Pyrenäen mit Europa verbinden. Die östliche Linie hat durch die Luxuszugverbindung Berlin—Paris—Barcelona sehr gewonnen, auf der westlichen verkehren die Züge von Paris über Biarritz nach Valladolid, Salamanca und Lissabon oder nach Madrid.

Post-, Telegraphen- und Schnellsprechverkehr entwickeln sich allmählich den Anforderungen der Neuzeit entsprechend.

Die Handelsflotte umfaßt mit 750 Schiffen rund $\frac{1}{2}$ Mill. Reg. t netto.

b. Wichtige Binnenhandelsplätze sind Madrid, Valladolid, Palencia, Burgos, Oviedo, Vitoria, Zaragoza und Granada. In der Hauptsache handelt es sich bei dem

Hauptverkehr dieser Städte um Landesprodukte. Madrid ist außerdem Mittelpunkt des spanischen Geldmarktes („Bank von Spanien").

Unter den zahlreichen Hafenplätzen sind zunächst an der atlantischen Küste zu nennen der Großverkehrshafen Bilbao (Eisenerzversand), die galizischen Häfen La Coruña, Villagarcia (Hafen von Santiago) und Vigo (alle drei werden von Dampfern des Norddeutschen Lloyd angelaufen), Huelva und Cadiz.

Die besten Naturhäfen an der Ostküste Spaniens sind Barcelona, Cartagena und Malaga. Barcelona, der Großverkehrshafen Spaniens an der mitteleuropäischen Küste, ist zugleich die Stadt Spaniens, die sich in neuerer Zeit am schnellsten entwickelt hat. Sie hat Madrid überflügelt. Besonders hat sich hier ein außerordentlich großer Einfuhrhandel entfaltet.

c. Spaniens Außenhandel hat in den letzten Jahren beträchtlich zugenommen. Spanien gehört zu den Großhandelsstaaten.

Hauptartikel der Einfuhr sind Baumwolle und Waren daraus, Steinkohlen, Chemikalien und Drogen, Leinen- und Wollfabrikate, Seide und Seidenwaren, Papierwaren, Maschinen und Dampfschiffe, Tabak und Stockfisch.

Fig. 161. Ein- u. Ausfuhr Spaniens.

Hauptartikel der Ausfuhr sind Eisenerz, Kupfererz, Olivenöl, Apfelsinen, Nahrungsmittel einschließlich Getreide, Zucker, Wein, Glas und Töpferwaren, Gold und Silber, Wall- und Haselnüsse, Kork und Stöpsel, Esparto und Papier.

Fig. 162. Einfuhr Spaniens (Herkunftsländer) in Proz. [1908: 779 Mill. M.].

Fig 163. Ausfuhr Spaniens (Bestimmungsländer) in Proz. [1908: 700 Mill. M.].

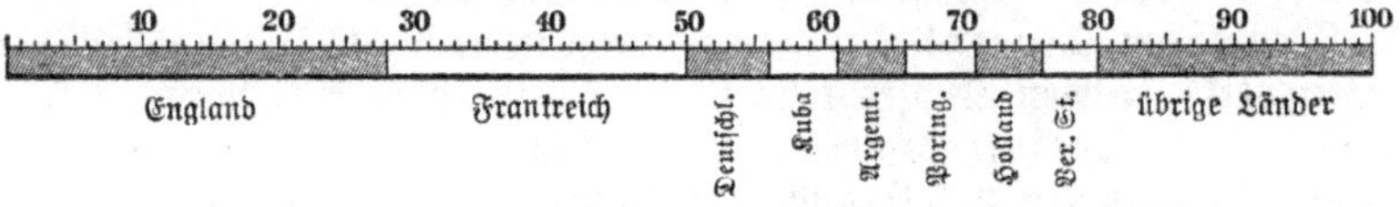

d. Spaniens Handel mit Deutschland ist in den letzten Jahren schnell gewachsen. Spanien führt nach Deutschland jährlich für 120—160 Mill. M. Waren aus und empfängt dagegen für reichlich 70 Mill. M. Waren.

Spanien sendet nach Deutschland Eisenerze, Kupfererze, Blei, Korkstopfen, Wein und Most in Fässern, Apfelsinen und Rosinen, Mandeln und Weinbeeren.

Spanien kauft von Deutschland Maschinen und Lokomotiven, Waren aus Edelmetallen, Steinkohlenteerfarben, allerhand Chemikalien, Karten und Farbendruckbilder, feine Leder und Apparate und Gegenstände für elektrische Anlagen.

§ 149. Spanische Kolonien. Der einst wegen seiner Größe und seiner Erträge beneidete spanische Kolonialbesitz ist zusammengeschrumpft. Durch den Pariser Friedensvertrag (10. Dez. 1898) mußte Spanien Kuba und Portoriko, Guam, die größte der Ladroneninsel, die Suluinseln und die Philippinen (letztere gegen eine Vergütung von 80 Mill. M.) an die Vereinigten Staaten von Amerika abgeben, nachdem es aus dem ihm von den Vereinigten Staaten aufgezwungenen Krieg unglücklich hervorgegangan war. Durch einen Staatsvertrag (16. Febr. 1899) gingen zu dem Preise von 16 Mill. M. der Rest der ozeanischen Besitzungen, die Ladronen (Marianen), Karolinen und Palauinseln, an das Deutsche Reich über.

Es verbleiben dem spanischen Reiche außer den Balearen, Kanaren, Presidios mit dem kleinen afrikanischen Gebiet Ceuta (alle diese zum Mutterland gewöhnlich mit eingerechnet) die afrikanischen Besitzungen: Küstengebiete gegenüber den Kanaren (Rio de Oro und Adrar); im französischen Kongogebiet an der Koriskobai (Rio Muni mit den vorgelagerten Inseln (Elobyinseln u. a.)); und die Inseln Annobom und Fernando Po. Dieser afrikanische Besitz umfaßt 213 000 qkm mit kaum ½ Mill. Bewohnern. Der kontinentale Besitz hat wirtschaftlich keinen Wert; die Inseln sind Freihandelsgebiete.

2. Portugal.

§ 150. **Erzeugnisse der Pflanzen-, Tier- und Mineralwelt.** **a.** Der Boden Portugals ist leicht und locker, sehr fruchtbar bei genügendem Regenfall. Aber fast die Hälfte des Bodens ist Ödland. Das Kulturland dient zum Anbau für Getreide, Obst, Hülsenfrüchte, Kartoffeln, Bataten, Wein und Wald. In den Wäldern herrschen Kork- und immergrüne Eichen vor. Espartogras wächst im S. (Vgl. Fig. 160.)

Fig. 164. Bodenbenutzung in Portugal in Proz. [1900].

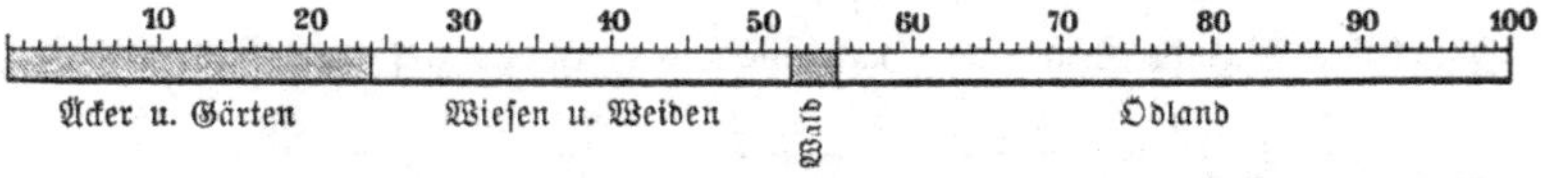

b. Die pflanzlichen und tierischen Erzeugnisse sind im Norden Mais und Rinder, in der Gebirgsregion Roggen, Schafe und Ziegen, im zentralen Gebiet Weizen und Mais, im Süden Weizen und Schweine.

Die Fischerei bringt Sardellen, Sardinen und Thunfische.

c. Die reichen Mineralschätze werden nur in geringem Umfange ausgebeutet. Die Bergwerke bringen Kupfer (Alemtejo), Eisen, Blei, Mangan und Antimon. Bedeutend ist die Seesalzgewinnung an den Küsten.

§ 151. **Industrien auf Grund pflanzlicher, tierischer und mineralischer Erzeugnisse.** Die zwei größten Städte, Lissabon und Porto oder Oporto, sind auch die beiden Industriezentren des Landes. Die hauptsächlichsten Zweige der Textilindustrie sind hier vertreten. Korbflechterei findet sich im S. Der Schiffsbau erzeugt gute hölzerne Schiffe.

Die Seiden- und Samtweberei ist in Braganza zu Hause, in Oporto die Lederei. In beiden Industriezentren hat sich die Eisenindustrie entwickelt. Lissabons Schmuckgegenstände in Gold und Silber sind altberühmt.

§ 152. **Verkehr und Handel.** **a.** Alle Verkehrsstraßen, selbst die zu Wasser, lassen in ihrer Brauchbarkeit sehr viel zu wünschen übrig. Lissabon ist der Endpunkt des Südexpreßzuges Paris—Lissabon. Die Handelsflotte verfügt über 600 Schiffe mit 120 000 Reg. t netto.

b. Die wichtigsten **Handelsplätze** sind Lissabon und Oporto (der Ausfuhrhafen für Portwein). **Lissabon**, der erste Hafenplatz, vermittelt die Hälfte des Verkehrs, sowie den ganzen Warenumsatz nach den portugiesischen Kolonien. Die „Bank von Portugal" hat hier ihren Hauptsitz. Lissabon ist infolge seiner Lage ein Weltverkehrshafen ersten Ranges (siehe § 54 c). Die von den wichtigsten westeuropäischen Häfen ausgehenden Dampfer legen auf ihrer Fahrt nach Südamerika oder dem Mittelmeer in Lissabon an. Es ist ferner Hauptstation der portugiesischen Dampfergesellschaften, die den regelmäßigen Verkehr mit den Azoren, Madeira, Lorenzo Marques und Brasilien unterhalten.

c. Portugals **Außenhandel** ist nicht bedeutend. Das Land gehört zu den **Mittelhandelsstaaten**.

Wichtige **Einfuhrwaren** sind Weizen, Eisen und Stahl und Waren daraus, Rinder, Kohlen, Baumwollwaren, Reis, Leinen- und Wollgarne, Stockfisch, Eier, Häute und Felle.

Wichtige **Ausfuhrwaren** sind Wein, Kork, Kupfererze, Sardinen, Salz, Schwefel, Holz, Öl und Südfrüchte.

Fig. 165. Einfuhr Portugals (Herkunftsländer) in Proz. [1907: 279 Mill. M.].

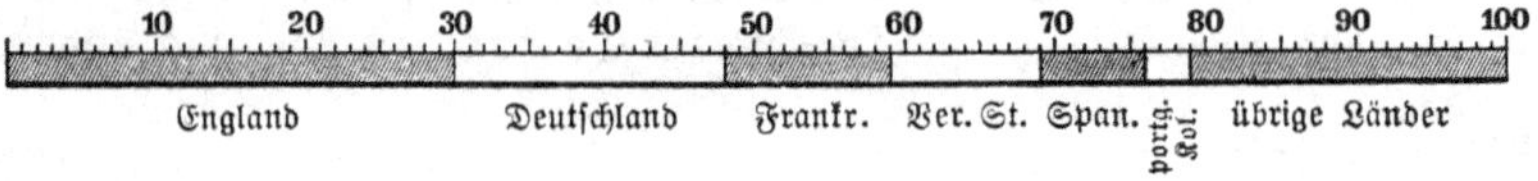

Fig. 166. Ausfuhr Portugals (Bestimmungsländer) in Proz. [1907: 138 Mill. M.].

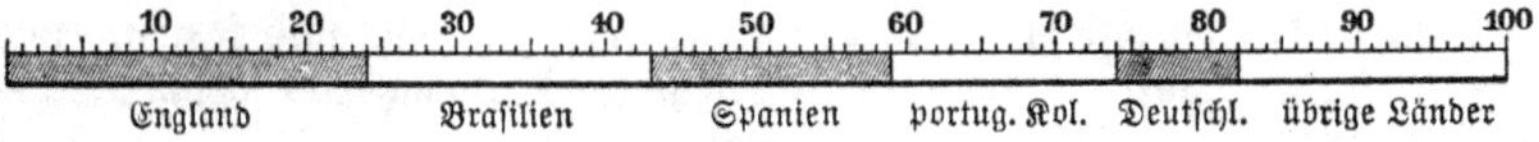

d. Der Handelsverkehr Portugals mit **Deutschland** steigert sich nur langsam. Portugal sendet nach **Deutschland** jährlich für 12—19 Mill. M. Kork, Korkwaren, Wein und Most in Fässern, und bezieht **aus Deutschland** für 25—30 Mill. M. Zucker, Schießpulver, Eisendraht, Glas, Leder u. a. m.

§ 153. Die portugiesischen Kolonien. Portugal besaß einst ein bedeutendes Kolonialreich. Aber die Portugiesen haben wohl Fähigkeiten als Entdecker und Eroberer, nicht aber als tüchtige Kaufleute und Kolonisatoren.

Von dem umfangreichen einstigen Besitz (Brasilien ist seit 1822 losgetrennt) verbleiben nur noch in **Asien** 23 000 qkm mit 1 Mill. E. und in **Afrika** 2 000 000 qkm mit 6 Mill. E.

Die **asiatischen** Kolonien sind in Indien Goa, Tamão und Diu; in China **Macao**; in den Sundainseln die Osthälfte Timors.

In **Afrika** sind portugiesische Besitzungen: die Kapverdischen Inseln, Portugiesisch-Guinea (Senegambien), die Inseln São Thomé und Principe, Angola und Portugiesisch-Ostafrika (Mozambique, Sofala). Die Azoren und Madeira werden in der Verwaltung zum Mutterlande gerechnet. Von den Azoren ist die Insel **Fayal** bemerkenswert, weil hierüber die deutschen Kabel nach Nordamerika gelegt worden sind (s. § 49 b).

b. Die Apenninenhalbinsel (Italien).

§ 154. Land und Leute. a. Die Apenninenhalbinsel ist die mittelste der südeuropäischen Halbinseln und besitzt infolge dieser Lage eine beherrschende Stellung im Mittelmeer. Italien umfaßt 287 000 qkm mit 34⅓ Mill. E. (120 E. auf 1 qkm). Von diesem Areal entfallen 26 000 qkm mit 4 Mill. E. auf Sizilien und 24 000 qkm mit 1 Mill. E. auf Sardinien.

Außer dem italienischen Königreich finden wir auf der Apenninenhalbinsel noch die Republik San Marino, einen kleinen Staat am Ostabhange des Apennin mit 61 qkm und 10 000 Einwohnern. Das arme Ländchen führt Wein, Rindvieh und Steine vom Berge Titano aus.

Italien hat eine (im Vergleich zu seinem Flächeninhalt) viel zu große Küste (3400 qkm). Das Land wird im W vom Ligurischen und Tyrrhenischen Meer, im S vom Jonischen und im O von dem Adriatischen Meere (der Adria) begrenzt. Im N ist Italien durch die paßreiche Alpenwelt abgeschlossen.

b. Die Küsten sind teils Flach-, teils Steilküsten. An die Flachküsten schließen sich nach dem Landinnern Ebenen an, die teilweise versumpft sind, wie die Toskanischen Maremmen, die Römische Campagna und die Pontinischen Sümpfe.

In das Alpengebiet sind die oberitalienischen Seen in nordsüdlicher Richtung eingebettet, der Langen- (Lago Maggiore), Comer-, Iseo- und Gardasee (370 qkm).

Die Oberitalienische Tiefebene oder die Potiefebene ist ein alter Meeresboden, überlagert von Schutt- und Schwemmlandmassen, Tonen und Sanden. Wir haben hier das größte fruchtbare Gebiet Italiens.

Der Apennin durchzieht in großem Bogen die Halbinsel und setzt sich noch im N der Insel Sizilien fort. Er erreicht in der Mitte Italiens seine höchste Erhebung (Gran Sasso 2920 m). Am Golf von Neapel liegt der Vesuv (1280 m) und im O Siziliens der Ätna (3310 m).

Im N Siziliens liegen die Liparischen Inseln und im S die Maltagruppe. Letztere Inseln gehören seit 1800 dem Britischen Reiche. Auf Malta liegt der Hafen La Valetta, ein Anlaufort und Rastplatz vieler großer Verkehrslinien, die das Mittelmeer in seiner Längsachse durchziehen. Die Insel Elba ist durch ihre Eisenerze berühmt.

c. Die oberitalienischen Seen sind oben genannt. Der Po wird in der Hauptsache von Alpenflüssen (Dora Riparia, Dora Baltea, Ticino, Adda) gespeist. Er erreicht das Meer in einem ausgebreiteten Delta. Nördlich des Deltas mündet die Etsch in die Adria. Auf der eigentlichen Halbinsel sind der Arno und der Tiber die bedeutendsten Flüsse.

In klimatischer Beziehung zerfällt Italien in das Poland, Mittelitalien und Süditalien. Das Poland hat kontinentales Klima. Mittelitalien hat wesentlich mildere Winter. Süditalien hat echtes Mittelmeerklima, milde und verhältnismäßig regenreiche Winter und trockene Sommer.

In Mailand beträgt die mittlere Jahrestemperatur reichlich 12°, in Rom reichlich 15° und in Palermo reichlich 17° C. Die mittlere Regenmenge beträgt in Mailand 100, in Rom 76 und in Palermo 60 cm. Die Sumpfgebiete am Meeresgestade werden nicht selten vom Malariafieber heimgesucht.

d. Italien ist ein konstitutionelles Königreich. Das italienische Volk ist ein sehr gemischtes Volk. Deutsche, Franzosen und Slawen wohnen noch in den Alpengegenden.

Italien ist dicht bevölkert, 120 E. auf 1 qkm, also gerade so dicht wie das Deutsche Reich. Das Festland ist dichter bewohnt als die Inseln.

Italien besitzt zwölf Großstädte, unter denen Neapel die größte mit 600 000 E. ist. Rom und Mailand folgen mit je 500 000 E. Die andern Großstädte sind: Turin, Palermo, Genua, Florenz, Bologna, Venedig, Messina, Catania und Livorno.

Man unterscheidet eine zeitweilige und dauernde Auswanderung. Die Auswanderung schwankte in den letzten Jahren zwischen 500 000 und 800 000 Menschen, wovon die Hälfte auf zeitweilige Auswanderer kommt.

Die Ackerbaubevölkerung überwiegt; über die Hälfte der gesamten Bevölkerung gehört ihr an. Mit Industrie und Gewerbe, einschließlich des Bergbaus, beschäftigt sich ein Viertel der Bewohner. Ein verhältnismäßig größerer Teil der Bevölkerung entfällt noch auf die im Handel und Verkehr Beschäftigten.

§ 155. Erzeugnisse der Pflanzen-, Tier- und Mineralwelt. a. Von unerschöpflicher Fruchtbarkeit ist das Schwemmland des Po.

Fig. 167. Bodenbenutzung in Italien in Proz. [1904].

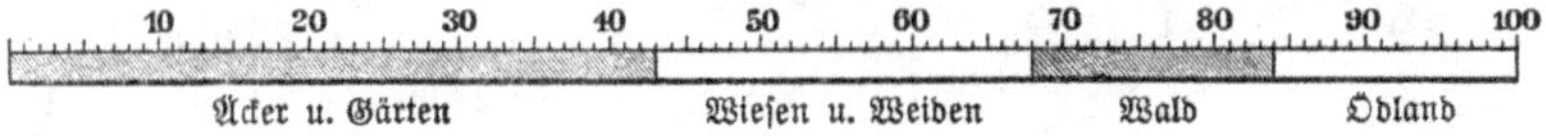

Der Weizen nimmt den größten Teil des Ackerbodens (¼) in Anspruch. Er ist die Hauptbrotfrucht (Makkaroni!). Ihm reiht sich der Mais in Oberitalien an (Polenta!). Gerste wird in großen Mengen gebaut und in der Poebene Reis. In den gebirgigen Gegenden wächst die eßbare Kastanie (Marone), die mit als Volksnahrungsmittel dient. Der Anbau von Hülsenfrüchten und Gemüsen ist bedeutend.

Der Weinbau nimmt nach dem Weizen den größten Teil der Kulturfläche in Anspruch (jährlich 40—50 Mill. hl Wein). Der Anbau von Südfrüchten (Zitronen, Mandarinen, Apfelsinen, Pomeranzen, Limonen, Pompelmusen, Zitronate und Zitrate) ist für das Land eine dauernde Nahrungsquelle geworden, ebenso auch die Kultur des Ölbaumes. Johannisbrot und Trüffeln sind andere Kulturgewächse.

Von Handelsgewächsen gedeihen Flachs und Hanf (Hanf der Romagna!), sodann Baumwolle in Sizilien, fernerhin Tabak.

Wald und Gebüsche bedecken etwa ¹/₇ des Landes.

b. In der Viehhaltung stehen Schaf- und Rindviehzucht obenan. Dann folgt die Ziegen- und Schweinehaltung und zuletzt die der Esel, Maultiere und Pferde. In den Maremmen gibt es Büffel. Die Zucht von Hunderassen ist weit bekannt. Die Seidenraupenzucht blüht in Piemont und in der Lombardei. Gegen 5 Mill. kg Rohseide werden jährlich gewonnen.

Die Seefischerei bringt reiche Erträge an Thunfischen, Sardellen und Sardinen, Korallen und Schwämmen, Weich- und Schaltieren.

c. Italien ist reich mit Erzen gesegnet, die aber im eigenen Lande nicht alle verhüttet werden können, da der Lebensnerv unserer modernen Industrie, die Kohle, fehlt. Eisenerze liefern die Inseln Elba und Sardinien; diese Insel außerdem Silber, Blei und Zinkerze, dagegen Kupfererze verschiedene oberitalienische Gebiete.

Die Insel Sizilien ist der größte Schwefelproduzent der Welt (s. § 32d). Die italienischen Kalkgebiete liefern Marmor (Carrara). Das Salz wird in der Hauptsache in Salzgärten an den Meeresküsten gewonnen (Staatsmonopol).

§ 156. Industrien auf Grund pflanzlicher, tierischer und mineralischer Erzeugnisse. a. Spiritusbrennerei, Bierbrauerei und Zuckerfabrikation blühen empor. Älter ist schon die Herstellung von Makkaroni (Lombardei, Neapel), von Likören und Parfümerien, von Strohflechtereien (Florentiner Hüte!) und musikalischen Instrumenten (Cremona).

Die Textilindustrie hat den größten Aufschwung zu verzeichnen. Während die Leinen- und Hanfweberei zumeist noch Hausgewerbe sind und die Herstellung von Tauwerk und Segeltuch in den großen Seestädten gepflegt wird, blüht die Baumwollenfabrikation als Großindustrie fast in ganz Oberitalien.

Fig. 168. Urproduktion von Italien.

b. Zur Textilindustrie gehören auch die hochansehnliche Seidenweberei und Seidenspinnerei mit den Zentren in der Lombardei (Como, Mailand), Venetien (Verona, Padua), Piemont (Turin), Ligurien (Genua), Kampanien (Neapel, Salerno) und Sizilien (Messina). In Wollwaren und Tuchen ist Oberitalien (Mailand) von alters her berühmt.

Auf tierischer Grundlage beruhen Käsebereitung (Parmesan- und Gorgonzolakäse!) und Wurstfabrikation (Mortadella, Salami). Ledereien gibt es in der Lombardei, in Piemont, Toskana und Kampanien. Die italienische Darmsaitenfabrikation im Abruzzengebiet, in Padua und Cremona ist weltberühmt.

Die Kunstindustrie verarbeitet Horn und Elfenbein (Florenz, Livorno), Schildpatt (Neapel) und Korallen (Messina, Neapel und Livorno).

c. Die italienische Kunstindustrie hat sich ganz besonders die mineralischen Bodenschätze zunutze gemacht. Die hierauf begründeten Industrien sind hohen Alters, so die Herstellung von Gold- und Silberwaren (Mailand, Venedig, Rom), von Filigranarbeiten (Genua), von Bronzewaren (in den schon genannten Städten), von Marmor- und Alabasterarbeiten in Toskana und von Mosaiken aus Steinen (Rom, Neapel, Florenz, Venedig). Berühmte Terrakottawaren liefern Turin, Bergamo, Cosenza u. a. m. Die Fayenceindustrie (Majoliken) hat ihren Hauptsitz in der Stadt Faenza, die diesen Waren auch den Namen gegeben hat. Die Glasindustrie hat in Venedig ihren Mittelpunkt.

In den größern Städten hat sich auch die Eisen- und Stahlindustrie entwickelt, in den größern Hafenstädten der Schiffsbau. Brescia ist bekannt wegen seiner Messer, Stahlwaren und Waffen.

§ 157. **Verkehr und Handel.** **a.** Italien hat für den Weltverkehr eine sehr günstige Lage. Dieser Vorzug ist bereits im Mittelalter zur Geltung gekommen, in höherm Grade aber wiederum in der Gegenwart.

Die Eisenbahnen konnten sich in Oberitalien netzartig entwickeln. Auf der Halbinsel finden wir Längs- und Querbahnen. (Vgl. § 84b.)

Von allen südeuropäischen Ländern hat Italien den regsten Postverkehr.

Von Brindisi fahren die Dampfer nach Port Said in 2 bis 3 Tagen, von Venedig nach Alexandria in 6 Tagen und von Genua nach Neapel in $1\frac{1}{2}$ Tagen. Mit Dampfern werden von Hamburg und Bremerhaven aus Genua in 12 Tagen und Neapel in 14 Tagen erreicht.

Die Handelsflotte Italiens zählt 1700 Schiffe mit 1 Mill. Reg. t. Der italinische Schiffsverkehr ist bedeutend, besonders auch in der Küstenschiffahrt.

b. Unter den Binnenhandelsorten ragt Mailand hervor. Inmitten der fruchtbaren Potiefebene beherrscht Mailand die meisten nach Italien führenden Alpenstraßen und Alpenpässe. In Mailand vollzieht sich, als dem größten Stapelplatz für Landesprodukte, fast die ganze Ausfuhr. Ferner ist Mailand der erste Börsenplatz des Landes und der hervorragendste Buchhandelsplatz.

Turin unterhält besonders die Beziehungen mit Frankreich.

Bologna ist der Schlüssel zur Halbinsel Italien und der Haupthandelsplatz für die östliche Poniederung.

Rom ist als Handelsstadt nicht bedeutend.

Unter den italienischen Seehäfen ragt Genua, die Geburtsstadt des Kolumbus, hervor. Es ist jetzt der Ausbruchhafen Italiens für den Verkehr mit Amerika, namentlich mit Südamerika. Genua liegt an einem der nördlichsten Punkte des Mittelmeers. Auch ist es der erste italienische Auswandererhafen. So ist es zum ersten Riesenverkehrshafen Italiens herangewachsen.

Andere wichtigere Häfen sind Livorno, Civitavecchia, Neapel, der größte Hafen für Mittel- und Süditalien (siehe § 54c); Palermo, der erste Handels- und Schiffahrtplatz für Sizilien.

Für den Weltverkehr sind wichtig noch Brindisi, Überfahrtstelle für Personen und Postwaren nach dem Suezkanal, und Venedig, dessen Bedeutung als Handelsstadt allerdings mehr in der Vergangenheit als in der Gegenwart liegt.

c. Der Außenhandel Italiens weist in den letzten Jahren eine ständige Steigerung auf. Italien gehört zu den Großhandelsstaaten. Der Wert des Durchgangshandels beläuft sich auf reichlich 100 Mill. M.

In der Einfuhr stehen obenan Baumwolle (250 Mill. M.), Seide (220 Mill. M.), Kohle (200 Mill. M.), Maschinen, Getreide (170 Mill. M.), besonders Weizen. Daran schließen sich Eisen, Bauholz, Wolle, Häute und Felle, Tabak, Fische, Pferde, Instrumente, Farben u. a. m.

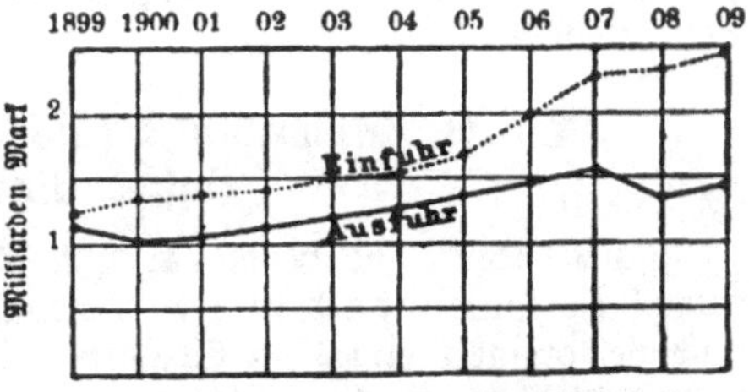

Fig. 169. Ein- u. Ausfuhr Italiens.

In der Ausfuhr betragen Rohseide und bearbeitete Seide über 1/3 des Ausfuhrwertes (500 Mill. M). Andere wichtige Ausfuhrgegenstände sind Baumwollgewebe, Öl, Hanf, Schwefel, Zink, Eier, Wein in Fässern, Früchte und Agrumen Geflügel, Reis, Felle, Wurstwaren, Rinder, Käse, Flachs, Holz- und Strohwaren, Gemüse, Automobile und Eisenbahnwagen.

Fig. 170. Einfuhr Italiens (Herkunftsländer) in Proz. [1908: 2331 Mill. M.].

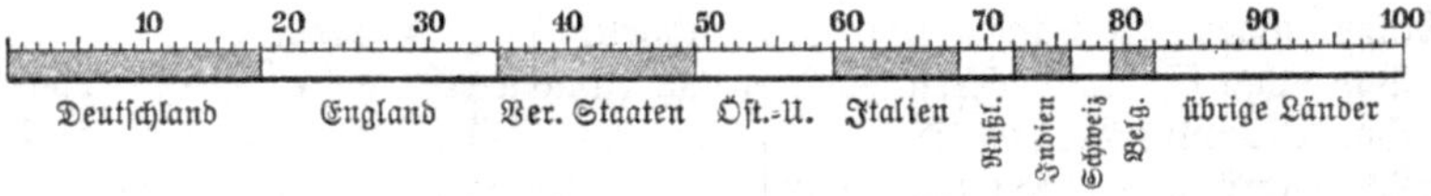

Fig. 171. Ausfuhr Italiens (Bestimmungsländer) in Proz. [1908: 1383 Mill. M.].

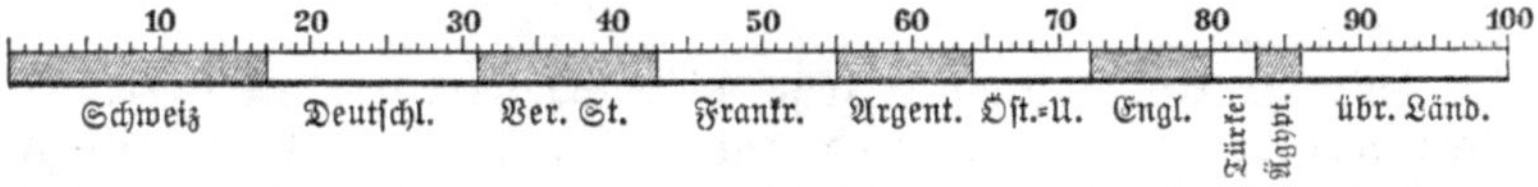

d. Der Handel Italiens mit Deutschland ist beständig gestiegen. Italien sendet nach Deutschland Waren im Werte von annähernd 300 Mill. M. und erhält von Deutschland Waren im Werte von 300 Mill. M.

Italien sendet nach Deutschland Rohseide (für 120 Mill. M.), Hanf, getrocknete Mandeln, Tafeltrauben, Apfelsinen, Obst, Eier, Olivenöl, Marmor, Schwefel, Schafwolle, Gold und Silber, Küchengewächse, Geflügel, Kartoffeln, Flechtarbeiten, Blumen, Wein, Reis und Bimsstein.

Italien bezieht von Deutschland: Maschinen und Eisenwaren, wollene Tuche und Zeugwaren, feine Leder, Anilin- und andere Teerfarbstoffe, Waren aus Edelmetallen und andern Metallen, Rohseide, Gold, Farbendruckbilder und Kupferstiche, Lokomotiven, Steinkohlen, Zink, Bücher, Karten und Musikalien.

§ 158. Die italienischen Kolonien. Das neue Königreich suchte wie jede Großmacht Europas sich kolonialen Besitz zu verschaffen. Das geeignetste und natürlichste Kolonialgebiet wäre für die Italiener Tunesien gewesen, doch kamen ihnen hier die Franzosen zuvor. Am Roten Meere besitzt Italien die Kolonie Erythräa mit einem Flächeninhalt von 120 000 qkm mit 300 000 Bewohnern (darunter 2000 Europäer), die zumeist ein nomadisierendes Leben führen. Hauptorte der Kolonie sind Massaua, Asmara und Keren, besonders aber das erstere, das zugleich den besten Naturhafen am ganzen Roten Meere besitzt. Die andere Kolonie, Somalia oder Italienisch-Somaliland, umfaßt das Küstengebiet der Somalihalbinsel von der Jubmündung bis zum Golf von Aden und ist 340 000 qkm groß mit ungefähr 400 000 Bewohnern. Das Pachtgebiet von Tientsin umfaßt 46 qkm mit 17 000 Bewohnern.

c. Die Balkanhalbinsel (die europäische Südosthalbinsel einschl. Rumäniens).

§ 159. Land und Leute. a. Im SO Europas setzt sich an den europäischen Rumpf die Balkanhalbinsel oder die Südosthalbinsel an. Der Nordteil der Halbinsel erinnert etwas an Spanien. Der Pyrenäenhalbinsel gegenüber ist die Südosthalbinsel ein echtes Durchgangs- und Verkehrsland. Sie ist das Übergangsland von Europa nach Asien und die Beherrscherin der Eingangspforte zum Schwarzen Meere. Das Ägäische Meer führt durch die Dardanellen zum Marmarameer und dieses durch den Bosporus zum Schwarzen Meer. Über die weitere Begrenzung vgl. Wandkarte oder Atlaskarte!

b. Die Südosthalbinsel wird von drei Gebirgssystemen beherrscht. Es sind dies das Balkansystem, das zumeist aus alten kristallinischen Gesteinen besteht; es bietet dem Verkehre keine Hindernisse dar und wird allein von 30 fahrbaren Straßen (Schipkapaß, 1334 m) überquert;

das dinarisch-griechische Kalkgebirgssystem ist ein breit gelagertes Kalkgebirge mit wasserarmen, öden und verkehrsarmen Hochflächen;

das serbisch-makedonische Schollenland besteht aus kristallinischen Gesteinen; es liegt zwischen den beiden ersten Systemen; am mächtigsten strebt in ihm das Rhodopegebirge empor, bis 3000 m. Das ganze Gebirge ist wegereich.

Die Küsten der Halbinsel sind zumeist Steilküsten.

Zwischen den Gebirgssystemen und innerhalb des dritten Systems sind fruchtbare Becken eingelagert, deren wichtigste das Bulgarisch-walachische Becken, eine Kornkammer Europas, und das Ostrumelische Becken sind. Am Wardar liegt die wegen ihrer Fruchtbarkeit einst berühmte Kampania.

Im Peloponnes sind Messenien und Elis bevorzugte Landschaften (Korinthenbau).

c. Als Verkehrsader kommt unter den Flüssen der Balkanhalbinsel nur die Donau in Betracht. Nach dem Durchbruch des Eisernen Tores ist die Donauschiffahrt außerordentlich rege geworden. See- und Flußschiffe befahren den Unterlauf. Von den drei Mündungsarmen, Kilia, Sulina und St. Georgsmündung, ist die Sulinamündung am geeignetsten für die Schiffahrt.

Von den eigentlichen Balkanflüssen sind die Maritza von Adrianopel, der Wardar von Üsküb an für kleinere Schiffe fahrbar.

Im N ist das Klima echt kontinental. Der Balkan bildet eine Klimascheide. Südlich von ihm beginnt das Mittelmeerklima, ein subtropisches Klima, das bei großer Trockenheit das Wachstum immergrüner Gewächse begünstigt.

Bukarest hat 10° mittlere Jahrestemperatur, Konstantinopel 16° und Athen 18° C.

Der O der Balkanhalbinsel ist regenärmer als der W. Die Höhe der Niederschläge beträgt in Bukarest 58 cm, in Konstantinopel 72 cm, in Athen 39 cm und auf Korfu 132 cm.

d. Die Vielgestaltigkeit des Bodens findet ihr Abbild in der politischen Zersplitterung. Folgende Staaten teilen sich in die Balkanhalbinsel:

Das Königreich Rumänien . .	131 000 qkm	mit	7	Mill. E.,	53	auf	1 qkm
Das Königreich Serbien . . .	48 300	„	3	„ „	60	„	1 „
Die Türkei (Großsultanat) (unmittelbarer europ. Besitz) . .	170 000	„	6	„ „	36	„	1 „
Das Königreich Bulgarien nebst Ostrumelien	96 000	„	4	„ „	42	„	1 „
Das Königreich Montenegro . .	9100	„	1/4	„ „	25	„	1 „
Das Königreich Griechenland . .	65 000	„	2 2/3	„ „	41	„	1 „
dazu Kreta oder Kandia . . .	8600	„	1/3	„ „	36	„	1 „

Die wechselvolle Bodengestalt, das zerrissene politische Bild findet weiterhin in dem bunten Völkergemisch ein Abbild. Auf Grund von Mischungen verschiedener Völker sind die Rumänen erstanden. Hauptsächlich haben die ausgewanderten Slawen die alten Völker verändert. Sie haben sich auch mit andern neuern Völkern gemischt, wie mit einem finnisch-tatarischen Völkerstamm. Daraus entstanden die Bulgaren. Serben und Montenegriner sind alte Slawenstämme. Im 14. Jahrhundert drangen die Türken oder Osmanen aus Kleinasien in die Halbinsel ein.

Die Bewohner der Südosthalbinsel sind in der Hauptsache Ackerbauer. Daneben wird hier und da eine bedeutende Viehzucht betrieben. Bergleute gibt es wenige. Bei den Griechen ist ein größerer Teil der Bevölkerung mit Fischerei beschäftigt.

Die Volksdichte ist im großen ganzen gering. Wenige Großstädte finden sich nur. Konstantinopel ist auf weitem Umkreis die einzige Millionenstadt. Erst in weitem Abstand folgen mit reichlich 100 000 Einwohnern Saloniki und Athen. Bukarest zählt 300000 Bewohner. Damit ist die Reihe der Großstädte auf der Balkanhalbinsel schon geschlossen.

Andere wichtige Städte sind die rumänischen Orte Jassi, Galati (Galatz), Braila, Turn-Severin; die türkischen Orte Adrianopel, Bitolia (Monastir), Prizren, Gallipoli, Üsküb und Rodosto; Sofia ist die Hauptstadt Bulgariens, Philippopel die Hauptstadt Ostrumeliens und Belgrad die Hauptstadt Serbiens. In Serbien sind noch Nisch und Kragujevatz oft genannte Städte. Montenegro besitzt nur eine Stadt mit über 10 000 Einwohnern, Podgoritza, selbst Cetinje, die Hauptstadt, zählt erst 4400 Einwohner (ohne Garnison).

§ 160. Erzeugnisse der Pflanzen-, Tier- und Mineralwelt. a. Das meiste Acker- und Gartenland befindet sich in Rumänien, Serbien und Bulgarien. Montenegro und Griechenland haben geringen Ackerbau. Beide Länder und die Türkei müssen Getreide einführen. In der Türkei liegen viele Fruchtgebiete brach und verödet.

Die hauptsächlichsten Brotfrüchte sind Weizen und Mais. Außerdem baut man Gerste, Hafer, Roggen, Buchweizen, Hirse und Bohnen, jetzt auch mehr und mehr Kartoffeln. Von Handels- und Industriepflanzen baut man Raps, Flachs und Hanf an, auch Sesam und Anis.

Fig. 172. Bodenbenutzung in Rumänien in Proz. [1909].

Fig. 173. Bodenbenutzung in Serbien in Proz. [1908].

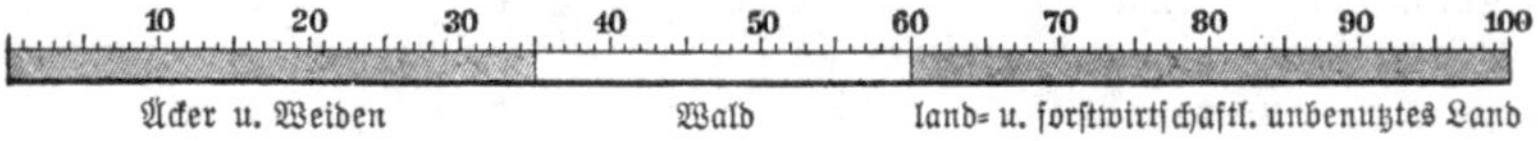

Der Weinbau ist für die Südosthalbinsel eine Quelle reicher Einkünfte. Am stärksten wird der Weinbau in Serbien und Griechenland betrieben. Letzteres erzeugt über 3 Mill. hl Wein. Die griechischen Landschaften Elis und Messenien liefern jährlich gegen 150 000 t Korinthen. Der Obstbau ist hier und da recht bedeutend. Der Pflaumenbaum wird in Serbien, Rumänien und Bulgarien bevorzugt.

In den Gebieten des Mittelmeerklimas wachsen subtropische Gewächse, wie Olive, Feige, Zitrone, Baumwolle und Reis. Tabak wird in allen Balkanstaaten gebaut. In der Türkei werden Opium und Rosenöl erzeugt, in den ostrumelischen Rosenzuchtgebieten, besonders in dem Becken von Kazanlük, jährlich 5000—6000 kg Rosenöl.

Fig. 174. Bodenbenutzung in Bulgarien in Proz. [1900].

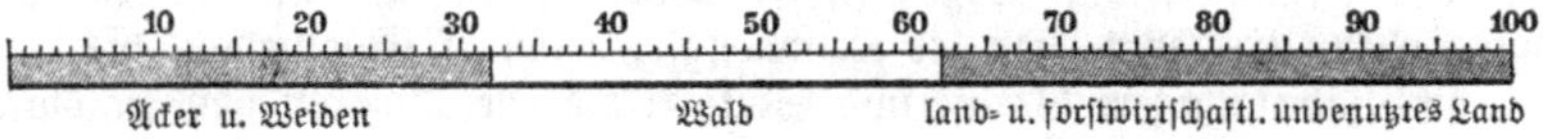

Fig. 175. Bodenbenutzung in Griechenland in Proz. [1900].

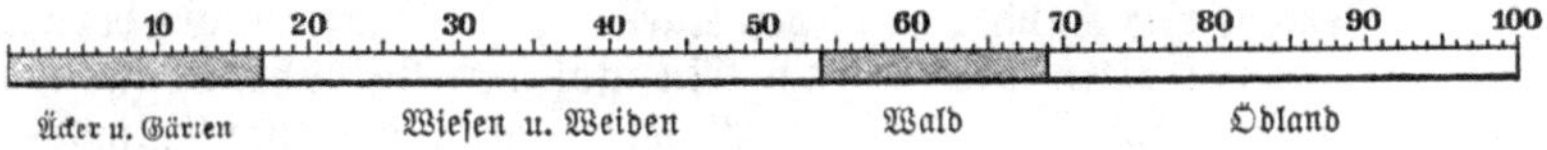

Fig. 176. Bodenbenutzung in der Türkei in Proz. [1900].

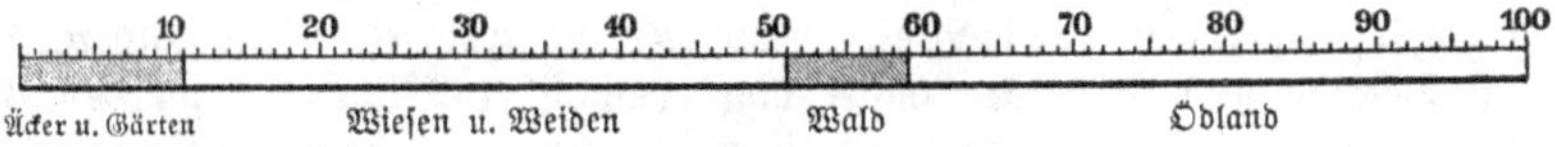

Forstkultur kennt man nicht. Die größten Waldungen finden sich in Serbien. Die Eichen sind ein Hauptbestandteil der Waldungen. Die griechischen Eichenwälder liefern Knoppern (Valonen) zu Gerbzwecken.

b. Die Viehzucht ist ganz ansehnlich, am wenigsten ansehnlich wiederum in der Türkei. Montenegro, Serbien, Rumänien und Bulgarien führen sogar Vieh aus. Das Schaf ist am bevorzugtesten, in Griechenland die Ziege. Rinder und Büffel sind mehr Zugtiere, Maulesel und Esel Transporttiere. In Serbien, Bulgarien und Albanien blüht eine große Schweinezucht (Eichelmast !).

Hervorragende Gebiete der Seidenraupenzucht sind Makedonien, Messenien und die Insel Kreta. Hier sowohl wie auf der Insel Thasos (unter ägyptischer Verwaltung) und in Attika ist die Bienenzucht wichtig.

Die Seefischerei bringt Fische, Schwämme und Korallen. Sehr fischreich ist der Bosporus, eine natürliche Fischreuse, und der Skutarisee.

c. Die Südosthalbinsel ist ein altes Bergbaugebiet. Man gewinnt Steinkohlen (am Balkan, im Ostserbischen Erzgebirge, in Griechenland), Eisen (Montenegro, Maritzabecken), Gold und Silber (Halbinsel Chalkidike, Ostserbisches Erzgebirge Laurion !), Kupfer und Quecksilber.

Rumänien besitzt ansehnliche Petroleumquellen und Steinsalzlager. Griechenland liefert Schwefel, die Kykladen Bimsstein, Naxos Schmirgel und Ostgriechenland mit seiner Inselwelt (Paros) Marmor.

§ 161. Industrien auf Grund pflanzlicher, tierischer und mineralischer Erzeugnisse. a. Weinproduktion und Branntweinbrennereien (Slibowitz aus Pflaumen) sind ältere Gewerbe. Deutsche haben in den nördlichen Staaten Zucker- und Zelluloidfabriken, ebenso Brauereien begründet. Große Müllereien gibt es in Rumänien und Bulgarien, Ölfabriken in Griechenland, Rosenölfabriken in Kazanlük, Zündholzfabriken in Rumänien. Die Tabakfabrikation ist in jedem Staat vertreten, ebenso die Baumwollenindustrie.

b. Die Wollverarbeitung ist ein weitverzweigtes Gewerbe. Spezialwaren in dieser Richtung sind Wollschnüre und Teppiche. Seidenweberei ist an allen Orten zu finden.

Die Lederherstellung und -bearbeitung ist berühmt (Saloniki, Sofia, Athen, Insel Zakynthos).

c. Die mineralischen Erzeugnisse haben nur beschränkte Spezialgewerbe hervorgehoben. Erwähnt seien die Kanonengießereien in Kragujevatz; die Waffen- und Gewehrfabrikation in Vranje und Skutari; die Metallwaren von Saloniki und Üsküb; die Kupferschmiedewaren von Schumla und die Filigranarbeiten von Prizren. Die Ton- und Glaswarenfabrikation hat nur lokale Bedeutung.

§ 162. Verkehr und Handel im allgemeinen. a. Der Handel auf der Balkanhalbinsel leidet auffällig unter dem Mangel an Verkehrsstraßen. Der Orientexpreß befährt mit seinen beiden Abzweigungen nach Konstantinopel und Konstanza die wichtigste Eisenbahnstrecke (siehe § 84 b).

Die Linie Budapest—Konstantinopel ist das bedeutendste Bindeglied zwischen Orient und West- und Mitteleuropa. Eine andere Linie, die von Belgrad und Saloniki, könnte von ebensolcher Wichtigkeit werden, wenn die Hafenverhältnisse von Saloniki gebessert würden. In dem türkischen Gebiete zwischen Serbien und Montenegro, dem sog. Sandschakgebiet, ist für Österreich-Ungarn eine natürliche Zufahrtstraße nach dem Golf von Saloniki geben.

Der Postverkehr in den Balkanstaaten ist gering. Rumänien ist allen Balkanstaaten in postalischer Beziehung überlegen.

Durch den Kanal von Korinth (6,3 km lang und 8,5 m tief) ersparen die Dampfer auf dem Wege von Triest nach Athen 185 km.

Der Handel ist in Rumänien ganz in den Händen der Juden, in den türkischen und andern Staaten in den Händen der Griechen und Armenier.

Die griechische Handelsflotte vermittelt den Zwischenhandel zwischen den Gestaden des mittelmeerischen Ostbeckens. In der Welthandelsflotte kommen nur die Flotten von Griechenland, der Türkei und Rumänien in Betracht. Die letzte ist die kleinste der drei Flotten, die griechische mit 1100 Schiffen (darunter 900 Segler) und 350 000 Reg. t netto die größte.

b. Die Märkte und Meßplätze spielen eine große Rolle. Die bedeutendste Messe hat Uzundžova (im O von Philippopel). Bukarest ist der Stapelplatz des gesamten rumänischen Handels. Turn Severin an der Donau ist wichtigster Binnenschiffahrthafen. Belgrad ist Hauptstapelplatz für Serbien, Sofia für Bulgarien, Adrianopel für Thrakien und Larissa für Thessalien.

Konstantinopel ist der Haupthandels- und Hauptseeplatz der Südosthalbinsel. Es liegt am Bosporus, am Goldenen Horn, einer nach NW gerichteten geräumigen Hafenbucht. Die eigentliche Türkenstadt ist Stambul, mit dem Palast des Sultans, dem Serail. Galata ist das Stadtviertel der Türken und Pera oder das Frankenviertel der Hauptsitz des Handels, des Seeverkehrs und der Börsengeschäfte. Als Riesenverkehrshafen steht Konstantinopel noch über Marseille.

Konstantinopel hat eine der hervorragendsten Erdlagen von allen Großstädten der Welt. Wenn es auch heute nicht mehr der Angelpunkt für den Welthandel zweier Kontinente ist und auch nicht einmal mehr den Handel mit Persien ausschließlich beherrscht, so wird es doch stets im europäischen Handelsverkehr eine ungeschwächte Führerschaft behaupten, und so einer der bedeutendsten Knotenpunkte des Welthandels bleiben. Da Konstantinopel unschwer die Aus- und Eingangspforten des Schwarzen Meeres sperren kann, so ist es der Vorhafen des großen pontischen Wirtschaftsgebietes, namentlich von Südrußland, den Kaukasusländern, den europäischen Ländern an den Westgestaden des Schwarzen Meeres und zuletzt auch von den pontischen Küstenprovinzen Kleinasiens. Konstantinopel ist aber auch die Brückenstadt, in der sich die Produkte der Balkanhalbinsel und des europäischen Hinterlandes mit den Waren von Kleinasien und des anschließenden Orients begegnen.

Saloniki ist der zweitgrößte Hafen des Türkischen Reiches.

Bedeutendere Häfen am Schwarzen Meere sind Galatz, Braila und Konstantza (Köstendsche).

In Griechenland hat Hermupolis auf der Insel Syra als Weltverkehrsstation Bedeutung. Größer ist der Verkehr in Piräus. Es ist der Hafenplatz der 9 km entfernten Hauptstadt Athen. Am Golf von Korinth ist Patras wichtiger Ausfuhrhafen, besonders für Korinthen.

Hinsichtlich des Außenhandels gibt es unter den Balkanstaaten keinen Großhandelsstaat. Mittelhandelsstaaten sind die Türkei und Rumänien, Kleinhandelsstaaten die übrigen Länder.

§ 163. Rumäniens Außenhandel. a. Hauptausfuhrgegenstände sind Getreide und Mehl (jährlich für nahezu 300 Mill. M., besonders Weizen), Rapssamen, Bauholz, Bohnen, Eier, Haustiere und Petroleum.

Haupteinfuhrgegenstände sind Metalle und Metallwaren, Webstoffe, Konfektionsartikel, Chemikalien und Drogen, Häute, Leder und Kolonialwaren.

Fig. 177. Einfuhr Rumäniens (Herkunftsländer) in Proz. [1908: 331 Mill. M.].

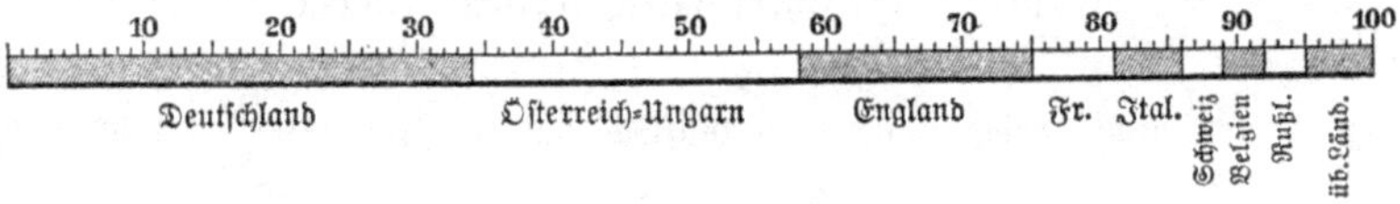

Fig. 178. Ausfuhr Rumäniens (Bestimmungsländer) in Proz. [1908: 304 Mill. M.].

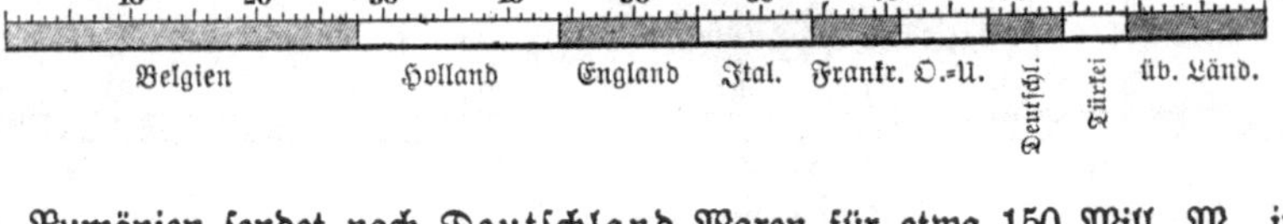

b. Rumänien sendet nach Deutschland Waren für etwa 150 Mill. M., insbesondere die Waren, die eben bei der Ausfuhr genannt sind, und bezieht für etwa 70 Mill. M. Industriewaren, Leder, Felle und Kleider.

§ 164. Serbiens Außenhandel. a. Der ansehnliche Durchgangsverkehr wertet gegen 20 Mill. M.

Unter den Ausfuhrartikeln sind am wichtigsten Tiere und tierische Produkte (die Hälfte der Ausfuhr), Getreide und Früchte.

In der Einfuhr spielen dieselben Waren wie bei Rumänien die Hauptrolle.

Fig. 179. Einfuhr Serbiens (Herkunftsländer) in Proz. [1908: 61 Mill. M.].

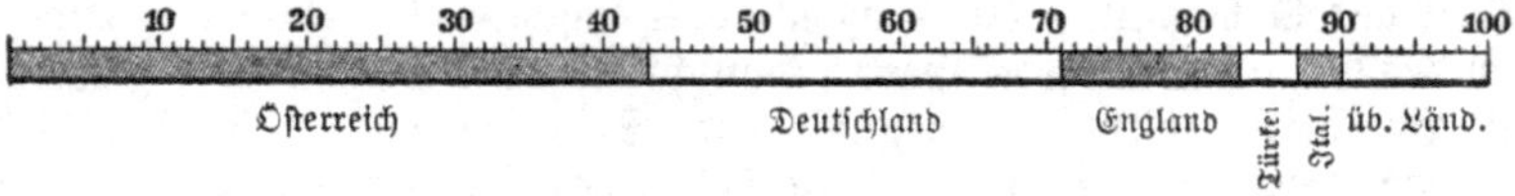

Fig. 180. Ausfuhr Serbiens (Bestimmungsländer) in Proz. [1908: 62 Mill. M.].

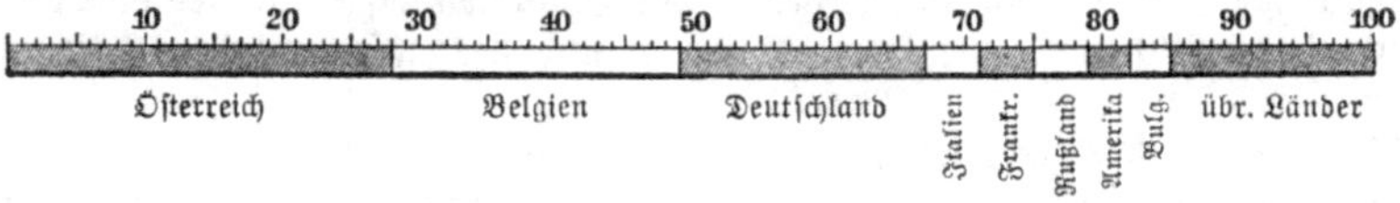

b. Serbien sendet nach Deutschland für etwa 20 Mill. M. getrocknetes Obst, besonders Zwetschgen, Mais, Eier, Weizen, Schweineschmalz und Nüsse, und bezieht aus Deutschland für reichlich 16 Mill. M. Waren, hauptsächlich Textil- und Eisenwaren.

§ 165. Montenegro und sein Handel. Montenegro treibt etwas Handel mit Österreich-Ungarn, der Türkei, Italien und England.

Ausfuhrwaren sind Sumach, Flohpulver, geräuchertes Hammelfleisch, Schafe, Käse, Honig und Olivenöl. Einfuhrwaren sind Salz, Petroleum, Mais, Baumwoll- und Eisenwaren.

§ 166. Griechenlands Außenhandel. a. Hauptausfuhrwaren sind Korinthen (1/4 bis 1/2 des Ausfuhrwertes) und Erze, sodann Olivenöl, Tabak, Wein, Feigen, Galläpfel (Valonen), Schwämme und Marmor; Haupteinfuhrwaren sind Getreide, Garn und Gewebe, Holz und Kohle.

b. Griechenland sendet nach Deutschland für 20 Mill. M. hauptsächlich Korinthen und andre oben genannte Ausfuhrartikel, und bezieht von Deutschland für 12 Mill. M. Industrieartikel, Chemikalien, Farben, Bücher, Karten und Farbendruckbilder.

Fig. 181. Einfuhr Griechenlands (Herkunftsländer) in Proz. [1907: 119 Mill. M.].

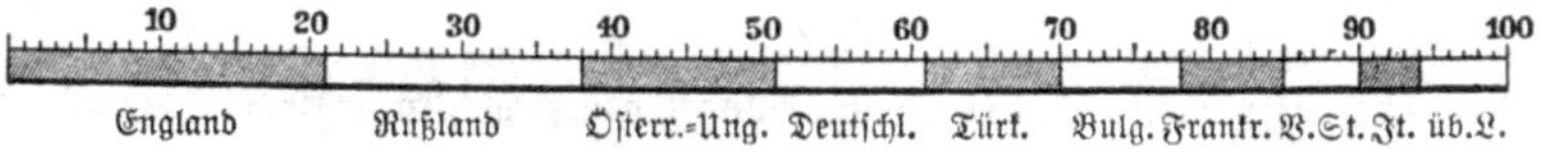

Fig. 182. Ausfuhr Griechenlands (Bestimmungsländer) in Proz. [1907: 93 Mill. M.].

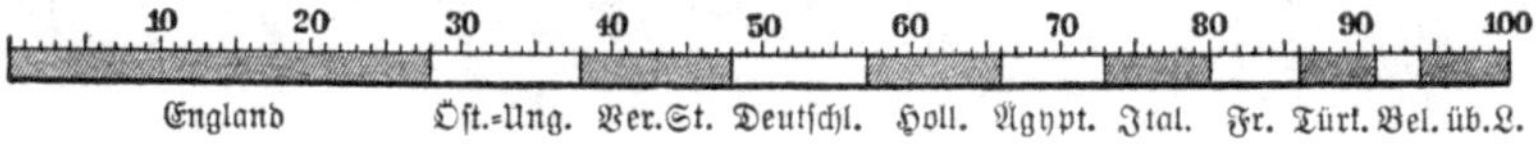

Kreta. Der Hauptverkehr findet zwischen Griechenland, der Türkei und Großbritannien statt. Kreta exportiert Olivenöl und allerhand Südfrüchte, und importiert Mehl, Industrieartikel, Reis, Hülsenfrüchte und Bauholz. Gesamthandel über 30 Mill. M.

§ 167. Die Türkei und ihr Außenhandel. a. Hauptausfuhrwaren sind Seide, Weintrauben, Getreide und Mehl, Mohär, Feigen, Opium, Wolle, Valonen, Häute und Felle, Tabak, Haselnüsse, Olivenöl, Süßholzwurzel, Agrumen, Baumwolle, Eier, Teppiche, Datteln, Sesam. Haupteinfuhrwaren sind Leinen- und Baumwollzeuge, Zucker, Getreide und Mehl, Pikeestoff, Madapolam (ostindische Baumwollstoffe), Kaschmir (Wolldecken), Wollwaren, Petroleum, Eisenwaren, Kaffee, Reis,-Teppiche, Papier, Zwirn usw.

Fig. 183. Einfuhr der Türkei (Herkunftsländer) in Proz. [1906: 521 Mill. M.].

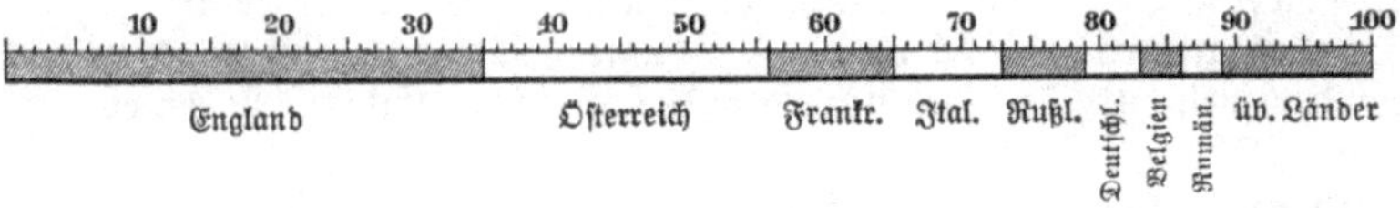

Fig. 184. Ausfuhr der Türkei (Bestimmungsländer) in Proz. [1906: 327 Mill. M.].

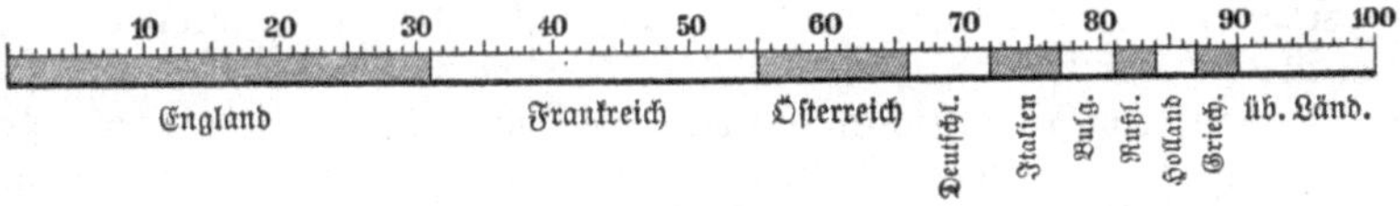

b. Die europäische Türkei sendet nach Deutschland für über 20 Mill. M. Landesprodukte (siehe Hauptausfuhrwaren) und bezieht von Deutschland für etwa 50 Mill. M. Industrieartikel, besonders Kriegswaffen, Chemikalien und Tonwaren.

§ 168. Bulgariens Außenhandel. a. Wichtige Ausfuhrwaren sind Getreide und Mehl (2/3 des Ausfuhrwertes), Seidenkokons, lebendes Vieh, Felle und Rosenöl (für 4 Mill. M.).

Wichtige Einfuhrwaren sind Textil-, Kolonial-, Metall-, Eisenwaren und Chemikalien.

Fig. 185. Einfuhr Bulgariens (Herkunftsländer) in Proz. [1908: 104 Mill. M.].

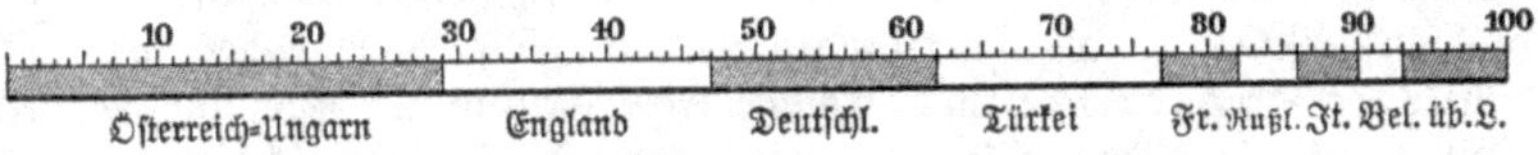

Fig. 186. Ausfuhr Bulgariens (Bestimmungsländer) in Proz. [1908: 90 Mill. M.

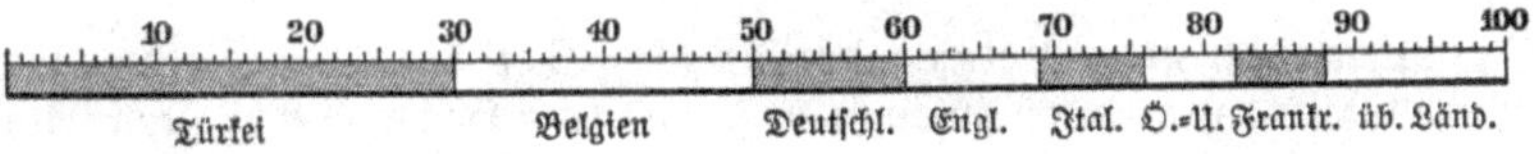

b. Bulgarien bringt nach Deutschland für 30 Mill. M. Eier, Getreide, Rosenöl und Walnüsse und holt aus Deutschland für 20 Mill. M. Textilwaren, Chemikalien, Eisenwaren, insbesondere Brücken und Brückenbestandteile aus schmiedbarem Eisen.

10. Asien.

Allgemeines über Asien.

§ 169. Land und Leute. a. Asien ist mit 44 Mill. qkm die größte zusammenhängende Ländermasse auf unsrer Erde. 840 Millionen Menschen bewohnen diesen Erdteil (20 E. auf 1 qkm).

Von Kap Baba in Kleinasien (26° ö. L.) erstreckt sich Asien bis Kap Deschnew an der Beringstraße (190⅓° ö. L.), also beinahe über die Hälfte der Erdlängengrade. Von Kap Buro im S der Halbinsel Malakka (1° n. Br.) erstreckt es sich bis zum Kap Tscheljuskin im N (77¾° n. Br.). Letztere beiden Vorgebirge liegen 8620 km voneinander entfernt. Die Orte der Mitte des asiatischen Erdteils haben eine Küstennähe von 2800 km.

Halbinseln und Inseln umfassen ¼ der gesamten Fläche. Ins Nördliche Eismeer erstrecken sich Taymyrhalbinsel und Tschuktschenhalbinsel, in den Großen Ozean Kamtschatka und Korea, in den Indischen Ozean Hinterindien mit der Malakkahalbinsel, Vorderindien mit der Insel Ceylon, und Arabien.

Ostasien wird von Inselbögen begrenzt, die bestimmte Meeresteile vom Großen Ozean abschneiden. Zwischen Aleuten und Kamtschatka liegt das Beringmeer, zwischen Kurilen, Sachalin und Kamtschatka das Ochotsker Meer, zwischen den Japanischen Inseln und Korea das Japanische Meer, zwischen den Liukiuinseln, Formosa und Korea das Ostchinesische Meer, das sich nördlich, zwischen Korea und China, in das Gelbe Meer fortsetzt. Im S von China und im O von Hinterindien liegt, durch die Malaiischen Inseln abgegrenzt, das Südchinesische Meer.

Zu den Malaiischen Inseln gehören Sumatra, Java, die Kleinen Sundainseln, Borneo, Celebes, die Molukken, die Saluinseln und Philippinen.

b. Asien besitzt die größten Hochländer und die höchsten Berge der Erde. Die mittlere Erhebung des Kontinents beträgt 950 m. ⅔ des Landes sind Hochland und ⅓ Tiefland.

Das höchste Gebirge ist der Himalaja (Schneesitz), 2380 km lang, 200—300 km breit und bis 8000 m hoch (Gaurisankar 8840 m). Die Pässe liegen über 5000 m hoch. Andere Hochgebirge sind Hedingebirge, Karakorum, Kuenlun, Pamirhochland, Hindukusch, Tienschan, Altai, Großer (Ektag) Altai, Sajanisches und Jablonoi-Gebirge und an der Grenze zwischen Hochasien und China eine Anzahl chinesischer Gebirge.

Ostsibirien wird von Gebirgen durchzogen. Der SW Asiens setzt sich in der Hauptsache aus Hochländern zusammen, so aus dem Hochland von Iran, Arabien, Kleinasien und Armenien (im N davon der Kaukasus mit dem Elbrus, 5630 m). Das vorderindische Dreieck wird durch das Hochland Dekan ausgefüllt, das an der Malabarküste durch die West-Ghatta und an der Koromandelküste durch die Ost-Ghatta begrenzt wird.

Kristalline Schiefer, Gneise und Granite bilden die geologische Grundlage des asiatischen Kontinentes. Daneben machen sich jüngere Ablagerungen besonders bemerkbar, so Wüstensand, Kies, Löß und die großen Schwemmlandgebilde an den Flüssen der Seen. Am wichtigsten davon ist der Löß, an den die asiatische Landwirtschaft gebunden ist, vorzugsweise im chinesischen Tiefland.

Unfruchtbare Gebiete Asiens sind außer den großen Gletscher- und Schneeregionen der Hochgebirge die Gebiete des Wüstensandes, also das Hanhai (d. i. das trockene Meer) und die Gobi, ferner die indische Wüste Tharr, Kisilkum und Karakum zu beiden Seiten des Amu, Mitteliran und Mittel-, Süd- und Südostarabien.

c. Asien besitzt unter allen Erdteilen die meisten Riesenflüsse, aber auch das größte abflußlose Gebiet (1/3 des Erdteils). Bestimme dies abflußlose Gebiet nach irgend einer Karte von Asien!

In das Nördliche Eismeer münden: Ob, Jenissei, Lena und Jana; in den Großen Ozean: Amur, Hoangho, Jantsekiang, Sikiang, Mekong und Menam; und in den Indischen Ozean: Salween, Irawadi, Brahmaputra, Ganges, Indus, Euphrat und Tigris (zusammen als Schat-el-Arab).

Abflußlose Seen sind Aralsee mit Amu und Syr, Balkaschsee und Lobnor, in den sich der Tarim ergießt. Dagegen wird der Baikalsee durch die Obere Tunguska nach dem Jenissei entwässert.

d. In Asien sind alle Klimate vertreten, von dem heißesten Klima bis zum kältesten. Es lassen sich im allgemeinen vier klimatische Zonen unterscheiden:

Die nordasiatische oder sibirische Zone ist durch stark ausgeprägtes Landklima gekennzeichnet.

Die innerasiatische Klimazone, mit langen, strengen Wintern und kurzen, heißen Sommern, beherrscht den mittelasiatischen Steppen- und Wüstengürtel.

Die vorderasiatische Zone hat Mittelmeerklima, vom April bis Oktober fast keinen Regen.

Die Monsunzone von Süd- und Ostasien wird von den Jahreszeitenwinden (den Monsunen) beherrscht. Vor allem ist es der Südwest-, der Sommermonsun, der das asiatische Tropengebiet beherrscht; er bringt die Regenfülle (Tscherrapundschi = Cherrapundschi im nordöstlichen Indien, in Assam, hat 12 m Niederschläge) und mit ihr die ungeheure Pflanzenfülle.

e. Asien zeigt ein buntes Völkergemisch. In Zentralasien tritt die mongolische Rasse in den Vordergrund, wie die Turktataren, Burjäten, Kalmücken und Tibeter. Die Bewohner Nordasiens gehören ebenfalls zur mongolischen Rasse, wie die Ostjaken, Samojeden und Tungusen. Im nordöstlichen Asien wohnen die Tschuktschen und auf Jesso die Ainos.

Im Westen Asiens wohnen die Osmanen oder Türken, die Semiten und Arier (Perser, Afghanen und Belutschen).

Das Monsungebiet ist das Ausbreitungsgebiet der mongoloiden Kulturvölker, der Chinesen, Japaner, Koreaner und der Malaien. In Indien sind die Hindu, ein arischer Volksstamm, die herrschende Rasse. Sie drängte die dunkelfarbigen und tieferstehenden Dravida nach dem südlichen Dekan. Diese veranlaßten wiederum die Singhalesen zur Auswanderung nach Ceylon.

Unter den außereuropäischen Kontinenten ist Asien mit 20 Bewohnern auf 1 qkm am dichtesten bevölkert. Die unfruchtbaren Gebiete sind die dünnst bevölkerten Gebiete, die Monsungebiete die dichtest bevölkerten (in China 100 bis 200 E. und mehr auf 1 qkm).

Chinesen und Japaner beschäftigen sich mit intensivem Ackerbau (Gartenbau). Die malaiischen Völker treiben Hackbau, in den Küstenländern besonders Plantagenbau. Ackerbauer sind die Inder, die Nordchinesen und Koreaner, die Bewohner des südlichen Sibiriens und der Amur- und Syrgebiete, sowie der größte Teil der Bewohner Vorderasiens. Mit dem Ackerbau verbindet sich zumeist eine bedeutende Viehzucht, die in den Steppengebieten ganz in den Vordergrund tritt.

f. Asien hat eine günstige Weltstellung, die zwar durch das emporstrebende Europa in den Hintergrund getreten ist, neuerdings aber durch das Einspannen Ostasiens in den Weltwirtschaftskreis wieder zur Geltung kommt.

Asien zerfällt nach seiner natürlichen Beschaffenheit und Wirtschaft in folgende Sondergebiete:

Vorderasien mit Kleinasien, Mesopotamien, Syrien, Palästina, Arabien, Iran und Kaukasien.

Zentralasien; hierbei unterscheidet man zunächst das hohe oder eigentliche Zentralasien mit Pamir- und Tienschangebiet, Tibet, Ostturkestan mit Tarimbecken und Mongolei und sodann das niedere Zentralasien oder Russisch-Zentralasien mit Turan oder Turkestan, den Ländern Chiwa und Buchara, ferner mit Ferganá und der Kirgisensteppe.

Nordasien oder Sibirien, das Mündungsgebiet der nordasiatischen Flüsse bis zur Amurmündung.

Ostasien mit Mandschurei, den Gebieten südlich der Amurmündung und Korea, mit China und den ostasiatischen Inselbögen.

Südasien mit Vorderindien und den an der Grenze von Zentralasien liegenden Staaten Nepal und Bhutan, ferner mit Hinterindien und den Malaiischen Inseln.

1. Vorderasien.

a. Die türkischen Außenländer in Vorderasien.

§ 170. **Kleinasien.** **a.** Die kleinasiatischen Landschaften sind reich an Bodenerzeugnissen bei genügender Bewässerung und reich an ungehobenen Mineralschätzen. Zum großen Segen wird für die vorderasiatischen Gebiete die Bagdadbahn werden (vgl. § 47 e). Kleinere Eisenbahnstrecken gehen von den wichtigern Küstenplätzen nach dem Innern.

Alte Kulturoasen sind Konia, Afiun Karahissar, Kiutahia, Angora, Amasia und Kaïsari. Sie bringen allerhand Getreide, Wein (Rosinen), allerhand Südfrüchte (Nüsse, Opium), Valonen, Tragantgummi und Baumwolle.

Die Viehzucht erstreckt sich besonders auf Pferd, Maultier und Kamel als Lasttier, und auf Angoraziege, die das wichtigste Haustier Kleinasiens ist. Brussa ist der Hauptseidenmarkt und die bedeutendste Seidenindustriestadt.

An mineralischen Schätzen gewinnt man Meerschaum (Eskischehir), Kupfer und Schmirgel.

b. Von den Häfen am Schwarzen Meer ist Trapezunt (Trebisond) am wichtigsten. Trapezunt ist das bequemste Tor, durch das Europa mit Persien in Verbindung tritt.

An der Westküste Kleinasiens ist Smyrna der erste Hafenort. Er ist nach Konstantinopel die wichtigste Station des Levantehandels. Bevor die Eisenbahn nach dem Hinterland eröffnet war, kamen fast täglich gegen 5000 Kamele an.

Ausgeführt werden die oben genannten Landeserzeugnisse, besonders Sultaninen und andere Rosinen, die ihren Weg durch Frankreich, England und vor allem nach Deutschland nehmen. Eingeführt werden in der Hauptsache westeuropäische Industrieartikel.

§ 171. Armenien, einschließlich Kurdistans. Mesopotamien, Syrien und Palästina. a. Armenien ist trotz seiner Hochlandnatur ein Getreide erzeugendes Land. Getreide, Obst und Vieh werden ausgeführt. Erzerum und Diarbekr sind die größten Handelsplätze und Märkte.

b. Das Haupterzeugnis von Mesopotamien ist die Dattel (Ausfuhr für 2 Mill. M.). Andre Erzeugnisse sind Getreide (Weizen), Galläpfel, Gummi, Süßholz und tierische Wolle. Ein besonderer Exportartikel sind Pferde. Wichtige Handelsorte sind Bagdad, Mosul und Basra. Letzteres, am Schat-el-Arab, steht in regelmäßigem Dampferverkehr mit Kurrachee (Karachi).

c. Syrien und Palästina. Hier sind die Erzeugnisse der Tierwelt besonders wichtig. Die syrische Seide vom Libanongebiet konkurriert in Frankreich mit der italienischen. Lebende Schafe und Ochsen werden auch ausgeführt.

Wichtige Handelsstädte sind Aleppo (Haleb), Damaskus, die Häfen Iskenderun und Ladikije, Jaffa und Beirut. Beirut ist der bedeutendste syrische Hafen. Er versorgt vorwiegend das In- und Ausfuhrgeschäft. Aus Deutschland besonders kommen Garne, sowie die sächsischen Wirkwaren.

§ 172. Arabien. Arabien bringt nennenswerte Produkte nur in seinen Küstenlandschaften hervor. Unter ihnen nimmt die Landschaft Jemen den ersten Platz ein. Eine nordsüdliche Eisenbahn verbindet Syrien und Palästina mit Mekka und Medina.

Für den Handel sind wichtig Mekka, Dschidda, Mokka und an der Südküste das englische Aden. Dschidda ist der bedeutendste Hafenort der Westküste, es ist der Hafen von Mekka. In der Ausfuhr haben die Perlmutterschalen den größten Wert. Es folgen Ziegen- und Schaffelle, Kuhhäute, Datteln, Henna, Sennesblätter, Honig und Wachs. In der Einfuhr stehen die englischen und indischen Manufaktur- und Textilwaren obenan.

b. Die selbständigen Staaten Arabiens.

§ 173. Oman, Küsten- und Binnenstaaten. Die selbständigen Staaten Arabiens sind das Sultanat Oman, die Küstenlandschaften Hadramaut, das Sultanat Nedsched, das Oasengebiet Kasim und das ganz Nordarabien beherrschende Emirat Schammar.

Wirtschaftliche Bedeutung hat nur Oman mit seinem Haupthandelsplatz Maskat. Eingeführt werden Reis, Kaffee, Zucker, Feuerwaffen, Zwirne, Garne, Zerealien, Öle und Fette; ausgeführt werden Datteln (jährlich für über 4 Mill. M.), Perlen und Perlmutter, Salz und Fische.

c. Die iranischen Länder: Persien, Afghanistan und Belutschistan.

§ 174. Persien. a. Das Königreich Persien, das seit 1906 auch ein konstitutioneller Staat ist, erstreckt sich vom Kaspischen Meere bis zum Persischen Golf. Es umfaßt 1 645 000 qkm mit etwa 9 Mill. Einwohnern (5 E. auf 1 qkm).

Nur zwei Großstädte zählt das weite Gebiet, Teheran (300 000 E.) und Tabris (200 000 E.). Andre bedeutende Städte sind Ispahan, Meschhed, Kerman, Jezd, Rescht, Barferusch, Kirmanschah und Schiras.

b. Die fruchtbarsten Gegenden finden sich im N am Kaspischen Meere und in den Gebirgsketten, die dem Meere am nächsten liegen. Der Ackerbau ist oasenhaft zerstreut. Berühmt sind die Gartenanlagen von Ispahan und Schiras mit ihren Rosen, Granatäpfeln, Obst, Mohn und roten Weintrauben. In den Fruchtgebieten gedeihen Weizen, Gerste, Mais, Opium, Tabak, Rizinus, Sesam, allerhand Südfrüchte und Datteln, fernerhin Baumwolle (am Kaspischen Meere), Krapp, Alkannawurzel oder Henna und Tragantgummi.

Die Viehzucht wird stark betrieben. Sie erstreckt sich auf Pferd, Rind, Kamel, Ziege (Milchtier), Schaf, Huhn, Taube und Seidenraupe.

Die Perlfischerei im Persischen Golf ist gewinnbringend (bis 4 Mill. M.). Ihre Hauptplätze sind die englischen Bahreininseln und das persische Lingeh (Lingah).

An nutzbaren Mineralien ist Persien reich. Wegen der schlechten Wegeverhältnisse können die Schätze nicht ausgebeutet werden. Im NO des Landes werden die echten Türkise gefunden.

Die Industrie Persiens ist Hausgewerbe. Bekannt sind die Teppiche (Meschhed), Schals (Kerman) und Seidenwaren und -stickereien (Rescht).

Fig. 187. Einfuhr Persiens (Herkunftsländer) in Proz. [1909: 149 Mill. M.].

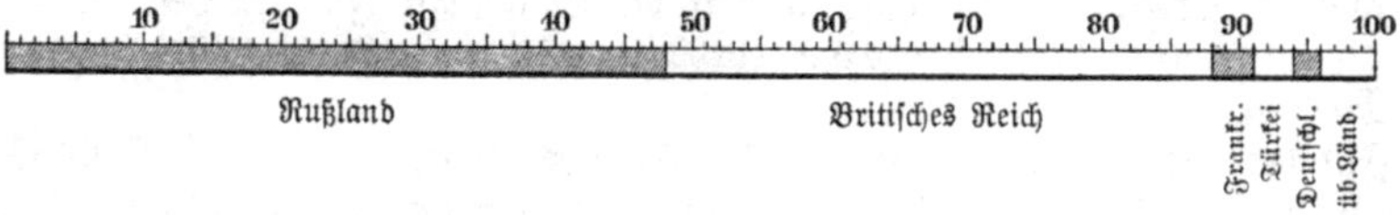

Fig. 188. Ausfuhr Persiens (Bestimmungsländer) in Proz. [1909: 131 Mill. M.].

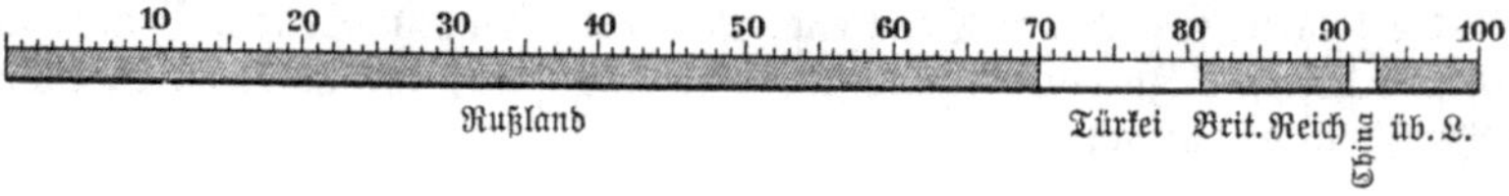

c. Persien ist arm an Verkehrsstraßen, noch ärmer an Wagen und ähnlichen Verkehrsmitteln. Die bedeutendsten Handelsstädte sind Tabris, Teheran und Ispahan, am Kaspischen Meere Rescht und Barferusch und am Persischen Golf Bender Buschir (Abuschehr), Lingeh und Bender Abbas.

Der Handel der nördlichen Orte ist in russischen, der südlichen in britischen Händen.

Einfuhrwaren sind Industrieartikel, Zucker, Fuhrwerke, Petroleum, Tee und Kupfer. Ausfuhrwaren sind jene Gegenstände, die als Erzeugnisse des Landes unter Abschnitt b angeführt wurden.

d. Deutschlands Handel mit Persien hat sich in den letzten Jahren etwas gehoben. Deutschland kauft für reichlich 3 Mill. M. Tragantgummi, Datteln, Rosinen, Perlmuschelschalen, wollene Fußdecken und Galläpfel; es liefert für reichlich 2 Mill. M. nach Persien Textilwaren, Edelmetallwaren und Nähnadeln.

§ 175. Afghanistan. a. Das Emirat (= Fürstentum) Afghanistan liegt im NO des Iranischen Hochlandes. Es ist 560 000 qkm groß und zählt 5 Mill. Einwohner

(9 E. auf 1 qkm). Die bedeutendsten Orte sind Kabul, Kandahar und Herat. Afghanistan ist das wichtigste Durchgangsland zwischen Persien und dem russischen Besitz einerseits und Ostindien andrerseits; denn die wichtigste Straße geht am Kabulfluß über den Khaiberpaß nach der britischen Nordwestprovinz, dem Gebiet von Peschawar.

Reichlich $^3/_5$ des Landes ist Gebirgsland. Das ist aber das fruchtbare Gebiet gegenüber den öden, niedrigern Steppen. Es gedeihen Gerste, Weizen, Erbsen, Bohnen, Reis, Hirse, Durra, Rizinusölpflanzen, Krapp und Stinkasant. Wichtig als Volksnahrung sind Obst, Wein und Feigen.

Die Viehzucht Afghanistans erstreckt sich auf dieselben Tiere wie die persische Tierzucht.

Der Bergbau auf Kupfer, Blei und Eisen steht in den ersten Anfängen. Viele Halbedelsteine (Lasursteine) werden gefunden.

b. Der Verkehr ist ein Lasttierverkehr. Am bedeutendsten ist der Handel mit Ostindien (für 20 Mill. M.), sodann der Durchgangshandel von Ostindien nach Zentralasien (der sog. Provinda-Handel, für 40 Mill. M.).

Ausfuhrwaren sind Pferde, Rinder und Häute, Früchte, Getreide, Hülsenfrüchte, Stinkasant, Gewürze, Wolle, Seide und Tabak. Einfuhrwaren sind europäische und indische Baumwollwaren, Indigo, Zucker und Tee.

§ 176. Belutschistan. Das frühere Khanat Belutschistan ist seit 1896 als Schutzstaat dem Britisch-indischen Reiche eingegliedert. Das englische Schutzgebiet ist 120 000 qkm groß und zählt 300 000 Einwohner. Kelat (15 000 E.) ist die Haupt- und Handelsstadt. Im äußersten NO liegt Quetta (Ketta), das besonders als Grenzstadt gegen Afghanistan Bedeutung hat. Bis Abdulla haben die Engländer die Eisenbahn von Schikarpur am Indus aus vorgeschoben.

Nach Belutschistan gelangen von Indien aus britische und indische Baumwollwaren, von Belutschistan nach Indien Wolle, Häute, Datteln, Krapp und Tabak.

d. Das russische Kaukasien.

§ 177. Kaukasiens Urproduktion und Verkehr. a. Die transkaukasischen Täler zeichnen sich durch große Fruchtbarkeit aus, besonders das Kuratal, hier die Landschaften Grusien und Georgien. Alle unsere Feldfrüchte gedeihen hier, auch Südfrüchte und in der Gegend von Eriwan und Jelissawetopol Baumwolle.

In der Viehhaltung ragt die Zucht von Schafen (Wollexport!) und Seidenraupen hervor.

Der Kaukasus ist reich an mineralischen Schätzen, so an Steinsalz, Kupfer (Siemenswerke bei Kedabeg), Manganerzen und Naphtha. Letzteres ist der größte Schatz des kaukasischen Bodens. Es wird in verschiedenen Gegenden, besonders aber auf der Halbinsel Apscheron in Baku und dessen näherer Umgebung gewonnen, jährlich für über 100 Mill. M. (Vgl. § 32a.)

b. Den Verkehr haben die Eisenbahnen, die nördlich und südlich am Kaukasus dahinführen, bedeutend gehoben. Die nördliche Bahn führt von Rostow nach Baku, die südliche verbindet Batum mit Baku (Schwarzes Meer und Kaspisches Meer); inmitten dieser Bahn liegt als kommerzieller Mittelpunkt Tiflis. Die Nord- und

Südkaukasusbahn werden in ihrer Mitte durch die quer über den Kaukasus verlaufende Grusinische Heerstraße, die von Wladikawkas im N ausgeht und bei Tiflis im S endet, verbunden.

2. Zentralasien.

a. Russisch-Zentralasien.

§ 178. **Turkestan mit Chiwa und Bochara, Ferganá und die Kirgisensteppe.** **a.** Das ganze Gebiet trägt Steppencharakter. Doch ist die Steppe mit fruchtbaren Oasen durchsetzt. Ebenso sind die Täler des Syr und Amu und die in Bergen eingebettete Provinz Ferganá sehr fruchtbar. Die Fruchtgebiete bringen Weizen, Gerste, Durra, Reis, Gurken, Melonen, edle Obstsorten und Wein. Baumwolle gedeiht in Turkestan, vorzüglich in Ferganá.

Die Viehzucht ist die Haupterwerbsquelle. Sie beschäftigt sich insbesondere mit der Schafzucht, sodann mit der Zucht von Pferden, Rindern, Ziegen und Dromedaren. Die Seidenraupenzucht hat ihren Hauptsitz in Bochara.

Die Kirgisensteppe ist reich an Kohlen und verschiedenen Metallen. Die Ausbeutung dieser Schätze ist jedoch noch nicht in Angriff genommen worden.

b. Das Emirat Bochara (200 000 qkm mit 1⅓ Mill. E.) liefert Baumwolle und Seide, sodann auch Getreide, Früchte, Tabak und Hanf. Die Hauptstadt ist Bochara.

Das Khanat Chiwa (60 000 qkm mit 800 000 E.) liefert hauptsächlich Baumwolle und Seide. Die Hauptstadt ist Chiwa.

Die Einfuhr nach beiden Staaten beherrscht vor allem Rußland, sodann Persien und Indien. Einfuhrwaren sind Baumwoll-, Metall- und Seidenwaren und Tee.

c. Für die Erschließung und den Verkehr sind die transkaspischen, bzw. turkestanischen Eisenbahnen von großer Bedeutung.

Von Krasnowodsk, das mit Baku in regelmäßigem Dampferverkehr steht, führt die Eisenbahn durch die transkaspische Provinz, die Bochara nach Ferganá. In Merw geht ein Bahnzweig südwärts nach Kuschk, an der Grenze Afghanistans. Hinter Samarkand trennt sich die Bahn nach Taschkent ab, und die ostwärts verlaufende Strecke endet in Andischan.

b. Das hohe Zentralasien.

§ 179. **Tibet, Ostturkestan mit Tarimbecken und Mongolei.** **a.** Die östlichen Gebiete von Russisch-Zentralasien ragen schon in das eigentliche, in das hohe Zentralasien hinein, besonders die russische Pamir-Provinz. Indessen sind Tibet, Ostturkestan und die Mongolei die eigentlichen politischen wie wirtschaftlichen Gebiete Zentral- oder Hochasiens. Alle drei Gebiete faßt man mit der Mandschurei auch als „chinesische Nebenländer" zusammen. Sie haben insgesamt eine Größe von reichlich 7 Mill. qkm mit etwa 20 Mill. Einwohnern (3 E. auf 1 qkm).

Tibet allein ist ein Gebiet von der vierfachen Größe des Deutschen Reiches mit etwa 2½ Mill. E. Der Süden ist besser als der Norden bevölkert. Die Hauptstadt ist Lhasa, der Sitz des Tale oder Dalai Lama. Das Tarimbecken oder Ostturkestan soll den Ursitz der chinesischen Kultur enthalten. Es ist etwa dreimal so groß wie Deutschland mit 1 Mill. E. Jarkand, die „Stadt auf dem steilen Ufer“, ist mit 200 000 E. die größte Stadt Ostturkestans. Kaschgar hat nur ein Viertel soviel Einwohner wie Jarkand. Die Mongolei ist nahezu 3 Mill. qkm groß und zählt 2 Mill. Bewohner. Sie ist das größte Nebenland Chinas, aber auch das ärmste. Urga ist der Hauptsitz des Handels und Sitz des Kutuchta, des irdischen Stellvertreters Buddhas bei den Mongolen, der von Lhasa aus bestätigt wird. Maimatschin liegt dem russischen Kiachta gegenüber. Kobdo im NW ist eine echte Steppenstadt und Kalgan, im NW von Peking, eine Stadt von 200 000 E. Letzterer Ort ist der Mittelpunkt für den Handel mit Ziegeltee, Schafwolle, Kamelwolle und Pelzwaren von und nach Rußland.

b. Die Urproduktion dieser Gebiete beschränkt sich in der Hauptsache auf die bewässerten Talungen. In dem durchschnittlich 3500—4000 m hoch gelegenen Tibet ist der Ackerbau fast ganz ausgeschlossen. Gering ist der Ackerbau auch in der Mongolei. In Ostturkestan gedeihen in größerer Menge Weizen, Hirse, Durra, Obst, Wein, Gemüse und Baumwolle.

In allen hochasiatischen Ländern ist die Viehzucht die Hauptbeschäftigung. In der dünnen Luft von Tibet wird der Yak (Grunzochse) als wichtigstes Haustier gezüchtet. Er gibt Milch, Fell, Haare, ist Reit- und Lasttier. Selbst das Schaf dient in den Himalajagebieten als Lasttier. Es trägt Lasten bis 12 kg schwer. Die Jagd ergibt Pelze, Hirschhorn und Moschus. In Ostturkestan werden Schafe, Kamele, Pferde und Esel gezüchtet. Hier findet sich auch Seidenraupenzucht. In der Mongolei steht die Tierzucht auf hoher Stufe; sie ist so recht die Beschäftigung der Mongolen. Die Viehzucht erstreckt sich auf Schafe, Rinder, Kamele und Pferde. Geringer ist die Ziegen- und Schweinezucht.

c. Alle hochasiatischen Gebiete sind mineralreich, aber noch wenig erschlossen. Tibet birgt Edelmetalle, Edelsteine, Salz, Borax, Ostturkestan führt Nephrit aus und die Mongolei Silber (die Jehol-Silberminen).

d. Industrie und Gewerbe Hochasiens ist Hausgewerbe. Die tierische Wolle wird überall zu Decken verarbeitet. In Tibet werden neben Filz- und Wollwaren auch Metallwaren hergestellt. In der Mongolei verfertigt man aus Schaf- und Kamelwolle Filz. Die Mongolen verstehen aus Milch verschiedene Produkte herzustellen, besonders auch Butter und Käse, die in Lederschläuchen aufbewahrt werden.

e. Der Handel und Verkehr der hochasiatischen Gebiete geht nur auf Karawanenstraßen vor sich. Diese reichen bis nach Ostasien hinein. Hier ist Singan der Hauptknotenpunkt für die Karawanen der Mongolei und von Tibet. Von Singan geht auch die alte Seidenstraße ab. Von Peking laufen zwei wichtige Straßen nordwestwärts nach Urga und weiterhin nach Maimatschin. Die östliche von beiden ist die alte russisch-chinesische Handelsstraße und die Straße der russischen Post, die westliche ist die Straße der chinesischen Post. Von der chinesischen Poststraße zweigt sich innerhalb des Wüstengebietes ein westlicher Karawanenweg nach Kobdo ab, der zuletzt Semipalatinsk erreicht.

Die ostasiatischen Handelswege befördern vorzugsweise Tee und Seide nach dem asiatischen Innern und tauschen dafür Vieh, Felle und andere tierische Erzeugnisse ein.

3. Nordasien.

Russisch-Nordasien oder Sibirien.

§ 180. Urproduktion und Verkehr von Nordasien. a. Russisch-Nordasien gliedert sich in Westsibirien, Ostsibirien, Amur- und Küstengebiete. Westsibirien ist der klimatisch bevorzugtere Teil von Sibirien. Der südliche Teil reicht bis zu den Steppengebieten der Kirgisen. An die Steppe setzt sich nach N die Getreidezone an, die in Ostsibirien südlicher als in Westsibirien liegt. An die Ackerbauzone schließt sich die Waldzone an; sie durchzieht ganz Sibirien und reicht bis zum 63° n. Br., um dann den öden Tundren Platz zu machen. (Vgl. Fig. 1 u. Fig. 6.)

Für das südliche Sibirien sind Ackerbau und Viehzucht die ersten Erwerbsquellen. Beide haben hier noch eine große Zukunft.

Die Schätze des Waldes an Bauholz, Holzstoff usw. haben für die Ausfuhr noch keine Bedeutung gewonnen, wohl aber seine Schätze an Pelztieren.

Das Pferd ist das wichtigste Transporttier. Mit großer Vorliebe treibt der eingewanderte Russe (Siberiak) auch Bienenzucht.

Die sibirischen Flüsse sind überreich an Fischen, der Amur besonders an Lachs.

Sibirien ist wegen seiner Mineralschätze berühmt. Man findet Gold (Altai, im Oberlauf der Flüsse), Silber (Altai), Graphit (im Sajanischen Gebirge, hier Graphitwerke von Faber; bei Turuchansk am Jenissei, hier Graphitwerke von Sibiriakoff), Kohlen (Insel Sachalin), ferner Kupfer, Blei und Zink.

b. Der sibirische Handel wird im wesentlichen von den Messen in Nischnij Nowgorod und Irbit beherrscht. Andere wichtige Handelsstädte sind: in Westsibirien Tjumen, Tobolsk, Narijm, Tomsk und Barnaul, in Ostsibirien Krasnojarsk, Irkutsk, Witimsk und Tschita und im Amurgebiet Blagowjeschtschensk und Chabarowsk. In Ostsibirien ist fast der ganze Handel in chinesischen Händen.

Der Tauschhandel von chinesischen Waren (Tee, Seide) mit russischen Waren (Pelze und Tuche) ist in Kiachta-Maimatschin zurückgegangen, seitdem die sibirische Eisenbahn nach China hineingedrungen ist und die Russen sich ihre Waren nach Bedarf im Lande holen. Die mächtige Eisenbahnlinie, die als einzige Strecke im S Sibiriens dahinläuft, berührt den Großen Ozean in drei Punkten, in Wladiwostok, Dalni und Port Arthur. (Über die sibirische Eisenbahn vgl. auch § 47 c.)

4. Ostasien.

a. China und die Mandschurei.

§ 181. Land und Leute. a. China ist nach Rußland der größte geschlossene und zugleich der volksreichste Staat Asiens. Das eigentliche China, das Land der 18 Provinzen oder das „Reich der Mitte", umfaßt 5 Mill. qkm mit 400 Mill. Einwohnern (80 E. auf 1 qkm). Von den 18 Provinzen sind gegenwärtig die wirtschaftlich wichtigsten im nördlichen China: Schantung, Schansi, Tschili und Schensi; im mittlern China: Hupei und Hunan; und im südlichen China Kwangtung, Kwangsi und Szetschwan.

b. Der Chinese ist geborener Kaufmann. Verhältnismäßig viele Chinesen betreiben das Handelsgewerbe. Aber auch als Handwerker ist er sehr geschickt, und der chinesische Arbeiter (Kuli) ist wegen seiner Geschicklichkeit und Genügsamkeit ein gefährlicher und verhaßter Konkurrent des weißen Arbeiters in Australien, Amerika und Afrika. Der Chinese ist ferner ein ausgezeichneter Ackerbauer. Gleicht doch ganz China einem mehr oder minder gut bestellten Acker bzw. Garten (Fig. 4). Die Chinesen scheiden sich in die vier Stände: Gelehrte (Mandarinen, Beamte), Bauern, Handwerker und Kaufleute.

Der Chinese hat die Neigung, gedrängt zusammenzuwohnen. In der Provinz Szetschwan gibt es Gebiete, wo 500—600 Menschen auf 1 qkm wohnen. (Vgl. § 15d.)

Kaum ein Staatengebilde hat so viele Großstädte wie China. Millionenstädte sind Kanton, Peking, Tientsin, Singan, Hankau, Hangtschou, Siangtan, Tschengtu und Nantschang. Andere Großstädte sind Schanghai, Sutschou, Futschou, Nanking, Mukden u. a. m.

§ 182. Erzeugnisse der Pflanzen-, Tier- und Mineralwelt. **a.** Zum produktiven China gehören vorzugsweise die Gebiete der beiden Riesenströme Hoangho und Jangtsekiang. Von den Nährpflanzen werden Durra und Weizen besonders im N (Provinz Schensi = chinesische Kornkammer) und Reis besonders im S gebaut. Fernerhin werden Gerste, Mais, Buchweizen und Hülsenfrüchte angebaut, in den höher gelegenen Gegenden Hafer und Kartoffeln. Auch werden viele Zwiebelgewächse kultiviert, ferner die Eierpflanze, allerhand Gemüse, Obst und Südfrüchte.

Unter den Genußmittel liefernden Pflanzen steht der Tee obenan. Auf Hügeln und Berggeländen bis 2000 m hoch wird der Tee angebaut. Berühmt ist der Teebau auf den Boheahügeln im südlichen China. Die Teekultur reicht vom 22.° bis zum 38.° n. Br. (in Japan und Ostindien bis zum 39.°). Die größten Teemärkte liegen am Jantsekiang (Hankau). (Vgl. Fig. 7, 18 und 27.)

Wichtig ist ferner der Anbau von Tabak, Sesam (dem Chinesen eine der wertvollsten Nutzpflanzen, da er Butter nicht kennt), Flachs, Raps, Erdnuß, Zuckerrohr (im S) und Mohn zur Opiumgewinnung (im SW, jährlich über 5 Mill. kg Opium). Rhabarber liefern die tibetanischen Grenzgebiete, Ginsengwurzel — eine von den Chinesen als besonders heilkräftig geschätzte Droge — mandschurische Gebiete, chinesischen Zimt der Süden.

Von den Industriepflanzen seien hervorgehoben: die Baumwolle im S, Hanf in den mittlern Provinzen, hier auch Ramie, ferner der Papiermaulbeerbaum, wie der weiße Maulbeerbaum, der der Seidenraupenzucht dient, zuletzt noch Indigo und Saflor. Bambusse liefern Material für Haus-, Möbel- und Brückenbau. In Südchina spielen auch die Firnisbäume eine große Rolle. Eine Waldwirtschaft kennt man nicht.

b. Alle unsere Haustiere finden sich in China vor. Indessen steht die Haustierzucht auf keiner hohen Stufe. Der Hauptfleischlieferant ist das Schwein. Neben der Schweinehaltung hat die Geflügelzucht große Bedeutung, vor allem jedoch die Seidenraupenzucht (Jangtsegebiet!). China bringt jährlich über 7 Mill. kg Seide auf den Weltmarkt. Büffel müssen den Boden der Reisdistrikte bearbeiten.

Die Moschustiere in den tibetanischen Grenzgebieten liefern den besten Moschus im Welthandel. Im SW, in Szetschwan, werden auf Eschen die Wachsschildläuse gehegt (jährlich für 7 Mill. M. Wachs). Die Fischzucht erstreckt sich über ganz China, da Fisch mit zu den Hauptnahrungsmitteln gehört. Beim Fischfang benutzt man vielfach den Kormoran (eine Schwimmvogelart).

c. China ist sehr reich an Schätzen unter dem Boden, die jetzt erst langsam gehoben werden. Kohlen finden sich überall (in die Tschili Kaipinggruben, in Schantung die Poschangruben). Schansi ist reich an Anthrazit. Außer Kohle und Eisen finden sich Kupfer, Zink, Zinn, Blei, Silber, Quecksilber, Salz, Gold, Halbedelsteine (Nephrit) und am untern Jangtsekiang feine Porzellanerde.

§ 183. Industrie und Gewerbe. Die Maschinen werden durch die vielen kleinen kunstgewandten Hände ersetzt. Der hervorragendste chinesische Industriezweig ist die Seidenweberei und -stickerei. Sie wird fast überall gepflegt, am stärksten in Kanton, einer der größten Industriestädte des heutigen China. Altberühmt ist Nanking als Hauptsitz der chinesischen Baumwollindustrie. Holz und Bambus werden zur Möbelfabrikation benutzt. Die Schnitzarbeiten in Holz, Elfenbein und Stein stehen auf hoher Stufe. Die Herstellung von Silber-, Eisen- und Kupferwaren sind alte Gewerbe, ebenso die Metallarbeiten in Bronze und Email („Email cloisonné" in Poschan). Die Porzellanmanufaktur ist im SO von Hankau zu Hause. Zahlreiche Töpfereien und Glasfabriken finden sich in Poschan und Umgebung. Eine weitere großartige Industrie Chinas ist die Papierfabrikation.

Die Großindustrie hat erst neuerdings ihren Einzug gehalten, einmal durch die Errichtung von Baumwollfabriken in Schanghai und sodann durch die Mehl- und Reismühlen in den größern Städten. Andere Großindustrien folgen nach.

§ 184. Verkehr und Handel. a. Die Provinz Schansi ist das nördliche Binnenhandelszentrum. Hier ist der Sitz der großen Banken und des chinesischen Geldmarktes. Die mittlern Jangtsekiang-Provinzen Hupei und Hunan bilden das südliche Binnenhandelszentrum. Da liegt Hankau, so recht im Herzen Chinas. Es beherrscht die wichtigsten Binnenverkehrsstraßen zu Lande und zu Wasser.

Neben diesen Binnenhandelszentren haben die verschiedenen Häfen für Handel und Verkehr gr ße Bedeutung. Im N ist Tientsin wichtig als Hauptmarkt für den Tee, der nach Rußland geht, für die Kohlen der Kaipinggruben und als Hafenort Pekings.

Der größte und bedeutendste Hafen Chinas ist Schanghai. Alle Firmen der Welt, die im überseeischen Handel Ruf besitzen, haben sich hier niedergelassen. In Schanghai vereinigt sich Fluß- und Seeverkehr. Es vermittelt den Verkehr in einheimischen und fremden Waren mit dem Ausland und den chinesischen Häfen.

Die südlichen Häfen sind insbesonders auch Auswanderungshäfen für die Chinesen. Kanton war früher die bedeutendste Handelsstadt Chinas, hat aber den Vorrang an Schanghai abtreten müssen. Für Kanton hat eigentlich nur die Küstenschiffahrt (Dschonken!) Bedeutung. Da der Schwerpunkt des Handels in dem benachbarten britischen Hongkong liegt, so ist die direkte Einfuhr fremder Waren nach Kanton nicht allzu bedeutend.

Der Handelsverkehr Chinas hebt sich sichtlich durch die Eisenbahnen, die von N, O und S aus in das Land hineindringen.

b. Der Handel mit China hat schon seit dem Altertume in hoher Blüte gestanden. Mit China ist trotz seiner eifersüchtig bewachten Abgeschlossenheit immer ein reger Handel getrieben worden. Jetzt stehen den Fremden gegen 40 Orte, sog. Freihandelsplätze, offen.

China gehört mit seinem Außenhandel zu den Großhandelsstaaten.

Hauptwaren der Ausfuhr sind Seide (für 200 Mill. M.), Tee (für 100 Mill. M.), Baumwolle, Rinds- und Büffelhäute, Seidenwaren, Bohnen und Bohnenkuchen, Matten und Strohwaren, Wolle, Öl, Papier, Kleidungsstücke, Tabak, Gemüse, Medikamente, Hanf, Porzellan- und Töpferwaren und Feuerwerk.

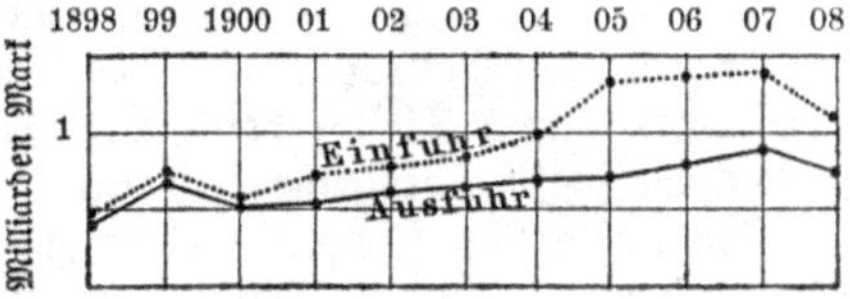

Fig. 189. Ein- u. Ausfuhr Chinas.

Hauptwaren der Einfuhr sind Baumwollgarn und -gewebe (für 400 Mill. M.), Opium (über 100 Mill. M.), Reis, Zucker, Petroleum, Metalle und Metallwaren, Eisenbahnmaterial, Kohlen und Eisenwaren, Wollwaren, Farben, Mehl, Fische und Zündhölzchen.

Fig. 190. Einfuhr Chinas (Herkunftsländer) in Proz. [1908: 1081 Mill. M.].

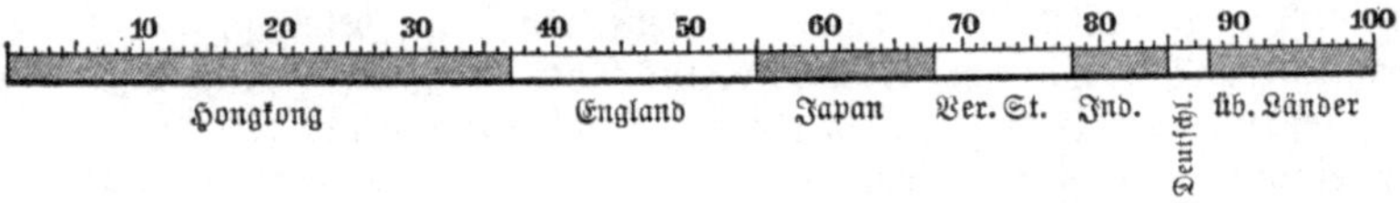

Fig. 191. Ausfuhr Chinas (Bestimmungsländer) in Proz. [1908: 758 Mill. M.].

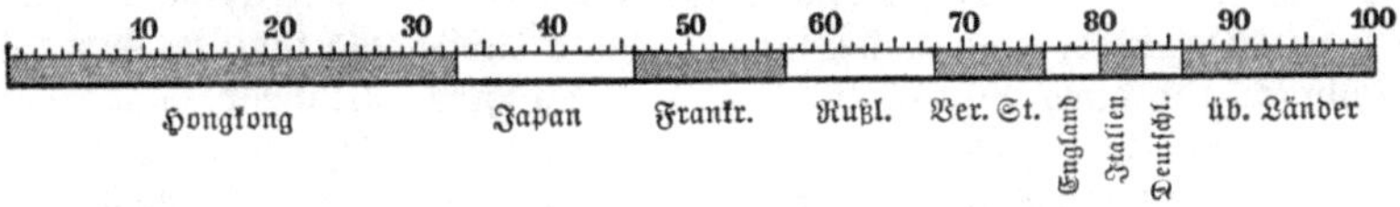

c. Chinas Warenverkehr mit Deutschland. Von den Ländern des europäischen Festlandes pflegt Deutschland den regsten Verkehr (1/4 dieses gesamten europäischen Verkehrs). Deutschland holt aus China (f. 60—70 Mill. M.) Gold, Sesam, Borsten, Bettfedern, Tee, Rindshäute, Galläpfel, Strohbänder, Rohseide, und bringt dem Reiche der Mitte (60—70 Mill. M.) Nähnadeln, Anilin- und Teerfarben, besonders Indigo, sodann Eisenbahnschienen, Tuche und Wollstoffe, Posamentier- und Knopfmacherwaren, Bier, Wollgarne und Strumpfwaren, Geschosse, Eisenwaren und Lokomotiven.

§ 185. Das deutsche Pachtgebiet Kiautschou. Land und Handelsverkehr.

a. Kiautschou gehört zu der großen chinesischen Schantunghalbinsel, die von einem 600 km langen Bergland erfüllt ist. Eine zwischen der Bucht von Kiautschou und dem Golf von Tschili sich hinziehende Einsenkung scheidet das Bergland in zwei Hälften. Die Einsenkung bildet den Weg in das nordchinesische Tiefland. Auf der nördlichen, die Bucht von Kiautschou umrahmenden Halbinsel, auf der auch Tsingtau liegt, ragt das Lauschangebirge bis nahezu 1100 m empor. Die Erhebungen zur Linken der Einfahrt sind das verkleinerte Bild des Lauschan. Sie erreichen noch keine Höhe von 700 m, sind aber wie der Lauschan für den Seemann treffliche Wahrzeichen. Das Lauschangebirge baut sich aus Granitmassen auf, die stellenweise von Porphyr und Basalt durchsetzt sind. Gern werden seine mit lichtem, krüppelhaftem Kiefernwald bedeckten Höhen aufgesucht, wo sich auch als Erholungs- und Genesungsheim das „Mecklenburghaus" erhebt. Zwei der Hauptstadt und Küste näher gelegene Berge führen die Namen „Prinz-Heinrich-Berg" und „Kaiserstuhl".

Das ganze Pachtgebiet (552 qkm mit 32 000 E.) ist ein einziger großer Hafen. Die weite an den Rändern sehr seichte Bucht ist von der vierfachen Ausdehnung des Jadebusens. Eine 3,5 km breite Einfahrt gewährt bei einer Tiefe von 9 m den größten Seeschiffen bequemen Eintritt.

Der Hafen von Tsingtau gehört zu den eisfreien Häfen Chinas. Die Häfen weiter nördlich frieren im Winter zu. Das Klima von Tsingtau und Umgebung ist eins der gesündesten der chinesischen Küste. Es entwickelt sich darum hier zur Sommerzeit ein lebhaftes Badeleben. Die mittlere Jahreswärme von Tsingtau beträgt reichlich 13° C. Die Regenmenge schwankt zwischen 500 und 620 mm des Jahres. Schiffbare Flüsse fehlen in unserm Pachtgebiet. (Vgl. § 96 b.)

b. Der Außenhandel Kiautschous, der besonders ein Durchgangshandel des chinesischen Hinterlandes ist, wächst von Jahr zu Jahr. Gegenwärtig hat der Handelsverkehr von Tsingtau sogar den von Tschifu überflügelt. Die Gesamteinfuhr nach Kiautschou hat einen Wert von rund 70 Mill. M. und die Gesamtausfuhr von 50 Mill. M. Vor allem ist an dem Handelsverkehr China beteiligt, sodann England, Japan und andere Länder. Deutschlands Anteil ist zwar noch gering, doch ist er in den letzten zwei bis drei Jahren etwas merklicher als in den Jahren nach der Besitzergreifung gewachsen, besonders seitdem die deutsche Schantungbahn von Tsingtau bereits über 400 km weit in die Schantunghalbinsel hineinführt.

Deutschland holt von Kiautschou (für etwa 200 000 M.) Seide und Seidenwaren, Strohgeflechte, Rindshäute, Baumwolle, Erdnüsse, und führt nach Kiautschou aus (jährlich für etwa $3\frac{1}{2}$—5 Mill. M.) Eisenröhren, Geschosse, Kanonenrohre, Schießpulver und Sprengmittel, Zigarren und Zigaretten, Eisenbahnbaumaterialien, Lokomotiven, Lokomobilen, Brücken und Brückenbestandteile, Eisenwaren, Nähnadeln, Milchbutter, Steinkohlen, Romanzement, Schaumwein und Bier. (Vgl. auch § 96 und 97.)

b. Korea.

§ 186. Urproduktion und Handel von Korea. **a.** Die japanische Kronkolonie (das frühere Kaiserreich) Korea umfaßt 219 000 qkm mit 10 Mill. Einwohnern (44 E. auf 1 qkm). Die Hauptstadt ist Söul (200 000 E.).

Korea ist hauptsächlich ein Ackerbaustaat. Jedoch steht der Ackerbau auf sehr niedriger Stufe. Im S wachsen Reis, Weizen, Bohne, Ginseng, Kaki oder Dattelfeige, Tabak und Baumwolle, in dem gebirgigen N Gerste, Hirse und Hafer.

Die Viehzucht hat einen ähnlichen Stand wie in China. Sie erstreckt sich hauptsächlich auf Rinder und Pferde (Ponys!), hier und da auch auf Seidenraupen. Der Walfischfang in den koreanischen Meeren wird von Japanern, Russen und Norwegern betrieben.

Die Gebirge sind reich an Gold, Kupfer, Eisen und Kohle.

b. Im Binnenverkehr bedient man sich ausschließlich der Ochsen und Pferde. Der Eisenbahnbau nimmt ganz schüchterne Anfänge. Wichtigere Hafenorte sind Tschimulpo (Chemulpo) und Fusan.

Korea ist ein Kleinhandelsstaat. Die Einfuhr beträgt 80, die Ausfuhr gegen 30 Mill. M.

Hauptgegenstände der Einfuhr sind Baumwoll- und Wollwaren, Metalle und Metallwaren, Nähnadeln, Petroleum, Seidenwaren, Eisenbahnmaterialien,

Anilinfarben, Grasleinen und Zündhölzchen. Hauptausfuhrwaren sind Reis, Bohnen, Rindshäute, Ginseng, Seegras, Fische, Kupfer und Goldstaub.

Während früher Großbritannien den Haupthandel mit Korea besaß, haben ihn jetzt die Japaner an sich gerissen.

c. Koreas Handelsverkehr mit Deutschland ist ganz gering. Nach Deutschland werden Bleierze und Rohgold ausgeführt, von Deutschland Eisenwaren, Maschinen und Nähnadeln eingeführt.

c. Japan.

§ 187. **Land und Leute.** **a.** Das Kaiserreich Japan umfaßt die Kurilen, die eigentlichen Japanischen Inseln, die Liukiuinseln, Formosa mit den Pescadores-Eilanden, und seit 1906 Süd-Sachalin (32000 qkm) und Kwantung. Die gesamte Inselwelt umfaßt 450000 qkm mit 50 Mill. Einwohnern (115 auf 1 qkm). Dazu kommt seit 1910 als Kronkolonie Korea, womit Japan alsdann rund 670000 qkm (= die Größe von Österreich-Ungarn) umfaßt.

Das eigentliche Japan liegt zwischen dem 30. und 45. Grad n. Br. und besteht aus den vier Hauptinseln Kiuschiu, Schikoku, Nippon (Hondo) und Jesso und vielen kleinen Inseln.

b. Der Bewohner des „ostasiatischen England" ist sehr geschickt in technischen Dingen und hat hervorragende Kenntnisse. Sein Lehrmeister ist seit altersher der Chinese gewesen und in neuester Zeit der Westeuropäer.

Die Japaner wohnen sehr dicht. Zehn Großstädte zählt Japan: Tokio (2 Mill. E.), Osaka (1 Mill. E.), Kioto, Nagoya, Kobe, Yokohama, Hiroschima, Sendai, Kanazawa, alle auf der Insel Hondo gelegen, und zuletzt Nagasaki auf Kiuschiu. Tainan und Tamsui sind bedeutende Orte auf Formosa.

§ 188. **Erzeugnisse der Pflanzen-, Tier- und Mineralwelt.** **a.** Die vulkanische Verwitterungserde der Insel ergibt einen fruchtbaren Boden. Der Ackerbau bzw. Gartenbau wird ebenso stark wie in China betrieben. Der Ackerboden wird sehr sorgfältig bearbeitet. Von der Getreidefläche ($^1/_8$ der gesamten Oberfläche) ist die reichliche Hälfte mit Reis beflanzt, das übrige mit Roggen, Gerste und Weizen. Andere Nahrungspflanzen sind Sojabohne, Hirse, Buchweizen, Batate, Eierpflanze und Mais. (Vgl. Fig. 4, 6, 7, 12, 18, 21, 25, 27, 30 u. 34.)

Unsere Obstsorten findet man in Japan, ebenso Wein. Echt japanische Früchte sind Mandarinorange oder Mikan, Kaki oder Dattelfeige, Biwa oder japanische Mispel und Kuri oder eßbare Kastanie. Die Ginsengwurzel wird angebaut, vor allem aber Tee, im mittlern Japan. Tabak wird kultiviert, sodann Hanf. Der Baumwollbau ist zurückgegangen. Hervorragende Baumkulturen sind die des Lack-, Talg- und Kampferbaumes, letztere besonders auf Formosa.

b. Die Viehhaltung steht auf ähnlicher Stufe wie in China. Japan züchtet Pferde, Rinder, Schweine, Haushuhn, Ente, Kormoran und Seidenraupe, letztere im mittlern Hondo. Jährlich werden über 8 Mill. kg Rohseide auf den Weltmarkt gebracht. Eine Volkswohlquelle ist der Fischfang.

c. Der Erzreichtum ist ansehnlich. Man gewinnt Gold, Silber, Kupfer, Blei, Antimon, Eisen und Steinkohlen, ferner Petroleum, Schwefel und Kaolin.

§ 189. **Industrie und Gewerbe.** In der Industrie leisten die Japaner Hervorragendes. Sie ist zum größten Teil noch Hausgewerbe, so auch die vielseitige

Textilindustrie. Das Reisstroh wird zu den mannigfaltigsten Flechtarbeiten verwendet. In der Metallindustrie, besonders in der Metallverzierung (Email cloisonné) haben die Japaner große Kunstfertigkeit erlangt, ebenso in der Keramik (Kaga-Porzellan) und Lackindustrie.

Die Holzindustrie ist sehr wichtig, wie auch die Schnitzerei in Holz, Elfenbein, Stein, Schildpatt, Horn und Perlmutter. Papier wird in kolossalen Mengen erzeugt; aus ihm werden Tücher, Schirme, Karten, Taschentücher, Kleider, Fenster u. v. a. m. erzeugt. Aus Meeresalgen wird die chinesische Gelatine „Agar-Agar" hergestellt, die in China und Japan als Nahrungsmittel dient, bei uns aber zum Appretieren von Seidenstoffen benutzt wird. Die Zigarettenfabrikation nimmt einen ansehnlichen Aufschwung.

Großindustrien nach europäischem Muster haben Eingang gefunden, so mechanische Seiden- und Baumwollenspinnereien, Petroleumraffinerien, Schiffswerften (in Yokosuka und Kure), Stahlgießerei (in Kure), Glasbläsereien und Bierbrauereien, ferner die Herstellung von Zündhölzchen, Zement, Seife, Tran und Fischguano (zum Düngen der Reis- und Weizenfelder).

§ 190. Verkehr und Handel. a. Japan besitzt vorzügliche Landstraßen. Eisenbahnnetz und Postwesen sind ganz nach europäischem Muster eingerichtet worden.

Die Handelsflotte verfügt über 20 000 Segelschiffe japanischer Bauart und über 7000 Schiffe, darunter 2300 Dampfer, europäischer Bauart. Diese 7000 Schiffe umfassen $1\frac{1}{2}$ Mill. Reg. t netto. Japan unterhält regelmäßigen Dampferverkehr mit Ost- und Südasien, Amerika und Westeuropa.

Die bedeutendsten Handels- und Hafenplätze sind Yokohama, Nagasaki und Kobe. Yokohama ist besonders für den Außenhandel wichtig und Kobe vor allem für die Reisausfuhr. (Siehe die Verkehrshäfen § 54 d.)

b. Japan gehört zu den Großhandelsstaaten.

Die wichtigsten Ausfuhrwaren sind Seide und Seidenwaren ($\frac{1}{3}$ des Ausfuhrwertes), Baumwollgarne und -waren, Kupfer, Kohlen, Zündhölzchen, Nahrungsmittel, Tee, Drogen und Farben, Flechtwaren, Porzellan, Tabak, Zigaretten, Regenschirme, Papier und Papierartikel, Öl, Wachs und Kampfer (dieser aus Formosa).

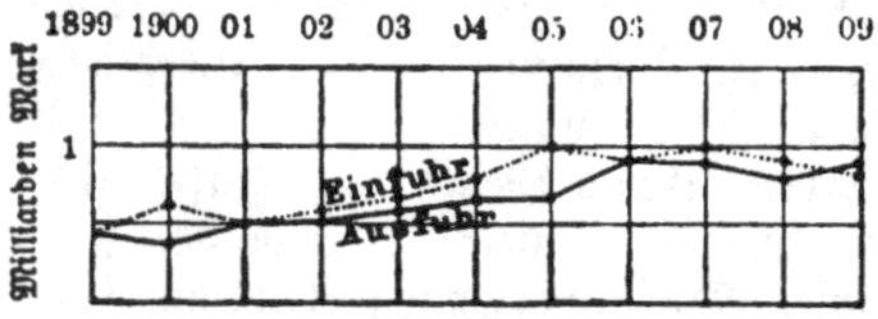

Fig. 192. Ein- u. Ausfuhr Japans.

Die wichtigsten Einfuhrwaren sind Baumwolle, Ölkuchen, Petroleum, Zucker, Stahl und Stahlwaren, Maschinen, Reis, Woll- und Baumwollgewerbe, Dünger, Nahrungsmittel, Chemikalien, Farben und Schminke, Hülsenfrüchte, Mehl, Bohnen, Elfenbein, Horn, Häute und gesalzene Heringe.

Fig. 193. Einfuhr Japans (Herkunftsländer) in Proz. [1908: 908 Mill. M.].

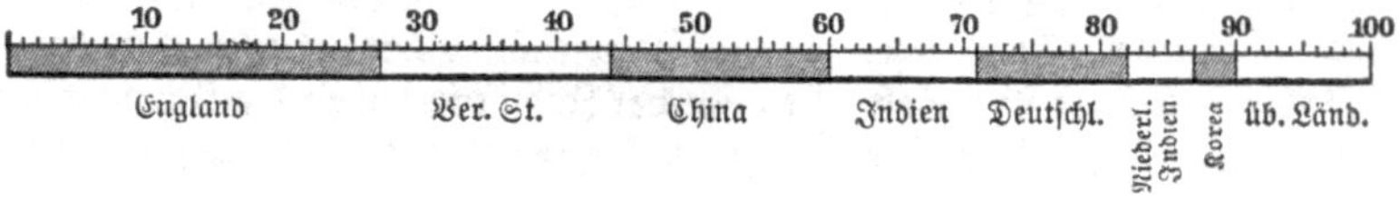

Fig. 194. Ausfuhr Japans (Bestimmungsländer) in Proz. [1908: 788 Mill. M.].

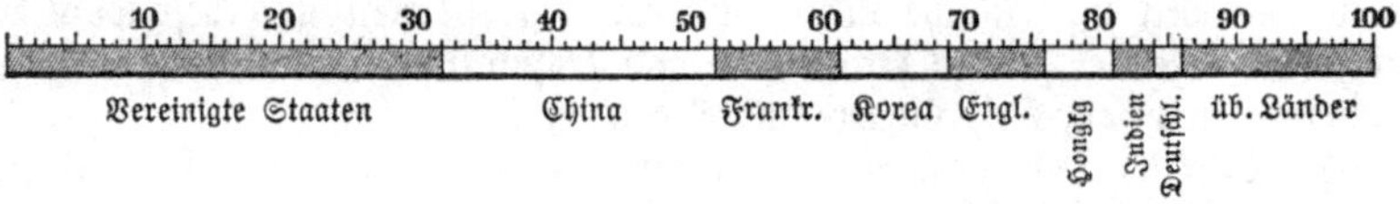

c. Japans Handel mit Deutschland. Japan sendet nach Deutschland (30 Mill. M.) seidene Gewebe, Tücher und Schals, Kampfer, Kupfer, Jod, Tran, Agar-Agar, Walfischbarten, Strohbänder und Pflanzenwachs; und bezieht aus Deutschland (80—100 Mill. M.) Indigo, Anilin- und Teerfarben, Tuche und Zeugwaren, Eisen und Eisenwaren, Maschinen, Telegraphenkabel, Bunt- und Druckpapier, Sprengstoffe, wissenschaftliche Instrumente, Bücher und Karten.

5. Südasien und Indonesien.

a. Vorderindien.

§ 191. Land und Leute. Vorderindien bildet den wichtigsten Bestandteil des Britischen Kolonialreiches. Das Kaiserreich Indien umfaßt mit Zubehör (Belutschistan und Birma) 4,8 Mill. qkm mit 300 Mill. Einwohnern (61 auf 1 qkm).

Vorderindien ist verhältnismäßig dicht bewohnt. Die Inder sind in der Hauptsache Ackerbauer. Das Land zählt 30 Großstädte, darunter 1 Millionenstadt, Kalkutta, zwei Städte über $\frac{1}{2}$ Mill. Einwohner, Bombay und Madras, über 200 000 Bewohner besitzen Haiderabad, Lucknow, Rangun, Benares, Delhi, Lahore und Cawnpore.

Andere wichtige Großstädte sind noch: Agra, Allahabad, Amritsar, Bangalore, Poona, Patna, Kurrachi, Madura und Peschawar.

§ 192. Erzeugnisse der Pflanzen-, Tier- und Mineralwelt. a. Der Ackerbau ist die Haupteinnahmequelle des Landes. Viel Land wird künstlich bewässert. Reis und Durra sind die Hauptbrotfrüchte. Es reihen sich an Gerste, verschiedene Hirsearten und Weizen. Wichtig ist der Teeplantagenbau in Assam und Ceylon. Ferner gedeihen Kaffee, Erdnuß, Lein, Raps, Mohn zu Opium; an der Malabar- und Koromandelküste und in Ceylon Kokospalme; Chinchonarinde bei Darjiling im Himalaja; Zuckerrohr in den Niederungen des Indus und Ganges und auf Ceylon. Diese Insel liefert auch den größten Zimtertrag der Erde. Bedeutend ist in Indien die Indigokultur, der Anbau von Jute und Baumwolle. Die Wälder, nach Hinterindien zu, liefern feste Hölzer, besonders das geschätzte Tiekholz.

b. Die Viehzucht erstreckt sich auf Rinder (Büffel, Zebu), Kamele und Elefanten. Tierische Erzeugnisse sind Wolle, Seide, Kaurimuscheln, Perlen und Perlmuschel.

c. An Schätzen unter der Erde liefert Indien Steinkohlen, Eisen, Petroleum, Salz, Gold und Edelsteine, besonders Rubinen (Oberbirma) und Diamanten (Golkonda bei Haiderabad).

§ 193. Industrie und Gewerbe. In Indien blüht eine beachtenswerte einheimische Industrie, so die Herstellung von feinen Webwaren in Seide und Baumwolle, von Teppichen, messingenen und kupfernen Haus- und Tempelgeräten, von Holz- und Elfenbeinschnitzereien, von Gold- und Edelsteinwaren.

Neuerdings ist eine ansehnliche Maschinen- und Baumwollindustrie entstanden, daneben mechanische Woll- und Seidenwebereien und besonders viele Papierfabriken. Ferner gibt es Brauereien und Eisfabriken, Seifenfabriken, Zucker- und Salpeterraffinerien, Öl-, Zigarrenfabriken u. a. m.

§ 194. Verkehr und Handel. **a.** Indien hat das dichteste Eisenbahnnetz auf dem asiatischen Festlande. Dies wie auch die Posteinrichtungen dankt Indien den Engländern.

b. Indien gehört mit seinem Außenhandel zu den Großhandelsstaaten.

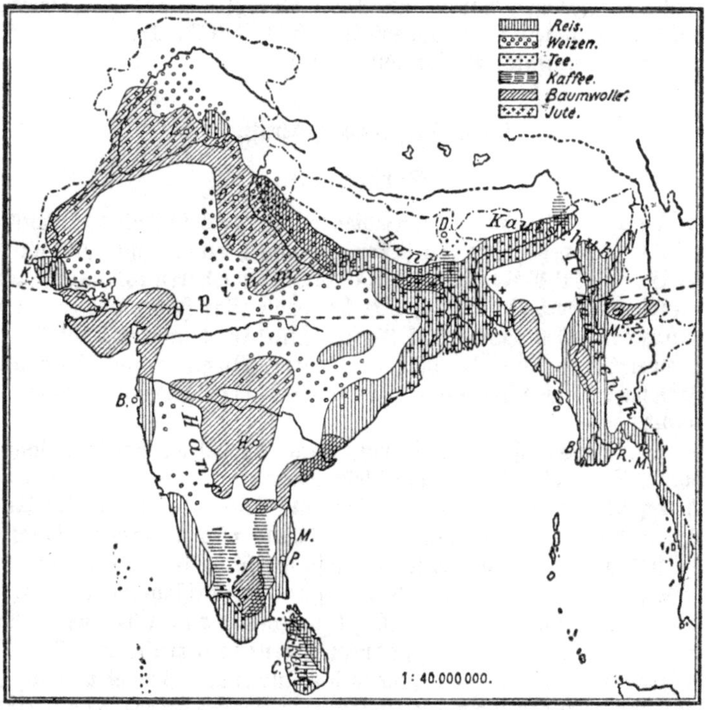

Fig. 195. Bodenkultur Indiens.

Der Außenhandel geht hauptsächlich über folgende sechs Häfen: Kalkutta, das 1/3 des gesamten Außenhandels umfaßt, Bombay, fast 1/3 des Außenhandels, Kurrachi, Tutikorin (gegenüber Ceylon), Madras und den hinterindischen Hafen Rangun. Ein gut Teil des Handels geht auch über die Landgrenzen. Colombo auf Ceylon hat den regsten Schiffsverkehr von den indischen Häfen, davon allerdings viel Durchgangsverkehr.

Die bedeutendsten Waren der Ausfuhr sind Baumwolle (für 350 Mill. M.), Reis (300 Mill. M.), Baumwollgarn und Baumwollwaren, Jute und Jutewaren, Opium, Häute, Wolle, Lack und Lackwaren, Tee, Weizen, Lein- und Rübsamen und Sesam.

Die bedeutendsten Waren der Einfuhr sind Baumwollgewebe (600 Mill. M.), Eisen- und Stahlwaren, Zucker, Eisenbahngegenstände, Petroleum, Maschinen, Baumwollengarn, Wollgewebe, Seide und Seidenwaren, Edelsteine und Perlen, Glas, Areka-(Erd-)nüsse, Branntwein und Farbstoffe.

c. Indiens Handel mit Deutschland. Britisch-Indien, mit Ceylon, Belutschistan und Malakka, sendet nach Deutschland Jute, Baumwolle, Raps, Rübsen- und Leinsaat, Reis, Rindshäute, Palmkerne, Kopra, Schellack, Kautschuk und Guttapercha, und empfängt von Deutschland hauptsächlich Stangen und Bleche aus Messing, Eisenbahnschienen, Woll- und Zeugwaren, Baumwollgarne und Strumpfwaren, Eisen und Eisenwaren, Anilin- und Teerfarben, Bier.

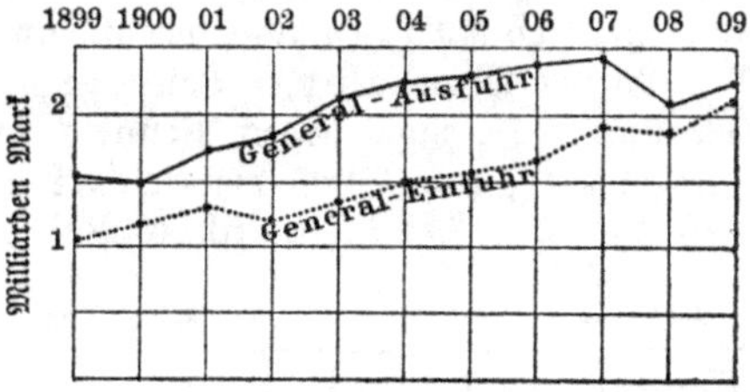

Fig. 196. Ein- u. Ausfuhr Britisch-Indiens.

Die Ausfuhr nach Deutschland wertet jährlich über 400 Mill. M., für Britisch-Indien allein 300—350 Mill. M. Die Einfuhr von Deutschland aus in das ganze Gebiet wertet 120 Mill. M., nach Britisch-Indien allein 80—100 Mill. M.

Fig. 197. Einfuhr Britisch-Indiens (Herkunftsländer) in Proz. [1909: 2159 Mill. M.].

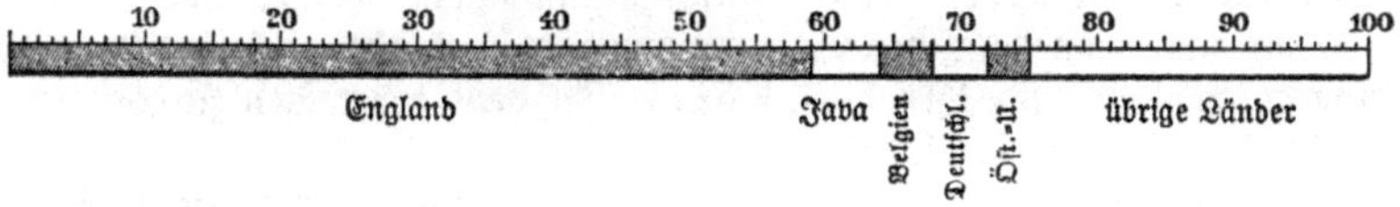

Fig. 198. Ausfuhr Britisch-Indiens (Bestimmungsländer) in Proz. [1909: 2253 Mill. M.].

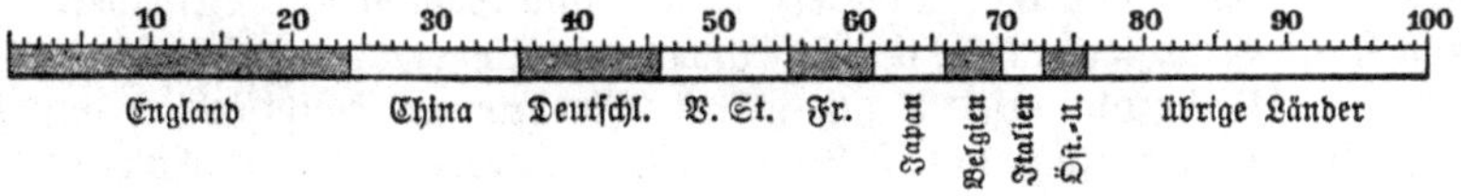

§ 195. Die Himalajastaaten Nepal und Bhutan. Beide Staaten sind echte Gebirgsstaaten, an der Grenze zwischen Süd- und Zentralasien. Zwischen beiden Staaten drängt sich das englische Sikkimgebiet.

Nepal ist 154 000 qkm groß mit 3 Mill. E., Bhutan 34 000 qkm mit 400 000 E.

Nepal, mit der Hauptstadt Khatmandu, führt aus: Rinder, Häute und Felle, Opium und andere Drogen, Gummi, Harze und Farben, Jute, Weizen, Reis, Bauholz und Borax, und führt ein: Industrieartikel, Erze, Salz und Tiere.

Bhutan (Bhotan), mit der Hauptstadt Punakha, führt Pferde (Ponys), Rinder, Früchte, Talg (Fett), Wachs aus und holt dafür europäische und indische Manufakturwaren, Getreide, Reis, Zucker und Gewürze.

Der Handelsverkehr beider Staaten findet in der Hauptsache mit Indien statt.

Von den einstigen großen indischen Besitzungen sind den Franzosen nur noch fünf Städte geblieben, von denen Tschandernagor im Gangesdelta und Pondichéry an der Koromandelküste die bekanntesten sind.

b. Hinterindien.

§ 196. Allgemeines. Erzeugnisse der Pflanzen-, Tier- und Mineralwelt. Industrie. a. In die hinterindische Halbinsel teilen sich Großbritannien (Birma oder Burma), Siam und Frankreich (Indo-China). Der britische hinterindische Besitz wird gewöhnlich Vorderindien mit angegliedert. Die wichtigsten Handelsorte sind hierselbst Rangun und die andern Reichshäfen (siehe unten) und im Innern von Birma Mandalay. Beide genannten Städte sind Großstädte. Auf der Malaiischen Halbinsel liegen Pinang und an der Südspitze, auch auf einer Insel, Singapore, eine Stadt von reichlich 200 000 E. und der Hauptumschlaghafen des europäisch-ostasiatischen Verkehrs (siehe § 54a). Der Handelsverkehr der britischen Besitzungen auf der Malaiischen Halbinsel, der Straits Settlements, hat sich außerordentlich gehoben, so daß er jetzt über 2 Milliarden M. wertet.

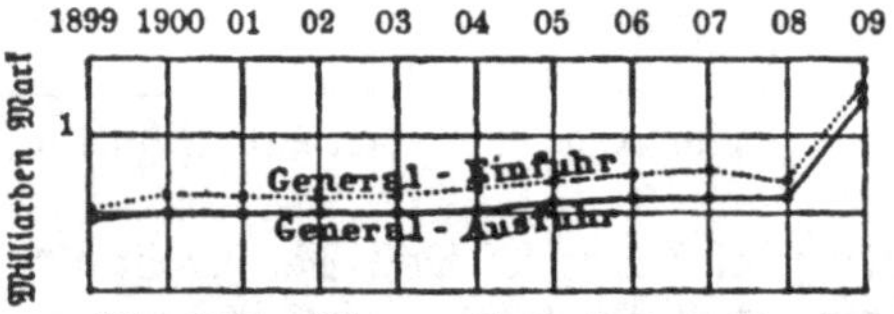

Fig. 199. Ein- u. Ausfuhr der Straits Settlements.

Für die Weltwirtschaft kommen nur die Becken und Mündungsgebiete der großen hinterindischen Flüsse in Betracht. Hier wächst Reis in ungeheuern Mengen. Reis ist die Hauptnahrung der dortigen Völker, und Reis ist die Hauptausfuhrware. Auf britisch-birmanischem Gebiet liegen die Reishäfen, die auch von deutschen Seglern angelaufen werden; es sind dies Rangun, Moulmain, Bassein und Akyab (s. § 52c). In dem gebirgigen Innern weicht die Reiskultur dem Anbau von Mais.

Andere wichtige Gewächse Hinterindiens sind Durra, Hirse, Mangostan, Zuckerrohr, Tabak, Hanf, Baumwolle, Kardamom, Sesam. Die gebirgigen Gebiete Hinterindiens sind reich an Tiek-, Rosen- und Sapanholz. Besonders sind die großen Tiekholzanpflanzungen der Engländer bemerkenswert.

b. Die Viehzucht erstreckt sich in den Niederungen hauptsächlich auf Rinder und Büffel, die als Zug- und Lasttiere benutzt werden. In nördlichern Gebieten wird der Elefant gezüchtet und in Siam und Tonkin die Seidenraupe. Muscheln und Vogelnester werden ausgeführt. An den Küsten Hinterindiens ist der Fischfang recht lohnend. (Man vgl. zur Urproduktion die Weltkärtchen.)

c. Hinterindien ist reich an unterirdischen Schätzen, die aber nur teilweise gefördert werden. Man findet Gold, Kupfer, Salz, Zinn, Kohlen, Eisen, Mangan, Antimon, Quecksilber, in größerer Menge Rubine und Saphire.

d. Die Industrie ist erst im Erwachen. Außer den geringen Hausgewerben, die ganz lokale Bedeutung haben, gibt es jetzt bereits große Reismühlen (in den Reisausfuhrgebieten), Spritfabriken, Eisfabriken, Eisen- und Sägewerke.

§ 197. Siams Handel und Verkehr. a. Siam ist 600 000 qkm groß mit $6\frac{1}{2}$ Mill. Einwohnern (10 E. auf 1 qkm). Der Handel Siams spielt sich in der Hauptsache in Bangkok, der „Stadt der wilden Ölbäume", ab. Er ist vorzugsweise in fremden Händen. Bangkok wird von englischen Schiffen angelaufen, aber auch vom Norddeutschen Lloyd und den deutschen Reisfahrern.

b. Siams Außenhandel verweist das Land zu den Mittelhandelsstaaten.

Hauptwaren der Ausfuhr sind Reis ($^3/_4$ des Ausfuhrwertes), Tiekholz und andere Hölzer, Meereserzeugnisse, Pfeffer, Gold und Edelsteine, Rinder und Häute.

Hauptwaren der Einfuhr sind Baumwollen- und Eisenwaren, sodann Opium, Zucker und Petroleum.

Fig. 200. Einfuhr Siams (Herkunftsländer) in Proz. [1908: 117 Mill. M.].

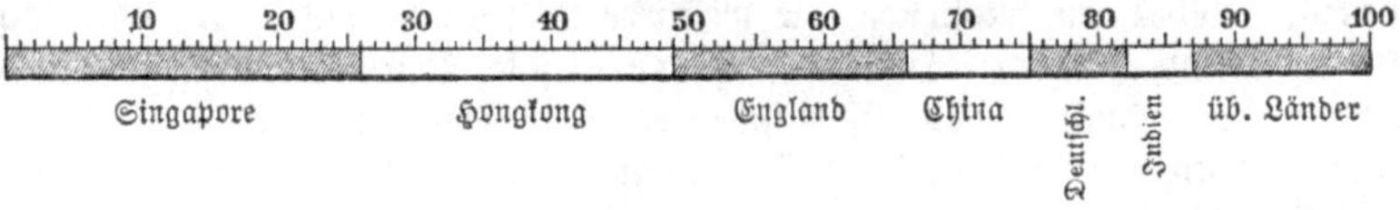

Fig. 201 Ausfuhr Siams (Bestimmungsländer) in Proz. [1908: 156 Mill. M.].

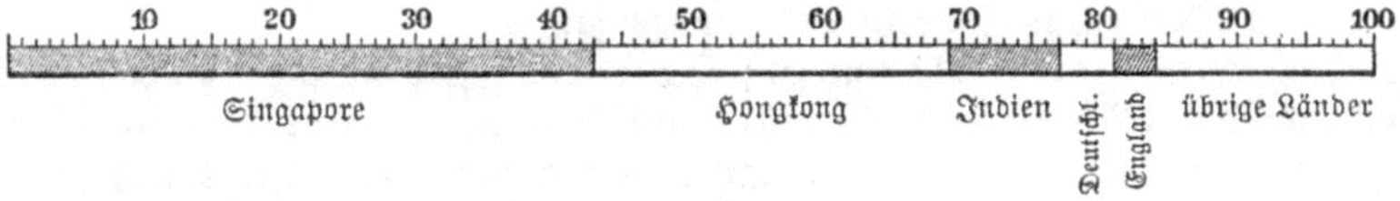

c. Deutschland holt aus Siam (jährl. f. 10 Mill. M.) ungeschälten Reis, Nutz- und Bauhölzer, und verkauft nach Siam (f. reichl. 5 Mill. M.) Erzeugnisse der Eisen- und Textilindustrie, auch Bier.

§ 198. Indo-China. a. Das französische Indo-China, 664 000 qkm mit 16 Mill. Einwohnern (25 E. auf 1 qkm), umfaßt die Schutzgebiete Kotschinchina (Hauptstadt Saigon mit über 50 000 E.), Kambodscha (Pnom Penh mit 50 000 E.), Anam (Huë mit 50 000 E.), Tonkin oder Tonking (Hanoi mit über 100 000 E.), und Laos im gebirgigen Innern.

b. Indo-China erzeugt Reis, Baumwolle und Zucker. Außerdem ist es reich an Steinkohlenlagern, die aber erst in neuerer Zeit, wie auch der ganze Handel, mehr und mehr der eigenen Wirtschaft wie der Weltwirtschaft erschlossen werden.

c. Die Einfuhr von Frankreich, den französischen Kolonien und dem Auslande nach dem gesamten Gebiete wertet gegen 250, die Ausfuhr gegen 200 Mill. M.

Hauptausfuhrwaren sind Reis, Seesalz, Fische und Pfeffer.

Haupteinfuhrwaren sind Textil- und Eisenwaren.

Am Handelsverkehr sind besonders Frankreich, Großbritannien, Deutschland und die ostasiatischen Länder beteiligt.

d. Deutschland holt in der Hauptsache Reis, jährlich für 6 Mill. M., aus Indo-China. Die Ausfuhr Deutschlands nach Indo-China ist ganz gering und besteht in Web- und Eisenwaren.

c. Der Malaiische Archipel (Indonesien).

§ 199. Allgemeines zur Malaiischen Inselwelt. a. Indonesien ist zwischen den asiatischen und australischen Kontninent eingeschoben. Deshalb spricht man auch von dem „Australasiatischen Archipel".

In Indonesien teilen sich vier Mächte: Die Niederlande besitzen den Hauptteil, „Niederländisch-Ostindien" mit rund 2 Mill. qkm mit 40 Mill. Einwohnern (20 E. auf 1 qkm), die Vereinigten Staaten von Amerika besitzen die Philippinen, 300 000 qkm mit 8 Mill. E. (27 E. auf 1 qkm). Der nördliche Teil von Borneo, 200 000 qkm mit 700 000 Einwohnern (4 E. auf 1 qkm), gehört Großbritannien und die östliche Hälfte von Timor, 20 000 qkm mit 200 000 E. (10 E. auf 1 qkm), gehört Portugal.

Zu Niederländisch-Ostindien gehören Java und Madura, Sumatra, die Riouw Lingga-Inseln (im S von Singapore), Banka, Billiton, West-, Süd- und Ostborneo, Celebes, die Molukken, die westliche Hälfte von Timor mit vorgelagerten Inseln, Bali und Lombok. Holland zählt zu diesem Besitz auch noch das westliche Neuguinea, das jedoch in das australisch-ozeanische Gebiet gehört.

b. Die Inseln sind trotz ihrer Fruchtbarkeit und Besiedelungsmöglichkeit verhältnismäßig dünn bevölkert. Am dichtesten ist Java bewohnt. Java ist der wirtschaftliche Brennpunkt in ganz Indonesien. Hier liegen auch die Großstädte Batavia, Surakarta (im Innern) und Surabaja.

Andere wichtigere Orte sind auf Sumatra: Padang an der West- und Palembang an der Ostküste; auf Nordborneo Brunei; auf Celebes Makassar; auf den Molukken Ternate und auf Luzon, der großen Nordinsel der Philippinen, Manila.

§ 200. Die Erzeugnisse der Pflanzen-, Tier- und Mineralwelt. a. Javas Urproduktion ist für den gesamten Handelsverkehr Indonesiens ausschlaggebend. Java erzeugt reiche Mengen Rohrzucker, Kaffee, Chinchonarinden, Reis, Tabak, Tee und Indigo. Auch die andern Inseln bringen ähnliche Produkte, unter denen noch Gummi und Guttapercha, Rotan, Pfeffer, Muskatnüsse und Kopra genannt seien. Borneo und Celebes bringen Sago. Die Philippinen sind bekannt wegen des Manilahanfes, des Tabaks und neuerdings auch mehr wegen des Zuckerrohrs. Auf den Molukken war früher allein der Gewürznelkenbaum einheimisch. Dazu gesellte sich der Muskatnußbaum, dessen Kultur heute noch eine Art Monopol auf den Bandainseln ist.

Die Wälder Indonesiens sind reich an Hart- und Bauhölzern. In den gebirgigen Regionen wachsen Tiekbaum, in den niedern mehr Mangobaum, Feigenbaum, Bambus, Kokospalme u. a. m.

b. Die Tierzucht ist gering. Sie erstreckt sich zumeist auf Büffel und Schwein, auf Sumatra und Borneo auch auf Elefant. Auf Java werden kleinere Pferde, „die Malaien-Pferde", gezüchtet, die im Tropenklima gut zu leben vermögen.

c. Das indonesische Gebiet ist ferner an mineralischen Schätzen nicht arm. In größerm Umfange gewinnt man bereits Petroleum (auf allen großen Inseln), Steinkohlen, Gold, Diamanten (Borneo). Banka, Billiton und Riouw sind als Zinninseln weltberühmt.

§ 201. Der Handelsverkehr von Niederländisch-Ostindien und den Philippinen a. Niederländisch-Indien ist neuerdings in die Reihe der Großhandelsstaaten eingerückt. Die Ausfuhr wertet über 620, die Einfuhr über 420 Mill. M.

Hauptausfuhrwaren sind Rohrzucker, Tabak, Zinn, Kaffee, Guttapercha, Petroleum, Kopra, Gummi, Chinchonarinde, Tee, Pfeffer, Häute, Reis, Rotan, Muskatnüsse, Dammaraharz und Indigo.

Haupteinfuhrwaren sind Waren der Eisen- und Textilindustrie.

Die Hauptverkehrsländer sind vor allem zuerst das Mutterland, sodann Großbritannien, Deutschland und Ostasien.

b. Deutschland holt aus Niederländisch-Ostindien (f. 190 Mill. M.) Tabakblätter, Kaffee, Zinn, Kautschuk und Guttapercha, Rohnaphtha, Kopra, und sendet dahin (f. 40—50 Mill. M.) schwefelsaures Ammoniak, Eisenbahnschienen, Indigo, Lokomobilen und andere Industriewaren.

c. Der Gesamtumsatz der Philippinen beträgt reichlich 250 Mill. M., woran Einfuhr und Ausfuhr fast gleichmäßig beteiligt sind.

Hauptausfuhrwaren sind Manilahanf, Kopra, Zucker und Tabak.

Haupteinfuhrwaren sind Eisen- und Textilwaren.

Die Vereinigten Staaten beherrschen ¼ des Gesamtverkehrs; ihnen folgen England, China, Hongkong, Indo-China, Spanien, Frankreich, Deutschland und andere Staaten.

d. Deutschland führt nach den Philippinen aus (f. reichlich 5 Mill. M.) Eisen-, Textil-, Glas- und Holzwaren, und holt (f. reichlich 3 Mill. M.) Manilahanf, Zigarren, Harze, Kopra und Ylang-Ylang (= ätherisches Öl aus den Blüten des Ylang-Ylangbaumes).

11. Afrika.

Allgemeines über Afrika.

§ 202. Land und Leute. **a.** Der dritte Erdteil der Alten Welt ist Afrika. Sein nördlichster Punkt ist Kap Blanco, 37⅓° n. Br., sein südlichster Kap Agulhas (Nadelkap), nahezu 35° s. Br. Ganz benachbart ist das bekanntere Kap der Guten Hoffnung. Der westlichste Punkt, das Kap Verde (Grünes Vorgebirge), liegt 17½° w. v. Gr., und der östlichste, das Kap Ras Hafun, 51½° ö. v. Gr. (südlich von dem bekanntern Kap Guardafui).

Afrika lagert sich zu beiden Seiten des Äquators. Afrika ist ein echter Tropenkontinent. Das Festland umfaßt mit den Inseln rund 30 Mill. qkm. Somit ist Afrika der zweitgrößte Kontinent.

Die wenigen afrikanischen Halbinseln und Inseln entsprechen der Massigkeit und Geschlossenheit des afrikanischen Kontinentes. Die Halbinseln sind sehr winzig; denn von der Somalihalbinsel kann man kaum als von einer eigentlichen Halbinsel reden. In der Gliederlosigkeit liegt zum großen Teile die wirtschaftliche Schwäche Afrikas.

Festlandsnahe Inseln sind im Atlantischen Ozean nur die Kanaren, die Inseln des Golfs von Guinea, nämlich Annobom, São Thomé, Principe und Fernando Po, im Indischen Ozean die Inseln Mafia, Sansibar, Pemba und Sokotra und im Roten Meere die Dahlakinseln.

Festlandsferne und selbständige Inseln sind die Madeiragruppe, die Kapverden, Ascension, St. Helena, Madagaskar, die Komoren, Amiranten, Seychellen und Maskarenen (Réunion und Mauritius). Madagaskar ist die einzige große Insel, mit 600 000 qkm, also größer als Deutschland.

b. Die Einförmigkeit der horizontalen Gliederung wiederholt sich auch in der vertikalen Gliederung. Ganz Afrika wird von Tafelländern beherrscht.

Etwa $^{1}/_{20}$ des Landes entfällt auf Tiefländer. Die mittlere Erhebung des gesamten Kontinentes beträgt 650 m. Höhere Gebiete finden wir in Südafrika. Die Drakensberge erreichen 3650 m. Einzelstehende Tafelberge oder „Inselberge" kennzeichnen das Landschaftsbild des Innern und des Südens.

Das westafrikanische Tafelland steigt im Kamerunberg bis 4070 m empor, noch höher steigt das ostafrikanische im Kilimandscharo (6000 m) und Kenia (5600m). Das ostafrikanische, abwechselungsreiche Hochland wird von „Grabenbrüchen" durchzogen, in die sich vielfach große Seen hineingebettet haben. Abessinien ist ein altvulkanisches Hochgebirge.

Die Wüstentafel ist mit zahlreichen welligen Formen durchzogen, die hier und da Gebirgscharakter annehmen und bis 2000 m und darüber emporsteigen, so in der Mitte der Sahara.

Der Atlas ist ein Faltengebirge, das sich als Hoher und Großer Atlas an die Sahara anlehnt und als Kleiner Atlas an das Mittelländische Meer. Das Gebirge trägt alpinen Charakter und erreicht Höhen von 4500 m.

Ganz Afrika ist aus alten Gesteinen aufgebaut. Südafrika hat im Gegensatz zu dem übrigen Afrika seine besondere Entstehungsgeschichte; es ist eins der ältesten Gebirge der Erde. Auf die ältesten Schichten lagert sich zunächst noch eine besondere Formation, die sog. Karooformation, eine Süßwasserbildung, in der sich Versteinerungen von Landtieren vorfinden.

Das mittlere Afrika und besonders der W wird von einer ansehnlichen Lateritschicht, einer eigentümlich schmutzigroten, stark eisenschüssigen, sandigen Lehmmasse, überdeckt. Bei genügender Regenmenge entwickelt der Laterit eine große Fruchtbarkeit. Laterit und Wüstensand decken die zwei großen Wüstengebiete Afrikas, von denen die Sahara vom Wendekreis des Krebses und die Kalahari vom Wendekreis des Steinbocks geschnitten wird. Die Kalahari ist übrigens keine Wüste im Sinne der Sahara, sondern nur ein trockenes Steppengebiet, das vielerorts die Viehzucht gestattet.

Die Küsten Afrikas sind im allgemeinen verkehrsfeindlich. Sandige Flachküste ist im N der vorherrschende Küstentypus. Wo die Küsten felsig sind, ist der Ankergrund wegen des bedeutenden Seegangs noch viel schlechter und gefährlicher als der bei den Flachküsten. Die Tafelbai war früher ganz offen. Aber auch heute noch ankern die größten Schiffe für den Kapstadthandel in der sichern, jenseit des Kaps der Guten Hoffnung gelegenen Simonsbai. Die Küsten der Tropengebiete sind zumeist von dem sumpfigen, fieberreichen Mangrovewald bedeckt. Sie laden auch nicht zur Annäherung ein.

c. Obwohl Afrika eine Anzahl großer Ströme besitzt, wie Nil, Senegal, Niger, Ogowe, Kongo, Kunene, Oranje, Limpopo und Sambesi, so ist es doch kein wasserreiches Land. Sie alle sind keine Verkehrsadern, wie wir sie in den europäischen, asiatischen und amerikanischen Strömen vorfinden. Der Grund liegt im Klima und Relief des Bodens. Die plötzlichen und heftigen Niederschläge führen öfters Überschwemmungen herbei. Die Trockenheit läßt viele Flußadern ganz verschwinden. Die Tafelländer rücken mit ihren Rändern hart an das Meer heran, und so sind die letzten Stromschnellen der Flüsse gewöhnlich nicht allzuweit von der Küste entfernt.

Die Binnenseen Afrikas bedecken 210 000 qkm. Die wichtigern sind der Victoria-, Tanganjika-, Njassa-, Rudolf-, Tschad- und Tanasee, letzterer im Hochland von Abessinien.

Afrika ist der heißeste Erdteil. Am heißesten ist es zwischen 10. und 20. Grad n. Br. An den Küsten ist das Klima ausgeglichener als in dem Innern. Besonders ist die Sahara gegensatzreich; hier beträgt die mittlere Jahresschwankung der Temperatur 45°. Eisbildungen sind in der Sahara nichts Seltenes.

Afrika wird von den regelmäßigen Luftströmungen der Tropenzone beherrscht, also von den Passaten und Monsunen der beiden Erdhälften. Weiterhin ist es durch seine regelmäßigen Tropenregen gekennzeichnet. Die niederschlagsreichsten Gebiete sind die Küsten des Golfs von Guinea, besonders das Kamerungebirge (Bibundi, jährlich 10 m). Ostafrika hat 75 bis 100 cm Niederschläge, die Kalahari unter 25 cm und darunter.

Die fruchtbarsten Gegenden sind fast immer die ungesundesten und fieberreichsten, wie das Guineaküstengebiet, und die weniger fruchtbaren Gebiete sind die gesundesten, wie die einzelnen Steppengebiete.

d. Die Anzahl der Bewohner Afrikas hat man auf 180 Mill. geschätzt. Es kämen da 6 Einwohner auf 1 qkm. Afrika ist mithin sehr dünn bevölkert.

Ein buntes Völkergemisch bedeckt den afrikanischen Boden. Im Süden wohnen Hottentotten und Buschmänner, im S und äquatorwärts mehr die Bantuneger; dazu gehören die Kaffern. Im mittlern Afrika bis zur Sahara wohnen die Sudanneger; ihnen sind die Haussa beizuzählen. Im saharischen Wüstengebiet wohnen Tibbu und Tuareg, im Sudan ferner Fulbe oder Fullah, am Nil die Nubier, in Ägypten die Nachkommen der alten Ägypter, die Fellah und Kopten, im ganzen afrikanischen Norden die Berber. Die Bewohner Madagaskars sind die Madagassen.

Europäer sind in Süd- und Nordafrika eingewandert; in Südafrika besonders haben sich die Buren angesiedelt.

Die Bewohner Afrikas beschäftigen sich in der Hauptsache mit Viehzucht (Hottentotten, Kaffern), sodann mit Ackerbau (Fullah), mit Jagd und Früchtesammeln (Buschmänner) und mit Handel (Haussa). Die Industrie ist nur in der Form von Stammesgewerben vorhanden. Viele eingeborene Stämme Afrikas sind nicht ungeschickt in der Herstellung von Flecht- und Webwaren, ebenso in der Bearbeitung des Holzes, der Steine und des Eisens (Waffen und Gerätschaften).

§ 203. Die politische Aufteilung Afrikas. Gegen Ende des vergangenen Jahrhunderts wurde Afrika von den Kolonialstaaten Europas aufgeteilt, nachdem drei neue Kolonialmächte entstanden waren: Deutschland, Italien und Belgien. Den größten Besitz hat sich Frankreich angeeignet, ungefähr ⅓ des Erdteils. Er liegt vorwiegend im W und NW Afrikas, und umfaßt den größten Teil der Wüste Sahara, Algerien und Tunis (Schutzstaat). Frankreich ergriff von der Sahara Besitz, weniger um seinen Kolonialbesitz um ein beträchtliches zu vermehren als vielmehr zum Schutze seiner tunesischen und algerischen Grenzen. Der Besitz der Tadjurabucht an der Welthandelsstraße nach Indien und Ostasien ist für Frankreich sehr wichtig. Madagaskar und Réunion sind Südafrika benachbart.

Der englische Besitz umfaßt einschließlich Ägyptens ¼ des afrikanischen Kontinents. Sein Schwerpunkt liegt in Ost- und Südafrika. An der Westküste ist England vom Kapland bis Nigeria ausgeschlossen; denn die bedeutungslose Walfischbai ist kaum zu rechnen.

Die portugiesischen, belgischen und deutschen Besitzungen sind gleich groß (jeder Besitz 7% des Kontinents). Die portugiesischen Besitzungen sind auf zwei größere Gebiete in Südafrika und auf ein kleineres in Westafrika verteilt. Belgien beherrscht den Kongostaat. Deutschland greift an vier Stellen in den afrikanischen Körper hinein. Der türkische Besitz liegt im N (3%), der italienische im O (etwa 2%). Gering ist der Anteil Spaniens mit den Kanaren und dem gegenüberliegenden Küstensaum.

Der Rest Afrikas entfällt auf die drei kleinen selbständigen Staaten Afrikas, auf Abessinien (3%), Marokko und Liberia.

§ 204. **Die wirtschaftlichen Hauptgebiete Afrikas.** Afrika zerfällt wirtschafts- und verkehrsgeographisch in fünf natürliche Gebiete.

Auf Nordafrika entfallen einmal die mittelländischen Randgebiete Nordafrikas (Atlasländer, Tripolis und Ägypten) und sodann das Wüstengebiet (die Sahara).

Mittelafrika ist zugleich die afrikanische Tropenzone. Sie zerfällt in das tropische Westafrika und in das tropische Ostafrika.

Die Grenze zwischen dem dritten und vierten Gebiet ist der 30. Meridian; sie beginnt im N des mittlern Sambesi, verfolgt sodann den Grabenbruch des Tanganjikasees und setzt sich mit dem Albert Njansa in das Niltal weiterhin fort. Den ägyptischen Sudan rechnen wir noch zu dem Westgebiet. Das Westgebiet ist ungefähr noch einmal so groß wie das Ostgebiet.

Zu der westlichen Tropenzone gehören Sudan, Oberguinea, Kamerun, Französisch-Kongo, Kongostaat, Angola.

Zu der östlichen Tropenzone gehören Abessinien, Somalihalbinsel, Deutsch-Ostafrika, Portugiesisch-Ostafrika und die Nordgebiete von Britisch-Südafrika. Auch Madagaskar und die benachbarten Inseln gehören in die östliche Tropenzone.

Das fünfte von der Natur gegebene größere Gebiet ist Südafrika oder das außertropische Afrika. Zu ihm gehören Deutsch-Südwestafrika und Britisch-Südafrika mit Ausnahme der nördlichen Gebiete am Sambesi.

1. Die mittelländischen Randgebiete Nordafrikas.

a. Die Atlasländer: **Marokko** (440000 qkm mit 5—8 Mill. E.), **Algerien** (900000 qkm mit 5 Mill. E.) und **Tunis** (170000 qkm mit 2 Mill. E.).

§ 205. **Erzeugnisse der Pflanzen-, Tier- und Mineralwelt.** a. Der Nordrand Afrikas hat die Mittelmeerflora mit allen ihren Nutz- und Nahrungspflanzen. In den Atlasländern gedeihen allerhand Getreide, Agrumen und Halfagras (Esparto). Auch in Marokko gedeihen alle Gewächse der Mittelmeerflora, besonders in dem Schwarzerdgebiete des westlichen Marokko. Vorzüglicher Weizen wächst hier. Datteln gedeihen in Marokko und im südlichen Tunis. Im Atlasgebiet wird der Gemüsebau stark betrieben, ebenso der Wein- und Obstbau. Hierselbst wachsen noch wilde Obstbäume, wilde Feigen-, Johannis- und Mandelbäume, ebenso Pistazienbäume, die die geschätzten Tunisnüsse liefern.

Der eingeführte Eukalyptus hat die Eigenschaft, Sümpfe auszutrocknen, außerdem ergibt er ein gesuchtes Nutzholz. Ferner sind noch zu erwähnen: Zwergpalmen, Parfümeriepflanzen, Korkeiche, Ölbaum, die Gerbrinde liefernde Steineiche, Wacholder und Pinsapotanne.

Die westafrikanischen Inseln, hauptsächlich Madeira, sind außer mit Agrumen liefernden Pflanzen noch mit Kastanien- (Maronen-) und Lorbeerbäumen bedeckt.

b. Die Viehhaltung beschäftigt sich in der Hauptsache mit der Zucht von Schafen, Ziegen, Eseln und Maultieren, weniger mit der Rinderzucht. Am stärksten ist die Rinderzucht in Marokko. Die Geflügelzucht liefert Eier für die Ausfuhr. Für Marokko hat noch die Bienenzucht Bedeutung.

Die Meeresküsten besitzen reiche Fischgründe, besonders auf der atlantischen Seite, wo Kabeljau gefangen wird. Die Mittelmeerküste liefert außer Fischen Schwämme und Korallen.

c. Die Atlasländer haben auch ihre unterirdischen Bodenschätze, doch ist ihre Ausbeute noch gering. In Algerien findet man Phosphate, Eisen, Kohle, Zink, Kupfer und Blei.

§ 206. Marokkos Gewerbe und Handelsverkehr. a. Außer mit Ackerbau und Viehzucht beschäftigen sich die Marokkaner mit einigen Hausindustrien, so mit der Herstellung von Seiden- und Flechtwaren, Teppichen, keramischen Waren, roten Mützen (Fes) und feinem Leder aus Ziegenfellen, dem Marokkoleder oder Maroquin oder auch Saffian (nach der Hafenstadt Saffi genannt).

b. Die wichtigsten Binnenhandelsstädte sind Fes (140 000 E.) und Marokko oder Marrakesch (50 000 E.). Hafenplätze sind an der atlantischen Küste Mogador, Masagan, Rabat und im N Tanger.

Marokko ist ein Kleinhandelsstaat.

Fig. 202. Einfuhr Marokkos (Herkunftsländer) in Proz. [1907: 55 Mill. M.].

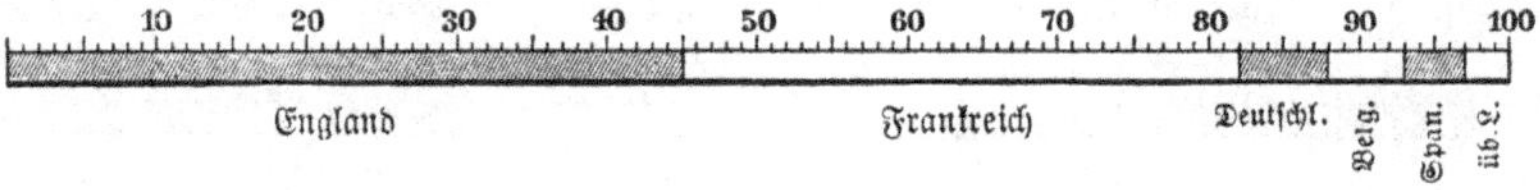

Fig. 203. Ausfuhr Marokkos (Bestimmungsländer) in Proz. [1907: 40 Mill. M.].

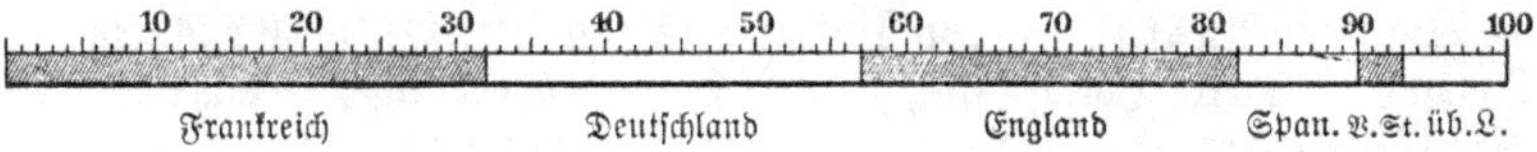

Hauptgegenstände der Ausfuhr sind Gerste und Weizen, Ziegen-, Schaffelle und -häute, Mandeln, Bohnen und Erbsen, Olivenöl, Eier, Ochsen, Wolle und Bienenwachs.

Hauptgegenstände der Einfuhr sind Baumwollwaren, Zucker, Tee und Kerzen.

c. Deutschland führt nach Marokko aus (f. etwa 5 Mill. M.) Textil- und Eisenwaren, Kriegswaffen, Anilin- und Teerfarben und Nähmaschinen, und bezieht von Marokko (f. etwa 10 Mill. M.) bittere Mandeln, Eier, Schaf- und Ziegenfelle, Bienenwachs, Gerste, Leinsaat, Mais, Kanariensaat, Harze, Olivenöl und Schafwolle.

§ 207. Handelsverkehr von Algerien und Tunis. a. Ackerbau und Viehzucht sind in beiden Ländern die Grundlagen des Wohlstandes; die Ausfuhr ist ganz von ihren Erzeugnissen abhängig. Handelsstädte sind in Algerien Algier, Oran und Konstantine, in Tunesien Tunis, Susa und Sfax.

Wichtige Ausfuhrgegenstände Algeriens sind Wein (für 70 Mill. M.), Getreide, Tiere, Häute und Felle, Zink, Kork, Phosphate, Tafelfrüchte, Eier, Olivenöl, Tabak, Halfa, Wolle, Kartoffeln, Seegras und Gemüse.

Fig. 204. Einfuhr Algeriens (Herkunftsländer) in Proz. [1908: 359 Mill. M.].

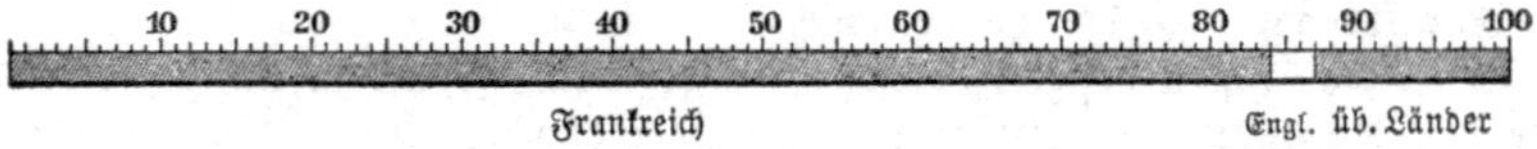

Fig. 205. Ausfuhr Algeriens (Bestimmungsländer) in Proz. [1908: 255 Mill. M.].

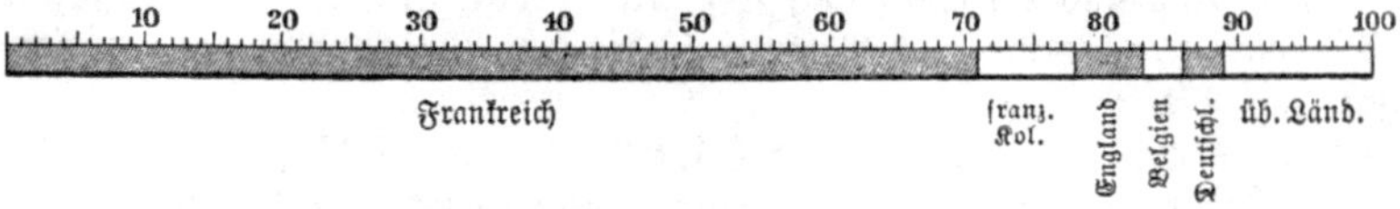

Die Einfuhrwaren sind vorzugsweise französische Textil- und Eisenwaren.

Der gesamte Handelsumsatz Deutschlands mit Algerien beträgt rund 20 Mill. M., wovon 17 Mill. M. auf die Ausfuhr Algeriens nach Deutschland entfällt.

Fig. 206. Einfuhr Tunesiens (Herkunftsländer) in Proz. [1908: 100 Mill. M.].

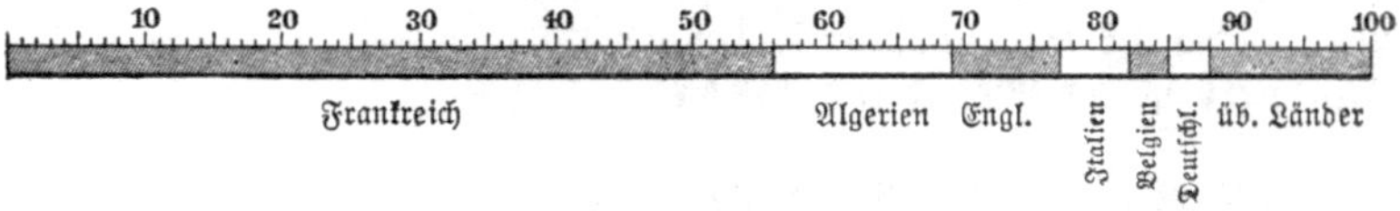

Fig. 207. Ausfuhr Tunesiens (Bestimmungsländer) in Proz. [1908: 77 Mill. M.].

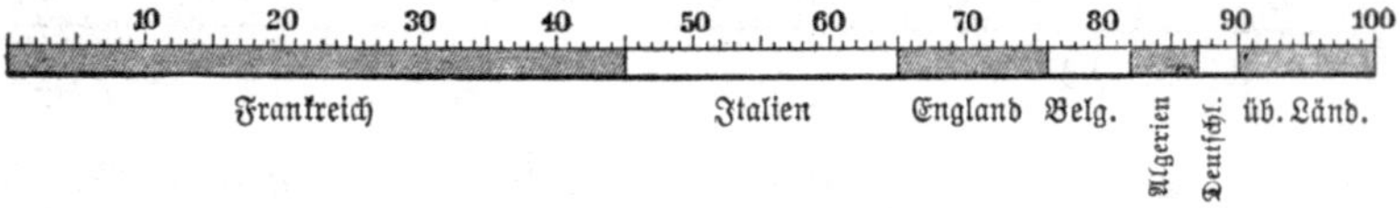

b. Wichtigste Ausfuhrwaren Tunesiens sind Getreide (für 6 Mill. M.), Olivenöl, Phosphate, Tiere, Halfa, Zink, Fische, Häute, Gerberlohe, Früchte und Wein.

Die Einfuhrwaren sind die gleichen wie in Algerien.

Der gesamte Handelsumsatz Deutschlands mit Tunis beträgt rund 3 Mill. M., woran Aus- und Einfuhr fast gleichmäßig beteiligt sind.

b. **Tripolis** (1 Mill. qkm mit 1 Mill. E.) und **Ägypten** (1 Mill. qkm mit 11 Mill. E.).

§ 208. Urproduktion und Handelsverkehr von Tripolitanien. a. Tripolis (Tripoli) bildet mit Barka und den Oasen von Fessan ein türkisches Wilajet. Das Gebiet war früher sehr fruchtbar. Von Getreidearten gedeihen Gerste, das Hauptnahrungsmittel des Volkes, und Weizen. Von Früchten werden Datteln, Orangen, Limonen und Oliven erzeugt. Im N wächst viel Halfagras.

Rinder- und Schafzucht wird neben der des Kamels getrieben.

Salz und Natron liefern die südlichen Steppen- und Wüstengebiete.

b. Der Handelsverkehr ist gering. Verkehrshäfen sind Tripolis und Bengasi. Halfa, Salz und Natron werden in größern Mengen ausgeführt, Halfa fast ganz nach England. Andere Ausfuhrwaren sind Straußenfedern und Elfenbein.

Von der Einfuhr entfällt ein großer Teil auf englische Baumwollengewebe. Dem Britischen Reiche schließen sich Österreich, Frankreich und Deutschland mit Wollfabrikaten an. Deutschland liefert noch Chemikalien und Farben, Eisen- und Stahlwaren.

§ 209. Urproduktion und Handelsverkehr von Ägypten. a. Ägypten, das „Geschenk des Nils", ist eine einzige große, langgestreckte Oase innerhalb der großen Wüstentafel. In das Kulturland teilen sich die Anbauflächen von Weizen, Mais, Bohnen, Klee, Baumwolle, Reis, Gerste, Hirse und Gartengewächsen (Zwiebeln).

Im Nildelta werden Rinder und Büffel, in Oberägypten mehr Schafe, Ziegen und Kamele gezüchtet. Die Geflügelhaltung ist weit verbreitet.

b. Alexandria ist der erste Ein- und Ausfuhrhafen des Landes.

Der Suezkanal ist für den Verkehr Ägyptens von großer Bedeutung geworden. Seine Länge von Port Said am Mittelländischen Meere bis Suez am Roten Meere beträgt 160 km bei einer Breite des Spiegels von 70 bis 110 m, der Sohle von 38½ m und einer Tiefe von 9—9½ m; zulässiger Tiefgang der Schiffe 8,23 m. Die mittlere Durchfahrtzeit beträgt 18½ Stunden. Die Durchgangsgebühr für 1 Tonne Nettogewicht beträgt 7,75 Fr., ebenso für 1 Person. Jährlich passieren jetzt den Kanal gegen 4200 Schiffe mit rund 22 Mill. Registertonnen brutto (gegen 15½ Mill. Registertonnen netto). An Kanalgebühren haben die Schiffe zusammen gegen 90 Mill. M. zu entrichten.

Für den Verkehr ist fernerhin die Niltaleisenbahn wichtig. Sie verbindet Kairo über Assuan, Wadi Halfa mit Khartum. Von der Nileisenbahn zweigt sich da, wo der Atbara in den Nil mündet, eine Bahn ab, die das Rote Meer bei Port Sudan, dem 60 km nördlich von Suakin gelegenen, neu erbauten englischen Hafenort, erreicht.

Ägypten steht an der Grenze zwischen den Mittel- und Großhandelsstaaten.

Unter den Ausfuhrwaren steht die Baumwolle obenan (350 Mill. M.). Es folgen Getreide und Gemüse, Baumwollsamen, Nahrungsmittel und Drogen, Zigaretten, Ölkuchen, Tiere und tierische Produkte (Eier).

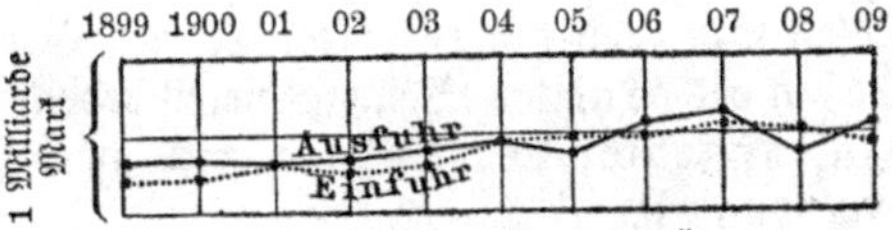

Fig. 208. Ein- u. Ausfuhr Ägyptens.

Wichtige Einfuhrwaren sind Textilwaren, Häute, Leder, Sprit, Öl, Farben, Papier, Bücher, Holz und Kohle, Stein, Kalk, Glas, Chemikalien, Metalle, Metallwaren und Tabak.

Fig. 209. Einfuhr Ägyptens (Herkunftsländer) in Proz. [1908: 513 Mill. M.].

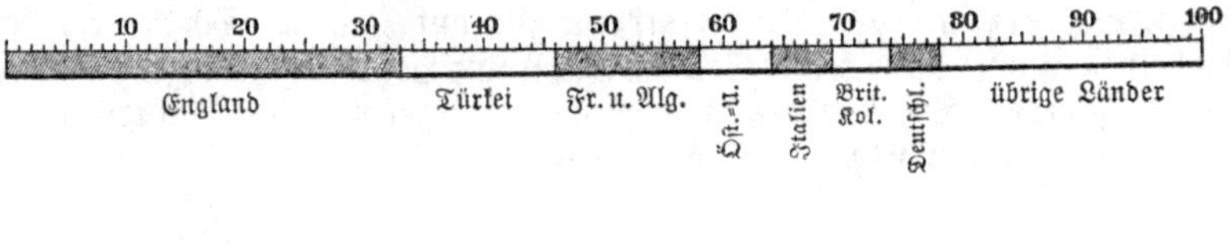

Fig. 210. Ausfuhr Ägyptens (Bestimmungsländer) in Proz. [1908: 442 Mill. M.].

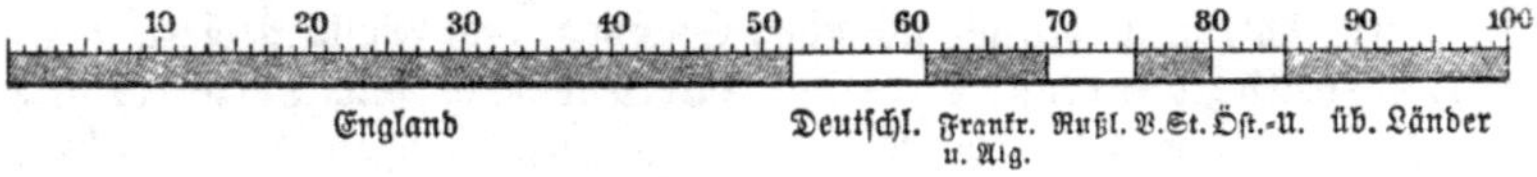

c. Ägypten sendet nach **Deutschland** (f. 80—100 Mill. M.) Rohbaumwolle (für rund 75 Mill. M.), Zigaretten, Zwiebeln, Gummiarabikum und Bienenwachs, und bezieht von **Deutschland** (f. 30—40 Mill. M.) Baumwoll- und Wollwaren, Strumpfwaren, Eisenwaren, Indigo, Eisenbahnbauteile, Waren aus edlen und unedlen Metallen, Steinkohlen, Indigo, Porzellan- und Tonwaren, Buntpapier, Parfümerien und Bier.

2. Das Wüstengebiet.

Die Sahara.

§ 210. **Der wirtschaftliche Wert der Sahara.** **a.** Als eine mächtige Verkehrs- und Wirtschaftsschranke durchzieht die Sahara in der Form eines breiten Bandes den Nordteil von Afrika, von den Küsten des Atlantischen Ozeans an bis hin zum Niltal; auch dieses überspringt sie, um jenseits am Roten Meere als Nubische Wüste zu enden. Das im W dem Niltale zunächstliegende Wüstengebiet nennt man auch Libysche Wüste.

Eine Anzahl Karawanenstraßen durchziehen die Sahara von N nach S, denn in dieser Richtung vollzieht sich der Hauptverkehr. Im N und im S der Sahara stehen die Karawanenwege durch westöstliche Wege wieder miteinander in Verbindung.

Eine der wichtigsten Karawanenstraßen ist die von Tripolis nach dem Tschadsee. Sie zerfällt in 3 Abteilungen: Tripolis-Mursuk, Mursuk-Bilma und Bilma-Kuka. Zu jeder Abteilung werden 25 bis 30 Tage gebraucht. Aller 2 bis 3 Tage trifft man bei diesem Wege auf eine Oase.

b. Die Kultur kann sich nur in den Oasen festsetzen (Oasenkultur!). Außer den Oasen Mursuk und Bilma in der mittlern Sahara sind noch wichtig in der östlichen Sahara (Libysche Wüste) die Große Oase (Oase Dachel) und die Kufra Oasen und in der westlichen Sahara Ghat, Ghadames, Tidikelt und Tuat. Die Oasen des gesamten Wüstengebietes bedecken etwa 200 000 qkm. Das französische Einflußgebiet der Sahara wird zu 5 Mill. qkm mit kaum 1 Mill. Menschen angenommen.

Die Oasen und einige Wadis (zumeist trockene Flußbetten) sind die wenigen Stellen der Wüste, wo etwas angebaut werden kann. Am wichtigsten ist die Dattelpalme. Sie ermöglicht fast allein die Bewohnbarkeit jener Wüstenstrecken. Jede Palme liefert in dem Alter von 35 bis 100 Jahren jährlich 100 kg Datteln. An den wenigen Fruchtplätzen baut man auch Gerste, Weizen, Durra und andere Hirsearten, Hülsenfrüchte und Gemüse.

c. Die Tierzucht der Oasen erstreckt sich auf Kamele, Schafe, die bei dem trockenheißen Wüstenklima keine Wolle, sondern nur Haare besitzen, Ziegen als Milchtiere und Pferde. Die Pferdezucht ist gering, geringer noch die Rinderzucht. Beide sind mehr an den Rändern der Wüste zu finden.

d. Von den mineralischen Schätzen haben nur Salpeter (in Tuat) und besonders Salz in der südlichen Sahara Bedeutung (in Bilma). Wie die Datteln nach N zu für andere Waren ausgetauscht werden, so das Salz nach den Sudangebieten.

3. Das tropische Westafrika.

a. Sudan und Oberguinea.

§ 211. **Erzeugnisse der Pflanzen-, Tier- und Mineralwelt.** a. Die Ertragsfähigkeit nimmt vom Rand der Wüste Sahara an nach S zu. Ausgezeichnete Fruchtgebiete sind die Niltallandschaften, die Tschadseeregion, das Nigertal, besonders von Timbuktu an aufwärts (das „kleine Ägypten"), sowie das Guineaküstengebiet. Das ganze Gebiet liefert wichtige Ausfuhrwaren.

In dem Nigerbogen und in den Küstengebieten werden Reis angebaut, vorzugsweise aber Durra und Duchn (eine andere Hirseart). Beide Hirsearten erbaut man übrigens im ganzen Sudan und weiterhin in Äquatorialafrika. Der Maisbau hat sich weit durch den Sudan und Guinea verbreitet. Vom ägyptischen Sudan drang der von den Europäern eingeführte Weizen nach W vor (bis Wadai). Auch bei Timbuktu wird Weizen gebaut.

Für die einheimische Bevölkerung ist die Erdnuß als Nahrungsmittel sehr wichtig. Zudem ist sie als ölhaltiges Gewächs Exportware. In Oberguinea wird sie weniger kultiviert; sie wächst hier zumeist wild. Die tropische Küste entlang gedeiht die Kokospalme. Als Nahrungspflanzen werden ferner Hülsenfrüchte, Banane (Nigertal), Batate, Yams und Maniok angebaut. Außerdem erntet man Kolanüsse und Zuckerrohr (Nigertal, Liberia). Das Guineaküstengebiet (Kamerun!) ist dem Kakaobau sehr zuträglich.

Von Reizmittel liefernden Pflanzen werden Kaffee (Liberia-Kaffee!), Malaghetta-Pfeffer (Pfefferküste!) und Tabak angebaut. Baumwollanbau findet man oberhalb Timbuktus am Niger und im Küstengebiet. Ein großes Baumwollengebiet der Zukunft hofft man im ägyptischen Sudan zu erschließen. Dieses Gebiet liefert größere Exportmengen von Sennesblättern, sowie von Gummiarabikum (Kordofan-Gummi!). Der untere Senegal liefert den Senegalgummi. Im Sudan- und Guineagebiet wird auch Indigo gewonnen.

Wichtig sind die Kautschuk liefernden Lianenarten der westlichen Tropenzone, noch wichtiger die Palmöl und Palmkerne liefernde Ölpalme. Die westliche Tropenzone ist in ihrer gesamten Ausdehnung das Ausbreitungsgebiet der Ölpalme. Am häufigsten wächst sie in Oberguinea; die Uferlandschaften der Flüsse zwischen Niger und Kamerun sind besonders ausgezeichnet. Es ist das Gebiet der „Ölflüsse". Palmöl und Palmkerne sind die Hauptausfuhrwaren des ganzen Gebietes.

Die kleinen Inseln Fernando Po und São Thomé nehmen an der tropischen Pflanzenwelt des Kontinentes mit teil.

b. Die Viehzucht bevorzugt die Hühner, sodann die haartragenden Schafe. Ziege und Schwein sind überall vereinzelt zu treffen. Das Pferd gedeiht in den feuchtheißen Küstenstrichen nicht gut, wohl aber im Sudan. Der Esel ist im tropischen Westafrika allenthalben verbreitet. Ebenso meidet auch das Rind die südlichen Urwaldgebiete (Tsetsefliege!). Die verhältnismäßig stärkste Rinderzucht wird in den Nillandschaften und den benachbarten Gebieten betrieben.

Die afrikanische Wildtierwelt liefert verschiedene Handelswaren, besonders Hörner und Zähne, unter denen die Elefantenzähne am gesuchtesten sind.

c. Die westliche Tropenzone ist jedenfalls reich an mineralischen Schätzen. Bis jetzt ist man ihnen noch nicht nachgegangen. Eisen- und Kupfererze findet man. Für den Welthandel haben die Goldfunde vom Senegal und westlichen Goldküstengebiet etwas Bedeutung.

Staaten und Besitzungen im tropischen Westafrika.

§ 212. Die Besitzverhältnisse im tropischen Westafrika. An dem Verkehr des Sudans beteiligen sich Briten, Franzosen, Amerikaner und Deutsche. Den Handelsverkehr an der Guineaküste beherrschen Briten und Deutsche. Die Franzosen besitzen den größten Teil der westlichen Tropenzone. Zu Frankreich gehören Senegambien (Hauptorte St-Louis und Dakar), Senegal, Französisch-Sudan (Timbuktu), Französisch-Guinea und Dahome. Das ganze Gebiet bis zum englischen Sudangebiet umfaßt etwa 3,7 Mill. qkm mit etwa 10 Mill. Menschen.

Die Briten besitzen Gambia (Bathurst), Sierra Leone (Freetown), Goldküste oder Aschanti (Akkra), Lagos mit Joruba (Lagos) und Nigeria (Akassa, Braß, Bonny). Die gesamten britischen Gebiete umfassen rund 1,2 Mill. qkm mit etwa 30 Mill. Menschen.

Den Deutschen gehören Togo mit 87 200 qkm und 1 Mill. E. und Kamerun mit 496 000 qkm und 3½ Mill. E. (Über die Ortschaften vgl. § 92 und 93.)

Portugiesisch-Guinea umfaßt 37 000 qkm mit 200 000 qkm.

Der Freistaat Liberia, der einzige selbständige Staat im tropischen Westafrika, verfügt über 85 000 qkm mit 1½ bis 2 Mill. Menschen.

§ 213. Die Republik Liberia. a. Der Boden dieses Staates ist im großen ganzen recht fruchtbar, aber seine Kultur ist vollständig vernachlässigt. Die Hauptverkehrsstadt ist Monrovia.

b. Hauptausfuhrgegenstände sind Gummi, Palmöl, Palmkerne, Piassavafasern, Kakao, Kaffee, Elfenbein, Ingwer und Rotholz.

Haupteinfuhrwaren sind: Baumwollwaren, getrocknete Fische, Eisenwaren, Petroleum, Sprit, Bier und Bauholz.

Der Handel wird in der Hauptsache mit Großbritannien, Deutschland und den Vereinigten Staaten von Amerika getrieben.

c. Deutschland sendet nach Liberia (für 1 Mill. M.) Reis, Baumwoll-, Messing- und Eisenwaren, und holt aus Liberia (für 2—3 Mill. M.) Roherzeugnisse zur Bürstenfabrikation, Kaffee, Palmkerne, Kautschuk, Gold, Palmöl und -butter.

§ 214. Die deutsche Kolonie Togo. Land und Handelsverkehr. a. Hinter der flachen, nur 52 km langen Küste zieht sich ein aus sandigem Tonschlamm gebildeter Lagunenstreifen von W nach O. An die bis 2 km breite Lagunenlandschaft setzt sich nordwärts unter sanftem Anstieg eine Hügellandschaft an. Eine aus Urgesteinen aufgebaute Gebirgsschwelle, mit einer mittlern Höhe von 600—700 m, durchzieht die Kolonie; sie beginnt bei Akkra an der Goldküste und endet am Niger. Auf deutschem Boden bildet sie die Gebirgslandschaften Agome, Akposso, Adele und Tschaudscho. Bei Agome-Palime ist im O der fruchtbare Agu-Stock vorgelagert, der von der höchsten Erhebung der Kolonie, 1025 m, gekrönt wird. Im N des Gebirgslandes lehnt sich die sudanische Steppenlandschaft an.

An der Küste herrscht eine starke und gefährliche Brandung. Die seit 1905 fertige Landungsbrücke in Lome ermöglicht ein sicheres Landen von Personen und Gütern. Die Flüsse sind größtenteils nicht schiffbar (Todschie, Schio, Oti) oder nur streckenweise schiffbar, wie der Hahofluß nahe seiner Mündung in den Togosee. Der von Kete-Kratschi an schiffbare Voltafluß ist in englischen Händen.

Das Klima ist echt tropisch. Im Küstengebiet beträgt die mittlere Jahrestemperatur 26°, im Innern 23° C. Am regenärmsten ist die Küste; in Lome fallen kaum 400 mm Regen. Dagegen steigt die Höhe des Niederschlags in den Gebirgen bis auf 1600 mm und erreicht noch in Sansane-Mangu über 1000 mm. An der Küste gibt es zwei durch Trockenzeiten scharf getrennte Regenzeiten, von April bis Juli und von September bis November, von denen die letzte in manchen Jahren fast völlig ausbleibt (Dürrjahre!). Im Dezember und Januar weht häufig ein staubführender und trockener, aus der Sahara stammender Wind, der „Harmattan".

b. Das deutsche Wirtschaftsgebiet führt nach Togo für reichlich 5 Mill. M. Waren aus und holt sich Roherzeugnisse im Werte von reichlich 4 Mill. M.

Fig. 211. Einfuhr Togos (Herkunftsländer) in Proz. [1908: 8,5 Mill. M.].

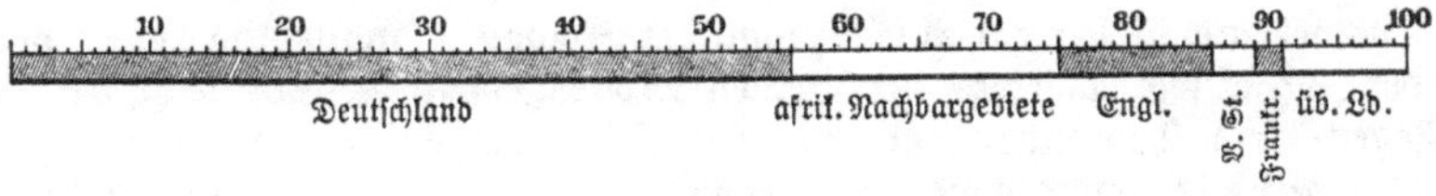

Fig. 212. Ausfuhr Togos (Bestimmungsländer) in Proz. [1908: 6,9 Mill. M.].

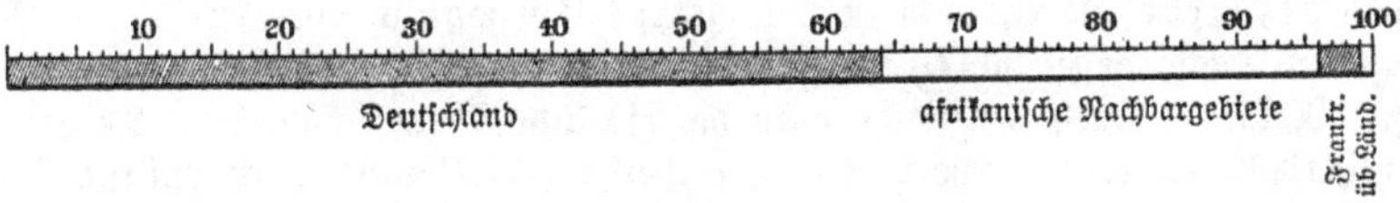

Die wichtigsten Roherzeugnisse, die von Deutschland in Togo gekauft und eingetauscht werden, sind Mais, Palmkerne und Palmöl, Kautschuk, Rohbaumwolle, Elfenbein, Kakao und Kopra. Deutschland liefert nach Togo in der Hauptsache Web- und Eisenwaren, sodann Branntwein, Tabak, Kolanüsse, Salz, Petroleum, Bau- und Nutzholz. (Vgl. auch § 92 und 97.)

§ 215. Die deutsche Kolonie Kamerun. Land und Handelsverkehr. **a.** Da, wo die ostwärts verlaufende Guineaküste die entschiedene Richtung nach S einschlägt, breitet sich das fächerförmig gestaltete Schutzgebiet aus. Kamerun ist unsere wertvollste tropische Pflanzungskolonie. Das Gestade, 320 km lang, ist eine sumpfige, flache mit Mangroven bewachsene Schwemmlandküste. Nur am Kamerunstock tritt felsige Küste hart an das Meer heran. Die Küste, an der eine starke Brandung, die „Calema", herrscht, bietet wenige natürliche Häfen (Kamerunbucht!). Von der Küstenebene aus steigt das Land stufenförmig nach dem Innern empor. Nach dem Tschadseebecken im N und nach dem Kongo-Zuflußgebiet im S senkt es sich wieder. Die Hochlande werden von Steppen beherrscht, die Küste und der S der Kolonie von Wäldern.

Granit und Gneis bilden den felsigen Untergrund des Landes. Dieser ist von andern Gesteinen und jungen Vulkangebirgen durchbrochen worden. Der Kamerunstock mit dem Fako (4070 m) ist als ein jungvulkanisches, noch heute tätiges Basaltgebirge, ähnlich wie der Vesuv in einer weiten Meeresbucht aufgeschüttet worden, die dabei verlandete. Im NNO folgen nach dem Kamerunstock das vulkanische Manengubahochland, der 3000 m hohe Muti und endlich die vereinzelten, alpenhaften Inselgebirge Adamauas.

Der größte Teil der Kolonie wird von roten, lehmigen, sandigen und teilweise recht fruchtbaren Verwitterungsprodukten bedeckt, wie sie für die Tropenzone allgemein charakteristisch sind. Wenn diese Roterden harte Zusammenhäufungen von Brauneisenstein enthalten, führen sie den Namen Laterit. Bilden die Brauneisensteine allein die Bedeckung, dann ist der Boden unfruchtbar. Dafür liefert er brauchbare Eisenerze für die Schmiedekunst, die im Hinterlande Kameruns blüht.

Die Flüsse Kameruns erreichen das Meer in zahlreichen Mündungsarmen oder „Kriels". Zum Kamerunflußgebiet gehören Mungo, Dibambu und Wuri. Kameruns längster Strom, der Sanaga, ist nur bis Edea schiffbar. Wasserreich ist auch der Njong, weniger der Kampo. Der Kreuzfluß (Croß River) ist von der Mündung bis auf deutsches Gebiet schiffbar. Der größte Nebenfluß des Niger, der schiffbare Benué, durchströmt Adamaua. Er bildet eine internationale Verkehrsstraße zum Meere. Die Zuflüsse des Tschadsees, wie der Schari mit dem Logone, sind weithin schiffbar.

Das Klima ist bei der Ausdehnung der Kolonie mannigfaltig. Sein vorherrschender Zug ist wie dasjenige der meisten Tropengebiete die Scheidung des Jahres in Regen- und Trockenperioden mit dazwischen eingeschalteten Übergangszeiten, die in den verschiedenen Gegenden zu verschiedenen Zeiten eintreten. An der Kamerunküste regnet es jeden Monat. Der Kamerunstock gehört zu den regenreichsten Gebieten der Erde; in Bibundi (Debundscha) fallen jährlich über 10 000 mm Niederschläge, in Duala gegen 4600, im Innern noch über 1000 und am Logone (Kusseri) gegen 500 mm. Dazu vergleiche man die jährliche Niederschlagshöhe Deutschlands, die außerhalb der regenreichen Gebirge (Oberharz 1700 mm) durchschnittlich 700 mm beträgt. Als mittlere Jahreswärme hat man an der Küste 25° und im Tschadseegebiet 27° C beobachtet.

Nach Klima, Bodenaufbau und -zusammensetzung unterscheidet sich Kamerun in fünf Wirtschaftslandschaften.

Das regenreiche Küstengebiet mit dem Gebirgsvorland ist mit geschlossenem Urwald bestanden. Der Boden ist teils angeschwemmt, teils vulkanisch, im S lateritisch. Die Hauptnahrungsmittel der Eingeborenen bilden Makabo (der Taro der Südsee), Planten (Mehl- oder Kochbananen). Einheimische Ausfuhrerzeugnisse sind Palmkerne und Palmöl.

Das Waldgebiet des Inlandes, im S Kameruns und 500 bis 1000 m hoch, ist auch regenreich. Geschlossene Urwaldbestände wechseln mit Savannenstrecken. Der Boden ist größtenteils mit Laterit bedeckt. Die Eingeborenen bauen Maniok, Yams und Planten und führen hauptsächlich Kautschuk aus.

Die Savannenhochländer, im N des südlichen Waldgebietes und 1000 bis 1600 m hoch, sind verhältnismäßig regenreich. Überall breiten sich die Hochgrasflächen aus, die an den Fluß- und Bachläufen von Wäldern, den „Galeriewäldern", unterbrochen werden. Der Boden ist lateritisch. Die Bewohner bauen vorzüglich Mais, Bataten oder Süßkartoffeln und Erdnüsse. Sie bringen etwas Kautschuk, mehr aber Kola, besonders nach dem Sudan, in Handel.

Die Steppengebiete des nördlichen Innern bestehen teils aus Niederung, teils aus Hochland. Sie sind regenärmer. Der Boden ist zumeist noch lateritisch; doch machen sich schon dann und wann Schwemmlandgebilde bemerkbar. Die Bewohner bauen Mais, Durra und führen Schibutter, Vieh und Gummiarabikum aus. Als reines Schwemmlandgebiet löst sich von dem vorhergehenden Gebiet das Tschadseebecken ab. Es ist nicht zu regenreich. Dafür sorgen die jährlichen Überschwemmungen der Flüsse für die nötige Feuchtigkeit und eine unerschöpfliche Fruchtbarkeit des Bodens. Ackerbau, Viehzucht, Fischfang und Jagd sind die Hauptbeschäftigungen einer dichten Bevölkerung. Das Musguland ist das „afrikanische Holland".

b. Nach Kamerun führt das deutsche Wirtschaftsgebiet für reichlich 12 Mill. M. Waren aus und kauft in Kamerun Roherzeugnisse im Werte von 10 Mill. M. (Vgl. § 93 und 97).

Fig. 213 Einfuhr Kameruns (Herkunftsländer) in Proz. [1908: 16,8 Mill. M.].

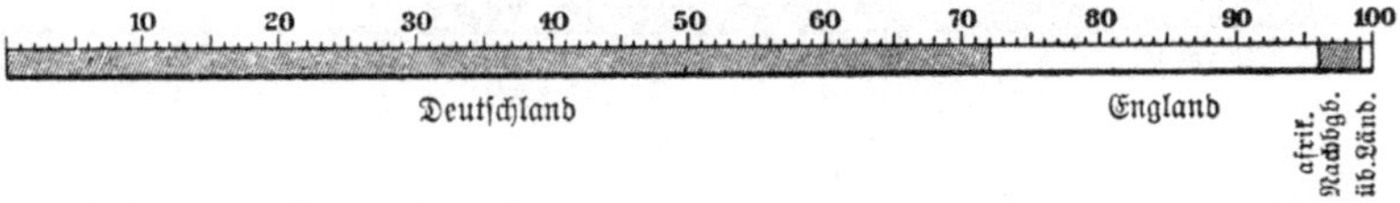

Fig. 214. Ausfuhr Kameruns (Bestimmungsländer) in Proz. [1908: 12,2 Mill. M.].

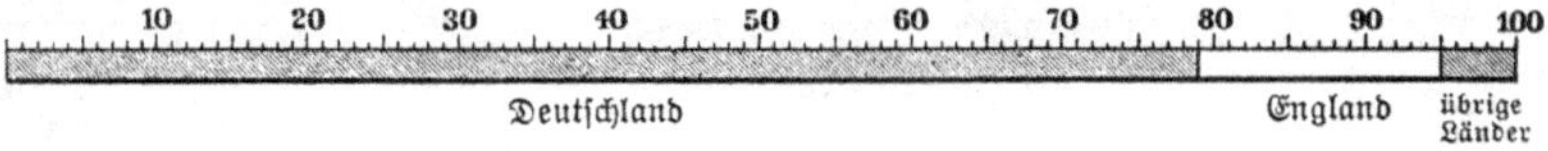

Die wichtigsten Ausfuhrgegenstände von Kamerun nach dem Mutterlande sind Kautschuk, Kakao, Palmkerne und Palmöl, Elfenbein, Nutz- und Bauholz, Kolanüsse, Häute und Felle, allerhand gewerbliche Erzeugnisse, wie Waren aus Stroh, Bast, Kokosfasern und Holzwaren aller Art. Die wichtigsten deutschen Einfuhrwaren sind allerhand Textilwaren, Eisenbahnbaumaterialien, Eisenwaren, Gold und Silber, Kleider und Wäsche, Bier, Branntwein, Wein und Schaumwein, Tabakfabrikate, Parfümerien, Schießpulver, Romanzement, Farben, Herrenhüte, Regenschirme, Lederwaren, Nahrungsmittel u. a. m.

b. Die Kongoländer.

§ 216. Urproduktion und Besitzverhältnisse. a. Die Urproduktion des ganzen Gebietes ist im wesentlichen dieselbe wie die im jenseit des Äquators gelegenen tropischen Afrika. Der Urwald weicht vor den Savannen, den großen Graslandschaften, mehr zurück. In den Savannen wird von den Eingeborenen Ackerbau und Viehzucht getrieben, weniger im Urwald. Im übrigen sind Fischerei und Jagd noch Hauptbeschäftigung der Eingeborenen, wie auch das Einsammeln der vom europäischen Handel so sehr begehrten Früchte und Pflanzensäfte (Kautschuk). Im Kongogebiet sind auch verschiedene Stammesgewerbe zu Hause (s. § 202d).

b. Von dem Südteil des tropischen Westafrika entfallen auf das Verwaltungsgebiet von Französisch-Kongo 1,8 Mill. qkm mit 4 Mill. E. (wichtigere Handels- und Küstenplätze: Libreville und Loango), auf den Kongostaat 2,4 Mill. qkm mit etwa 20 Mill. Einwohnern (Banana) und auf Portugiesisch-Westafrika oder

Angola 1,3 Mill. qkm mit 1,4 Mill. E. (Ambriz, Loanda, Benguella und Mossâmedes).

§ 217. **Die belgische Kongokolonie und ihr Handelsverkehr.** **a.** Der Kongostaat, der früher als ein „unabhängiger Staat“ nur unter der Oberhoheit des belgischen Königs stand, ist jetzt zu einer belgischen Kolonie geworden.

Der Kongo ist streckenweise für Dampfschiffahrt benutzbar. Von Matadi, an der Mündung des Kongo, bis nach Leopoldville am Kongo führt eine Eisenbahn, die die Katarakte des Unterlaufs umgeht.

Hauptprodukte des Landes und Hauptausfuhrwaren sind Kautschuk (für 25 Mill. M.), Elfenbein, Kopal, Palmkerne, Palmöl, Gold, Kakao, Erdnüsse, Häute, Tabak und Kaffee.

Fig. 215. Einfuhr des Kongostaates (Herkunftsländer) in Proz. [1908: 21 Mill. M.].

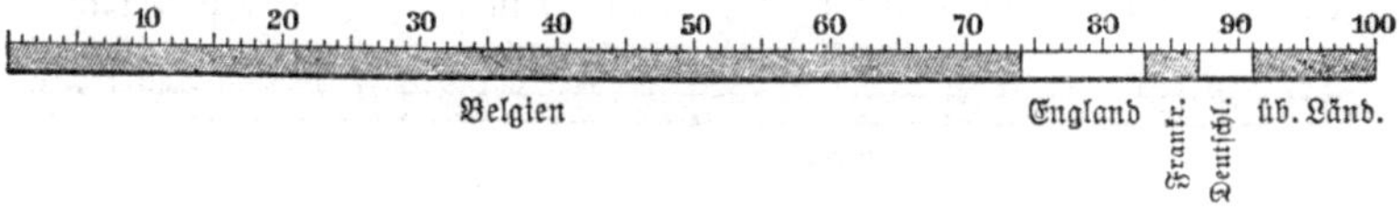

Fig. 216. Ausfuhr des Kongostaates (Bestimmungsländer) in Proz. [1908: 35 Mill. M.].

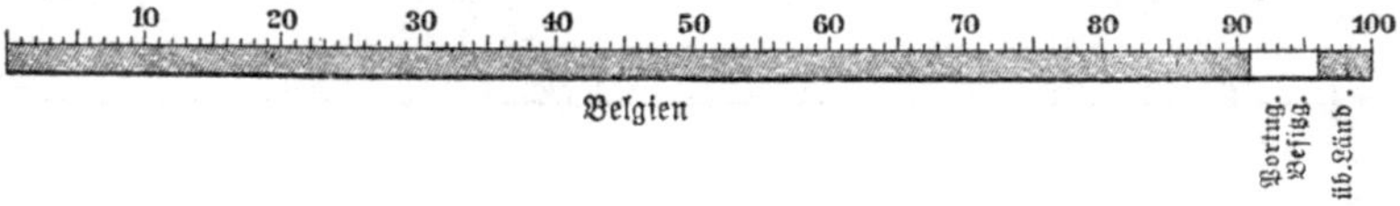

Haupteinfuhrwaren sind baumwollene und wollene Stoffe, Nahrungsmittel und Getränke, Waffen und Munition, Maschinen und Dampfschiffe, Metalle und Metallwaren.

4. Das tropische Ostafrika.

a. Das kontinentale Ostafrika.

§ 218. **Erzeugnisse der Pflanzen-, Tier- und Mineralwelt. Industrie und Verkehr.** **a.** Ein an Fruchtboden bevorzugtes Gebiet ist Abessinien und das südliche Vorland. In den tiefern Regionen gedeihen Tropengewächse, in den höhern Gebirgslandschaften unsere Getreidearten, die weiter nach der Höhe üppigen Weiden Platz machen. Erythräa (Eritrea) ist wenig Ertrag liefernd; auf der Somalihalbinsel sind nur die Flußtäler und Küstengebiete, in Deutsch-Ostafrika außerdem viele Gebiete des hochgelegenen Innern fruchtbar.

Durra ist die Hauptbrotfrucht und wird überall in Ostafrika gebaut. In Abessinien und im Ugandalande, dem Gebiete im N des Victoriasees, gedeihen Weizen, Gerste, Hafer und Mais. In Uganda und verschiedenen Gebieten von Deutsch-Ostafrika werden saftige Bananen erbaut, in Abessinien Melonen. Der Reis sucht die sumpfigen Täler auf. Außerdem baut man Erdnüsse, Sesam, Kartoffeln, Rizinus, Tomaten und allerhand Gemüse, hier und da auch Zuckerrohr.

Die ostafrikanischen Küstengebiete lassen die Früchte von Kokospalmen, von Orangen- und Mangobäumen reifen. Auf der Somalihalbinsel wächst insbesondere die Borassus- oder Delebpalme, deren Früchte ein wichtiges Nahrungsmittel der Eingeborenen sind, und die auch zur Herstellung von Wein (Toddy) dienen. Bier wird aus einer Eleusinenart bereitet.

Der Kaffee hat im südlichen Abessinien sein Vaterland. Hier wächst er heutigestags noch wild; die Bohnen werden von den Eingeborenen gekaut. In Deutsch-Ostafrika wird Kaffee in Plantagen gebaut (Usambara), besonders Sisalhanf, weniger Ramie, Kardamom und andere Gewürze. (Vgl. Fig. 27.)

Myrrhe, ein wohlriechendes Gummiharz, und Weihrauch, ebenfalls ein Gummiharz, bringt die Somalihalbinsel in den Handel. Überhaupt liefern verschiedene Akazienarten des nördlichen tropischen Ostafrikas Gummi. Außerordentlich wichtig ist ein halbfossiles Harz, der Kopal, der vorzugsweise von Ostafrika aus in den Handel kommt, der beste von Sansibar und Mozambique. Auch Kautschuk liefernde Lianenarten werden in Ostafrika angetroffen.

b. Die Viehzucht wird am stärksten in Abessinien getrieben. Die Viehzucht ist auch für die Eingeborenen des übrigen Ostafrika die Hauptbeschäftigung. In Abessinien und Deutsch-Ostafrika steht die Rinderzucht obenan, im Somaliland die Kamel- und Maultierzucht. Sonst werden noch Schafe (Fettschwanzschaf), Esel, Ziegen, Schweine und viel Geflügel gehalten. Die Bienenzucht ist ansehnlich. In Deutsch-Ostafrika beschäftigen sich die Europäer auch mit der Zucht von Zebra und Strauß. Die Zibetkatze in den Gallaländern liefert Zibet, ein dem Moschus ähnliches Produkt.

Ostafrika ist noch reich an Wildtieren, besonders an Dickhäutern und Antilopenherden. Die Meeresküsten sind reich an Fischen. Die Somali fischen auf Haifische, deren Flossen nach China ausgeführt werden. Das Rote Meer und verschiedene ostafrikanische Gestade, so das Mündungsgebiet des Rufidschi in Deutsch-Osrika, liefern Perlen. Von hier an bis zur Sambesimündung werden Kauris gefunden.

c. Die mineralische Ausbeute vom tropischen Ostafrika ist noch sehr gering. Gold findet man in Erythrea, in Deutsch- und Portugiesisch-Ostafrika, in denselben Gebieten auch Steinkohle, Eisen, Salz und Granaten.

d. Die Eingeborenen beschäftigen sich mit Baumwollweberei. Stammesgewerbe sind die Schmiederei, Gerberei, Töpferei, und die Herstellung von Flechtarbeiten.

e. In Ostafrika sind die Trägerverkehrspfade vorherrschend. Die durchschnittliche Geschwindigkeit einer Trägerkarawane (300 bis 500 Menschen) beträgt 80 Schritt in der Minute.

Von den Küsten erstrecken sich schon wichtige Eisenbahnen ins Land hinein. Frankreichs äthiopische Eisenbahn, die von Djibuti nach Abessinien heranführt, erschließt das erzeugnisreiche Hinterland von Harar. Die britische Ugandabahn führt parallel zur deutschen Grenze von der Küste bis zum Victoriasee. Über die Eisenbahnen von Deutsch-Ostafrika vgl. § 95b. Von der Küste Portugiesisch-Ostafrikas erstrecken sich Bahnen nach dem innern britischen Gebiete.

§ 219. Die Besitzverhältnisse Ostafrikas. Erythräa mit dem Hauptküstenplatz Massaua und die Somaliküste sind italienischer Besitz, zusammen rund $1/2$ Mill. qkm und $3/4$ Mill. E. (Vgl. § 158.)

Französisch-Somaliküstengebiet mit Dependenzen und den Hauptorten Obok und Djibuti ist 121 000 qkm groß und zählt etwa 50 000 Bewohner.

Den Engländern gehören das Ostafrika-Schutzgebiet (Mombasa), das Uganda-Schutzgebiet und Britisch-Somaliland (zusammen über 1 Mill. qkm mit 8 Mill. Einwohnern).

Portugiesisch-Ostafrika umfaßt ¾ Mill. qkm und hat gegen 4 Mill. E. (Lorenzo Marques und Mozambique).

Deutsch-Ostafrika verfügt über rund 1 Mill. qkm mit etwa 7 Mill. E. (Über die Häfen und bedeutendsten Handelsplätze vgl. § 95.)

Das tropische Ostafrika hat auch einen selbständigen Staat, das Kaisertum Abessinien mit etwa 540 000 qkm und etwa 8 Mill. E. (Gondar, Ankober Addis-Abeba; letzterer Ort ist die Haupt- und Residenzstadt).

§ 220. Abessiniens Handelsverkehr. Verkehr und Handel sind in Abessinien noch wenig entwickelt. Die Einfuhr beträgt etwa 12, die Ausfuhr 14 Mill. M.

Hauptausfuhrwaren sind Felle und Häute, Kaffee, Gummi und Wachs, Gold (für Indien), Elfenbein (für Indien, Ägypten und Europa).

Haupteinfuhrwaren sind amerikanische, englische und indische Baumwollwaren, Wollwaren, Rasier- und andere Messer, Zündhölzchen.

Der Handelsverkehr Deutschlands mit Abessinien ist noch unbedeutend. Deutschland bezieht für ¾ Mill. M. Rohprodukte aus Abessinien und sendet dafür für ¼ Mill. M. Industrieerzeugnisse.

§ 221. Deutsch-Ostafrika. Land und Handelsverkehr. a. Alte Gesteine und jungvulkanische Gebilde bauen das gewaltige ostafrikanische Hochland auf. Der Laterit ist in Ostafrika so verbreitet, als wenn das Land ein „Lateritmeer“ wäre. Der Gebirgsbau gliedert Deutsch-Ostafrika in eine Anzahl natürlicher Landschaften.

Das Küstengebiet umfaßt die ungefähr 1000 km lange Küste mit den vorliegenden Inseln (Pemba!). Zahllose Korallenriffe liegen vor der Küste und lassen nur gegenüber den Flußmündungen schmale Einfahrten frei. Der beste und zukunftsreichste Küstenplatz ist Daressalam (= Friedenshafen) mit 30 000 E. Der schlammige Ufersaum wird von der fast allen tropischen Flachküsten eigentümlichen Mangrove bedeckt. An die Küstenzone lehnt sich das Gebirgsvorland an, das sich aus Kreide- und Jurakalken und aus kohlenführenden Sandsteinen aufbaut. Im S erhebt sich das Makonde-Plateau, in der Mitte, im S von Morogoro, wie eine Insel das Ulugurugebirge (2420 m).

Das ostafrikanische Rand- oder Schiefergebirge umfaßt die Bergländer vom Njassa an bis zum Usambaragebirge. Uhehe, Ussagara mit den Rubehobergen gehören hierher, im N auch das Paragebirge. An dieses Gebirge schließt sich ein großes jungvulkanisches Gebiet an, das von dem mit Schnee- und Gletscherfeldern gekrönten Kilimandscharo (höchste Spitze der Kibo mit 6000 m) und dem Meru (4630 m) eingenommen wird.

Das nordöstliche abflußlose Gebiet umfaßt die Massaisteppe und den großen „ostafrikanischen Graben“ mit dem Manjara- und Natronsee. Die „Gräben“ sind dadurch entstanden, daß an großen Brüchen der Hochebene langgestreckte Streifen oder Schollen in die Tiefe gesunken sind. An den ostafrikanischen Graben lehnt sich nach W zu das große zentrale Tafelland an, die größte der natürlichen Landschaften, das „Dach von Afrika“, mit dem Mittelpunkt Tabora. Im N geht das Zentralplateau in die Randlandschaften des Viktoriasees (66 000 qkm = Bayern ohne Rheinpfalz) über. Zwischen diesem See und dem Tanganjika- und Kiwusee breitet sich das Zwischenseenland aus, ein staffelförmig von O nach W aufsteigendes Schollenland, das im NW von Ruanda durch tätige Vulkane (Niragongo- und Adolf-Friedrich-Vulkan) abgeschlossen wird. Die Seenlandschaften des zentral-afrikanischen Grabens gruppieren sich um den Kiwu- und Tanganjikasee (35 000 qkm = Ostpreußen). Im Njassagraben liegt der Njassasee (27 000 qkm = Westpreußen). Im NW dieses Sees breitet sich das abflußlose Gebiet des Rukwasees aus.

Ostafrika ist arm an großen Flüssen. Neben den abflußlosen Gebieten gibt es große Gebiete, die sehr wasserarm sind, wie das zentrale Tafelland. Einige Flüsse sind nur auf kurze Strecken schiffbar, wie der Pangani und der Rufidschi. Der Rovuma ist Grenzfluß im S. In den Viktoriasee ergießt sich der Kagera, der südlichste Quellfluß des Nils, in den Tanganjika der Mlagarassi, und dem Njassa entströmt südwärts zum Sambesi der Schire. Das deutsche Schutzgebiet hat auch Anteil an den großen Süßwasserseen Afrikas (siehe oben!).

Deutsch-Ostfrika hat der Lage gemäß ein tropisches Klima, das von den Winden des Indischen Ozeans beeinflußt wird. Das indische oder Passat-, das Monsun- und das äquatoriale Klima beherrschen das Land. Die Eigenart des Passatklimas besteht darin, daß der größte Teil der Kolonie unter der Vorherrschaft des Südostpassates steht und nur eine Regenzeit im Jahre, Dezember bis April, hat. Bei dem im NO herrschenden Monsunklima wird die Herrschaft des südwinterlichen Südostpassates im Südsommer (Dezember bis Februar) von der des Nordostmonsuns abgelöst. Infolgedessen hat das Gebiet zwei Regenzeiten. Die Gebiete des äquatorialen Klimas, im NW der Kolonie, haben zwei Sommer und zwei Winter mit zwei, nur durch eine kurze Abnahme der Niederschläge getrennten Regenzeiten. Hier wehen vorwiegend östliche Winde.

Die mittlere Jahreswärme beträgt in den Küstenorten 25°, im Innern (Aruscha, Muansa) 20° und darüber, nur in Neulangenburg im N des Njassa 17° C. Amani im Usambaragebirge scheint mit 2330 mm Niederschlägen des Jahres der regenreichste Ort der Kolonie zu sein. Auch Tanga und Neu-Langenburg haben über 2000 mm Niederschläge, dagegen Bagamojo und Aruscha 1500 bis 1800 mm und Daressalam nur 1400 mm. Am Viktoriasee fallen noch über 1000 mm. Auf dem zentralen Taffelland nimmt die Regenmenge noch weiter ab; Tabora hat nicht ganz 800 mm, und Kondoa-Irangi, am Ostrand des ostafrikanischen Grabens, nur 500 mm.

Die deutsche Einfuhr nach dem ostafrikanischen Schutzgebiet beträgt 10 bis 12, und die Ausfuhr etwa 7 Mill. M. Von andern Völkern sind neben den Briten besonders die Inder an dem Handel von Deutsch-Ostafrika beteiligt.

Fig. 217. Einfuhr Deutsch-Ostafrikas (Herkunftsländer) in Proz. [1908: 25,8 Mill. M.].

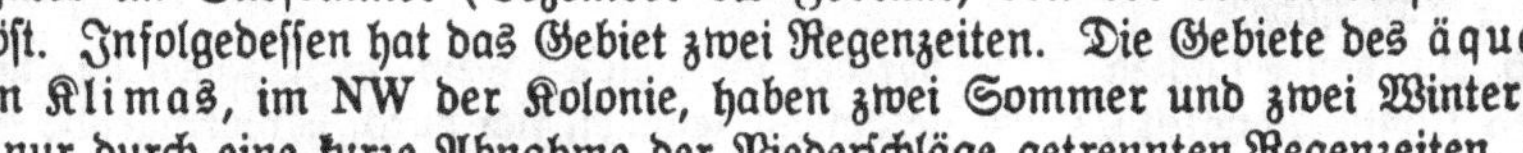

Fig. 218. Ausfuhr Deutsch-Ostafrikas (Bestimmungsländer) in Proz. [1908: 10,9 Mill. M.].

Deutschland bezieht aus Ostafrika Sisalagavenhanf (für 3 Mill. M.), Insektenwachs, Kopra, Kaffee, Elfenbein, Sesam, Erdnüsse, Rohbaumwolle, Hanf, Flachs, Bau-, Nutz- und Edelhölzer, Farbhölzer, Mangroverinde zu Gerbzwecken, Glimmer, Halbedelsteine, Nashornhörner, Flußpferd- und Wildschweinzähne, Rindshäute und andere tierische Rohstoffe, der in Ostafrika gefundene Kopal geht vorwiegend nach Sansibar und England.

Deutschland führt nach Deutsch-Ostafrika ein Eisenwaren, insbesondere Lokomotiven, Eisenbahnbaubedarfsartikel und Messerwaren, sodann allerhand Textilwaren, wie baumwollene Gewebe und Strumpfwaren, Romanzement, Tischlerarbeiten, Flaschenbier, Wein in Flaschen, Zucker, Seife und Zigarren. (Vgl. des weitern § 95 und 97.)

b. Das insulare Ostafrika.

§ 222. Besitz- und Produktionsverhältnisse. a. Die küstennahen Inseln Sansibar und Pemba sind britisch, ebenso die entferntern Amiranten und Seychellen und von den Maskarenen Mauritius und Rodriguez.

Die Maskareneninsel Réunion (Bourbon) und die Komoren sind französisch und ebenso die große Insel Madagaskar (600000 qkm mit etwa 3 Mill. Einwohnern) mit der Hauptstadt Tananarive (Atananarivo, 50 000 E.) und dem bedeutendern Hafen Tamatave.

b. Auf den gesamten Inseln werden die gleichen Gewächse gezogen wie im tropischen Kontinentalafrika. Einzelne Inseln zeichnen sich durch hervorragende Kultur irgend eines bestimmten Tropengewächses aus. Madagaskar erzeugt vor allem Raphia, Reis und Kakao, Réunion Vanille (erster Vanilleproduzent der Erde!) und Zuckerrohr, Mauritius und Rodriguez Zuckerrohr, Tee, Kakao und Gewürznelken, Seychellen und Amiranten Vanille und Kokosnuß, Sansibar und Pemba vorzugsweise Gewürznelken.

Die Viehzucht blüht auf den grasreichen Höhen von Madagaskar. Voran steht die Rinderzucht. Schweine-, Schaf- und Seidenraupenzucht findet man allenthalben.

In mineralischer Beziehung kommt nur Madagaskar in Frage, das Gold, Schwefel und Graphit liefert. Auch Silber, Kupfer, Eisen und Blei hat man hier gefunden.

5. Südafrika (das außertropische Afrika).

Größe und Urproduktion von Südafrika.

§ 223. Größe und Besitzverhältnisse von Südafrika. Südafrika umfaßt Britisch-Südafrika und Deutsch-Südwestafrika. Nur die Nordgebiete beider Kolonien reichen in die tropische Zone hinein.

Während aber Deutsch-Südwestafrika nur 835 000 qkm mit 200 000 E. groß ist (über die wichtigern Orte vgl. § 95), verfügt Britisch-Südafrika über nahezu 2 Mill. qkm mit über 7 Mill. E.

Das britische Gebiet setzt sich zusammen aus der Kapkolonie (Kapstadt, Port Elisabeth, East London, Kimberley), Natal (Durban), Oranjekolonie (Bloemfontein), Transvaalkolonie (Pretoria, Johannesburg), Rhodesia (Salisbury) und Britisch-Zentralafrika.

§ 224. **Erzeugnisse der Pflanzen-, Tier- und Mineralwelt.** **a.** Das Klima Südafrikas ist subtropisch. Im O geht die tropische Klimawelle weit nach S. Überhaupt ist der O auch niederschlagsreicher als die trockenheiße Westhälfte von Südafrika. Südafrika ist ein gewaltiges Tafelland von 1200 m mittlerer Höhe. In ihm herrscht die Steppe vor, die an manchen Stellen zur Wüste neigt, wie an dem Küstenrand von Deutsch-Südwestafrika und an einigen Stellen des Kalahari-Gebietes. Künstliche Bewässerung wird in dem Steppenland noch große Gebiete dem Ackerbau und der Viehzucht gewinnen, wie dies Stauanlagen von Flüssen im britischen und deutschen Gebiet bereits erwiesen haben.

Die Hauptbrotfrüchte sind Durra, Hirse, Mais und Hülsenfrüchte. Die Fruchtgebiete hierfür sind besonders der O, das Betschuanaland, das obere Sambesigebiet und die einstigen Burenrepubliken. In diesen Gebieten gedeihen auch Erdnüsse, Bataten, Tabak und in sumpfigen Niederungen Zuckerrohr.

Weizen gedeiht in den einstigen Burenrepubliken gut, ganz vorzüglich aber in den südlichern Gebieten. Im SW des Kaplandes gedeihen übrigens all unsere einheimischen Getreidearten, ferner unsere Obstsorten und Wein. Jährlich werden gegen 200 000 hl Wein erzeugt, wovon ¼ ausgeführt werden kann. Auch bei Windhuk auf deutschem Gebiet ist die Weinanpflanzung von Erfolg.

b. Eine große Zukunft hat in ganz Südafrika die Viehzucht. Besonders das deutsche Kolonialgebiet hat ausgezeichnete Weidegebiete und kann Millionen von Rindern und Schafen Nahrung bieten. Auch bei den Eingeborenen (Herero, Betschuanen, verschiedenen Kaffernstämmen) stand die Viehzucht, insonderheit die Rinderhaltung auf hoher Stufe. Aber Viehseuchen und die Tsetsefliege haben frühere große Herden teilweise oder fast ganz vernichtet.

In Britisch-Südafrika steht die Schafzucht jetzt obenan (über 13 Mill. Stück Tiere). Ihr folgt die Zucht von Angora- und andern Ziegen (über 7 Mill. Stück), von Rindern, Pferden und Schweinen. Die Straußenzucht ist zuerst in der Kapkolonie eingeführt worden (400 000 Strauße). Auch im deutschen Gebiet wird sie betrieben, hier auch die Zebrazucht und neuerdings die Zucht von Kamelen.

c. Südafrika ist reich an unterirdischen Schätzen. Die mineralische Produktion hat Britisch-Südafrika zu einer führenden Stellung in der gesamten Mineralerzeugung der Welt erhoben. Das ganze Gebiet ist reich an Mineralien, besonders aber Rhodesia an allerhand edlen und unedlen Metallen, Transvaal an Gold (Witwatersrand!), die Kapkolonie an Diamanten (Kimberley!), desgleichen Deutsch-Südwestafrika. Eisen und Kupfererze (die Otawiminen in Deutsch-Südwestafrika!) werden zutage gefördert, ebenso Kohlen (Natal, Kapland, Rhodesia).

§ 225. **Verkehrsverhältnisse von Südafrika.** Noch mehr wie dem Ackerbau und der Viehzucht folgt der Verkehr dem gewinnbringenden Bergbau. In Südafrika hat sich ein Eisenbahnnetz entwickelt, dank der Tatkraft der Briten. Die wichtigsten Bahnen verknüpfen Kapstadt mit Bloemfontein und Pretoria. (Über die Eisenbahnen in Deutsch-Südwestafrika vgl. § 94b.)

Der Karrenverkehr, 10 bis 20 Ochsen ziehen einen schwerfälligen Wagen oder Karren, beherrscht trotz der Eisenbahnen noch immer Südafrika bis hinauf zum Tanganjikasee.

Die Küstenplätze heben sich immer mehr durch den von Europa aus betriebenen Schiffsverkehr. An deutscher Küste liegen Kap Kroß, Swakopmund (Walfischbai) und Lüderitzbucht (Angra Pequena), an britischer Küste Kapstadt, Port Elisabeth und Durban.

§ 226. Deutsch-Südwestafrika. Land und Handelsverkehr. a. Deutsch-Südwestafrika war die erste deutsche Kolonie. Von allen unsern Kolonien ist sie für Besiedelungszwecke durch Kolonisten des Mutterlandes am meisten geeignet. Die Küste, 1500 km lang (Hamburg—Neapel), ist mit den Nebeln, der kalten Meeresströmung und der wilden Brandung eine verkehrsfeindliche, „eiserne" Küste. Der Verkehr ist fast ausschließlich auf den Hafen von Lüderitzbucht und die Reede von Swakopmund angewiesen.

Die Küste wird von einem 4 bis 100 km breiten Dünengürtel, der „Namib", begleitet. In dem weitern Bodenaufbau von Deutsch-Südwestafrika unterscheidet man eine Niederregion (0—900 m hoch), eine Mittelregion (900—1200 m) und eine Hochregion (über 1200 m). In das Gebiet der Niederregion gehört der größte Teil der Namib, ein ebenso breiter Streifen am Oranjefluß. Die Unterläufe der stärkern „Riviere", wie des Großen Fischflusses, erweitern das Gebiet der Mittelregion. Der Südosten des Groß-Namalandes wird vorwiegend von der Mittelregion beherrscht. Der Mittelregion sind vielfach ausgedehnte Tafelländer, bis 1600 m hoch, aufgesetzt, so die Huibhochebene, der Schwarzrand (Hanamplateau) und die Zwiebelhochebene (Nananibplateau). Aus der Mittelregion des Südwestens ragen die etwa 2000 m hohen Großen und Kleinen Karasberge hervor. Windhuk liegt 1660 m hoch.

Im W von Windhuk breitet sich das Komasbergland aus. Zwischen dieses Bergland und die südlichen Plateaulandschaften schiebt sich das wildzerklüftete Naukluftgebirge ein. Die Bahn nach Omaruru schlängelt sich am Ostabfall des Erongogebirges entlang und läßt weiterhin den Waterberg (1900 m) zur Rechten liegen.

Granit, Gneis und Glimmerschiefer bilden das Grundgestein der Kolonie. Darauf lagern vielfach Sandsteine und dolomitische Kalke. An Bruchlinien und Gräben (der größte Graben vom Großen Fischfluß durchflossen) sind vulkanische Gesteine emporgedrungen; warme Quellen in Warmbad, Rehoboth und Windhuk (bis 78° C) erinnern noch daran. Der verschiedene geologische Aufbau und die verschiedenartig verwitterten Gesteine bedingen sechs große Landschaftsgebiete.

Das Groß-Namaland oder kurz Namaland liegt südlich vom 24° s. Br. und baut sich infolge der wagerecht lagernden Sand- und Kalksteinbänke besonders aus Tafelbergen und Plateaus auf (siehe oben!). Auf den Hochflächen wächst nahrhaftes Gras und niedriges Buschwerk. Im Damaraland wird das Buschwerk zu einem dichten Dorngebüsch, weshalb dies Gebiet zur Schafzucht ungeeignet ist. Rundliche Granitrücken wechseln mit scharfkantigen Gneiskämmen ab. Im N bilden Sandsteine wiederum Plateaus und Einzelberge (Waterberg!). Nach O dacht sich das Gebiet ab nach dem wasser- und steinlosen Sandfeld (Omaheke) und nach N zum Kaokofeld und Amboland.

Das Kaokofeld ist ein stark welliges Granitgebiet mit vielen Inselbergen und kanonartigen Schluchten. Das Amboland ist ein ebenes, 1000 m hohes Kalkstein-, Sand- und Humusgebiet. Nach O setzt sich das Hukwefeld des Caprivizipfels an. Das Land wird von den Schwemmlandmassen des Okawango, Sambesi und deren

Nebenflüssen bedeckt und ist darum außerordentlich fruchtbar. Der Caprivizipfel gehört zur Nord-Kalahari. Im O der Kolonie greift die Kalahari noch vielfach in deutsches Gebiet hinüber. Sie ist weniger ein sandiges Hochbecken als vielmehr eine mit reichlichem Gras, Sträuchern und Bäumen bewachsene Steppe, besonders im N.

Die Flüsse haben sich tiefe Betten in dem Untergrund ausgewaschen. Acht Monate hindurch sind sie oberirdisch wasserlos. Nur die beiden Grenzflüsse Oranjefluß und Kunene führen das ganze Jahr Wasser, sind aber trotzdem keine Wasserverkehrsstraßen. Nur in ganz regenreichen Jahren dringen die zur Küste gerichteten Flüsse bis zum Meer vor, so der Swakop durchschnittlich aller 7 Jahre einmal. Zur Regenzeit dringen in den Flußbetten die Wasser oft mit furchtbarer Gewalt und großen Verheerungen vor, sie „kommen ab", wie man in „Südwest" sagt. Auch periodische große Regenlachen, die „Vleys", von der Pflanzenwelt bevorzugt, kommen vor und abflußlose Salzpfannen oder „Pans" (Etoschapfanne!), die wegen des Salzes vom Wild gern aufgesucht werden.

Die Frage der Wassererschließung, der Staudämme, ist neben der Erschließung durch Eisenbahnen die wichtigste des Schutzgebietes. Bohrkolonnen haben schon viele Quellen erschlossen.

Obwohl der Wendekreis des Steinbocks die Mitte der Kolonie durchzieht, gehört doch nur der Nordrand zum tropischen Klima, dagegen der größte Teil wegen der großen mittlern Erhebung des Landes zur südlich gemäßigten Zone. An der Küste herrscht ein gleichmäßiges Küstenklima (Swakopmund 15° C) und im Innern ein Gegensatz reiches Landklima (Windhuk 20°). Im Innern steigt im Sommer das Thermometer bis 45° und im Winter fällt es zuweilen unter 0° C (bis — 8°). Im großen ganzen ist das Klima trocken und gesund. In der Mitte des Landes haben Windhuk, Okahandja noch nicht 400 mm Niederschläge, die nach N und NO bis 750 mm zunehmen. In der Namib fallen des Jahres über kaum 20 mm Regen.

Fig. 219. Einfuhr Deutsch-Südwestafrikas (Herkunftsländer) in Proz. [1908: 33,2 Mill. M.].

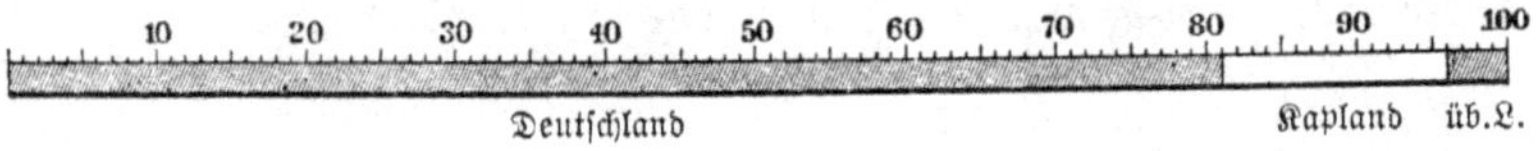

Fig. 220. Ausfuhr Deutsch-Südwestafrikas (Bestimmungsländer) in Proz. [1908: 7,8 Mill. M.].

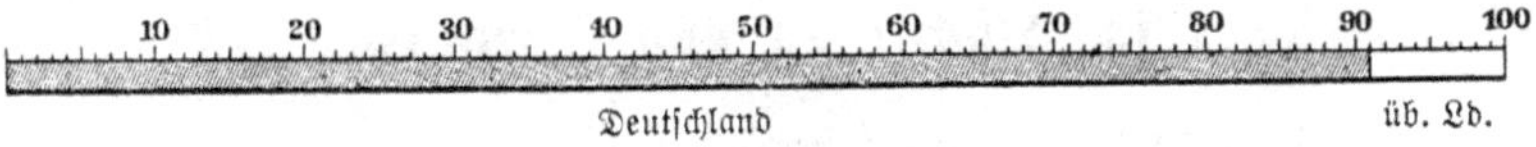

b. Von der Einfuhr nach Deutsch-Südwestafrika entfallen auf den deutschen Handel gegen 27 Mill. M. und von der Ausfuhr gegen $7\frac{1}{2}$ Mill. M.

In der Einfuhr deutscher Waren erzielen Männer- und Knabenkleider hohe Werte, vor allem aber Eisenwaren, Lokomotiven und Eisenbahnfahrzeuge, Fleisch in Büchsen, Schaumwein, Bier, Uhren, Hafer, Weizen- und Roggen, Zement und Steinkohlen, Butter und Käse, Gemüse, Kaffee, Zucker, Tabak, Bau- und Nutzholz, Rindvieh, Maultiere und Pferde. Ausfuhrgegenstände sind Diamanten, Kupfererze, Blei, Straußenfedern, Rindshäute, Hörner, Guano und Robbenfelle vom Kap Kroß, Elfenbein und Gummiarabikum. (Vgl. auch § 94 und 97.)

§ 227. **Der Handelsverkehr von Britisch-Südafrika.** a. Die Einfuhr der Kapkolonie, einschließlich Oranjekolonie, Transvaal, Rhodesia und Britisch-Zentralafrika, wertet gegen 600 und die Ausfuhr über 1000 Mill. M.

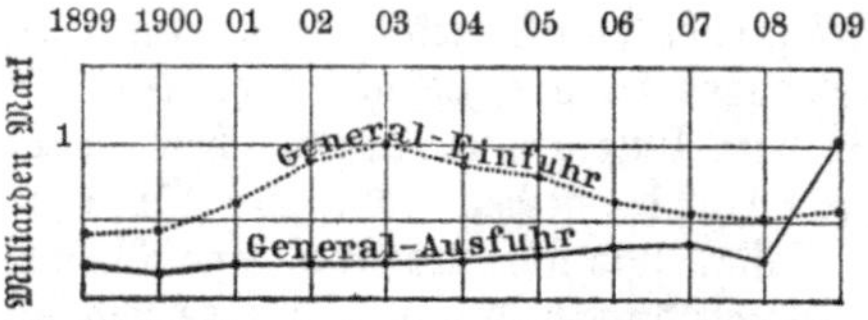

Fig. 221. Ein- u. Ausfuhr Britisch-Südafrikas.

Haupteinfuhrwaren sind Baumwoll- und Wollwaren, bearbeitetes Eisen, Leder- und Sattlerarbeiten, Maschinen, Kohlen, Eisenbahnwagen und -materialien, Bier und Alkohol.

Hauptausfuhrwaren sind Gold (über 600 Mill. M.), Diamanten (120 bis 200 Mill. M.), Wolle (50 Mill. M.), Straußenfedern (30—40 Mill. M.), Angorahaare, Felle und Häute, Kupfer, Weizen, Eier, Butter und etwas Wein.

Fig. 222. Einfuhr der Kapkolonie (Herkunftsländer) in Proz. [1908: 274 Mill. M.].

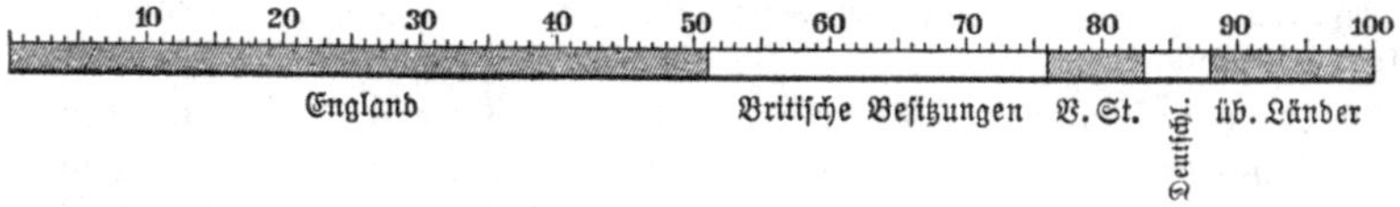

Fig. 223. Ausfuhr der Kapkolonie (Bestimmungsländer) in Proz. [1908: 852 Mill. M.].

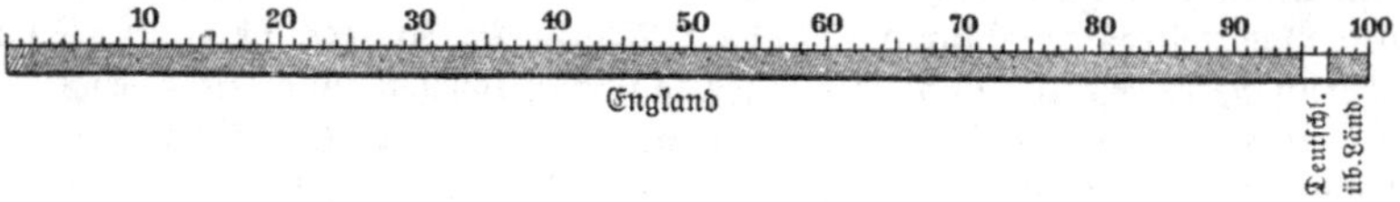

b. Deutschland führt nach Britisch-Südafrika ein (s. 40 Mill. M.) Textil- und Eisenwaren, Bier, Zucker, musikalische Instrumente, Romanzement, Kleider, Porzellan und Spielwaren; und kauft von Britisch-Südafrika (s. etwa 60 Mill. M.) Schafwolle, Straußenfedern, Mimosarinde und Kapblumen.

12. Australien und Ozeanien.

Allgemeines über Australien und Ozeanien.

§ 228. **Land und Leute.** a. Australien und Ozeanien erstreckt sich zwischen 110° ö. L. und 100° w. L. und zwischen 30° n. Br. und 55° s. Br. Das kontinentale Gebiet (Australien mit Tasmanien) umfaßt nicht ganz 8 Mill. qkm mit 5 Mill. E. (0,6 E. auf 1 qkm) und das insulare Gebiet oder Ozeanien über 1 Mill. qkm mit etwa 3 Mill. E. Das Gebiet umfaßt also zusammen rund 9 Mill. qkm mit 8 Mill. Einwohnern.

Ozeanien besteht aus folgenden Inselgruppen:

Melanesien mit der größten Insel der Erde, Neuguinea, 814 000 qkm, d. i. die Größe von Deutschland und Österreich (ohne Ungarn). Ferner gehören zu

Melanesien der Bismarckarchipel, die Salomonen, die Neuen Hebriden und Neukaledonien.

Mikronesien mit den Karolinen, Marschall- und Gilbertinseln. Nach N wenden sich die Marianen oder Ladronen.

Polynesien umfaßt die Elliceinseln, die vier nordsüdlichen Inselgruppen Phönix-, Tokelau-, Samoa- und Tongainseln, die zentralpolynesischen Sporaden (darunter als wichtigste Fanning, Christmas, Malden, Starbuck), die Cookinseln, die Paumotu- (Taumotu-, Niedrige) Inseln mit den Marquesas-, Gesellschafts- (Tahiti-) und Tubuaiinseln.

Von Polynesiern noch bewohnt liegen im N am Wendekreis des Krebses die Hawaiinseln und im S die Neuseelandgruppe mit den Kermadec-, Chatham- und Aucklandinseln.

Neuseeland besteht aus den zwei großen Inseln Nord- und Südinsel, die beide zusammen halb so groß wie das Deutsche Reich sind.

Zwischen Melanesien, Mikronesien und Polynesien liegen die Fidschiinseln, die auch in völkerkundlicher Beziehung ein Übergangsgebiet darstellen.

Ein Blick auf irgend eine Karte des Großen Ozeans lehrt, daß sich die Inseln zu beiden Seiten des Äquators gruppieren; das Schwergewicht liegt dabei auf der südlichen Halbkugel.

b. Australien hat eine mittlere Erhebung von 300 m. Ein gewaltiges Tafelland füllt Mittel- und Westaustralien aus. Im O erhebt sich ein Faltengebirge, das am höchsten in den Australalpen ansteigt (Mount Townsend 2240 m). Höher steigen die Berge der Inselwelt, bis über 4000 m (Mount Cook 3760 m auf Neuseeland, Bismarckgebirge 4300 m auf Neuguinea, Mauna Kea 4200 m auf Hawai).

Das westliche Tafelland Australiens ist aus Graniten und Gneisen aufgebaut. Darüber liegen Schiefer- und Kohlenkalke, Kreideschichten und Wüstensandstein. Im östlichen Faltengebirge treten neben Graniten mehr kristallinische Schiefer und vulkanische Gesteine auf. Ähnlich wie Ostaustralien ist auch die neuseeländische Inselgruppe aufgebaut.

Als hohe Inseln bezeichnet man die Inseln, die vulkanischer Natur sind, und als niedrige Inseln die, die sich auf Riffkorallen aufbauen. Neben vielen tätigen Vulkanen weisen unterirdische Vulkane, Erdbeben und heiße Quellen (Rotomahana auf Neuseeland) auf die vulkanische Natur Ozeaniens hin.

Die Küstengliederung Australiens ist einfach. Von N greift der Karpentariagolf ins Land hinein und im S die sanft gebogene Australbucht. Im NW und SW herrschen Flachküsten vor, im O und SO Steilküsten. Die Steilküsten ergeben gute Häfen (Sydney).

Die Koralleninseln haben die mannigfachste Gestalt, zumeist sind es Rundlinge (Atolle) oder Riffe an Vulkaninseln und Festlandsküsten (das große Barriereriff an der Nordostküste Australiens).

Die Gebiete größter Fruchtbarkeit finden sich da, wo der vulkanische Boden verwittert ist. Unfruchtbar ist die Gegend des Wüstensandsteins in Westaustralien. Unfruchtbar ist auch der Korallenkalk der Koralleninseln. Angeschwemmte Humusteilchen und künstliche Humusbildung bedingen erst eine größere Fruchtbarkeit.

c. Flüsse sind außerhalb Australiens noch in Neuseeland und Neuguinea entwickelt. In Australien gibt es nur ein einziges großes Stromsystem, das des Murray mit dem Darling. Über die Hälfte des australischen Festlandes ist abflußlos. Riesige Wasserleitungen haben sowohl im W wie im O viel Land besiedelungs- und kulturfähig gemacht.

Australien und Ozeanien gehören der warmen Zone an, nur der äußerste S Australiens, Tasmanien und die Südinsel von Neuseeland ragen in die südliche gemäßigte Zone hinein. Auf dem Kontinent macht sich das Landklima geltend, mit einer mittlern jährlichen Wärmeschwankung von 25° C. In Ozeanien herrscht das Seeklima mit einer mittlern Wärmeschwankung von 5° C.

Der NO Australiens fällt noch in das Gebiet der tropischen Regen. Auf den Inseln hat man jährliche Niederschläge von 200 bis 600 cm gemessen. Sydney hat eine jährliche Regenhöhe von 128 cm, Melbourne von 66 cm; das Innere des Landes hat 20 cm und weniger.

Im allgemeinen ist das Klima Australiens und Ozeaniens gesund, wenn auch die gleichmäßige Wärme der tropischen Inseln auf den Europäer sehr erschlaffend wirkt.

d. Bei den Eingeborenen lassen sich zwei große Rassen unterscheiden, die dunkelgefärbte, zumeist „Negerrasse" genannt, und die hellere, braungelbe, malaiische Rasse. Zu der dunklern gehören die Australier, die Tasmanier (ausgestorben), die Melanesier von Neuguinea (Papuas) bis zu den Fidschiinseln. Zu den Malaien gehören die Polynesier, die die äußern Inselgruppen bewohnen. Einzelne wichtigere polynesische Stämme sind die Maori auf Neuseeland, die Samoaner und Hawaier. Die Mikronesier, ein Mittelglied zwischen den beiden vorgenannten Rassen, bewohnen die Karolinen, die Marschall- und Gilbertinseln.

In Australien und auf den größern Inseln gibt es viele eingewanderte Chinesen. Im übrigen herrscht der Europäer auf Australien, Tasmanien und Neuseeland vor.

e. Australien und Ozeanien ist fast ganz von den europäischen Mächten aufgeteilt worden, nur die Vereinigten Staaten von Amerika haben sich noch einen kleinen Teil zu sichern gewußt.

Chilenisch ist die Osterinsel (122 qkm mit 150 E.).

Unabhängig sind die Hebriden (13 000 qkm mit 50 000 E.).

Großbritannien verfügt über das Festland Australien mit Tasmanien, Neuseeland und viele kleine Inselgruppen (siehe § 127e), zusammen über 8¼ Mill. qkm mit 6 Mill. E.

Den zweitgrößten Besitz haben die Holländer mit West-Neuguinea (400 000 qkm mit 300 000 E.).

An dritter Stelle reiht sich Deutschland an mit 244 000 qkm und 400 000 Einwohnern. (Die einzelnen Inselgruppen und ihre Größe s. Tabelle § 90 c.)

Frankreich verfügt über 24 000 qkm mit 88 000 E. (siehe § 121 c).

Die Vereinigten Staaten von Amerika besitzen die Hawaiigruppe, die Marianeninsel Guam und die samoanische Insel Tutuila, zusammen 17 400 qkm mit 210 000 Bewohnern. Hawaii rechnen die Vereinigten Staaten als ein Außenterritorium.

1. Australien (der Australische Staatenbund).

§ 229. Erzeugnisse der Pflanzen-, Tier- und Mineralwelt des Australischen Staatenbundes. **a.** Zum Australischen Staatenbund gehören Queensland (Hauptort Brisbane), Neusüdwales (Sydney, 600 000 Mill. E.), Victoria (Melbourne, über ½ Mill. E.), Südaustralien (Adelaide), dazu gehört das Nordterritorium, Westaustralien (Perth, Fremantle) und Tasmanien (Hobart). Die Bundeshauptstadt „New Capital" liegt im Murraydistrikt von Neusüdwales, 250 km südwestlich von Seydney entfernt und rund 100 km von der Küste.

Das gesamte Kulturareal Australiens wird auf 2 Mill. qkm geschätzt, wovon aber gegenwärtig nur $^1/_{20}$ angebaut wird. Im Ackerbau stehen Neusüdwales und Victoria obenan. Hier, wie auch in Tasmanien, gedeihen namentlich Weizen, Hafer, Mais und Gerste. Queensland ist für Reis- und Zuckerrohranlagen geeignet. Die Kartoffel hat überall Eingang gefunden, die Batate an der Nordostküste. Weinbau betreibt man in Neusüdwales, Victoria und Südaustralien. Obstbaumzucht (besonders allerlei Südfrüchte) ist in allen Küstengebieten verbreitet. In Queensland und Südaustralien tragen die Orangenbäume reiche Früchte. Auch der Tabakbau ist lohnend.

Die australischen Wälder im gebirgigen O bringen harte und dauerhafte Hölzer.

b. Die Erzeugnisse der australischen Tierwelt können mit denen anderer Erdteile konkurrieren. Die Weiden erfüllen das ganze östliche Australien. Die westlichen Gebiete werden erst im geringen Umfange ausgenutzt. Die Schafzucht mit über 90 Mill. Tieren steht obenan. Neben der Wollausfuhr ist die Ausfuhr von gefrorenem Hammelfleisch sehr lohnend. Die nächstwichtige Tierzucht ist die der Rinder (Queensland) und der Pferde (Ausfuhr!). Am geringsten ist die Schweinezucht. In Westaustralien hat man sich auch mit der Zucht von Kamelen abgegeben. Die Unmengen von Kaninchen ergeben, als Konserven zubereitet, einen ansehnlichen Ausfuhrgegenstand.

c. In der Mineralerzeugung steht der kleinste aller Erdteile keinem andern Erdteile nach. In der Goldausbeute reiht sich Australien an Südafrika und die Vereinigten Staaten an. Alle australischen Staaten liefern Gold, das meiste jedoch Victoria und Westaustralien (hier die Goldfelder bei Coolgardie und Kalgoorlie). Silber findet sich in ganz Australien, besonders in Neusüdwales und Queensland. Ansehnlich ist auch die Gewinnung von Kupfer (Süd- und Westgebiete), Blei (in den Silbergebieten), Zinn (Queensland), Wismut, Wolfram, Mangan, Eisen (Westaustralien) und Kohle (Neusüdwales).

§ 230. Industrie und Handelsverkehr des Australischen Staatenbundes.
a. Industrie und Gewerbe haben trotz der reichen Naturschätze des eignen Landes bis jetzt nur in Neusüdwales und Victoria eine nennenswerte Entwicklung gefunden. Hier ragen die Mehlmühlen und Brauereien hervor. Die Nahrungsmittelindustrie hat in den südöstlichen und östlichen Gebieten einen großartigen Aufschwung genommen. In Queensland gibt es viele Zuckermühlen und -raffinerien. In Neusüdwales hat sich neuerdings auch die Maschinenindustrie entwickelt, ferner der Schiffsbau, die Textil- und Papierindustrie.

b. Australien ist nicht dicht bevölkert. Im Vergleich zu seiner geringen Einwohnerzahl hat es schon ein ansehnliches Eisenbahnnetz, das sich besonders im O und SO entwickelt hat. Die wichtigste Strecke ist die, die Adelaide über Melbourne und Sydney mit Brisbane verbindet. Ein Überlandtelegraph verbindet Adelaide im S mit Port Darwin im N.

c. Der Australische Staatenbund gehört zu den Großhandelsstaaten.

Hauptausfuhrwaren sind Gold (jährl. gegen 250 Mill. M.), Wolle (jährl. f. etwa 500 Mill. M.), sodann Weizen, Kupfer, Butter, Häute, Fleisch, Silber, Zink, Zinn, Kohle, lebende Tiere, Leder und Talg.

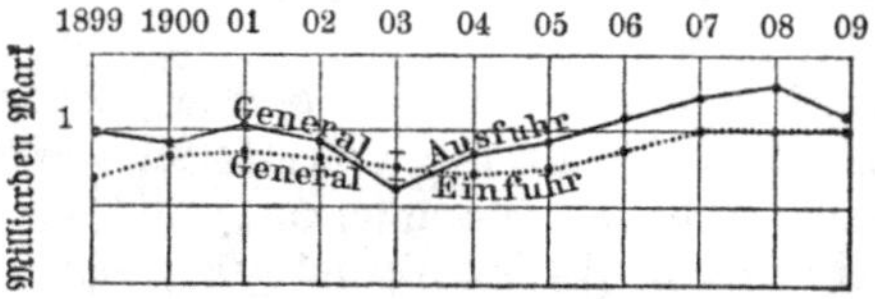

Fig. 224. Ein- u. Ausfuhr des Australischen Staatenbundes.

Haupteinfuhrwaren sind Textilwaren, Metallwaren, Eisen, Maschinen, Leder- und Papierwaren, Sprit und Bier, Waffen und Munition, Bücher, Drogen und Chemikalien, Glas- und Porzellanwaren.

d. Der Handel Australiens mit Deutschland erfreut sich eines stetigen Wachstums. Australien sendet nach Deutschland (jährl. f. reichl. 200 Mill. M.) in der Hauptsache Schafwolle, Weizen, Blei- und Zinkerze, Rohkupfer, Rohzinn, Felle zu Pelzwerk und bezieht

Fig. 225. Einfuhr des Austr. Staatenb. (Herkunftsländer) in Proz. [1908: 1016 Mill. M.].

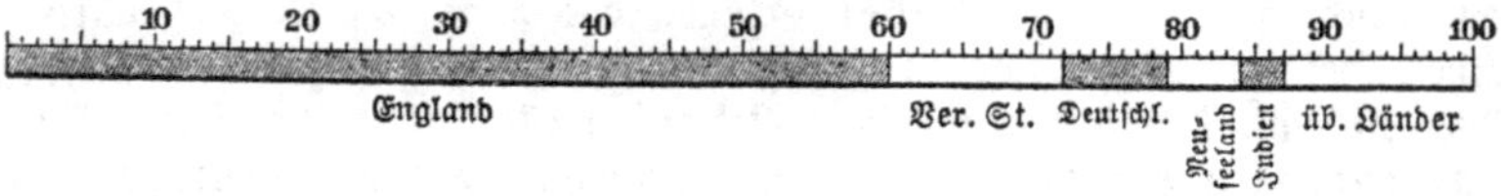

Fig. 226. Ausfuhr des Austr. Staatenb. (Bestimmungsländer) in Proz. [1908: 1312 Mill. M.].

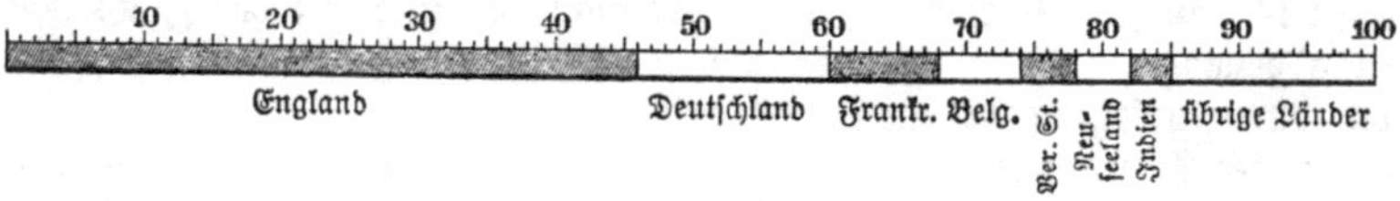

von Deutschland (f. 60 Mill. M.) Eisenwaren und Eisendraht, Klaviere, baumwollene Strumpfwaren, feine Holzwaren, Kinderspielzeug, Textilwaren, Porzellanwaren, Bier, Anilin und andere Teerfarbstoffe.

2. Ozeanien.

§ 231. Erzeugnisse der Pflanzen-, Tier- und Mineralwelt. a. Die Kulturpflanzen von Neuseeland entsprechen denen von Südaustralien und Tasmanien. Hafer, Weizen, Mais, Gerste, Kartoffeln, Leinsaat, Futtergewächse werden auf Neuseeland gebaut; indessen begünstigen ein feuchtes Klima und größere Küstenebenen mehr die Viehzucht als den Ackerbau.

In ganz Ozeanien nehmen die Nutzpflanzen nach Art und Zahl ostwärts ab.

Die wichtigsten Kulturpflanzen der Tropeninseln sind Kokospalme und Brotfruchtbaum, ferner Yams, Taro, Ananas, Melone, Banane, Batate und Zuckerrohr. Mit der Pflege dieser Gewächse befassen sich die Eingebornen, die Europäer vor allem mit der Kultur der Kokospalme und des Zuckerrohrs, sodann mit der von Tabak und Baumwolle, Kaffee und Kakao, Dattelpalme (Hawaii), Tee und Pfeffer, Reis und Mais, Kautschuk- und Guttaperchabäumen. Diese Kulturen betreiben die Europäer hauptsächlich auf Neuguinea, den Fidschi-, Tonga-, Tahiti-, Marquesas- und Hawaiinseln, auch auf Samoa (Sawaii). Erdnüsse gewinnt man namentlich auf den Fidschiinseln. Die Sagopalme dringt ostwärts nur bis Tahiti vor, wo sie dem Zuckerrohr Platz macht.

Die Kokospalme ist die wichtigste Handelspflanze Ozeaniens; Holz und Rinde werden benutzt, sodann die Fasern (Koir), die Milch und der Kern (Kopra) der Nuß. Sie ist fast der einzige Ausfuhrgegenstand von Mikronesien und Polynesien. Der Brotfruchtbaum dient den Eingebornen zur Nahrung.

Neben den Nahrungsmitteln werden eine größere Anzahl Genußmittel von den Eingebornen kultiviert, so die Arekanuß, der Betelpfeffer, die Kawapflanze, aus der von den Polynesiern das so sehr geschätzte „Kawagetränk" bereitet wird. Von den Europäern sind als Genußmittel liefernde Pflanzen neben Wein auch Zimt, Ingwer, Pfeffer und Vanille eingeführt worden. Aus dem Marke verschiedener Palmen Australiens und Ozeaniens gewinnt man das Palmen-Arrowroot (Palmenstärke).

Für den Eingebornen der Südsee sind ferner verschiedene Pandanusarten wichtig, da ihre F.üchte und Blüten als Gemüse gegessen und aus den Blättern von den Frauen Lendenschurze und Segel gewebt werden. Der Papiermaulbeerbaum gibt Bast zur Kleidung, und auf Neuseeland liefern die Blätter der Flachslilie den neuseeländischen Flachs, der ein Webmaterial für die Eingebornen, aber auch ein bevorzugter Ausfuhrartikel ist (jährl. f. etwa 10 Mill. M.). Auf Neuseeland liefert die Kaurifichte neben gutem Bauholz ein geschätztes Harz (Kaurikopal), das in manchen Jahren einen Ertrag bis 10 Mill. M. ergibt.

b. Ozeanien ist an Nutztieren ganz arm. Schwein, Hund und Huhn waren schon vor dem Eintritt des Europäers vorhanden. Eine Viehzucht weist nur Neuseeland auf. Die Schafzucht, erst vor hundert Jahren eingeführt, zählt jetzt über 20 Mill. Stück. Nächst ihr ist am wichtigsten die Zucht von Rindern (Meiereiwirtschaft). Weniger wichtig sind Pferde- und Schweinehaltung.

Was das Land an Nutztieren versagt, das gibt in überreichem Maße das Meer. Unter den Fischereiprodukten Ozeaniens steht der Trepang (Holothurie, Seegurke) obenan. Perlen und Perlmutter werden bei vielen Inselgruppen gefischt. Große Fischereigründe bestehen zwischen Australien und Tasmanien. Der Pottwalfang blüht besonders bei den Hawaiinseln, der Pelzrobbenfang auf den südlichen polwärts gelegenen Inseln. Schildkröten werden in Melanesien und Mikronesien gefangen. Der Ertrag der Guano liefernden Inseln (Fanning, Starbuck) ist zurückgegangen.

c. Die Mineralwelt Ozeaniens ist noch nicht erschlossen. Gold und andere Schätze liefert Neuguinea, besonders aber Neuseeland. Hier findet bereits ein ansehnlicher Silber- und Kohlenabbau statt. Nickel und kleine Mengen Chrom und Kobalt liefert Neukaledonien.

§ 232. Industrie und Verkehr. **a.** Als Industriezweige seien auf Neuseeland die Fleischindustrie und die Herstellung von Butter, Käse und Leder hervorgehoben.

Auch auf den übrigen größern Inseln Ozeaniens läßt sich eine Art geregelter Gewerbetätigkeit nachweisen. Das Fischereigewerbe, das sich neben der Herstellung von Netzen und allerhand andern Fanggeräten auch mit der Konservierung (Trocknen) von Fischen beschäftigt, ist über ganz Ozeanien verbreitet; ferner der Kanu- und Hausbau. In Fidschi und Neuguinea blüht die Töpferei. Auf Webereien und Geflechte verstehen sich besonders die Neuseeländer, wie auch die Samoaner (feine Matten!). Andere Gewerbe sind die Herstellung von Schmuckgegenständen, Waffen und Geräten aus Delphin-, Hunde- und Eberzähnen, aus Muschelschalen und Schildpatt.

b. Die Ozeanier besitzen neben nautischen Kenntnissen ein große Technik in der Schiffsbaukunst. Ihre Transportmittel sind Einbaum, Floß, Einbaum mit Balancierbaum (Ausleger), aus dem sich dann das Doppelboot entwickelte. Die Polynesier und Mikronesier stehen mit ihren Schiffahrtleistungen, besonders in der weiten Fahrt, bedeutend über den Melanesiern. Die einzelnen Inselgruppen sind aber erst durch die europäische Schiffahrt, insbesondere durch die Dampfschiffahrt, zu einem weitumfassenden regelmäßigen Verkehrsnetz zusammengefaßt worden.

c. Der Handelsverkehr der meisten Inselgruppen ist noch wenig entwickelt und sehr gering, besonders auch der von Neuguinea. Die größte Bedeutung als Handelsgebiet hat die britische Besitzung Neuseeland.

Neuseeland gehört zu den Mittelhandelsgebieten. Die Ausfuhr wertet 300—400, die Einfuhr über 300 Mill. M.

Ausfuhrwaren sind Wolle, gefrorenes Fleisch, Gold, Silber, Butter und Käse, Kaurigummi, Häute und Felle, Talg, Holz, neuseeländischer Flachs und Kohle. Einfuhrwaren sind Textil- und Eisenwaren.

Die wichtigsten Handelsbeziehungen verknüpfen Neuseeland mit Großbritannien, sodann mit Australien, den Vereinigten Staaten von Amerika, Fidschi, Britisch-Indien, Deutschland und Ceylon. Deutschland holt für 2 Mill. M. Roherzeugnisse und liefert der Inselwelt für über 5 Mill. M. Industriewaren.

§ 233. Die deutschen Kolonien der Südsee. Land und Handelsverkehr.
a. Zu den deutschen Besitzungen in der Südsee gehören Deutsch-Neuguinea und Samoa. Die großen Inseln von Deutsch-Neuguinea sind vulkanischer Natur, die kleinen Inseln sind nur teilweise vulkanisch, zumeist sind es Koralleninseln. Diese sind die niedrigen Inseln unsers Gebietes, während die Vulkaninseln die hohen Inseln sind. Die Inseln des alten Schutzgebietes (siehe § 90b) sind sämtlich hohe Inseln, teilweise mit tätigen Vulkanen. Auf den nördlichen Inseln der Marianen sind auch Vulkane tätig. Innerhalb der Karolinen sind die Koralleninseln häufiger als die vulkanischen Hochinseln. Zu letztern gehören nur Jap, Pónape, Kusaie, Truk- und Palauinseln. Sämtliche Eilande des Marschallarchipels (die östliche Ratak- und die westliche Rälik-Gruppe) sind winzig kleine flache Koralleninseln. Auf den großen Inseln des alten Schutzgebietes ereichen die Gebirge bedeutende Höhen. Auf Kaiser-Wilhelmsland steigt das Bismarckgebirge bis 4300 m empor, das Finisterre-Gebirge bis 3500 m. Das Rosselgebirge auf Neumecklenburg erreicht Höhen von 2150 m, auf Bougainville das Kronprinzgebirge 2360 m und das Kaisergebirge 3100 m. Auch auf Neupommern steigen verschiedene Berge über 2000 m empor.

Die Flußentwicklung richtet sich ganz nach der Größe der Inseln. Auf den kleinen Inseln ist sie ausgeschlossen. Eine größere Flußentwicklung ist nur auf Neuguinea möglich, wo auf deutschem Gebiet der für kleine Dampfer weithin schiffbare Kaiserin-Augustafluß die Länge unserer Oder (900 km) erreicht. Nicht weit von der Mündung des Kaiserin-Augustaflusses mündet der Ránufluß, dessen Quellgebiet nach SO weist, wo es mit dem des Markhamflusses, der sich in den Huongolf ergießt, zusammenhängt.

Auf sämtlichen Inseln ist das Klima feuchtwarm, ein durch die Meeresumgebung gemildertes Tropenklima. Am ungesundesten ist es an der Küste von Neuguinea. Auf Neuguinea und den übrigen Inseln beträgt die mittlere Jahreswärme 26 und 28° C. Regen fällt fast zu jeder Jahreszeit, wenn auch manche Monate durch größere oder geringere Regenfälle ausgezeichnet sind. Längs der Küste von Kaiser-Wilhelmsland hat man je nach der Lage der Orte 1700 bis 6000 mm Niederschläge im Jahre beobachtet, im Bismarckarchipel 2000 bis 4000 mm, auf dem Koralleninselgebiet 4000—5500 und auf den Marianen kaum 2000 mm. Die Koralleninseln haben gelegentlich unter gewaltigen Stürmen (Taifunen) schwer zu leiden.

Reich gegliederte Vulkangebirge, prächtige Wälder und silberklare Gewässer beherrschen das Landschaftsbild von Samoa. Dazu kommt große Fruchtbarkeit und mildes und gesundes Klima, so daß die Inselflur mit vollem Recht als „Perle der Südsee" gefeiert wird. Samoa besteht aus hohen vulkanischen Inseln (Sawaii bis 1650 m hoch). Die vulkanische Tätigkeit ist heute noch nicht erloschen, besonders auf Sawaii, wo der Matawanu sich von Zeit zu Zeit durch Ausbrüche bemerkbar macht und oft jahrelang ununterbrochen glühende Lavabäche bis in das Meer entsendet. Infolge des terrassenförmigen Aufbaues von Samoa bilden die Flüsse häufig malerische Wasserfälle. Upolu ist die wichtigste und fruchtbarste Insel und darum der Hauptsitz der Plantagenbaues und der europäischen Kolonisation. Die Insel hat die Größe der Insel Rügen. Im Innern der Insel, südlich von Apia, liegt etwa 900 m hoch der kreisrunde, tiefgrüne See Lanutoo in prächtigster Waldumgebung.

Für uns hat Samoa das zuträglichste Klima. Die mittlere Jahreswärme beträgt nahezu 26° C. Ein ewiger Sommer herrscht hier. Der mit Wasserdampf gesättigte Südostpassat trifft vor allem die Ost- und Südgestade von Samoa, wo er seine Feuchtigkeitsmenge niederschlägt, während des Jahres bis 7600 mm. Aber auch die Nordküsten sind nicht regenarm, wo in Apia durchschnittlich über 3000 mm Niederschläge fallen, also vier- bis fünfmal soviel als in Deutschland. Die höhern Gelände des Innern sind noch regenreicher. Im Sommer treten zuweilen verheerende Orkane auf, die der Schiffahrt in den wenig geschützten Häfen, wie in Apia, schweren Schaden bringen können.

Fig. 227. Einfuhr Deutsch-Neuguineas mit Inselgebiet (Herkunftsländer) in Proz. [1908: 5,2 Mill. M.].

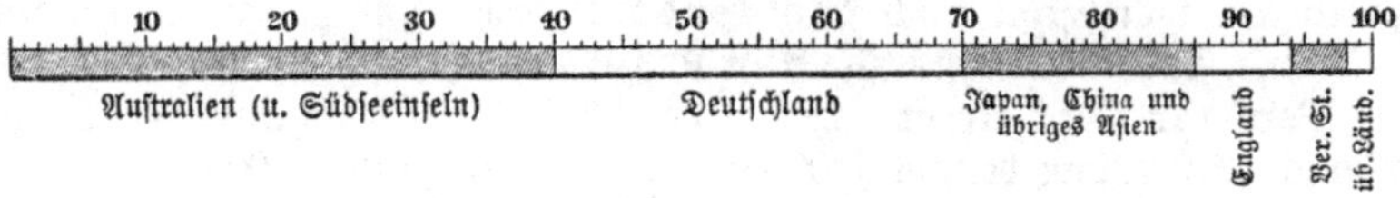

Fig. 228. Ausfuhr Deutsch-Neuguineas mit Inselgebiet (Bestimmungsländer) in Proz. [1908: 6,1 Mill. M.].

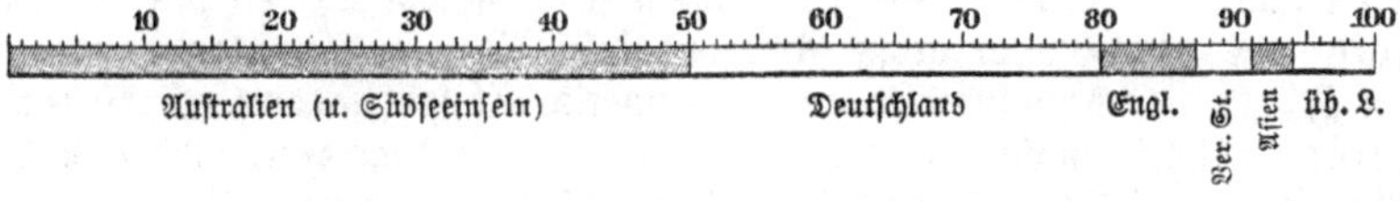

Die Einfuhr Deutschlands nach dem gesamten Besitz von Deutsch-Neuguinea beträgt gegen 2 Mill. M., die Ausfuhr ebensoviel.

Deutschland sendet nach dem Handelsgebiet von „Neuguinea" insbesondere Webwaren und Bekleidungsstücke, Metalle und Metallwaren, Instrumente, Maschinen, Körner- und Hülsenfrüchte, Fahrzeuge und Transportmittel, Apothekerwaren und chemische Erzeugnisse, Tabak, hauptsächlich Kautabak, alkoholische Getränke aller Art, Stein- und Glaswaren, Kerzen und Seifen, und holt sich Kopra, Kautschuk und Guttapercha, Steinnüsse, Schildpatt, Perlmutterschalen und andere Schalen, Holz, Kaffee, Kakao und besonders Phosphate.

c. Die Einfuhr Deutschlands nach Samoa wertet über ½ Mill. M.; die Ausfuhr über 1 Mill. M.

Fig. 229. Einfuhr Samoas (Herkunftsländer) in Proz. [1908: 2,5 Mill. M.].

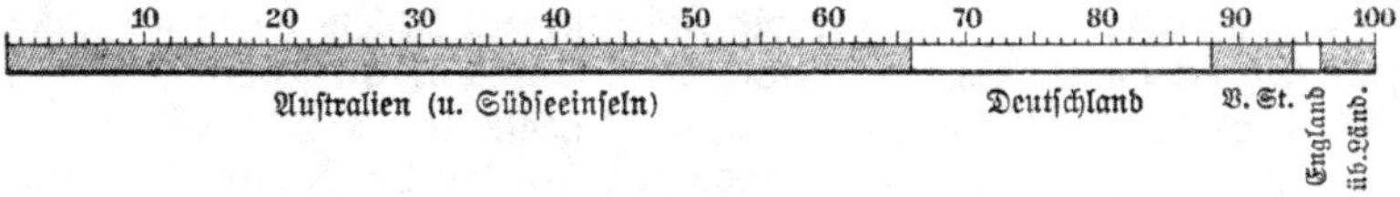

Fig. 230. Ausfuhr Samoas (Bestimmungsländer) in Proz. [1908: 2,7 Mill. M.].

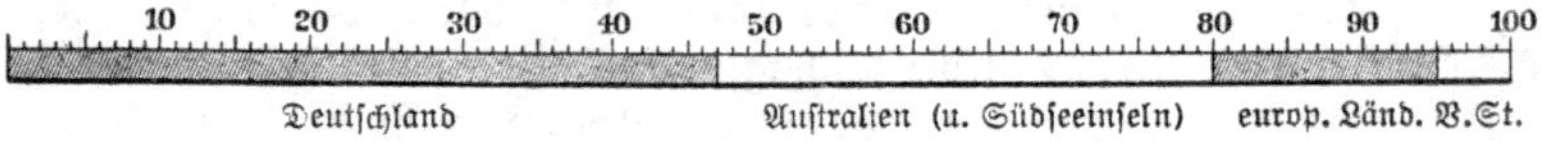

Deutschland sendet nach Samoa in der Hauptsache Metallwaren, Maschinen und Fahrzeuge, sodann Bier in Flaschen, allerhand Verzehrungsgegenstände, Spirituosen, Zigarren, Webwaren und Bekleidungsgegenstände. Von Samoa empfängt Deutschland Kopra und Kakao. Die Ausfuhr von Kawa und Tabak ist nach andern Südseegebieten gerichtet und die von Kokosnüssen und Ananas nach Australien. (Vgl. § 96 und 97.)

---

13. Südamerika.

Allgemeines über Südamerika.

§ 234. Land und Leute. a. Von den drei Südkontinenten erstreckt sich Südamerika am weitesten nach dem Südpol; denn Kap Hoorn berührt den 56. Grad s. Br. Der nördlichste Punkt ist Kap Gallinas, 11½° n. Br., der westliche Punta Pariña in Peru, 81° w. L., und der östlichste Kap Branco, 35° w. L. Die nordsüdliche Erstreckung beträgt 7500 km und die westöstliche 5100 km.

b. Südamerika ist mit 18 Mill. qkm der viertgrößte Erdteil. Kein Kontinent ist so wenig wie Südamerika gegliedert. Die Inseln und Halbinseln verhalten sich zum Festland wie 1 : 77. Von den Inseln seien hervorgehoben als küstennahe Inseln: die 19000 qkm große Amazoneninsel Marajo, Feuerland und von den vielen Inseln vor dem südwestlichen Südamerika Chiloe; sodann als küstenferne Inseln: die Falklandinseln im Atlantischen Ozean, die Juan Fernandez- (Robinson!) Inseln und die Galapagos- oder Schildkröteninseln im Großen Ozean.

c. Die Küsten sind hauptsächlich im O Flach- und im W Steilküsten. Die Südküste von Chile ist in Fjorde aufgelöst, von denen ein einziger, die Magalhäesstraße, den Atlantischen Ozean erreicht. Im N sind der Golf von Darien und der Golf von Maracaibo eingeschnitten, im O die Laplatamündung und verschiedene Buchten Patagoniens. An der Westküste ist der wichtigste Küsteneinschnitt der Golf von Guayaquil.

d. Das Kartenbild von Südamerika zeigt, daß die breitern, schollenförmigen Gebirge im O, die höhern Gebirge im W und dazwischen große Ebenen und Becken gelagert sind. Der O ist das ungefaltete, der W das gefaltete Land. Letzteres bildet den jüngern Bestandteil des südamerikanischen Kontinentes. Hier treten auch noch viele tätige Vulkane auf. In zwei bis drei langgestreckten Kämmen begleiten die hohen Gebirge die Westküste. Es sind dies die Kettengebirge oder Kordilleren oder Anden, die ihre höchste Erhebung im O von Valparaiso im Aconcagua (7040 m) erreichen. Bekannt ist auch der in der Nähe des Äquators gelegene Chimborasso (6340 m). Wo sich in der Mitte des westlichen Südamerika die Kordilleren auseinanderziehen, hat sich ein gewaltiges Hochbecken mit großen Seen (Titicacasee, 3850 m hoch und 8100 qkm groß) eingelagert.

Die Tiefländer nehmen $^3/_5$ der Fläche von Südamerika ein. Den Orinoko begleiten auf der linken Seite die Llanos, das sind Graslandschaften mit Baumgruppen. Das Amazonastiefland ist das größte Tiefland der Erde. Ungeheure Wälder, die Selvas, treten hier auf. Die Wälder umsäumen oft große Graslandschaften, die Savannen. Ein großes wirtschaftliches Tiefland der Zukunft ist das Becken des Paraguay und Uruguay, dessen südlichen Teil die Pampas einnehmen.

e. Da die Anden als große kontinentale Wasserscheide nach der Westseite gedrängt sind, so wird nach O zu eine außerordentliche Stromentwicklung begünstigt. Die Flüsse der pazifischen Seite sind sehr kurz, aber außerordentlich wasserreich, für die Schiffahrt zwar nicht geeignet, wohl aber für industrielle Anlagen.

Nach N zu wendet sich der Magdalenenstrom. Der erste große Fluß der Ostküste ist der tiefe und wasserreiche Orinoko, der bis zu seinen Quellflüssen schiffbar ist. Durch den Cassiquiare steht er mit dem Rio Negro, also mit dem Stromsystem des Amazonas, in Verbindung.

Der Amazonas oder Marañon (5500 km lang) ist der wasserreichste Fluß der Erde. Bei hohem Mittelwasser sendet der Strom in der Sekunde 120 000 cbm Wasser in das Meer, das noch 500 km von der Mündung im Meere sich deutlich vom Meerwasser unterscheidet. Die durchschnittliche Breite beträgt von Manáos an, wo der Rio Negro in den Amazonas mündet, 5 km. Wichtige Nebenflüsse sind rechts der Madeira und der Pará (Tocantins). Der Amazonas ist eine der großartigsten natürlichen Wasserstraßen der Erde. Die mittlere Tiefe beträgt im Unterlaufe 70 m. Die Dampfer der Hamburg-Amerika-Linie, die durch die Parámündung in den Amazonas gelangen, haben regelmäßige Schiffahrtverbindung mit Manáos; gelegentlich fahren sie auch bis Iquitos. Bis zu dem Fuße der Anden läßt sich auf dem Riesenstrom die Dampfschiffahrt betreiben, ebenso auf seinen Nebenflüssen, die den Anden entspringen.

Der Rio de la Plata ist eigentlich nur der 300 km lange und 100 km breite Mündungstrichter der drei Ströme Paraguay, Paraná und Uruguay. Die Stadt Asuncion am Paraguay wird bei Hochwasser sogar von Seeschiffen erreicht.

f. Das Klima Südamerikas ist in der Hauptsache tropisch und subtropisch. Nur Patagonien liegt in der gemäßigten Klimazone. Die Wärmeschwankung ist nicht so groß wie in den andern Südkontinenten. Infolge der kalten Peruströmung haben die Westküstengebiete vom Golf von Guayaquil an bis zur Breite von Valparaiso durchschnittlich im Jahresmittel 10° niedrigere Temperatur, als die Ortschaften gleicher Breite an der Ostküste. Anders wiederum ist das Höhenklima, das Klima der Anden, geartet. Die Bewohner unterscheiden hier das heiße Land, das sind die niedrigen heißen Regionen, das gemäßigte Land, das da beginnt, wo der Anbau der tropischen Tieflandgewächse, wie Kakao, Kokospalme, nicht mehr lohnt, und das kalte Land, das da beginnt, wo der Anbau der gemäßigten tropischen Gewächse, wie Kaffee, Yams und Banane, aufhört, etwa bei 2000 m.

Südamerika ist reich an Niederschlägen. Die Gebirgsgegenden im O von Brasilien und die Anden empfangen die größten Regenmengen, jährlich 2 bis 3 m. Gebiete des innern Brasilien und des innern Argentinien haben die geringsten Regenmengen, 50 bis 70 mm, auch weniger.

Im allgemeinen ist das Klima Südamerikas der Gesundheit recht zuträglich. Zwar sind die tropischen Küstengebiete von der Malaria und dem Gelben Fieber nicht frei; doch bei einer Höhe von 1500 m treten diese Krankheiten nicht mehr auf. Mit dem Gebirgsklima der hochandinen Regionen hängt die eigenartige Bergkrankheit zusammen, die sich in Schlaflosigkeit, Ohnmachtsanfällen, Herzklopfen und Nasenbluten äußert.

g. Die einheimische Bevölkerung hat in einigen Volksstämmen der Vorzeit schon ansehnliche Kulturvölker gehabt, so in den Ketschua oder Inka auf den innerandinen Hochländern. Wir teilen die heutigen südamerikanischen Völker in die Stämme des Südens (Chacos- und Pampasindianer, Araukaner, Patagonier und Feuerländer) und in die Stämme der Tropen (Kariben, Botokuden und Nu-Aruak).

Spanier und Portugiesen blieben die einzigen Fremden und Weißen auf drei Jahrhunderte. Ihre Nachkommen sind die Kreolen. Das sind jedoch keine reinen Nachkommen mehr, sondern Mischlinge, bei denen die Mulatten, d. h. Mischlinge von Weißen und Negern, und die Zambos, Mischlinge von Negern mit Indianern, vorherrschen. Mischlinge von Weißen mit Indianern nennt man Mestizen. Im 19. Jahrhundert begann die Einwanderung von Italienern, Deutschen u. a., auch von Chinesen (Peru).

In Südamerika wohnen etwa 50 Mill. Menschen. Davon sind die Hälfte Mischlinge, etwa ¼ Weiße und 4 Mill. Neger (besonders in Brasilien). Der Rest entfällt auf die Indianer. 3 Bewohner kommen auf 1 qkm. Mithin ist Südamerika sehr dünn bevölkert. In Uruguay, Chile und Ecuador wohnen verhältnismäßig die meisten Menschen 5 E. auf 1 qkm).

Nur eine Millionenstadt, Buenos Aires mit 1¼ Mill. E., findet sich in Südamerika, und im ganzen zählt der Kontinent nur 11 Großstädte; fünf davon liegen in Brasilien: Rio de Janeiro (900 000 E.), São Paulo, Bahia oder San Salvador, Recife oder Pernambuco, Belem oder Pará; zwei in Argentinien: Buenos Aires und Rosario und zwei in Chile: Santiago und Valparaiso; je eine in Kolumbien: Bogotá, in Peru: Lima, und in Uruguay: Montevideo. Asuncion in Paraguay zählt erst 70 000 E.

Zwei Drittel der südamerikanischen Bevölkerung ist wirtschaftlich untauglich (einschließlich der Vertreter der niedrigen Wirtschaftsstufe des Einsammelns von Naturerzeugnissen). Weder die einheimischen Indianer, noch die Mischlinge, die in manchen Staaten, wie in Venezuela, vollständig vorherrschen, haben es zu einer ansehnlichen wirtschaftlichen Entwicklung gebracht. Die wenigen festen Staatsgebilde, die unausgesetzten Grenzstreitigkeiten und die Bürgerkriege der meisten „lateinischen" Republiken nehmen darum nicht wunder.

Neben den europäischen Besitzungen (Britisch-, Niederländisch-, Französisch-Guayana oder Guiana und den britischen Falklandinseln) teilen sich zehn Republiken in den Kontinent, von denen fünf auf der atlantischen Seite (Venezuela, Brasilien, Paraguay, Uruguay und Argentinien), vier auf der pazifischen Seite (Chile, Bolivien, Peru und Ecuador) liegen und ein Staat zwischen Großem und Atlantischem Ozean (Kolumbien). Mehr denn anderswo auf Erden ist gerade in Südamerika dem Europäer ein Feld wirtschaftlicher Ausdehnung gegeben.

1. Die atlantischen Wirtschaftsreiche.

a. Die europäischen Kolonien.

§ 235. Die Wirtschaft von Britisch-, Niederländisch- und Französisch-Guayana und den Falklandinseln. **a.** Britisch-Guayana (Hauptstadt: Georgetown) ist 230 000 qkm groß mit $1/3$ Mill. E.); Niederländisch-Guayana (Hauptstadt: Paramaribo oder Surinam) ist halb so groß und Französisch-Guayana (Hauptstadt: Cayenne) nur ein Drittel so groß.

In der Hauptsache wird in Guyana Ackerbau und Bergbau betrieben. Das Zuckerrohr gedeiht vorzüglich im britischen Teil, hier auch der Reis. Im holländischen Teil hat die Kakaoproduktion Bedeutung. Übrigens bringt Guayana auch allerlei Nutzhölzer, Kautschuk und Balata, besonders aber Gold.

Zucker, Gold, Rum, Balata und Diamanten sind die wichtigsten Ausfuhrgegenstände. Textilwaren und Nahrungsmittel sind die Hauptbestandteile der Einfuhr.

b. Auf den 16 800 qkm großen und dünnbevölkerten britischen Falklandinseln wird hauptsächlich Schafzucht getrieben, die auch Wolle, Felle und Talg zur Ausfuhr bringt.

b. Venezuela (942000 qkm mit $2^3/_4$ Mill. E.).

§ 236. Urproduktion und Industrie. **a.** Das Kulturland zerfällt erstens in die Landbauzone, wo Kaffee, Zuckerrohr, Kakao, Hülsenfrüchte, Maniok (im spanischen Südamerika „Yuca" genannt) und Mais angebaut werden,

zweitens in die 700 000 qkm große Weidezone und

drittens in die Waldzone, wo Kautschuk-, Kopaivabalsam-, Tonkabohnen- und Vanillepflanzen wild wachsen.

Die Viehzucht ist gering. Europäische Haustiere werden gezüchtet.

Das Land ist reich an Mineralien. Die wichtigsten mineralischen Erzeugnisse sind Gold, Silber, Eisen und Schwefel.

b. Die Industriewaren werden in der Hauptsache eingeführt. Nur einige Zuckerraffinerien, Schokoladen-, Likör- und Seifenfabriken finden sich vor.

§ 237. **Verkehr und Handel.** **a.** Maultierpfade durchziehen das Land. Den Flußverkehr auf dem Orinoko beherrschen die Engländer. Eine von Deutschen gebaute Eisenbahn verbindet Carácas mit Valencia.

Valencia ist bedeutender Kaffeemarkt. La Guaira ist der Haupthafen. Auch Bolivar am Orinoko hat als Fluß-Seehafen Bedeutung.

b. Hauptausfuhrgegenstände sind Kaffee, Kakao, Kautschuk, Häute, insbesondere Ziegenfelle, ferner Hornvieh, Gold, Asphalt, Kopra, Balata, Dividivi, Tabak und Kopaivabalsam.

Haupteinfuhrgegenstände sind Nahrungsmittel, Eisenwaren und Maschinen, Tonwaren, Kohlen, Petroleum, Zement und Bauholz.

Fig. 231. Einfuhr Venezuelas (Herkunftsländer) in Proz. [1908: 42 Mill. M.].

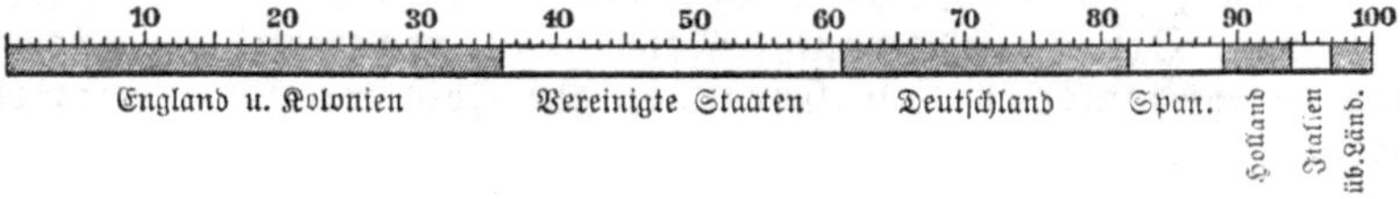

Fig. 232. Ausfuhr Venezuelas (Bestimmungsländer) in Proz. [1908: 62 Mill. M.].

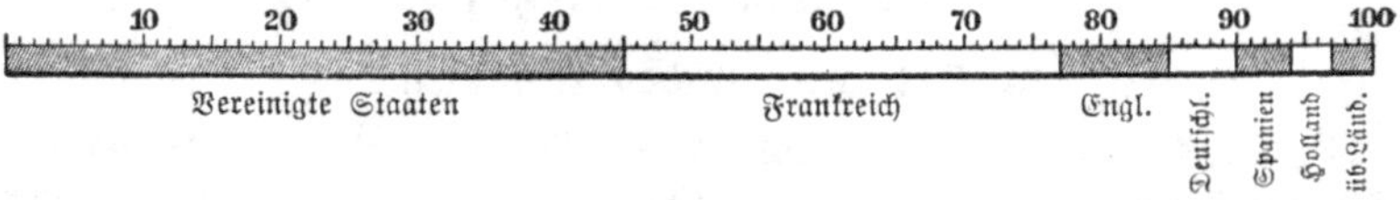

c. Venezuela sendet nach Deutschland (f. 15 Mill. M.) Kaffee, Balata und Kautschuk, Kakaobohnen, Dividivi, Balsame und rohe Nutzhölzer, und erhält von Deutschland (f. 6 Mill. M.) Kriegswaffen, Textil- und Eisenwaren, Leder, Farbendruckbilder und Chemikalien.

c. Brasilien (Vereinigte Staaten von Brasilien; $8^1/_2$ Mill. qkm mit 21 Mill. E.).

§ 238. **Urproduktion und Industrie.** **a.** Brasilien ist bezüglich tropischer Gewächse einer der wichtigsten Rohproduzenten der Erde. Mais und europäische Getreidearten werden angebaut, ferner Bohnen, Maniok, Batate, Kartoffel, Erdnuß und Reis. Das Haupterzeugnis ist der Kaffee (jährlich bis 10 und mehr Mill. dz). Andere wichtige Erzeugnisse sind Tabak, Kakao, Zuckerrohr, Maté und Kautschuk. Brasilien ist mit $^3/_5$ der Welterzeugung heute der größte Kautschuklieferant der Erde. Außerdem liefert Brasilien für den Welthandel noch Paránüsse, Tonkabohnen, Karnaubawachs, Kopaivabalsam, Vanille, Baumwolle, Nutz- und Farbhölzer.

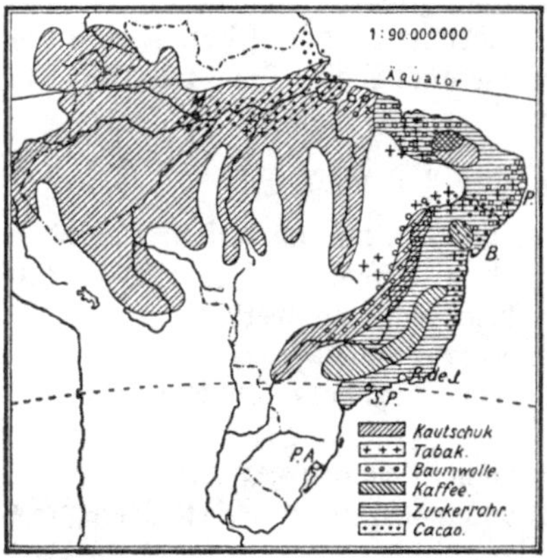

Fig. 233. Wichtige Bodenerzeugnisse Brasiliens

b. Mit der Viehzucht beschäftigt man sich hauptsächlich auf den Campos im höher gelegenen Innern des Landes. Rinder und Schafe stehen in der Tierzucht obenan;

es folgen Schweine-, Ziegen-, Maultier- und Eselzucht. Die Pferdehaltung ist sehr gering. Allgemein verbreitet ist die Geflügelzucht. Die Seidenraupenzucht gewinnt mehr und mehr Boden.

c. Brasilien ist ein mineralreiches Land, dessen Schätze aber noch nicht umfangreicher ausgebeutet werden. Brasilien bringt Gold, Silber, Blei, Eisen, Kupfer, Quecksilber, Graphit, Asbest, Petroleum und Kohlen. Diamanten liefern die Gebiete von Minas Geraes (Diamantina!) und Bahia.

d. Die Industrie entwickelt sich mehr und mehr. Man findet bereits Maschinenfabriken, Eisengießereien und Werften (Rio de Janeiro), fernerhin Getreidemühlen, Zuckerraffinerien, Sägemühlen, Brauereien, Branntweinbrennereien und Tabakmanufakturen. In Südbrasilien hat sich die Fleischindustrie entwickelt, wo in Rio Grande und in Porto Alegre jährlich gegen 300 000 Rinder geschlachtet werden. Das getrocknete Rindfleisch, „Xarque", ist wichtiger Handelsartikel nach Nordbrasilien und Kuba.

§ 239. **Verkehr und Handel.** a. Brasilien verfügt über 40 000 km schiffbare Flußstrecken, die aber nur teilweise ausgenutzt werden. Der Eisenbahnbau entwickelt sich erst in den Küstenprovinzen.

Die wichtigsten Hafenplätze sind Rio de Janeiro, Santos, Bahia und Pernambuco. Die Handelsflotte des eigenen Landes verfügt über 500 Schiffe mit rund 180 000 Reg. t netto.

b. Brasilien gehört zu den Großhandelsstaaten.

Hauptausfuhrwaren sind Kaffee (bis 500 Mill. M.), Kautschuk, Kakao, Maté, Tabak, Zucker, Baumwolle, getrocknetes Fleisch, Talg, Häute und Felle, Hörner, Leder, Tapioka, Gold und Diamanten.

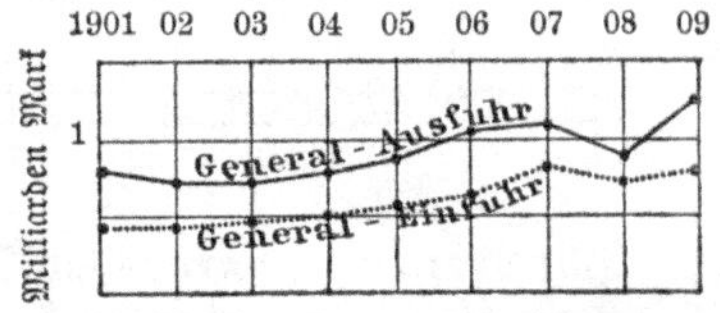

Fig. 234. Ein- u. Ausfuhr Brasiliens.

Haupteinfuhrwaren sind allerhand Fabrikate und Nahrungsmittel. Auch etliche Rohmaterialien werden eingeführt, wie Eisen, Kupfer und andere Metalle, Steinkohlen und Zement.

c. Deutschland holt in Brasilien (f. reichl. 200 Mill. M.) Kaffee, Kautschuk und Balata, Rindshäute, Tabakblätter, Kakaobohnen, Manganerze, Edelsteine, Bienen- und Pflanzenwachs, Kleie, Baumwollsamen, Piassava, Tierhörner und Knochen. Deutschland sendet nach Brasilien (f.

Fig. 235. Einfuhr Brasiliens (Herkunftsländer) in Proz. [1908: 724 Mill. M.].

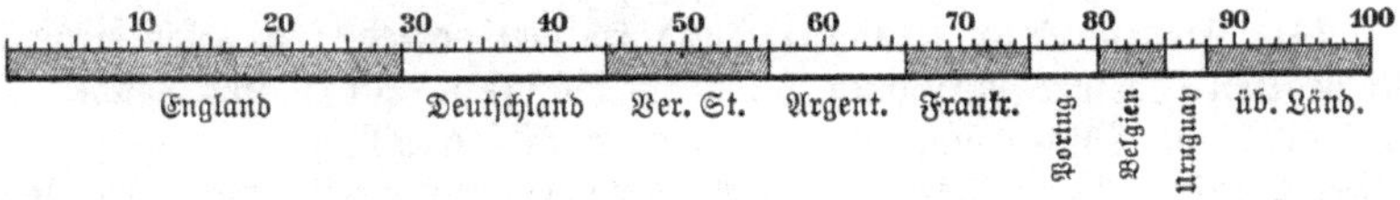

Fig. 236. Ausfuhr Brasiliens (Bestimmungsländer) in Proz. [1908: 901 Mill. M.].

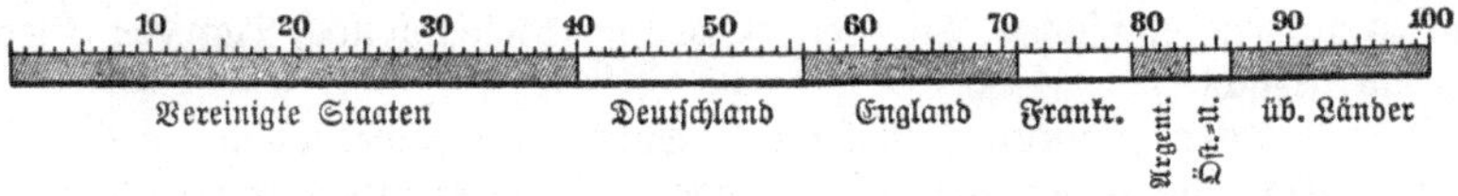

100 Mill. M.) allerhand Textil- und Eisenwaren, Eisenbahnschienen, elektrische Kabel, geschälten Reis, feine Leder, Farbendruckbilder, Kleider, Tonwaren, Anilin- und andere Teerfarbstoffe, Papierwaren, Romanzement, Spielzeug, Bücher, Karten und Musikalien.

d. Paraguay (250000 qkm mit 640000 E.).

§ 240. Urproduktion, Industrie und Handelsverkehr. a. Das Land ist ein Ackerbau- und Viehzuchtstaat. Die Mineralien des Landes werden noch nicht ausgebeutet.

Auf Feldern baut man Mais, Maniok, Zuckerrohr, Erdnuß, Tabak, Bohnen. Als Waldprodukt gewinnt man (Yerba-)Maté oder Paraguaytee (jährlich 8 Mill. kg und mehr). Die Wälder sind auch reich an Nutzhölzern, besonders an Quebrachoholz.

Die Viehzucht hat günstige Weidegebiete. Obenan steht die Rinderhaltung; ihr schließt sich die Zucht von Schafen, Pferden und Mauleseln, Ziegen und Schweinen an.

Die Industrie und das Verkehrswesen stehen in den allerersten Anfängen. In Asuncion hat sich besonders die Saladeroindustrie (Saladero = Einsalzanstalt) entwickelt.

Asuncion ist auch der Hauptverkehrsort und Hauptflußhafen des Landes.

b. Der gesamte Außenhandel ist klein (Einfuhr 17 bis 25, Ausfuhr 15 bis 20 Mill. M.)

Hauptausfuhrwaren sind Maté, getrocknetes Fleisch, Tabak, Häute, Quebrachoholz und -extrakt und namentlich auch Orangen.

Fig. 237. Einfuhr Paraguays (Herkunftsländer) in Proz. [1908: 17 Mill. M.].

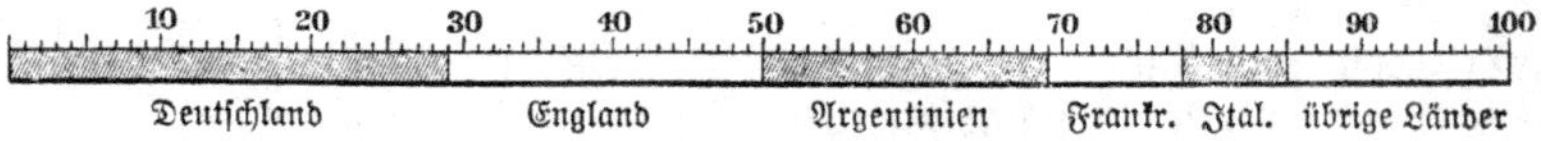

Haupteinfuhrwaren sind Textilwaren.

Von der Ausfuhr gehen $^2/_3$ nach Argentinien, das übrige nach Europa und andern Gebieten.

c. Deutschland kauft von Paraguay (f. reichl. 3 Mill. M.) Rindshäute, Tabakblätter, Quebrachoholz und anderes Holz, und bringt nach Paraguay (f. 1—3 Mill. M.) Eisen- und Textilwaren und wissenschaftliche Instrumente.

e. Uruguay (190000 qkm mit 1 Mill. E.).

§ 241. Urproduktion, Industrie und Handelsverkehr. a. Die europäischen Getreidearten gedeihen vorzüglich, besonders Weizen. In Gärten werden Wein, Obst, Tabak und Oliven angepflanzt. (Vgl. auch Fig. 237.)

Der Viehhaltung stehen große Weidegebiete zur Verfügung. Die Rinderzucht wird mehr in den Küstengebieten, die Schafzucht mehr im Innern betrieben, beide in großem Maßstabe. Daneben werden hauptsächlich noch Maulesel, Ziege und Schwein gezüchtet.

Die Mineralausbeute bringt Gold, Silber und Halbedelsteine in den Handel.

Von den Industrien hat sich besonders die Fleischindustrie entwickelt. In Fray Bentos (bei der Stadt Independencia am Uruguay) befindet sich die bekannte „Liebigsche Fleischextraktfabrik“, die größte Fleischextraktfabrik der Welt.

b. Montevideo ist die bedeutendste Handels- und Verkehrsstadt.

Hauptausfuhrwaren sind allerhand tierische Produkte, sodann lebende Tiere selber und Ackerbauerzeugnisse.

Haupteinfuhrwaren sind europäische Industrieartikel, Maté, Öl, Zucker, Wein, Tabak, Holz und Kohlen.

Fig. 238. Einfuhr Uruguays (Herkunftsländer) in Proz. [1906: 148 Mill. M.].

Fig. 239. Ausfuhr Uruguays (Bestimmungsländer) in Proz. [1906: 144 Mill. M.].

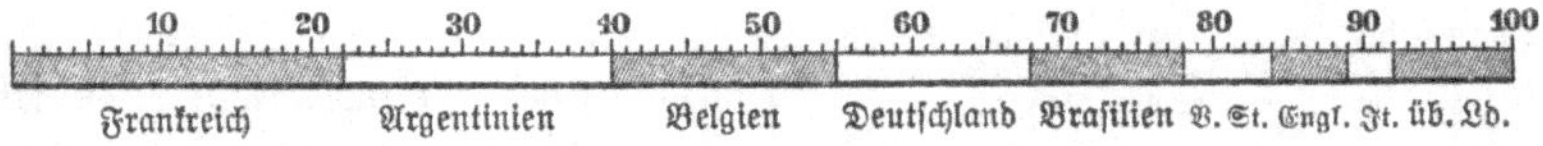

c. Deutschland holt aus Uruguay (f. 25—35 Mill. M.) Fleischextrakt, Rindshäute, Schafwolle, künstlichen Guano, Roßhäute und -haare, Kalbfelle und alle möglichen tierischen Erzeugnisse, und bringt **nach Uruguay** (für etwa 25 Mill. M.) Textil-, Edelmetall- und Eisenwaren, Zucker, Waffen, Romanzement und Farbendruckbilder.

f. Argentinien (3 Mill. qkm mit 6 Mill. E.).

§ 24¹. Urproduktion und Industrie. a. Argentinien ist von der Natur zum **Ackerbaustaat** geschaffen. Große Frucht- und Weideebenen durchziehen das Land. Über $1/3$ des Landes ist als Kulturland geeignet. Aber erst wenig davon wird angebaut. Die **Hauptanbaugebiete** sind die Provinzen von Buenos Aires, Santa Fé, Cordoba und Entre Rios. Zumeist wird **Weizen**, sodann Mais und Leinsaat angebaut, fernerhin Hafer, Luzerne oder Alfalfa (zur Viehmästung), Batate, Kartoffel, Kürbis, Melone, Erdnuß und in den **tropennahen Provinzen** Maniok, Reis und Zuckerrohr. Tabak, Wein und Obst gedeihen gut. Die **tropennähern Wälder** liefern Quebrachoholz und Maté.

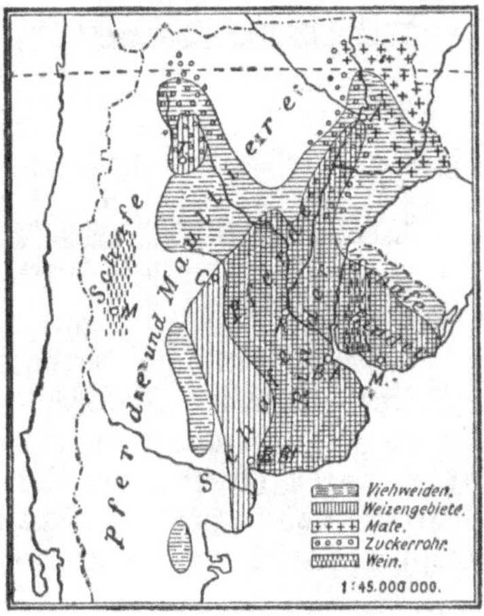

Fig. 240. Bodenbenutzung in Argentinien.

b. Argentinien ist eins der **viehreichsten Länder der Erde**. Am stärksten ist der Bestand an **Schafen** (70 Mill. Stück); sodann folgen die Bestände an Rindern und Pferden. Die Schweinezucht ist gering.

c. Die **Mineralausbeutung** steht noch in den ersten Anfängen und bringt Gold, Kupfer und Silber auf den Weltmarkt.

d. Auf Grund der landwirtschaftlichen Erzeugnisse sind zunächst in den größern Orten große **Mühlen, Brennereien, Likör- und Tabakfabriken** entstanden, vor allem aber die **Fleisch- oder Saladeroindustrie**. In Buenos Aires und in Entre

Rios werden jährlich über 400 000 Rinder geschlachtet. Auch die Möbel- und Eisenindustrie hat ihren Einzug gehalten.

§ 243. **Verkehr und Handel.** a. Der Verkehr auf dem Laplatastrom und dem Paraná bis Santa Fé ist lebhaft. In der Länge des Eisenbahnnetzes wird Argentinien von keinem südamerikanischen Staat übertroffen. Die längste Eisenbahnstrecke führt von Buenos Aires über Cordoba und Tucuman nach Jujuy. Die einzige südamerikanische Pazifikbahn verbindet Buenos Aires mit Valparaiso über den Uspallatapaß.

Die argentinische Handelsflotte ist klein (350 Schiffe mit 120 000 Reg. t netto). Die beiden Großstädte, Buenos Aires und Rosario, sind die Hauptverkehrshäfen.

b. Mit dem neuen Jahrhundert ist Argentinien in die Reihe der Großhandelsstaaten eingetreten. Die wichtigsten Ausfuhrartikel sind Weizen (über 500 Mill. M.), Leinsamen, Wolle, Mais, Häute, gefrorenes und gekühltes Rindfleisch, gefrorene Hammel, Dörrfleisch, Talg, Tiere, Zucker und Quebrachoholz. Die wichtigsten Einfuhrwaren sind Baumwollgewebe, Eisen und Stahl und Waren daraus, Wein, Reis, Kaffee, Maté, Tee, Steinkohlen, Hölzer, Öle, Chemikalien und Drogen, Tabakfabrikate, Papier, Glas- und Tonwaren.

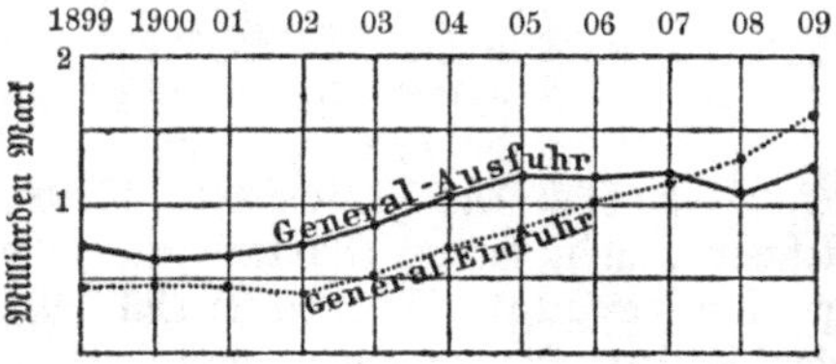

Fig. 241. Ein- u. Ausfuhr Argentiniens.

Fig. 242. Einfuhr Argentiniens (Herkunftsländer) in Proz. [1909: 1226 Mill. M.].

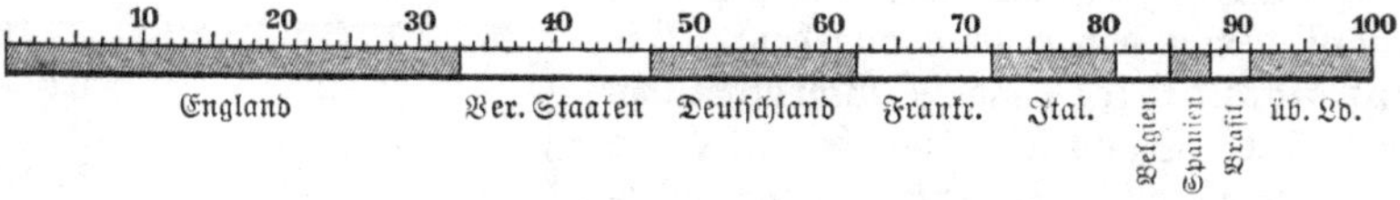

Fig. 243. Ausfuhr Argentiniens (Bestimmungsländer) in Proz. [1909: 1601 Mill. M.].

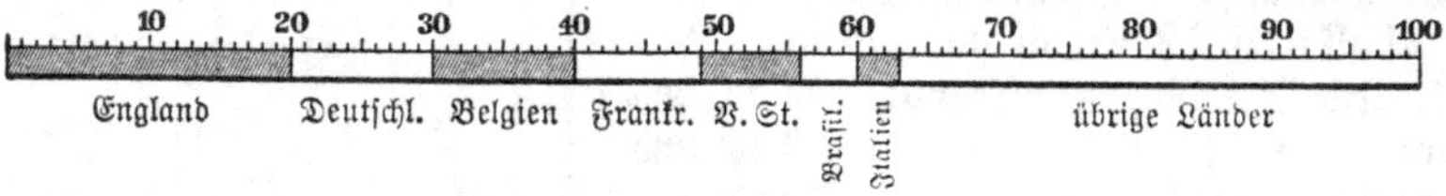

c. Deutschland kauft hauptsächlich von Argentinien (f. 450 Mill. M.) Weizen, Schafwolle, Leinsaat, Rindshäute, Mais, Kleie, Hafer, Quebrachoholz und -extrakt, Nutria- und Seerattenfelle und allerhand tierische Erzeugnisse, und sendet nach Argentinien (f. etwa 200 Mill. M.) Textil- und Eisenwaren, Eisenbahnschienen, elektrische Kabel, Hohlglas, Rübenzucker und weiterhin Gegenstände, wie sie bei Brasilien bereits genannt wurden.

2. Die pazifischen Wirtschaftsreiche.

a. Chile (760000 qkm mit $3^1/_3$ Mill. E.).

§ 244. **Urproduktion und Industrie.** a. Die wirtschaftliche Entwicklung von Chile leidet an der Einengung zwischen Meer und Anden. Der Boden ist für alle europäischen Getreidearten geeignet. Er erzeugt hauptsächlich Weizen,

Gerste, Kartoffeln, Bohnen und Mais. Pfirsiche und Äpfel gedeihen sehr gut, auch Wein, ferner Quinoa, ein altindianisches Nahrungsmittel, das dem Buchweizen ähnlich ist. Alfalfa (Luzerne) dient als Viehfutter. In den Wäldern tritt der Seifenbaum (Quillai) auf.

b. Die Viehzucht befaßt sich mit denselben Tieren wie die in Argentinien. Gefrorene Hammel können auch ausgeführt werden. Die Bienenzucht ist allgemein verbreitet. Von jagdbaren Wildtieren seien die Pelze liefernden Chinchilla, Viscacha und Pelzrobbe genannt. Die Chinchilla ist nahezu ausgerottet.

c. Mineralische Schätze findet man besonders im N, wo die großen Salpeterfelder (Wüste Atacama!) auftreten, die eine jährliche Ausbeute von nahezu 2 Mill. t Salpeter ergeben. Ferner sind wichtig Kupfer, Silber, Blei, Gold, Schwefel, Kobalt und Kohlen (Chiloe!).

d. Von allen südamerikanischen Staaten hat Chile die vielseitigste Industrie. Zucker-, Mineralwasser-, Möbel-, Hut-, Baumwollen-, Zigarren-, Seifen- und Kerzenfabriken, Brauereien, Sägemühlen und Gerbeien sind emporgeblüht.

§ 245. Verkehr und Handel. a. Wichtige Eisenbahnen durchziehen das Land, besonders bedeutend ist die Andenbahn von Antofagasta nach Oruro (in Bolivien). Die Handelsflotte zählt rund 200 Fahrzeuge mit nahezu 120 000 Reg. t netto; ist sie also sehr klein. Der Schiffsverkehr ist aber ein sehr reger. An ihm beteiligen sich hauptsächlich auch deutsche Segler, die Salpeterfahrer (s. § 52 c). Außer der Binnenstadt Santiago sind wichtige Handelsorte die Hafenplätze Corral, Valparaiso und Iquique.

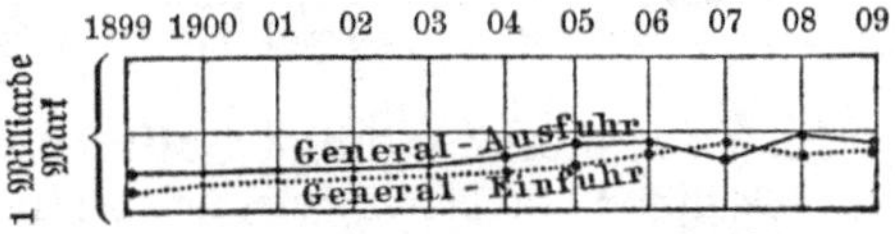

Fig. 244. Ein- u. Ausfuhr Chiles.

b. Chile gehört zu den Mittelhandelsstaaten.

Wichtigste Ausfuhrwaren sind Salpeter (⅔ des Ausfuhrwertes), Kupfer, Weizen, Boraxkalk, Jod, Hafer, Leder, Häute, Silber und Gold, Honig, Schafwolle und -fleisch.

Wichtigste Einfuhrwaren sind Textil-, Metall- und Eisenwaren, Papier, Lichte, Hüte, Kaffee, Tee, Maté und Fichtenholz.

Fig. 245. Einfuhr Chiles (Herkunftsländer) in Proz. [1909: 400 Mill. M.].

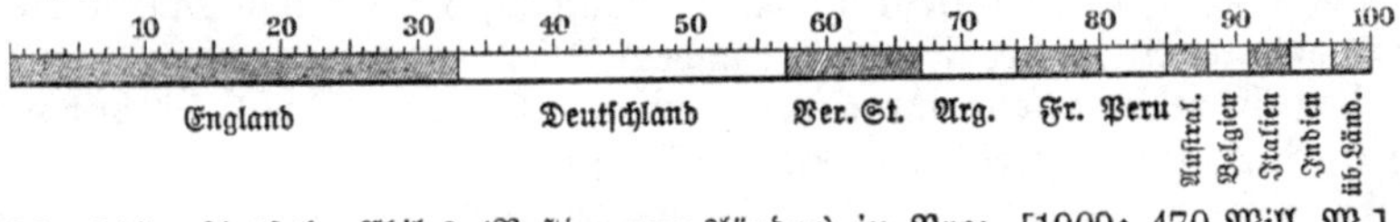

Fig. 246. Ausfuhr Chiles (Bestimmungsländer) in Proz. [1909: 470 Mill. M.].

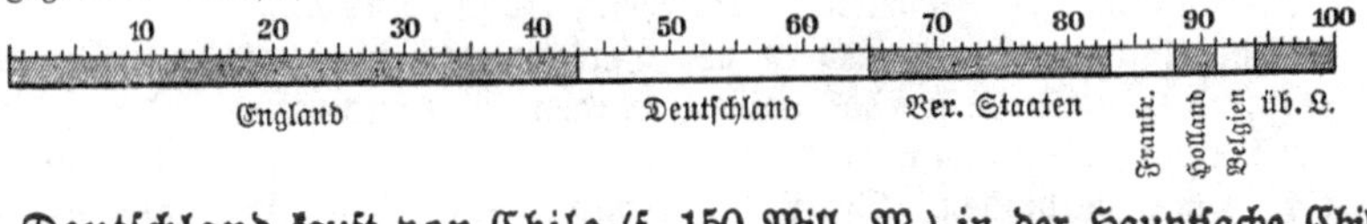

c. Deutschland kauft von Chile (f. 150 Mill. M.) in der Hauptsache Chilesalpeter, sodann Wolle, Jod, Weizen, Sohlleder, Kleie, Boraxkalk, Honig und Bienenwachs, und sendet nach Chile (f. 50—90 Mill. M.) Textil- und Eisenwaren und all die ähnlichen Waren, die bei Argentinien und Brasilien genannt wurden.

b. Bolivien ($1^1/_2$ Mill. qkm mit $2^1/_3$ Mill. E.).

§ 246. Urproduktion, Industrie und Handelsverkehr. a. Die wirtschaftliche Entwicklung krankt infolge der Absperrung vom Ozean. Die Ackerfrüchte sind im wesentlichen die wie in Chile, nur gesellen sich in den tiefern Andentälern noch Zuckerrohr, Kaffee und Kakao hinzu. Hier gewinnt man auch Kautschuk, Chinchonarinde und Koka.

Schafe, Rinder und Lamas werden insonderheit als Haustiere gehalten.

Das Land ist bekannt wegen des Silbers (Potosi!). Wichtig ist noch der Zinnbergbau (Oruro!). Die Ausbeute an Gold und andern Mineralien ist gering.

Als Hausgewerbe pflegen die Indianer Töpferei und Wollweberei.

b. Der Verkehr ist großenteils Lasttierverkehr. Haupthandelsplätze sind La Paz und Sucre.

Die Ausfuhr wertet etwa 80, die Einfuhr 70 Mill. M. Wichtigere Ausfuhrwaren sind Zinn, Silber und Silbererze, Kautschuk, Kupfererze, Wismut, Gold, Zink, Koka und Kaffee; die wichtigern Einfuhrwaren sind ähnliche wie nach Brasilien und Argentinien.

Fig. 247. Einfuhr Boliviens (Herkunftsländer) in Proz. [1908: 70 Mill. M.].

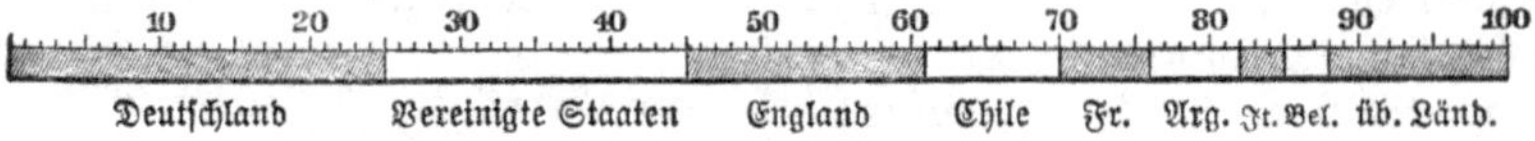

c. Deutschland holt aus Bolivien (f. reichl. 20 Mill. M.) Zinnerze, Silbererze, Kautschuk und Rindshäute, und verkauft an dieses Land (f. 6 Mill. M.) ähnliche schon bei Brasilien und Argentinien genannte Waren.

c. Peru ($1^3/_4$ Mill. qkm mit 5 Mill. E.)*).

§ 247. Urproduktion, Industrie und Handelsverkehr. a. Das Land erzeugt Mais, Reis, Weizen, Bohnen, Zucker, Baumwolle, Kakao, Kaffee, Koka, Tabak, Wein, Ramie und Kautschuk. Der Anbau von Brotfrüchten genügt nicht dem eigenen Bedarf. Deshalb ist die Einfuhr von Nahrungsmitteln in Peru und den folgenden Staaten erklärlich.

Die Tierhaltung erstreckt sich hauptsächlich auf Rind, Lama und Alpako. Die Lobosinseln liefern Robbenfelle, einge andere Inseln Guano.

Peru ist reich an Edelmetallen (Cerro de Pasco!). Das Land bringt ferner Kupfer, Blei, Zink, Quecksilber, Salz, Schwefel und Salpeter.

Die kleine Industrie beschäftigt sich mit der Herstellung von Wolldecken, Strohhüten (Panamahüten), Zigarren, Bier, Wein, Kokain und Öl.

b. Im Innern des Landes ist der Verkehr Lasttierverkehr. Die Andenbahnen sind zum Segen für das Land geworden. Am wichtigsten sind die, die Mollendo mit Arequipa und Puno und sodann Callao mit Cerro de Pasco (höchster Bahnpunkt 4774 m!) verbinden. Die Handelsmarine ist klein, 70 Schiffe mit 40000 Reg. t. netto.

---

*) Die Landesgröße ist nach offizieller Angabe wiedergegeben, nach Ausmessen auf der Karte ergeben sich nur 1140000 qkm.

Die wichtigsten Ausfuhrwaren sind Zucker, Mineralien, Gummi und Harze, Wolle, Baumwolle, Häute, Strohhüte, Koka und Kokain, Kautschuk, Reis, Kaffee, Guano und Petroleum. Die Einfuhrwaren sind die ähnlichen wie in Brasilien, und Argentinien.

Fig. 248. Einfuhr Perus (Herkunftsländer) in Proz. [1907: 113 Mill. M.].

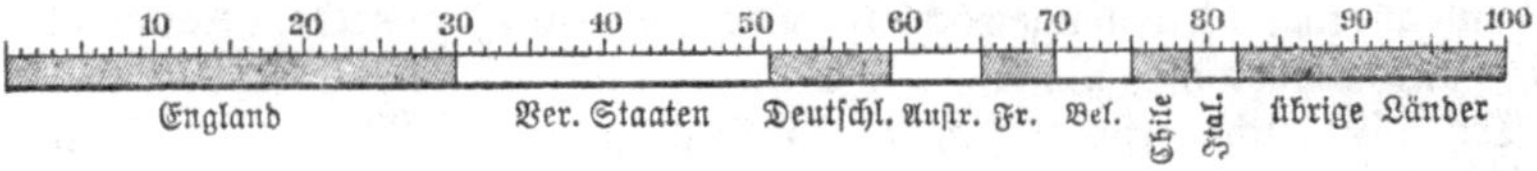

Fig. 249. Ausfuhr Perus (Bestimmungsländer) in Proz. [1907: 117 Mill. M.].

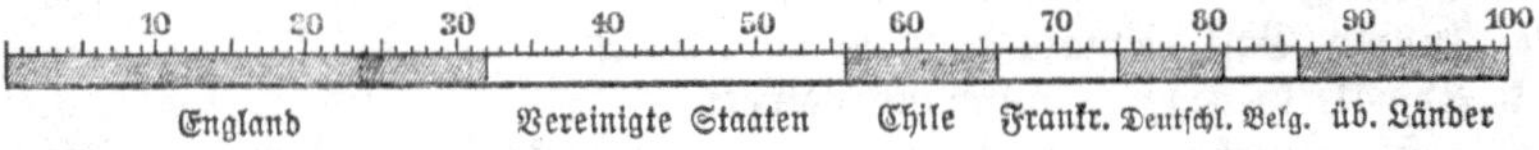

c. Deutschland holt aus Peru (f. 12—16 Mill. M.) Silbererze, Guano, Kokain und Kokablätter, Boraxkalk, Kautschuk und Rindshäute, und sendet von ähnlich hohem Werte nach Peru Textil- und Eisenwaren, Sprengstoffe und Schießwaffen.

d. Ecuador (300000 qkm mit $1^1/_2$ Mill. E.).

§ 248. Urproduktion, Industrie und Handelsverkehr. a. Ecuador ist einer der größten Kakaoproduzenten der Erde (jährlich 20 Mill. kg Kakaobohnen). In Ecuador gedeihen fernerhin Kaffee-, Kautschuk-, Steinnuß-, Chinchonarindenbäume und Baumwolle.

Fig. 250. Einfuhr Ecuadors (Herkunftsländer) in Proz. [1908: 42 Mill. M.].

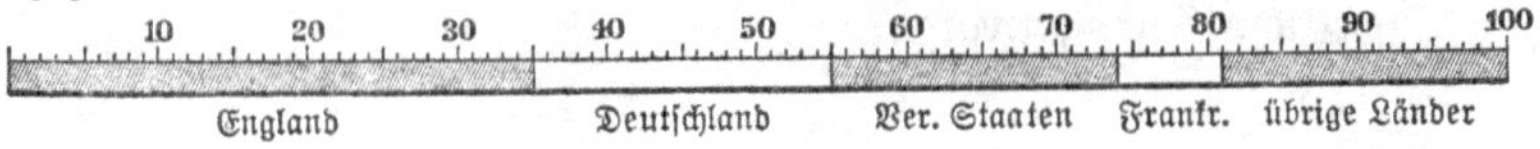

Fig. 251. Ausfuhr Ecuadors (Bestimmungsländer) in Proz. [1908: 54 Mill. M.]

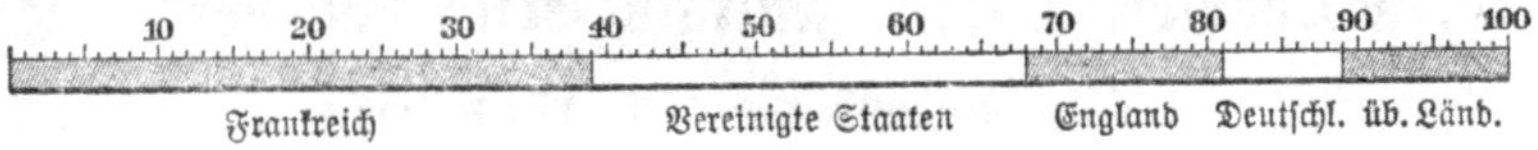

Die Viehzucht ist ähnlich, wenn auch geringer als in Peru entwickelt.

Der Bergbau liefert außer kleinen Mengen von Gold und Silber auch noch ähnliche Mineralien wie der peruanische Bergbau.

Die Hausindustrie des Landes ist bekannt durch die Herstellung von Seilen, Hängematten und von Panamahüten aus dem Bast der Panamahutpalme.

b. Wichtigere Handelsstädte sind Quito und vor allem der Hafen Guayaquil.

Hauptausfuhrwaren sind Kakao, Panamahüte, Kaffee, Elfenbeinnüsse (Steinnüsse), Kautschuk und Häute. Haupteinfuhrwaren sind die ähnlichen wie bei Argentinien und Brasilien.

c. Deutschland kauft von Ecuador (f. 10—15 Mill. M.) Kakaobohnen und andere Waren der obengenannten Ausfuhr und sendet nach Ecuador (f. 5 Mill. M.) ähnliche Waren wie nach Peru.

3. Das atlantisch-pazifische Wirtschaftsreich.

Kolumbien (1,1 Mill. qkm mit 5 Mill. E.).

§ 249. **Urproduktion und Handelsverkehr.** **a.** Die Hälfte des Landes ist Tiefland (im N und O) und sehr geeignet für den Anbau von Zucker, Kakao, Kaffee, Reis und allerhand Knollengewächsen. Das Land bringt außerdem Kautschuk, Tabak, Stein- und Kokosnüsse, Bananen u. a. m.

Die Tierzucht erstreckt sich in der Hauptsache auf Rinder (die Weidegebiete der Llanos!), sodann auch auf andere europäische Haustiere.

Der Bergbau bringt Gold und Silber (Antióquia, Cáuca), Platin, Quecksilber, Kupfer, Salz, Smaragde u. a. Mineralien.

b. Die Industrie ist kaum nennswert.

Die Hauptverkehrsader ist der Magdalenenstrom. Wichtigere Häfen sind an der atlantischen Küste Santa Marta, Baranquilla mit dem Vorhafen Sabanilla, Cartagena und an der pazifischen Küste Buenaventura. Die Handelsflotte besteht aus 8 Fahrzeugen mit 1600 Reg. t netto.

Die Ausfuhr wertet über 60 und die Einfuhr über 50 Mill. M.

Wichtigste Ausfuhrwaren sind Kaffee, Kopaivabalsam, Gold, Silber, Häute, Rinder, Tabak, Smaragde und Kautschuk. Wichtigste Einfuhrwaren sind Nahrungsmittel, Textilwaren, Petroleum, Reis und Alkohol.

Die Hauptverkehrsländer sind die Vereinigten Staaten von Amerika, Großbritannien, Frankreich und Deutschland.

c. Deutschland kauft von Kolumbien (für reichlich 10 Mill. M.) Kaffee, Tabakblätter, Dividivi, Rindshäute, Gold, Kautschuk, Kakaobohnen, Kokos- und Steinnüsse, Balsam und Buchsbaumholz, und sendet nach Kolumbien (für 7 Mill. M.) Textil-, Eisen- und Steingutwaren.

---

14. Nordamerika (mit Zentralamerika und Westindien).

Allgemeines über Nordamerika.

§ 250. **Land und Leute.** **a.** Nordamerika ist 20 Mill. qkm groß, mit Mittelamerika, Westindien und Grönland reichlich 24 Mill. qkm. Es ist der drittgrößte Kontinent. Das Festland erreicht seinen nördlichsten Punkt auf der Boothiahalbinsel (72° n. Br.), den südlichsten auf einer Halbinsel der Panamarepublik (7° n. Br.), den westlichsten auf Alaska (Kap Prinz von Wales 158° w. L.) und den östlichsten auf Labrador ($55\frac{1}{2}$° w. L.). Die Grenze zwischen Nord- und Zentralamerika ist in der Landenge von Tehuantepek gegeben; eine Isthmus- oder zwischenmeerische Eisenbahn verfolgt diese Grenze.

b. Auf die Glieder entfällt $\frac{1}{4}$ der ganzen Oberfläche. Die größte Halbinsel ist Labrador ($1\frac{1}{2}$ Mill. qkm). Andere Halbinseln sind Neuschottland, Florida, Yukatan, Niederkalifornien und die Alaskahalbinsel.

Die Küsten sind teils Flach-, teils Steilküsten (vgl. irgendeine physikalische Karte!). Die von SW nach NO verlaufende Küste am Atlantischen Ozean wird durch südnördliche Buchten (Chesapeakebai, Delawarebai und Hudsonmündung) unterbrochen.

Die Küsten sind vielfach von reichen Fischbänken begleitet, deren größte und berühmteste die von Neufundland ist. Neufundland selbst ist eine der küstennahen Inseln, die zahlreicher auf der pazifischen Seite auftreten (Vancouverinsel, Kadiak, Aleuten, die robbenreichen Pribylowinseln). Die im arktischen Gebiete sich anlagernden Inseln haben wirtschaftlich keinen Wert.

c. Westindien ist das insulare Zentralamerika, bestehend aus einer östlichen und westlichen Inselgruppe. Zu der östlichen Inselgruppe gehören die Kleinen Antillen, zu denen sich die Inseln „über" und „unter dem Winde" gesellen, ferner auch Barbados und zuletzt noch Trinidad.

Zu der westlichen Inselgruppe gehören die Großen Antillen (Portoriko, Haiti, Kuba und Jamaika) und die Bahamainseln. All diese Inseln schließen das Amerikanische Mittelmeer ab, das die Halbinsel Yukatan in den nördlichen Golf von Mexiko und in das südliche Karibische Meer teilt.

d. Der nordamerikanische Kontinent wird durch den 100. Grad w. L. in eine Ost- oder atlantische und in eine West- oder pazifische Hälfte geteilt. In der Osthälfte herrschen nur älteste Gesteine vor, in der Westhälfte außerdem auch jüngere Gesteine. Zwischen beiden Teilen breiten sich gewaltige Becken und Tafelländer aus.

Die Region der Großen Seen trennt mit ihren Hügeln und niedrigen Schollen das arktische Tiefland von dem Mississippitiefland. Das Mississippibecken und die Atlantische Niederung stehen im S der Alleghanies in Verbindung. Beide Tiefländer sind teilweise mit sehr fruchtbarem Boden, „Schwarzerde", bedeckt.

Die Alleghanies oder Appalachen sind die wichtigste Gebirgsschranke, die sich in mehrern Parallelzügen durch die Osthälfte von SW nach NO zieht und Höhen bis 2000 m erreicht (Black Dome 2044 m).

Die pazifische Hälfte wird durch die Rocky Mountains oder Felsengebirge beherrscht, deren einzelne Gipfel bis über 4000 m emporsteigen. Sie erscheinen als Fortsetzung der südamerikanischen Kordilleren. Der zentralamerikanische Teil und der südmexikanische sind mit Vulkanen reich gespickt (Citlaltepetl 5600 m, Popokatepetl 5500 m). Die Ketten schließen in Mexiko die Mexikanische Hochebene (2000 bis 2500 m) ein, in den Vereinigten Staaten von Amerika das Coloradoplateau. Letzteres ist von steilwandigen Schluchten oder Cañons zerschnitten. Am berühmtesten ist der 350 km lange und 1500 bis 1800 m tiefe Große Cañon des Coloradoflusses. Zwischen der Sierra Nevada und dem Küstengebirge zieht sich das Kalifornische Tal und weiterhin das Tal von Oregon entlang. Im N laufen die Kordilleren wieder zusammen und bilden die höchsten Gipfel (Mount Mc. Kinley, 6240 m, Eliasberg).

Die Felsengebirge sind ein mächtiges Verkehrshindernis, das nur in wenigen Pässen überwunden wird. Die wichtigsten Pässe sind beim Anstieg von O her El Paso (1130 m), Railroadpaß (1340 m), Glorietapaß (2300 m), Evanspaß und Kicking Horsepaß, und beim Abstieg nach der Westküste Tehachipipaß (2520 m), Truckeepaß (2140 m) und Stevenspaß (1240 m). Auch die Pazifikbahnen benutzen die vorgenannten Pässe.

e. Nordamerika ist ein flußreicher Kontinent. In das Nördliche Eismeer ergießt sich der Mackenzie, der viele große Seen (Bären- und Großen Sklavensee) entwässert.

Der St. Lorenzstrom entwässert das Gebiet der Großen Seen, die zusammen 250 000 qkm umfassen und aus Obern See, Michigan-, Huron-, Erie- und Ontariosee bestehen. Die Verbindung der letzten beiden Seen wird durch den 49 m hohen Niagarafall hergestellt.

Kürzere, aber sehr wasserreiche und auch schiffbare Flüsse des gewerbereichen O der Vereinigten Staaten sind Connecticut, Hudson, Delaware, Susquehanna und Potomac.

Der Mississippi, „der Vater der Ströme", entspringt an der Nordgrenze der mittlern Vereinigten Staaten. Nach einem 2130 km langen Laufe, wovon 1700 km bereits schiffbar sind, vereinigt er sich bei St. Louis mit dem Missouri, der bis zu dieser Mündungsstelle schon 4080 km lang ist. Beide vereint durchströmen das „Große Becken" auf einer Weglänge von 2040 km, bis zu dem Ende des Deltas. Das Delta beginnt schon bei Neuorleans. Wichtige Nebenflüsse des Missouri sind: Nebraska und Kansas, des Mississippi: Arkansas und Redriver von W her, Illinois, Ohio mit Tennessee von O her.

Der Rio Grande del Norte bildet den Grenzfluß nach Mexiko. Der 12 000 km große und 33 m hoch gelegene Nicaraguasee wird durch den Rio San Juan nach dem Karibischen Meer entwässert.

Die wichtigsten Flüsse, die dem Großen Ozean zueilen, sind: Rio Colorado, Sacramento, Columbia mit Snakeriver und in Alaska der Yukon.

Die abflußlosen Gebiete bedecken eine Fläche, die etwa 1½ mal so groß wie Deutschland ist. In dem größten dieser Gebiete liegt der Große Salzsee (6000 qkm groß, 1340 m hoch, 22% Salzgehalt).

f. Die Wirtschaft Nordamerikas hängt in der Hauptsache von dem Klima ab, das die Osthälfte bis zum 100. Grad w. L. beherrscht. Sehr heiße Sommer wechseln mit kalten Wintern ab. Neuyork, das in der gleichen Höhe wie Neapel liegt, hat eine um 5° geringere mittlere Jahrestemperatur (10,6°) als Neapel; wohl sind sich die Julitemperaturen mit 23° im Mittel gleich, aber im Januar hat Neapel 8,° Neuyork dagegen —1°. Die Unbeständigkeit des Wetters ist Regel. Eine Wetterschranke in nordöstlicher Richtung fehlt. Heftige Stürme sind nichts Seltenes („Northers", „Blizzards", „Tornados").

Auf der pazifischen Seite scheidet sich das kontinentale Klima der Felsengebirge von dem ozeanischen Klima der Küste. Mexiko hat ein tropisches Hochlandklima, das sehr trocken ist und nur sommerliche Niederschläge aufweist. Die Küstengebiete sind regenreicher. Mittelamerika und Westindien haben rein tropisches Klima.

g. Die Bevölkerung, die europäischen Ursprungs ist, ist die wirtschaftstätigste und -tüchtigste. Dagegen hat es die einheimische Bevölkerung zu keiner weltwirtschaftlichen Bedeutung gebracht, auch nicht die Nachkommen der alten Spanier und alle die Mischlinge und Neger, die besonders Mittelamerika, Westindien und die südlichen Vereinigten Staaten (s. § 256 c) bewohnen. Zu der altansässigen Bevölkerung gehören die Indianer (s. § 256 c) und Eskimos. In Nord- und Zentralamerika wohnen insgesamt 120 Mill. Menschen.

1. Das kontinentale und insulare Mittelamerika.

a. Allgemeines über Zentralamerika und Westindien.

§ 251. **Bevölkerung und Besitzverhältnisse.** a. Der Europäer ist mehr Plantagenbesitzer und -leiter. Die Plantagenarbeiter sind Indianer, Kreolen, Neger, Mestizen, Mulatten, in den britischen Besitzungen auch Kulis. Trotzdem daß Mittelamerika und Westindien verhältnismäßig dicht bevölkert sind, insbesondere viele Inseln von Westindien, so könnten die größern Gebiete bei regelmäßiger Arbeit viel mehr hervorbringen und viel mehr Ausfuhrwaren liefern. Aber gerade die von Natur gesegnetsten Gebiete sind die wirtschaftlich vernachlässigsten, wie besonders Haiti zeigt.

b. Der größere Teil Zentralamerikas und Westindiens zeigt selbständige Staatenbildungen. Sie gleichen aber durchaus keinem gefesteten Staatswesen, auch sind sie unter Umständen von größern Staaten mehr oder minder abhängig (Kuba! Panamarepublik!). Der kleinere Teil des gesamten Gebietes ist zumeist europäischer Kolonialbesitz.

I. Die fremden Besitzungen. Britisch-Westindien umfaßt rund 30 000 qkm mit 1⅓ Mill. E.; die wichtigern Inseln sind die Bahamainseln (Bahamas), Jamaika, Antigua, Grenada, Barbados und Trinidad.

Französisch-Westindien umfaßt rund 3000 qkm mit ½ Mill. E. Die bekanntern Inseln sind Martinique und Guadeloupe.

Zu Amerikanisch-Westindien gehört eigentlich nur Portoriko (Puertorico) mit 9300 qkm mit 1 Mill. E.

Ganz klein sind Niederländisch-Westindien (Saba-Insel und sodann Curaçao, in der Nähe der südamerikanischen Küste) und Dänisch-Westindien (St. Thomas).

Von dem festländischen Zentralamerika gehört nur ein kleiner Teil einer fremden Macht, und zwar Britisch-Honduras mit 21 000 qkm und 40 000 E.

II. Die selbständigen Gebiete. Westindien besitzt drei und Zentralamerika sechs Republiken. Die westindischen Republiken sind: die Dominikanische Republik, 50 000 qkm mit ½ Mill. E. (Hauptstadt Santo Domingo); Haiti, 29 000 qkm mit 1¼ Mill. E. (Port au Prince); und Kuba, 120 000 qkm mit 2 Mill. E. (Havanna, Santiago, Matanzas).

Die zentralamerikanischen Republiken sind Panama, 86 000 qkm mit ½ Mill. E. (Hauptstadt Panama); Kostarika, 54 000 qkm mit ⅓ Mill. E. (San José); Nikaragua, 124 000 qkm mit ½ Mill. E. (Leon); Honduras, 120 000 qkm mit reichlich ½ Mill. E. (Tegucigalpa); Salvador, 21 000 qkm mit 1 Mill. E. (San Salvador); und Guatemala, 125 000 qkm mit 1½ Mill. E. (Guatemala).

b. Wirtschaft und Verkehr von Zentralamerika und Westindien.

§ 252. **Urproduktion und Industrie.** a. Bohnen und Mais bilden die Hauptbrotfrüchte der Bevölkerung. Wichtige pflanzliche Erzeugnisse sind Tabak (Havana und Cienfuegos auf Kuba), Zuckerrohr (Kuba, Jamaika, Barbados, Martinique und Zentralamerika), Kaffee (Haiti, Nikaragua, Guatemala — deutsche Plantagen! —), Kakao (Zentralamerika, Portoriko, Martinique), Piment oder Jamaikapfeffer (Jamaika), Vanille, Orangen, Bananen und Ananas (Mittelamerika, Bahamas, Haiti, Jamaika). Die Kokospalme hat in Zentralamerika ihre Heimat.

Baumwolle liefern vor allem Kuba und Portoriko, Sisalhanf die Bahamas, Perubalsam San Salvador (hier die „Balsamküste"), Kautschuk Nicaragua und das übrige Zentralamerika. Mittelamerika und Westindien haben als Lieferanten von ausgezeichneten Nutzhölzern guten Ruf; solche Hölzer sind Mahagoni, Pock-, Blau- oder Kampescheholz, echtes Gelbholz, amerikanisches Zedernholz und Eisenhölzer.

b. Die Viehzucht gedeiht nirgends recht. Die Rinderzucht liefert in Guatemala, Portoriko und Haiti Ausfuhrwaren. Die Bienenzucht ist allgemein verbreitet. Das Meer ist reich an Schildkröten, Schwämmen (Bahamas), weniger reich an Perlen.

c. Die mineralischen Schätze werden nur teilweise ausgebeutet, zumeist noch die Edelmetalle (Honduras, Salvador). Auf Haiti findet man Petroleum, Lignit, Magneteisen, auf Portoriko Phosphate, auf Trinidad Asphalt.

d. Die Industrie ist schwach entwickelt. Es gibt Zucker-, Schokoladen-, Mineralwasser-, Zigarren- und Zigarettenfabriken. Likōre (Curaçao), Rum (Jamaika) und Strohhüte (Panama, Kuba) sind hervorragende Ausfuhrgegenstände.

§ 253. **Verkehr und Handel.** a. Zentralamerika und Westindien ist in das regelmäßige Dampfernetz Europas und der Vereinigten Staaten eingespannt. Wichtigere Hafenplätze sind: Port of Spain (Trinidad); St-Pierre (Martinique); St. Thomas in Dänisch-Westindien; Santo Domingo (Republik Domingo); Kap Haïtien und Port au Prince (Republik Haiti); Kingston auf Jamaika; und auf Kuba Havanna oder Habana, Mantazas, Cienfuegos und Santiago de Cuba.

Fig. 252. Einfuhr Kubas (Herkunftsländer) in Proz. [1909: 382 Mill. M.].

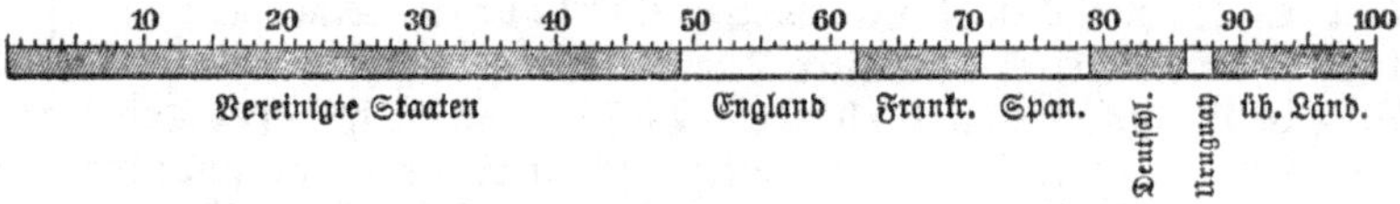

Fig. 253. Ausfuhr Kubas (Bestimmungsländer) in Proz. [1909: 524 Mill. M.].

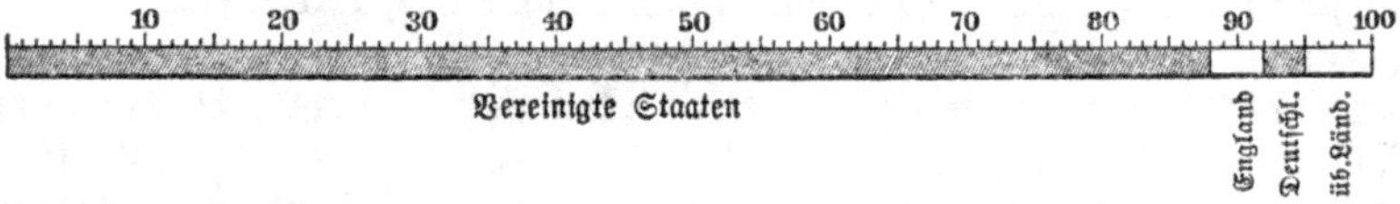

Hafenplätze an der atlantischen Küste sind: Belize (Britisch-Honduras), Barrios (Guatemala), Trujillo (Honduras), Bluefields (Nikaragua), Puerto Limon (Kostarika), Colon oder Aspinwall (Panama); an der pazifischen Küste: Panama (Panama), La Libertad (Salvador) und San José (Guatemala).

b. Der Handelsverkehr der mittelamerikanischen und westindischen Staaten ist infolge der unruhigen politischen Verhältnisse mannigfachem Wechsel unterworfen.

Den bedeutendsten Handelsumsatz weist Kuba auf. Kuba gehört zu den Mittelverkehrsstaaten. Kein übriger Staat und Gebietsteil erreicht nur annähernd die Höhe des kubanischen Umsatzes. Die Dominikanische Republik hat einen

Gesamthandelsumsatz von 60—70 Mill. M., Kostarika und Guatemala von über 50 Mill. M. und Salvador, Nikaragua, Haiti, Panama und Honduras von weniger als 50 Mill. M.

Die Ausfuhrwaren sind alle die Erzeugnisse, die in der Urproduktion (§ 252 a, b, c) bereits besprochen worden sind. Besonders seien nur die Ausfuhrwaren von Kuba, als dem wichtigsten Handelsgebiet, genannt: Zucker, Melasse, Tabak und Zigarren, Eisenerz, Bananen, Ananas, Holz, Schwämme, Häute, Honig, Wachs, Kokosnüsse und Kaffee.

Die Einfuhr besteht hauptsächlich in Textil-, Eisen- und Metallwaren, in Lebensmitteln und Luxuswaren.

Die Hauptverkehrsländer des mittelamerikanisch-westindischen Wirtschaftskreises sind die Vereinigten Staaten, Großbritannien, Deutschland und Frankreich. Zwischen Kuba und Spanien bestehen noch alte Handelsbeziehungen.

c. Deutschlands Handel mit Westindien und Zentralamerika nimmt wenn auch langsam, so doch stetig zu. Deutschland holt aus diesen Gebieten für 50 bis 70 Mill. M. Roherzeugnisse und liefert dahin für 30—50 Mill. M. Industriewaren.

Von Kuba holt Deutschland Zigarren, Buchsbaumholz, Tabakblätter, Bienenwachs, Kaffee, Rohwaren zur Bürstenfabrikation und Honig; außerdem noch aus dem übrigen Westindien Piment, Rindshäute, Dividivi, Blauholz, Kakao, Jamaikarum, Asphalt und Badeschwämme. Die ähnlichen Erzeugnisse kauft Deutschland auch in Zentralamerika ein. Guatemala ist nächst Brasilien für das deutsche Zollgebiet das Hauptbezugsland von Kaffee. Die übrigen Republiken und Kolonien liefern Kaffee, Indigo, Rum, Nutzhölzer, Balsame und Rindshäute.

Deutschland verkauft an all jene Gebiete Textil- und Eisenwaren, Farben druckbilder, Genußmittel (Bier) u. a. m

2. Das eigentliche Nordamerika.

a. Mexiko (2 Mill. qkm mit 14 Mill. E.).

§ 254. Urproduktion und Industrie. a. Das Land bietet nur teilweise guten Fruchtboden dar. Die feuchten fruchtbaren Küstenstriche sind zu ungesund, das Hochland zu trocken. Künstliche Bewässerung hat schon viel Gutes geschaffen. Weizen, Mais und Bohnen sind die Hauptbrotfrüchte. Ferner bringt das Land Zucker, Henequen oder Sisalhanf (eine Agavenart), Longwood (Kampescheholz), Kaffee, Baumwolle, Reis, Tabak, Kakao, Bohnen, Wein, Kautschuk, Chicle-(Kau-)gummi, Zedernholz und andere Nutzhölzer. Henequen ist das Haupterzeugnis der Halbinsel Yukatan.

b. Die Viehzucht erstreckt sich zunächst auf Rinder, sodann auf Ziegen und Schafe, Pferde und Esel und ihre Bastarde. Die Cochenillezucht ist zurückgegangen. Niederkalifornien liefert Perlen.

c. In der Mineralerzeugung ist Mexiko seit altersher berühmt. Es ist das erste Land der Erde in der Silberproduktion (jetzt über 2 Millionen kg jährlich). Silberbaustädte sind Zacatecas, San Luis Potosi und Durango. Außerdem findet man Blei, Gold, Kupfer, Quecksilber, Zink, Eisenerze, Antimon, Schwefel, Petroleum und Asphalt.

d. Die Industrie entwickelt sich neuerdings kräftig. Schmelzwerke, Zuckerfabriken, Baumwollenfabriken, Branntweinbrennereien („Pulque“!), Tabakfabriken u. a. m. sind emporgeblüht. Alte Industrien des Landes sind die Metall- und Tonwarenfabrikation. Hauptsitze der Industrie sind Monterey, Puebla, Guadalajara und Mexiko.

§ 255. Verkehr und Handel. a. Mexiko hat ein entwickeltes Eisenbahnnetz, das mit dem der Vereinigten Staaten wichtige Verknüpfungen besitzt. Mexiko selbst besitzt eine kleine Handelsflotte von 75 Fahrzeugen mit 27000 Reg. t netto. Bedeutende Binnenverkehrsstädte sind: Mexiko (350000 E.), Guadalajara und Puebla (je zu 100000 E.), ferner Monterey und San Luis Potosi.

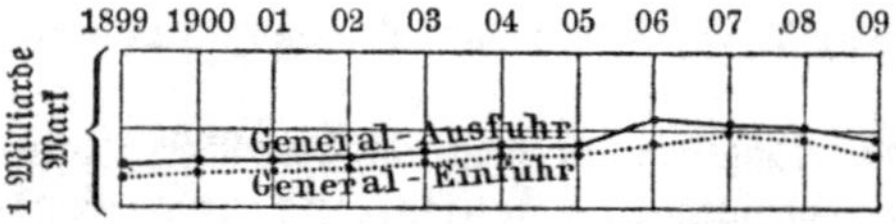

Fig. 254. Ein- u. Ausfuhr Mexikos.

Wichtigere Häfen an der atlantischen Küste sind: Tampico, Veracruz, Campêche und Progreso, an der pazifischen Küste: Acapulco, Manzanillo und Mazatlan.

b. Mexiko gehört zu den Mittelhandelsstaaten.

Die Hauptwaren der Ausfuhr sind die oben bei der Urpoduktion genannten Erzeugnisse. Die Haupteinfuhrwaren sind Nahrungsmittel, Maschinen, Textilwaren, Branntwein und Liköre, Chemikalien und Drogen.

Fig. 255. Einfuhr Mexikos (Herkunftsländer) in Proz. [1909: 329 Mill. M.].

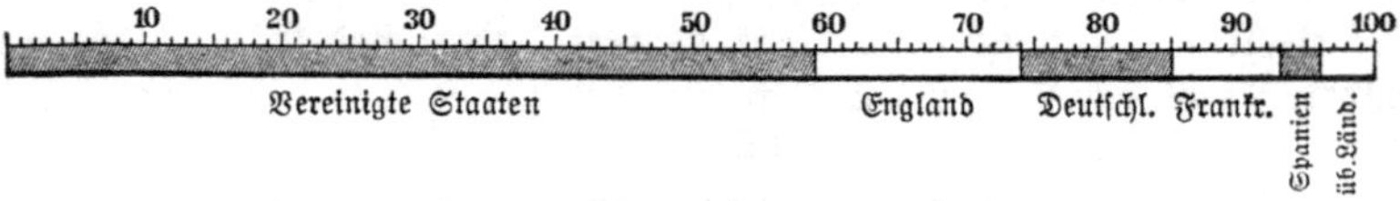

Fig. 256. Ausfuhr Mexikos (Bestimmungsländer) in Proz. [1909: 485 Mill. M.].

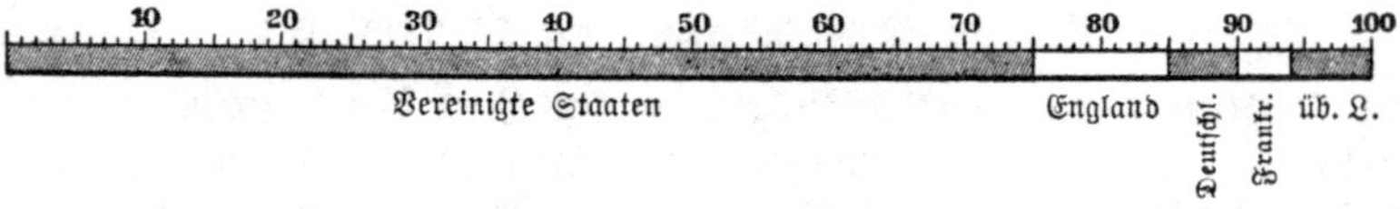

c. Deutschland verkauft nach Mexiko (für 35—60 Mill. M.) Eisenwaren, Eisenbahnbaumaterialien, Textilwaren, Glas, Chemikalien, Zyankalium, Anilin- und Teerfarbstoffe, Romanzement und Farbdruckbilder. Deutschland holt aus Mexiko (für 25 Mill. M.) Kaffee, Tabakblätter, Kautschuk, Sisalhanf, Blauholz, Buchsbaum- und Zedernholz, Blei, Erzeugnisse zur Bürstenfabrikation, Rindshäute und Honig.

b. Die Vereinigten Staaten von Amerika (die Union).

§ 256. Land und Leute. a. Die Vereinigten Staaten sind das einzige Weltwirtschaftsreich, das von zwei Ozeanen bespült wird. Es erstreckt sich vom 25. bis zum 49. Grad n. Br. oder durch 2700 km. Die mittlere westöstliche Erstreckung beträgt 4300 km.

Die Vereinigten Staaten haben eine Größe von 9,4 Mill. qkm und werden von etwa 85 Mill. Menschen bewohnt (9 Bewohner auf 1 qkm); ohne die Außenterritorien Alaska und Hawaii ist das Gebiet 7,9 Mill. qkm groß mit 84 Mill. Bewohnern.

Zu den Kolonien des Landes gehören Portoriko, die kleine Samoainsel Tutuila, die größte Marianeninsel Guam und die Philippinen. Dazu kommt die Panama-Kanalzone von 1200 qkm. Der gesamte Kolonialbesitz umfaßt 308 000 qkm mit 9 Mill. E., davon entfallen auf die Philippinen allein 300 000 qkm mit 8 Mill. Einwohnern.

b. Die Vereinigten Staaten bestehen gegenwärtig aus 48 Staaten, 1 Bundesdistrikt (Distrikt Columbia) und den 2 Territorien Alaska und Hawaii. Letztere beiden sind jetzt die zwei Außenländer der Vereinigten Staaten. Die einzelnen Staaten bilden folgende Gruppen:

I. Nordstaaten mit 2,6 Mill. qkm und 60 Mill. E.

Neuenglandstaaten: Maine, New Hampshire, Vermont, Massachusetts, Connecticut und Rhode Island.

Mittlere atlantische Staaten: Neuyork, Pennsylvanien, New Jersey, Delaware, Maryland und Distrikt Columbia.

Nordöstliche Zentralstaaten: Michigan, Wisconsin, Illinois, Indiana, Ohio, Westvirginia, Kentucky.

Nordwestliche Zentralstaaten: Minnesota, Nord- und Süddakota, Nebraska, Kansas, Jowa und Missouri.

II. Südstaaten mit 2,1 Mill. qkm und 20 Mill. E.

Südatlantische Staaten: Virginien, Nord- und Südkarolina, Georgia und Florida.

Südöstliche Zentralstaaten: Tennessee, Alabama und Mississippi.

Südwestliche Zentralstaaten: Arkansas, Louisiana, Texas und Oklahoma.

III. Weststaaten mit 3,1 Mill. qkm und über 4 Mill. E.

Felsengebirgsstaaten: Montana, Wyoming, Colorado und Mexiko (Neumexiko).

Plateaustaaten: Idaho, Utah, Newada und Arizona.

Pazifische Staaten: Washington, Oregon und Kalifornien.

c. Von der alteinheimischen Bevölkerung, den Indianern, zählt man noch gegen 270 000 Seelen. Sie sind auf bestimmte Gebiete, die „Indianerreservationen“, zurückgedrängt. Die fremde Besiedelung begann mit Raleigh 1584. Aber erst im Anfang des vergangenen Jahrhunderts begann die große germanische Einwanderung, in der die Deutschen am zahlreichsten vertreten sind. Aus den Mischungen der verschiedenen germanischen Stämme ist der Angloamerikaner („Yankee“) hervorgegangen.

Seit 1821 sind bis jetzt über 26 Mill. Menschen in die Vereinigten Staaten eingewandert. Davon entfällt der größte Teil auf die Deutschen (20%), s. Fig. 97. Ihnen folgen Irländer (17%), Engländer (13%), Norweger, Schweden und andere europäische Völker. Aus den Zeiten des politischen Wirtschaftsbetriebes durch Negersklaven stammen die 9 Mill. Neger (und Mulatten) im S des Landes. Ferner zählt man noch gegen 120 000 Chinesen (San Franzisko!) und etwa 90 000 Japaner.

Von dem riesigen Wachstum der Bevölkerungszahl der Vereinigten Staaten zeugen die Großstädte. 1800 gab es noch keine Großstadt, 1850 nur 6 und 1906 schon 42, darunter drei Millionenstädte: Neuyork 4 Mill. E., Chicago 2 Mill. E., Philadelphia 1½ Mill. E., und vier Halbmillionenstädte: St. Louis, Boston, Baltimore und Cleveland.

Die 15 Großstädte mit 200 000 bis 500 000 Bewohnern sind: Buffalo, Cincinnati, Detroit, Indianopolis, Jersey City, Louisville, Milwaukee, Mineapolis, Newark, Neuorleans, Pittsburg, Providence, San Franzisko, St. Paul und Washington.

Von den andern Großstädten seien noch genannt: Alleghany, Columbus, Denver, Fall River, Kansas City, Los Angeles, Memphis und Toledo.

Die Landbevölkerung verhält sich in ihrer Anzahl zur Stadtbevölkerung wie 3: 1. 1900 zählte man in den Vereinigten Staaten reichlich 58 Mill. über 10 Jahre alte Menschen. Davon war die Hälfte ohne Beruf; 10½ Mill. Menschen gehörten der Landwirtschaft an, über 7 Mill. dem Bergbau, der Industrie und Fischerei und 5 Mill. dem Handel und Verkehr. Der Rest entfiel auf andere Berufe.

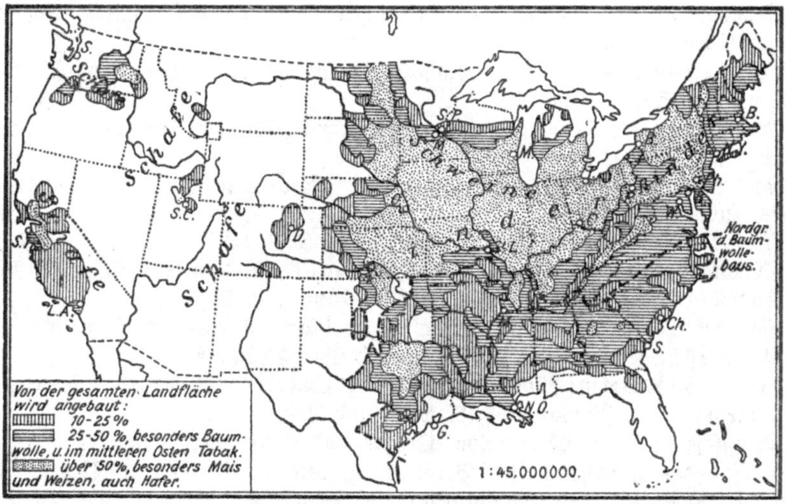

Fig. 257. Bodenkultur der Vereinigten Staaten von Nordamerika.

Der Landwirt oder Farmer spielt die erste Rolle im wirtschaftlichen Leben der Vereinigten Staaten. Bei der Industriebevölkerung herrscht eine bis ins kleinste gehende ausgezeichnete Arbeitsteilung. Aus der Mitte der Industrie-, Handels- und Verkehrstreibenden entstanden jene großen Geschäfts- und Fabrikationszusammenschließungen, die unter der Bezeichnung „Trusts" bekannt sind.

§ 257. Erzeugnisse der Pflanzen-, Tier- und Mineralwelt. a. Der Mais („Corn") ist die wichtigste Getreideart. Er gedeiht überall, am vorzüglichsten aber in dem Mississippi-Missouri-Ohiobecken. Unter allen Ländern der Erde erzeugen die Vereinigten Staaten den meisten Mais, 70—75% der Welterzeugung (vgl. Fig. 17). Wichtiger aber als der Mais ist für die Ausfuhr der Weizen, der besonders die ausgedehnten Randgebiete des eben genannten Beckens bevorzugt. Der Weizenbau ist in den Vereinigten Staaten so recht die Kultur des Neulandes. Der Roggenbau ist neben dem Anbau von Buchweizen am geringsten. Besonders wird Roggen da gebaut, wo Deutsche und Norweger wohnen, wie in Pennsylvanien und im NO. Weithin durch die gesamten Vereinigten Staaten ist der Anbau von Hafer verbreitet, so daß sie heute an erster Stelle unter den Hafer erzeugenden Ländern stehen. Der Gerstenbau hat rascher als der Roggenbau zugenommen, besonders im NO, in den mittlern Vereinigten Staaten, in einigen Felsengebirgslandschaften und in den pazifischen Randgebieten. (Vgl. Fig. 7, 10, 12, 14 und 16.)

Kartoffeln werden in der Nähe der großen Industriestädte angebaut, also besonders in NO. Die süße Kartoffel oder Batate findet im S der Vereinigten Staaten große Pflanzstätten. Erbsen und Bohnen werden allenthalben kultiviert. In den südatlantischen Staaten bringt die Reiskultur geschätzte Früchte; daselbst wird auch Rohrzucker erzeugt, Rübenzucker dagegen im N, Sorghum (Durra oder Zuckerhirse) in den mittlern Staaten und Ahornzucker in den Nordoststaaten. (Vgl. Fig. 18 und 21.)

Die Hopfenkultur zieht im N fleckenweise von einem Ozean zum andern. Altberühmt ist der Tabakanbau in Nord- und Südcarolina, Virginien, Ohio, Tennessee und Maryland. (Vgl. Fig. 30.)

Die Vereinigten Staaten sind das berühmteste und einflußreichste Baumwolland der Erde. Der Süden des Landes, von der atlantischen Küste an bis zum Felsengebirge, ist die Baumwollzone (1½ Mill. qkm groß). Die stärker betriebene Baumwollkultur überschreitet nicht den 37. Grad nordwärts. Die beste aller Baumwollsorten, die Sea-Islandbaumwolle, wird in Südcarolina, Georgia und Florida gezogen. Die wichtigsten Baumwollenhäfen sind Neuorleans, Galveston, Savannah, Norfolk und Charleston. (Vgl. Fig. 34.)

Im N der Vereinigten Staaten wird Lein angebaut. Der Hanfanbau in den mittlern Staaten ist seit der Aufhebung der Sklaverei zurückgegangen. In keinem Lande steht die Heugewinnung auf so hoher Stufe wie in den Vereinigten Staaten (das Rispengras oder Blaugras in den Prärien und in östlichern Gebieten).

Die Obstkultur gewinnt von Jahr zu Jahr größern Umfang. Die Hauptfrucht ist der Apfel, der in großen Mengen auch nach Westeuropa ausgeführt wird. Nächst dem Apfel sind wichtig Pflaume (die „deutsche Zwetsche"), Birne (Kalifornien), Wein (Kalifornien), Agrumen (Kalifornien und Florida), Erdnuß im S der Vereinigten Staaten, Banane und Ananas im südlichen Florida.

Die Vereinigten Staaten gehören zu den größten Holzlieferanten der Erde. Besonders reich an großen Wäldern ist das ganze Alleghaniesgebiet. Hier herrschen die Föhrenwälder (Weimuts- und Schwarzkiefer) vor, im Mississippibecken die Laubwälder (Zuckerahorn, Buche, Walnußbaum, Hickory und Eiche). In den nördlichen pazifischen Küstenwäldern treten die Douglastannen auf, in den südlichen die Sequoja oder Mammutbäume. (Vgl. Fig. 39 u. 40.)

b. Die Vereinigten Staaten gehören ferner zu den viehzuchtreichsten Staaten der Erde. Die viehzuchtärmsten Gegenden innerhalb der Vereinigten Staaten sind die Regionen der Baumwollkultur im S. Am bedeutendsten ist die Rindviehhaltung. Der Schwerpunkt der Milchwirtschaft liegt in New Jersey, Neuyork und den Neuenglandstaaten. Die Zucht von Arbeitsochsen findet in den südlichen atlantischen Küstenstaaten statt.

Das nächstwichtige Tier der Viehzucht ist das Schaf, das besonders in dem trocknen Westgebiet und in den pazifischen Gebieten gehalten wird. Ebenso wichtig ist die Schweinezucht. Die Vereinigten Staaten sind das an Schweinen reichste

Land der Erde. Der Schwerpunkt der Schweinezucht liegt in Tennessee und den benachbarten Staaten. An vierter Stelle reiht sich die Pferdehaltung an, die ihren Hauptsitz im Flußgebiet des Ohio hat. Die Zucht des Arbeitspferdes steht neben der des Trabers in hoher Blüte. Im S wird von der Spanisch sprechenden Bevölkerung das Maultier bevorzugt. Die Ziegenhaltung blüht besonders in Texas. Die Zucht von Hunden ist ausgedehnt, ebenso die des Truthahns und der Biene, weniger die der Seidenraupe.

Die jagdbaren Wildtiere sind durch das sinnlose Vernichten an Zahl sehr zurückgegangen. Der Bison ist fast ausgestorben. Stark zurückgedrängt sind dei Pelzlieferanten: Wasch-, Schwarzer und Grislybär (in den Felsengebirgen), Urson oder Borstenstachelschwein, Mink oder kanadischer Nerz, Chinga oder nord-

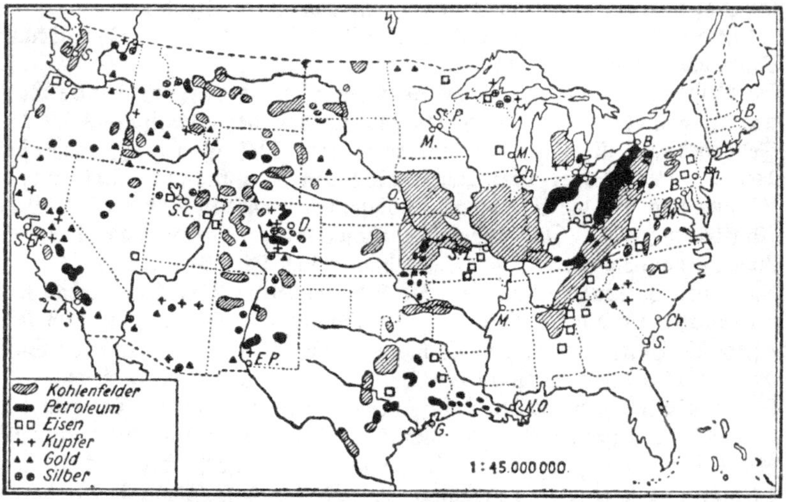

Fig. 258. Schätze unter der Erde in den Vereinigten Staaten von Nordamerika.

amerikanisches Stinktier, nordamerikanischer Zobel und eine Anzahl Fuchsarten, ferner Puma, Pekari oder Nabelschwein, verschiedene Hasen- und Hirscharten.

Bedeutend sind die Fischereierzeugnisse der Vereinigten Staaten, jährlich für über 200 Mill. M. Die wichtigsten Fischereierzeugnisse sind Kabeljau (Neufundlandbank), Blau- und Maifisch, Heringe und verschiedene Arten von Butt, besonders auch der Lachs oder Salm an der Küste von Alaska, Oregon und Washington. Wichtig ist ferner die Austernfischerei. Für Neuyork und Umgebung ist die Auster zum Volksnahrungsmittel geworden. Der Grönlandwal wird in den nördlichen pazifischen Meeresgebieten gefangen, der Pottwal in den tropischen, atlantischen, und der Robbenschlag wird auf den Pribylowinseln im Beringmeer und bei Neufundland betrieben. (Vgl. Fig. 3.)

c. Kein Land der Erde kann sich gegenwärtig in der Mineralproduktion mit den Vereinigten Staaten messen. Von der Kohlenproduktion der Erde liefern die Vereinigten Staaten über 1/3 (über 400 Mill. t). Die Hauptkohlengebiete sind die der Alleghanies (Pennsylvanien!), das Michiganbecken, das östliche und westliche zentrale Kohlenbecken, die Kohlenfelder der Felsengebirge und des pazifischen Randgebietes. (Vgl. Fig. 60 u. 62.)

Überaus reichlich und jährlich fast in erhöhter Anzahl fließen die Petroleumquellen (jährlich ca. 25 Mill. t), besonders in Pennsylvanien, Ohio, Indiana, Texas (Spindle Top-Distrikt), Kalifornien und Alaska. In den drei erstgenannten Petroleumstaaten wird auch reichlich Naturgas gewonnen. (Vgl. Fig.71.)

Die Vereinigten Staaten sind an der Roheisengewinnung der Welt mit $^2/_5$ beteiligt (über 26 Mill. t). Die Haupteisenfundstätten liegen gegenwärtig am Obern See. Aber auch die Alleghanies sind reich an Eisen, besonders an Magneteisen (Nordcarolina). (Vgl. Fig. 56 u. 58.)

In der Edelmetallproduktion besitzen die Vereinigten Saaten ebenfalls die führende Rolle unter allen Reichen der Erde. Am goldreichsten ist Colorado (Colorado Springs und Denver!). Als Goldgebiete sind noch berühmt Kalifornien, Süddakota und Alaska. Die reichsten Silbergebiete sind Colorado, Montana, Idaho und Nevada. Jährlich werden über 140000 kg Gold und über 1,6 Mill. kg Silber gewonnen. (Vgl. Fig. 63 u. 65.) In der Quecksilberproduktion (nördlich und südlich von San Franzisko) stehen die Vereinigten Staaten mit Spanien fast auf gleich hoher Stufe.

Über die Hälfte des Kupfers der Erde entstammt den Vereinigten Staaten (gegen 530000 t). Man findet es in Montana, hauptsächlich aber am Obern See, wo das sog. Mineralgebirge der reichste aller bisher bekannten Kupferfundorte der Erde ist. Von der Weltproduktion an Blei liefern die Vereinigten Staaten reichlich ¼ (über 330000 t); die Bleilager finden sich in den Silbergebieten und am obern Mississippi und Missouri. In der Zinkproduktion stehen die Vereinigten Staaten mit 240000 t etwas über Deutschland. Von den 16000 t Nickel der Weltproduktion liefern die Vereinigten Staaten mit Kanada 9000 t und von den reichlich 24000 t Aluminium der Weltproduktion auch 9000 t. (Vgl. Fig. 66, 68 u. 69.)

Fernerhin findet man Antimon, Steinsalz, gute Bausteine, Graphit, Borax, Gips, Phosphate (in den atlantischen Küstengebieten), Schwefel, Bauxit (zur Aluminiumerzeugung), Halbedelsteine u. v. a. m. Auch in der Stein- und Solsalzgewinnung steht das Land mit 4 Mill. t über allen andern salzgewinnenden Ländern.

§ 258. Industrie und Gewerbe. a. Auf Grund der reichen pflanzlichen Erzeugnisse haben sich viele Industriezweige entwickelt, so die Müllerei (St. Paul, Minneapolis, St. Louis, Chicago und Milwaukee), Mälzereien und Bierbrauereien. In Milwaukee, dem „amerikanischen München", und in St. Louis gibt es die größten Brauereien der Welt. Beschränkter ist die Herstellung von Spirituosen (Wihsky!), Wein und Apfelwein. Die Nahrungsmittelindustrie hat fast in jedem Staate ein oder mehrere Produktionszentren.

In der Tabakfabrikation stehen die Vereinigten Staaten über allen andern Ländern. Hervorragend ist die Zigarren- und Schnupftabakfabrikation in Neuyork und Baltimore.

Die Textilindustrie ist unter allen Gewerbezweigen mit am weitesten emporgeschnellt, besonders die Baumwollindustrie im NO des Landes, wo die Kraft der kataraktreichen Flüsse ausgenützt wird. Nicht so umfangreich sind die Flachs-,

Hanf- und Juteindustrien. Daneben blühen Baumwollöl- und Leinölfabriken und die Herstellung von Kautschukwaren (Gummischuhe in Neuyork, Gummiräder für Fahrrad und Automobil).

Die Sägeholzindustrie konzentriert sich im kanadischen Seengebiet, in den sprichwörtlich föhrenreichen Südoststaaten (Nord- und Südcarolina, Georgia und Alabama) und in den pazifischen Landschaften. Reiche Mengen von Harz, Teer, Pech und Terpentin werden ausgeführt. Das Möbelgewerbe (Chicago, Indianopolis, Neuyork, Boston), der Wagenbau (Chicago, Cincinnati) und die Zündholzfabriken (Chicago) sind blühende Industrien.

b. Auf Grund tierischer Erzeugnisse haben sich zunächst bedeutende landwirtschaftliche Betriebe entwickelt, so die Milch- und Meiereiwirtschaft, besonders in Neuyork und den Nordoststaaten. In der Fleischindustrie großen Stils werden die Vereinigten Staaten von keinem Staate der Erde erreicht; man schlachtet hier jährlich über 30 Mill. Schweine, $^1/_3$ so viel Schafe, $^1/_3$ so viel Ochsen und Kälber. Die beiden größten Schweineschlachtstädte sind Chicago und Kansas City. Andere wichtige Städte für Fleischwaren und Fleischkonserven sind Omaha, St. Joseph, St. Louis, Milwaukee und Boston.

Die Wollindustrie hat in Massachusetts größere Pflegestätten gefunden. Hauptorte der Lederindustrie sind Neuyork (Sohlenleder), Pittsburg, Alleghany und Louisville. Auf der Lederindustrie beruht wiederum die riesige Schuhwarenfabrikation (Massachusetts). Mittelpunkt der Seidenweberei ist Paterson, der Pelzwerkbereitung St. Paul.

c. Unter allen Industriezweigen der Vereinigten Staaten ist die Eisen- und Stahlindustrie am schnellsten gewachsen. Hauptgebiete dieser Industriezweige sind Pennsylvanien (Pittsburg, Philadelphia), Ohio, Illinois, Indiana, Tennessee, Wisconsin, Alabama, Neuyork, Massachusetts und Kalifornien (San Franzisko). In allen größern Städten hat sich der Maschinenbau entwickelt, weltberühmt ist Chicago wegen der landwirtschaftlichen Maschinen (Pflüge !).

Die Eisenindustrie ist nicht ohne Einfluß auf einen regen Schiffsbau geblieben, vorzugsweise in den großen Häfen der atlantischen Küste und in San Franzisko. Philadelphia und Boston sind die Hauptstädte einer großen Uhrenindustrie. Boston und Neuyork beherrschen die Telegraphen- und Telephonindustrie.

Gold-, Silber- und sonstige Jubelierarbeiten liefern die großen Städte, Blechwaren insbesondere Neuyork und Bleiwaren St. Louis. Die Blei- und Eisengußwaren haben die deutsche Spielwarenausfuhr nach den Vereinigten Staaten beeinträchtigt.

Zu andern Großindustrien gehört die Herstellung von Porzellan- und Topfwaren, Glas (Pittsburg), feuerfesten Ziegelsteinen, Portlandzement (Neuyork) u. a. m.

Das Bekleidungsgewerbe hat seine Hauptsitze in Neuyork, Boston, Chicago und Cincinnati. In Galanteriewaren besitzt Neuyork die führende Rolle. Die chemische Industrie ist rasch in den größten Städten herangewachsen. Die Vereinigten Staaten nehmen ferner in der Papierfabrikation eine hohe Stellung ein.

§ 259. Verkehr und Handel. **a.** Die Vereinigten Staaten sind ein wegereiches Land, aber nur bezüglich der Eisenbahnen und schiffbaren Flüsse.

Das Eisenbahnnetz (380 000 km) übertrifft bei weitem das gesamte europäische an Länge. Alle großen Städte der Vereinigten Staaten sind auch wichtige Eisenbahnknotenpunkte; von Chicago allein strahlen 32 Linien aus. Unter den vielen Eisenbahnen sind am hervorragendsten die riesigen Überland- oder Pazifikbahnen, die das atlantische Ufer mit dem pazifischen verbinden. Der Ausgangspunkt der Pazifikbahnen ist im O Neuyork und der Endpunkt im W San Franzisko, beziehentlich Tacoma für die nördlichste Route. (Vgl. auch Fig. 89.)

Die vier wichtigsten Pazifikbahnen sind folgende:

Nord-Pazifikbahn: Neuyork—Chicago—Tacoma = 5290 km in 4½ Tagen (einschließlich aller Aufenthalte).

Union-Pazifikbahn: Neuyork — Chicago — Omaha — Ogden am Großen Salzsee—San Franzisko = 5230 km in 4½ bis 4²/₃ Tagen.

Santa Fé-Pazifikbahn oder Atlantikpazifikbahn: Neuyork—Pittsburg—Indianopolis — St. Louis—Santa Fé—San Franzisko = 5700 km in 5½ bis 5³/₄ Tagen.

Süd-Pazifikbahn: Neuyork—Philadelphia—Baltimore—Washington—Neuorleans—El Paso—Los Angeles—San Franzisko = 6050 km in 6 bis 6¼ Tagen.

Von Neuyork nach Mexiko (4500 km) fährt man über Neuorleans, San Antonio, Laredo, Monterey und Potosi 5 Tage. Das Mississippital wird von St. Louis bis Neuorleans in 24 Stunden durcheilt.

Die Vereinigten Staaten leisten auch in andern Verkehrseinrichtungen und Verkehrsmitteln ganz Hervorragendes, so im Post-, Telegraphie- und Telephonwesen, im Zeitungswesen, in der Flußschiffahrt und im Kanalbau. Der St. Mary-Kanal, der den Obern See mit dem Huronsee verbindet, bewältigt einen jährlichen Verkehr von mehr als 45 Mill. t, d. h. so viel wie das gesamte deutsche Rheingebiet. Wichtig ist auch der Champlainkanal, der Hudson mit Lorenzstrom verbindet.

Die Handelsflotte der Vereinigten Staaten zählt einschließlich der auf den Großen Seen verwendeten Fahrzeuge 4400 Schiffe mit 2,6 Mill. Reg. t netto und ist somit die drittgrößte der Welt (vgl. § 51 b). Die größte Schiffahrtgesellschaft ist die „International Mercantile Marine Company".

b. I. Seehäfen der Vereinigten Staaten. Die erste Handels- und Verkehrsstadt der Vereinigten Staaten ist Neuyork, auf der Insel Manhattan an der Ausmündung des Hudson gelegen. (Vgl. Fig. 92.) Mit Brooklyn auf Long Island, dem rechtshudsonschen Jersey City und Hoboken bildet Neuyork ein einziges Hafengebiet. Die Stadt Neuyork ist wie jede amerikanische Stadt in rechteckigen Häusergruppen aufgebaut (einzelne Häuser, die sog. „Wolkenkratzer", bis 32 Stock und über 100 m hoch)); sie werden durch den 10 km langen „Broadway" schräg durchschnitten. Der „Broadway" und die südliche Stadt, die „Down Town", sind das Hauptquartier der kaufmännischen Tätigkeit. An den Piers von Hoboken legen das großen deutschen Dampferlinien an. Hochbahn, Riesenfähren, Brücken (Hochbrücke zwischen Brooklyn und Neuyork!) und andere Verkehrseinrichtungen dienen dem Riesenverkehr. Eine Untertunnelung des Hudson entlastet jetzt etwas den Riesenverkehr des Hafengebiets zwischen der Stadtinsel und der kontinentalen Küste. Neuyork gehört zu den Riesenverkehrshäfen (24 Mill. t). Es bewältigt fast die Hälfte des amerikanischen Warenverkehrs. Über 70 regelmäßige Weltdampferlinien laufen hier zusammen. Neuyork ist der bedeutendste Stapel- und Ausfuhrplatz für Brotstoffe. Aber auch alle andern wichtigern amerikanischen Erzeugnisse fluten in der Hauptsache mit über Neuyork. In der Einfuhr stehen Zucker, Wein und Spirituosen obenan.

Boston ist die wichtigste Handelsstadt der Neuenglandstaaten. Insbesondere unterhält es mit englischen Häfen einen lebhaften Verkehr. Philadelphia führt ähnliche Waren wie Neuyork aus, namentlich Petroleum und Kohlen. Baltimore exportiert hauptsächlich Fleischwaren, Getreide und Tabak, Charleston Baumwolle und Phosphate, Savannah Holz und Terpentin, Neuorleans Baumwolle, Weizen, Mais und Reis, Galveston Baumwolle.

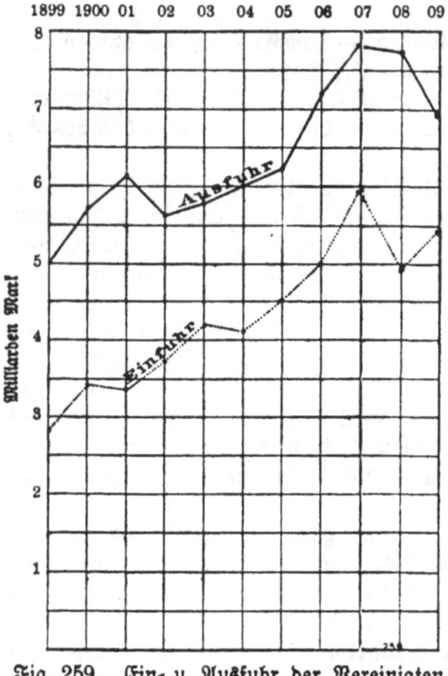

Fig. 259. Ein- u. Ausfuhr der Vereinigten Staaten.

Der bedeutendste Hafen der Westküste ist San Franzisko; er führt amerikanische Manufakturwaren aus (Ostasien,) ferner Weizen (Deutschland), getrocknetes Obst, Fische und Fischkonserven.

An der Westküste sind noch Los Angeles und die Plätze am Puget Sound wichtig.

II. Binnenhandelsplätze. Wichtige Binnenmärkte für Getreide, Fleischwaren u. a. m. sind Cincinnati, Indianopolis, Des Moines, Louisville und Denver, ferner die Mississippibrückenplätze St. Paul, Minneapolis, St. Louis, Memphis und Vicksburg. Ganz hervorragende Handelsplätze sind die großen Binnenmärkte und Binnenseehäfen: Rochester, Buffalo, Cleveland, Detroit, Milwaukee und Chicago.

Chicago, der zweitgrößte Ort der Vereinigten Staaten, vereinigt eine glückliche Binnenlandlage, im Herzen des Kontinents, am Rand einer ungeheuren Prärie, mit einer ausgezeichneten Seelage, im äußersten Südwinkel des großen kanadischen Süßwasserbeckens. So hat es sich in der Kornkammer Nordamerikas zu einem ersten Getreidemarkt der Erde entwickelt. Neben dem Getreidehandel blüht vor allem der Handel mit Fleischprodukten: gesalzenem und geräuchertem Rind- und Schweinefleisch, Schinken, Speck, Zungen und Fett.

c. Die Vereinigten Staaten gehören zu den Riesenhandelsstaaten mit einem Gesamtumsatz von reichlich 12 Milliarden M. Der Außenhandel vollzieht sich in der Ausfuhr zu 93% und in der Einfuhr zu 95% auf dem Seewege.

Hauptwaren der Ausfuhr sind Nahrungsmittel: Getreide (gegen 800 Mill. M.), Schwein- und Rindfleisch und verschiedene Fleischprodukte (gegen

700 Mill. M.), Lachs in Büchsen, Ölkuchen, Früchte und Nüsse, Margarine, Rinder und Pferde, Butter und Käse; Rohstoffe: Baumwolle (1800 Mill. M.), Eisen und Stahl (über 600 Mill. M.), Petroleum, Kupfer, Rohtabak, Nutzholz, Baumwollsamenöl, Kohlen, Leder, Paraffin und Harz; Fabrikate: Baumwollwaren (150 Mill. M.), landwirtschaftliche Maschinen, Chemikalien, Nähmaschinen, Terpentinöl, Eisenbahnwagan, Papier, Schuhwerk, Instrumente und Apparate für wissenschaftliche Zwecke, elektrische Maschinen, Tabakfabrikate, eiserne Röhren und Faßdauben.

Haupteinfuhrwaren sind Nahrungsmittel: Zucker (400 Mill. M.), Kaffee (320 Mill. M.), Früchte und Nüsse, Tee, Kakao, Bananen und Fische; Rohstoffe und Halbzeuge: Häute und Felle (330 Mill. M.), Rohseide (320 Mill. M.), Sisal-, Manilahanf, Jute, Kautschuk und Guttapercha, Baumwolle (60 Mill. M.), Diamanten und andere Edelsteine, Wolle, Eisen und Stahl, Kohle, Chemikalien und Drogen (330 Mill. M.); Fabrikate: Baumwollwaren (260 Mill. M.), Seidenwaren, Woll- und Lederwaren, Öle, Spirituosen und Weine, Papier und Papierwaren, Spielwaren, Bücher, Karten, Stiche und Drucksachen.

Die Vereinigten Staaten unterhalten mit allen Erdteilen einen regen Handel. Von der Einfuhr in die Vereinigten Staaten beansprucht Europa 50%, Nordamerika und Westindien 20%, Südamerika 12%, Asien 15%, Australien und Ozeanien 2% und Afrika 1%. Von der Ausfuhr beansprucht Europa 70%, Nordamerika und Westindien 18%, Südamerika 5%, Asien 4%, Australien und Ozeanien 2% und Afrika 1%.

Fig. 260. Einfuhr der Vereinigten Staaten (Herkunftsländer) in Proz. [1909: 5510 Mill. M.].

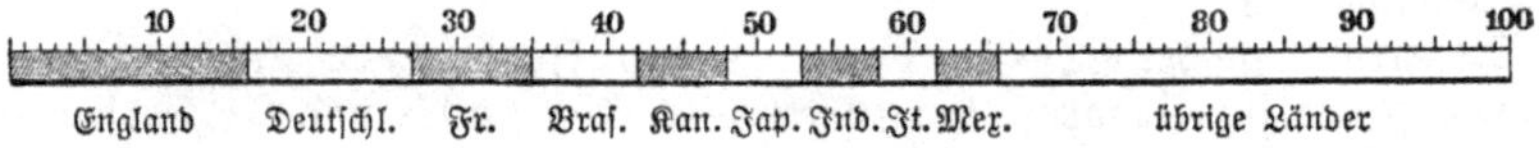

Fig. 261. Ausfuhr der Vereinigten Staaten (Bestimmungsländer) in Proz. [1909: 6985 Mill. M.].

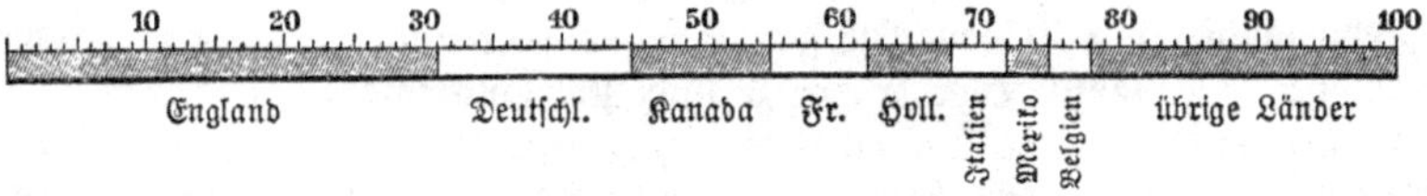

Deutschland sendet nach den Vereinigten Staaten (jährl. f. reichl. 600 Mill. M.): Anilin- und andere Teerfarbstoffe, halbseidene Tücher und Schals, baumwollene Strumpfwaren, Farbendruckbilder und Kupferstiche, Spielzeug, lederne und baumwollene Handschuhe, Chlorkalium und schwefelsaures Kali, Zucker, Kalbfelle, Häute und Felle zur Pelzwerkbereitung, baumwollene Spitzen und Stickereien, Eisenbahnschienen, Bücher, Karten und Musikalien, feine Leder, Abraumsalze und feine Eisenwaren.

Deutschland kauft von den Vereinigten Staaten (für 1250 bis 1400 Mill. M.): Baumwolle, Rohkupfer, Schweineschmalz, Weizen und Mais, Petroleum, Ölkuchen, Bau- und Nutzholz, Oleomargarine, Baumwollsamenöl, Gold, natürlichen phosphorsauren Kalk, Terpentin- und anderes Harzöl, Fleisch, getrocknetes Obst, Maschinen und Maschinenteile, Blasen und Därme, Tabakblätter, Schmieröle, Talg, Leinsaat und Baumwollabfälle. (Vgl. auch Fig. 105 u. 106.)

c. Britisch-Nordamerika oder Kanada.

§ 260. Land und Leute. Das „Dominion of Canada" umfaßt mit seinen sieben Provinzen und neun Territorien 9½ Mill. qkm mit 6¼ Mill. E. (0,6 E. auf 1 qkm).

Die reichliche Hälfte der Bewohner sind Briten, halb so groß ist die Anzahl der Franzosen. Von Deutschen sind reichlich 300 000 ansässig. Der Sitz der Zentralregierung befindet sich in Ottawa. Die größten Städte sind Montreal und Toronto, jede mit über 200 000 E. Andere wichtigere Städte sind: Quebec, Ottawa, Hamilton, Winnipeg, Halifax, St. John und an der pazifischen Küste Vancouver und Victoria.

§ 261. Urproduktion und Industrie. a. Die Urproduktion hat ihren großen Wert in der ungeheuren Holzgewinnung, die besonders in Ontario, Quebec und Britisch-Columbia betrieben wird. Die Wälder bedecken reichlich 3 Mill. qkm; in ihnen herrschen Douglastanne, schwarze und weiße Sprossenfichte vor. In den Mischwäldern drängt sich die Balsampappel hervor. Im O wird der Wald mehr und mehr durch den Ackerbau zurückgedrängt. Hauptsächlich wird Weizen angebaut. Daneben gedeihen Hafer, Gerste, Mais, Erbsen, Kartoffeln, Tabak, Wein, Obst, Hopfen und Flachs.

b. Die Erzeugnisse der Tierwelt sind ebenfalls reich. Dieselben Haustiere wie in den Vereinigten Staaten und in Europa gedeihen hier vorzüglich. Kanada ist das Paradies der Jäger, wo die Jagd auf Elen und Ren, Bär und Fuchs, Biber, Otter, Bisamratte, Zobel, Nerz, Skunks und Vielfraß sehr lohnend ist („Hudsonbaikompanie"!).

Die Erträgnisse der See- wie der Binnenwasserfischerei sind eine bedeutende Einnahmequelle für Kanada. Hauptsächlich werden Lachse und Pelzrobben an den pazifischen Küsten und Kabeljau, Hummer, Heringe, Makrelen und Seehunde an den atlantischen Küsten gefangen.

c. Die Erzeugnisse der Mineralwelt steigern sich von Jahr zu Jahr. Die Haupterzeugnisse sind Kohlen, Kupfer, Nickel, Silber und Gold. Das Land bringt auch Asbest, Petroleum, Blei, Eisenerze und Portlandzement.

d. Die industrielle Entwicklung geht infolge der natürlichen Reichtümer rasch vorwärts. In Ontario haben die Eisenindustrie und die Herstellung von landwirtschaftlichen Maschinen große Fortschritte zu verzeichnen. Immer zahlreicher werden die Getreide- und Sägemühlen, die Zuckerfabriken und Käsereien, die Möbelfabriken, Gerbereien und Schuhwarenfabriken.

§ 262. Verkehr und Handel. a. Kanada ist zu einem großen Durchgangsland zwischen Europa und Asien berufen. Es ist reich an natürlichen Schiffahrtstraßen. Unter diesen steht das kanadische Seengebiet obenan, dessen weniger gut schiffbare Stellen durch Kanäle umgangen werden. Der Obere See und Huronsee sind auf kanadischer Seite auch durch einen Kanal verbunden, die Niagarafälle werden durch den 43 km langen Wellandkanal umgangen und die Stromschnellen des St. Lorenzstromes durch 6 Kanäle mit einer Gesamtlänge von 70 km. Im untern St. Lorenzstrom können Schiffe bis 8½ m Tiefgang Montreal erreichen.

Wichtigere kanadische Binnenhäfen sind: Port Arthur, Toronto, Kingston und Ottawa.

Als ein großer Segen für die Entwicklung des ganzen Landes ist die 3070 km lange kanadische Pazifikbahn, die Montreal mit Vancouver verbindet. Eine zweite kanadische Pazifikbahn ist die Folge des raschen wirtschaftlichen Aufschwungs der letzten Jahre.

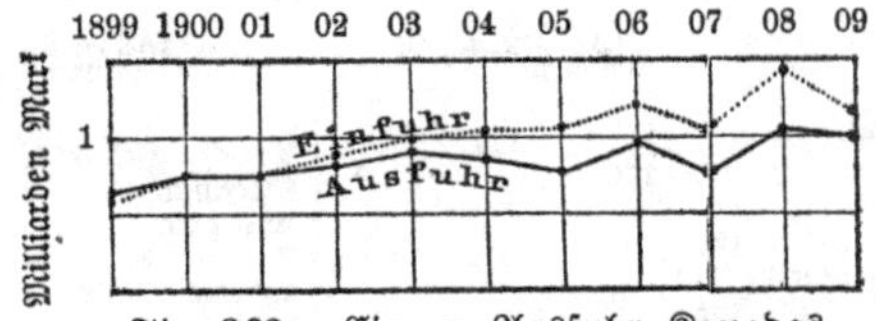

Fig. 262. Ein- u. Ausfuhr Kanadas.

b. Kanada gehört zu den Großhandelsstaaten.

Hauptgegenstände der Ausfuhr sind Weizen und Weizenmehl (250 Mill. M.), Holz (200 Mill. M.), Käse, Rinder, Silber- und Golderze, Fische, Fleisch, Butter, Kohle, Heu, Häute, Holzwaren, Kupfer, Lederwaren, Ackergeräte und Eier.

Hauptgegenstände der Einfuhr sind Eisen und Eisenwaren (300 Mill. M.), Kohle, Wollwaren, Zucker, Baumwollwaren, Häute, Chemikalien, Früchte, Seidenwaren, Tee, Mais, Tabak, Modewaren, Zinn, Leinen- und Jutewaren, Papier, Glas- und Lederwaren.

Fig. 263. Einfuhr Kanadas (Herkunftsländer) in Proz. [1909: 1210 Mill. M.].

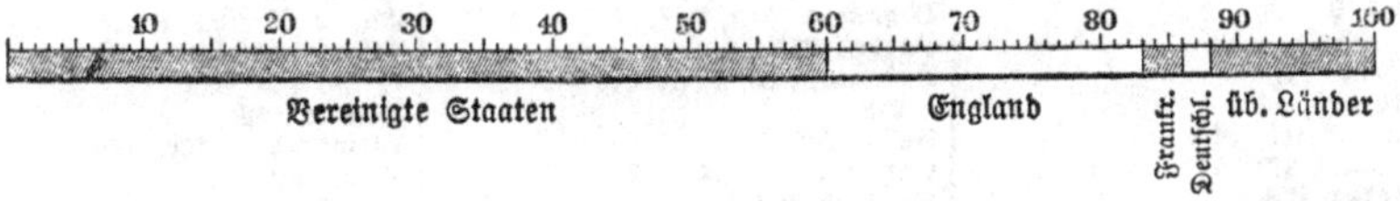

Fig. 264. Ausfuhr Kanadas (Bestimmungsländer) in Proz. [1909: 1019 Mill. M.].

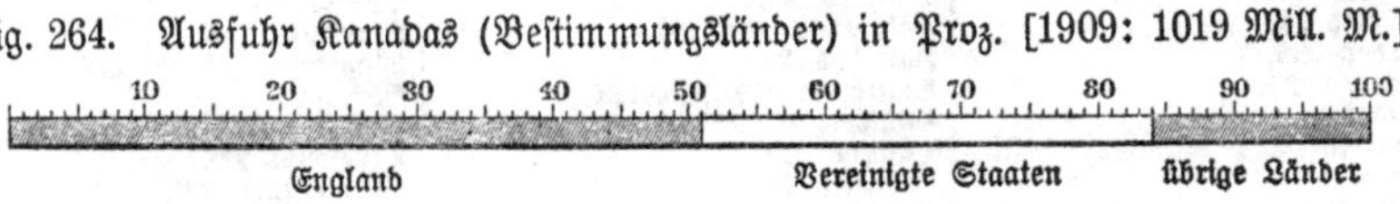

c. Deutschland führt in der Hauptsache nach Kanada ein (jährl. f. 20—30 Mill. M.) Kleider, Eisenbahnbaumaterialien, Farbendruckbilder, Kinderspielzeug, Porzellan- und Glaswaren, und bezieht aus Kanada (f. 10 Mill. M.) Asbest, Aluminium, Mähmaschinen, Pelztierfelle, Kleie, Hummer und Äpfel.

Register.

(Vergleiche auch die ausführliche Inhaltsübersicht Seite 5—12.)

FSC
www.fsc.org
MIX
Papier | Fördert
gute Waldnutzung
FSC® C083411

Kolibri 360 GmbH
Ferdinand-Jühlke-Straße 7
99095 Erfurt, Deutschland
produktsicherheit@kolibri360.de